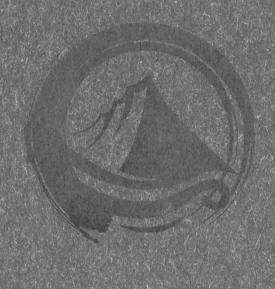

U0225949

国家出版基金项目
NATIONAL PUBLICATION FOUNDATION

"十三五" 国家重点出版物出版规划项目

长江上游生态与环境系列

长江上游泥沙时空变化及影响因素

许全喜　张欧阳　袁　晶　朱玲玲 等　著

科学出版社
龙門書局
北　京

内 容 简 介

本书基于长江水文泥沙分析管理系统平台和数据挖掘技术,在改进泥沙测验方法与技术的基础上,依据翔实而系统的实地调查、水文泥沙监测及空间遥感等海量数据,分析长江上游泥沙时空变化特征,全面筛查泥沙变化的影响因素,量化降水、水土保持、水库拦沙等主要因子对长江上游泥沙变化的贡献率,阐明长江上游在人为与自然双重驱动力作用下泥沙输移的内在机理,算清了长江上游的"沙账"。

本书可供从事泥沙运动力学、河床演变与河道治理、水库调度、防洪减灾、水土保持、生态环境保护等方面研究、规划、设计和管理的科技人员及高等院校相关专业的师生参考。

图书在版编目(CIP)数据

长江上游泥沙时空变化及影响因素 / 许全喜等著. —北京:龙门书局,
2021.12

(长江上游生态与环境系列)

"十三五"国家重点出版物出版规划项目 国家出版基金项目

ISBN 978-7-5088-6177-7

Ⅰ. ①长… Ⅱ. ①许… Ⅲ. ①长江-上游-含沙水流-泥沙运动-研究 Ⅳ. ①TV152

中国版本图书馆 CIP 数据核字(2021)第 219373 号

责任编辑:张 展 李小锐 / 责任校对:樊雅琼
责任印制:肖 兴 / 封面设计:墨创文化

科 学 出 版 社 出版
龍 門 書 局
北京东黄城根北街 16 号
邮政编码:100717
http://www.sciencep.com
三河市春园印刷有限公司印刷
科学出版社发行 各地新华书店经销

*

2021 年 12 月第 一 版 开本:787×1092 1/16
2021 年 12 月第一次印刷 印张:18
字数:426 000
定价:216.00 元
(如有印装质量问题,我社负责调换)

"长江上游生态与环境系列"编委会

《长江上游泥沙时空变化及影响因素》
著 者 名 单

主要作者　许全喜　张欧阳　袁　晶　朱玲玲

参编人员（按姓氏拼音排序）

白　亮　董炳江　李圣伟　王　伟

原　松　袁德忠

序

长江发源于青藏高原的唐古拉山脉，自西向东奔腾，流经青海、四川、西藏、云南、重庆、湖北、湖南、江西、安徽、江苏、上海等 11 个省（区、市），在上海崇明岛附近注入东海，全长 6300 余公里。其中宜昌以上为长江上游，宜昌至湖口为长江中游，湖口以下为长江下游。长江流域总面积达 180 万平方公里，2019 年长江经济带总人口约 6 亿，GDP 占全国的 42%以上。长江是我们的母亲河，镌刻着中华民族五千年历史的精神图腾，支撑着华夏文明的孕育、传承和发展，其地位和作用无可替代。

宜昌以上的长江上游地区是整个长江流域重要的生态屏障。三峡工程的建设及上游梯级水库开发的推进，对生态环境的影响日益显现。上游地区生态环境结构与功能的优劣，及其所铸就的生态环境的整体状态，直接关系着整个长江流域尤其是中下游地区可持续发展的大局，尤为重要。

2014 年国务院正式发布了《关于依托黄金水道推动长江经济带发展的指导意见》，确定长江经济带为"生态文明建设的先行示范带"。2016 年 1 月 5 日，习近平总书记在重庆召开推动长江经济带发展座谈会上明确指出，"当前和今后相当长一个时期，要把修复长江生态环境摆在压倒性位置，共抓大保护，不搞大开发""要在生态环境容量上过紧日子的前提下，依托长江水道，统筹岸上水上，正确处理防洪、通航、发电的矛盾"。因此，如何科学反映长江上游地区真实的生态环境情况，如何客观评估 20 世纪 80 年代以来人类活跃的经济活动对这一区域生态环境产生的深远影响，并对其可能的不利影响采取防控、减缓、修复等对策和措施，都亟须可靠、系统、规范科学数据和科学知识的支撑。

长江上游独特而复杂的地理、气候、植被、水文等生态环境系统和丰富多样的社会经济形态特征，历来都是科研工作者的研究热点。近 20 年来，国家资助了一大批科技和保护项目，在广大科技工作者的努力下，长江上游生态环境问题的研究、保护和建设取得了显著进展，这其中最重要的就是对生态环境的研究已经从传统的只关注生态环境自身的特征、过程、机理和变化，转变为对生态环境组成的各要素之间及各圈层之间的相互作用关系、自然生态系统与社会生态系统之间的相互作用关系，以及流域整体与区域局地单元之间的相互作用关系等方面的创新性研究。

为总结过去，指导未来，科学出版社依托本领域具有深厚学术影响力的 20 多位专家策划组织了"长江上游生态与环境系列",围绕生态、环境、特色三个方面,将水、土、气、冰冻圈和森林、草地、湿地、农田以及人文生态等与长江上游生态环境相关的国家重要科研项目的优秀成果组织起来,全面、系统地反映长江上游地区的生态环境现状及未来发展趋势,为长江经济带国家战略实施,以及生态文明时代社会与环境问题的治理提供可靠的智力支持。

丛书编委会成员阵容强大、学术水平高。相信在编委会的组织下,本系列将为长江上游生态环境的持续综合研究提供可靠、系统、规范的科学基础支持,并推动长江上游生态环境领域的研究向纵深发展,充分展示其学术价值、文化价值和社会服务价值。

中国科学院院士 秦大河

2020 年 10 月

前　言

泥沙是塑造河流形态、维护生态系统健康的重要因素和驱动力。据 1985 年长江上游各省区市统计,长江上游水土流失面积 35.2 万 km²,年均土壤侵蚀量 15.68 亿 t,年均输沙量 3.93 亿 t,是长江泥沙的主要来源区。受产输沙环境和人类活动影响,长江上游水沙异源现象十分突出。近年来长江上游河流泥沙量明显减少,其控制站宜昌站年均输沙量由 1950~1990 年的 5.21 亿 t 锐减至 2003~2015 年的 0.404 亿 t。长江上游输沙量的大幅度减少,必将引起长江下游河道冲淤与再造、江河湖库系统泥沙重分配以及河口海岸的冲淤平衡,势必对长江中下游及河口地区生态环境造成重大影响。

长江上游侵蚀产沙主要受地质地貌条件、植被条件、降水条件及人类活动的影响,输沙量的变化主要受降水、水土保持和水库拦沙等因素的影响。不同影响因子造成的输沙量变化对未来输沙量变化趋势有不同的影响。气候变化对输沙量变化的影响随机性较强,同时也具有一定的周期性;水土保持措施能改善流域生态环境、抑制水土流失、减少土壤侵蚀,其流域减沙具有长期性,减沙作用特别是对坡面侵蚀的抑制作用较为稳定;水库拦沙也具有长期性,拦沙效益也较为显著,但当水库淤积平衡后,上游来沙量又将得到一定程度的恢复。辨识降水、水土保持和水库拦沙等影响因子对输沙量变化的作用机制及贡献,是输沙量变化预测的基础。认识长江泥沙时空变化规律、辨识泥沙变化主要影响因素,是水利水电枢纽安全及河道治理与保护策略制定的重要基础,对长江防洪、航运、生态等河流功能的可持续发挥具有重要意义。

紧扣长江上游泥沙预测的关键科学和技术问题,本书在改进泥沙测验方法与技术的基础上,依据翔实而系统的实地调查、长历时水文泥沙监测及空间遥感等海量数据,基于大数据挖掘技术,全面筛查长江上游泥沙变化的影响因子,量化降水(径流)、水库拦沙和水土保持等主要因素对长江上游泥沙变化的贡献率,阐明不同时空尺度自然与人为作用驱动下流域泥沙输移的内在联系,算清了"沙账",为泥沙预测预报工作打下了坚实的基础。

本书是对近 30 年研究成果的总结,不同时期成果的资料起止日期因涉及水文站、分析区域、目的等的不同而存在一定的异同,导致一些分析结果的数值不尽一致,本书保持原数值,未进行统一。成书过程中将部分水文资料延长至 2015 年。径流数据保留四位有效数字,泥沙数据保留三位有效数字。所用资料涉及长江流域金沙江、岷江、沱江、嘉陵江、乌江、三峡水库区间等区域地质地貌、降水、滑坡、泥石流、植被、土壤、水土保持、水库拦沙等大量实地调查、监测和实验研究成果,积累了 130 多亿条水文、遥感监测、固定断面等基本数据和 4 万余幅河道地形图。

全书共 6 章,较为系统地分析长江上游水沙变化特征及泥沙的地区分布、输沙量变化的影响因素及各种因素对输沙量变化的影响。其中,第 1 章为长江上游流域概况;第 2 章为国内外研究进展;第 3 章为河道泥沙监测技术与信息分析管理系统研究,通过大量比测试验，提出全要素、全类型泥沙监测方法，对河流泥沙的各类因素采集方法进行优化和完善；第 4 章为长江上游泥沙时空变化特征，基于水文泥沙信息分析管理系统平台和数据挖掘技术，采用长系列水文泥沙观测资料，较为全面、系统地研究近年来长江上游泥沙时空变化特征；第 5 章为长江上游输沙量变化影响因素，基于长江水文泥沙数据管理平台和大数据挖掘技术，全面筛查长江泥沙时空变化的影响因子，分析长江流域主要产沙区降水对流域侵蚀产沙的影响及 14000 余座水库泥沙淤积情况和"长治"工程实施区水土保持措施减蚀效应；第 6 章为长江上游输沙量变化贡献率定量分割，量化降水与径流变化、水土保持、水库拦沙对长江上游泥沙时空变化的贡献，揭示不同影响因子在不同阶段对上游减沙的贡献率，基本算清了长江的"沙账"。

本书研究成果为三峡水库提前进行 175m 试验性蓄水、汛末提前蓄水、汛期中小洪水调度和泥沙减淤调度等优化调度运行等提供了重要的理论基础，被《长江泥沙公报》、中国工程院重大咨询项目"三峡工程建设第三方独立评估项目"课题 2：泥沙评估课题所采纳，在长江流域水电工程规划、设计和建设与管理，长江防洪减灾、岸线利用与保护、河湖治理、水库调度运行及航道建设等方面发挥了重要的基础支撑作用，获 2018 年度大禹水利科学技术奖二等奖。

全书由许全喜统稿。第 1 章由许全喜、朱玲玲、白亮编写；第 2 章由许全喜、张欧阳、朱玲玲、白亮编写；第 3 章由袁德忠、袁晶、王伟、原松、李圣伟、白亮编写；第 4 章由张欧阳、袁晶、董炳江编写；第 5 章由张欧阳、许全喜、董炳江编写；第 6 章由许全喜、张欧阳、袁晶、朱玲玲编写。长江水利委员会水文局大量测绘一线的工作人员参与了水文测量、泥沙比测及资料收集工作，还有很多科研人员参与了研究工作，在此表示感谢！本书在分析和编写过程中得到了云南省水利厅、四川省水文水资源勘测局的大力支持，还得到了清华大学、北京林业大学、武汉大学、北京师范大学、中国科学院地理科学与资源研究所等单位的鼎力相助，在此一并致谢！

本书的出版得到国家重点研发计划项目"长江泥沙调控及干流河道演变与治理技术研究"课题 1"多因素影响下长江泥沙来源及分布变化研究"（2016YFC0402301）和三峡工程泥沙重大问题研究计划"未来三峡入库水沙变化趋势研究"（12610100000018J129-01）资助。

由于本书涉及面广、所用资料庞杂，难免挂一漏万，不足之处，敬请批评指正。

目　录

序

前言

第1章　长江上游流域概况 ·· 1

　1.1　自然地理 ·· 1

　　1.1.1　河流水系 ··· 1

　　1.1.2　地质地貌 ··· 3

　　1.1.3　水文气象 ··· 4

　1.2　社会经济 ·· 5

　1.3　开发与保护 ·· 7

　1.4　水文监测站网 ·· 8

第2章　国内外研究进展 ·· 10

　2.1　研究目的与意义 ··· 10

　2.2　泥沙监测技术研究进展 ······································· 12

　2.3　数据管理信息系统研究进展 ··································· 13

　2.4　长江泥沙变化及其影响因子研究进展 ··························· 14

第3章　河道泥沙监测技术与信息分析管理系统研究 ···················· 19

　3.1　悬移质泥沙监测新技术研究 ··································· 19

　　3.1.1　悬移质泥沙监测技术现状 ································· 19

　　3.1.2　内河悬移质泥沙监测新技术 ······························ 23

　　3.1.3　入海悬移质输沙率监测新技术 ···························· 31

　　3.1.4　长江上游悬移质泥沙实时监测新技术 ······················ 37

　3.2　临底悬沙观测新技术 ··· 40

　　3.2.1　临底悬沙采样仪器 ······································· 40

　　3.2.2　临底悬沙观测的主要内容 ································· 41

　　3.2.3　临底悬沙试验成果分析 ··································· 41

　　3.2.4　输沙量改正计算 ··· 44

　3.3　推移质泥沙测验技术 ··· 46

　　3.3.1　推移质泥沙测验现状 ····································· 46

　　3.3.2　砾卵石推移质采样器研发 ································· 47

　　3.3.3　沙质推移质采样器研制 ··································· 52

　3.4　淤积物干容重观测技术 ······································· 57

　　3.4.1　干容重观测方法 ··· 57

3.4.2　深水干容重采样器改进 ·································· 59

3.5　水文泥沙信息分析管理系统 ······························· 62

3.5.1　长江水文泥沙信息分析管理系统研制 ················· 62

3.5.2　系统推广应用 ······································ 67

3.5.3　系统解决的问题及应用效益 ··························· 73

3.6　小结 ··· 74

第4章　长江上游泥沙时空变化特征 ······························· 75

4.1　泥沙空间分布特征 ······································ 75

4.1.1　长江上游 ··· 75

4.1.2　金沙江流域 ·· 81

4.1.3　岷江流域 ·· 85

4.1.4　沱江流域 ·· 89

4.1.5　嘉陵江流域 ·· 91

4.1.6　乌江流域 ·· 96

4.2　悬移质泥沙变化特征 ···································· 98

4.2.1　年际变化 ·· 98

4.2.2　年内变化 ··· 104

4.2.3　水沙关系 ··· 111

4.3　推移质泥沙变化 ······································· 117

4.4　不同粒径组输沙量变化 ·································· 120

4.4.1　悬移质泥沙颗粒组成 ································ 120

4.4.2　不同粒径组悬移质输沙量 ····························· 122

4.5　长江上游输沙量跃变分析 ································· 124

4.5.1　跃变分析方法 ····································· 124

4.5.2　干流输沙量跃变分析 ································ 126

4.5.3　主要支流输沙量跃变分析 ····························· 128

4.6　长江上游水沙变化趋势检验 ······························· 131

4.6.1　滑动平均法 ······································· 131

4.6.2　线性趋势的回归检验 ································ 131

4.6.3　Spearman 秩次相关检验 ····························· 132

4.6.4　Mann-Kendall 秩相关检验法 ························· 132

4.7　小结 ·· 133

第5章　长江上游输沙量变化影响因素 ···························· 135

5.1　流域侵蚀产沙的地质地貌条件 ······························· 135

5.2　滑坡泥石流侵蚀产沙 ···································· 139

5.2.1　滑坡调查 ··· 139

5.2.2　泥石流调查 ······································· 145

5.2.3　滑坡、泥石流对流域产沙量的影响 ··················· 148

5.3　降水变化 ··· 149
　　5.3.1　降水空间分布 ····································· 150
　　5.3.2　降水年际变化 ····································· 152
　　5.3.3　降水年内分配 ····································· 156
　　5.3.4　降水时空演变规律 ································· 159
5.4　水土保持减沙 ··· 165
　　5.4.1　长江上游水土保持概况 ····························· 165
　　5.4.2　金沙江流域 ······································· 168
　　5.4.3　岷沱江流域 ······································· 172
　　5.4.4　嘉陵江流域 ······································· 173
　　5.4.5　乌江流域 ··· 175
　　5.4.6　三峡水库区间 ····································· 175
5.5　水库拦沙 ··· 178
　　5.5.1　长江上游地区水电开发概况 ························· 178
　　5.5.2　水库拦沙估算方法 ································· 183
　　5.5.3　典型水库淤积拦沙作用调查 ························· 184
　　5.5.4　长江上游水库拦沙作用分析 ························· 199
5.6　小结 ··· 201
第6章　长江上游输沙量变化贡献率定量分割 ··················· 203
6.1　金沙江流域 ··· 203
　　6.1.1　降水与径流变化影响 ······························· 203
　　6.1.2　水土保持减沙 ····································· 222
　　6.1.3　水库拦沙影响 ····································· 228
　　6.1.4　减沙贡献率 ······································· 231
6.2　岷江流域 ··· 232
　　6.2.1　降水与径流变化影响 ······························· 232
　　6.2.2　水土保持减沙 ····································· 233
　　6.2.3　水库拦沙影响 ····································· 233
　　6.2.4　减沙贡献率 ······································· 235
6.3　沱江流域 ··· 236
　　6.3.1　降水与径流变化影响 ······························· 236
　　6.3.2　水土保持减沙 ····································· 236
　　6.3.3　水库拦沙影响 ····································· 238
　　6.3.4　减沙贡献率 ······································· 240
6.4　嘉陵江流域 ··· 241
　　6.4.1　降水与径流变化影响 ······························· 241
　　6.4.2　水土保持减沙 ····································· 247
　　6.4.3　水库拦沙影响 ····································· 254

6.4.4　减沙贡献率 ··· 257

6.5　乌江流域 ·· 258

6.5.1　降水与径流变化影响 ··· 258

6.5.2　水土保持减沙 ·· 261

6.5.3　水库拦沙影响 ·· 263

6.5.4　减沙贡献率 ··· 265

6.6　小结 ··· 266

参考文献 ··· 268

索引 ·· 272

第1章 长江上游流域概况

1.1 自 然 地 理

1.1.1 河流水系

长江发源于青藏高原的唐古拉山主峰各拉丹冬雪山西南侧，干流全长 6300 余千米，流域面积约 180 万 km²，约占我国陆地面积的 18.8%。长江横贯我国西南、华中、华东三大区，流经青海、四川、西藏、云南、重庆、湖北、湖南、江西、安徽、江苏、上海等 11 个省（自治区、直辖市）注入东海，支流延伸至贵州、甘肃、陕西、河南、浙江、广西、广东、福建 8 个省。流域西以芒康山、宁静山与澜沧江水系为界；北以巴颜喀拉山、秦岭、大别山与黄河、淮河水系相接；南以南岭、武夷山、天目山与珠江和闽浙诸水系相邻。长江干流宜昌以上为上游，长约 4500km，流域面积约 105 万 km²。长江上游宜宾以上称为金沙江，干流大多属峡谷河段，长 3464km，落差约 5100m，约占干流总落差的 95%，汇入的主要支流有北岸的雅砻江。宜宾至宜昌段又称为川江，长约 1040km，沿江丘陵与阶地互间，汇入的主要支流，北岸有岷江、沱江、嘉陵江，南岸有乌江，奉节以下为雄伟的三峡河段，两岸悬崖峭壁，江面狭窄。长江上游流域面积在 10 万 km² 以上的一级支流有雅砻江、岷江和嘉陵江；流域面积在 1 万 km² 以上的一级支流有当曲、布曲、楚玛尔河、许曲、水洛河、雅砻江、普渡河、牛栏江、横江、岷江、沱江、赤水河、嘉陵江和乌江；流域面积在 1000km² 以上的一级支流有 81 条。长江上游水系及主要水文控制站分布示意图见图 1.1。

金沙江发源于青海唐古拉山主峰各拉丹冬西南麓的姜古迪如冰川，上源称为沱沱河，与当曲汇合后称为通天河，出青海后称为金沙江，进入西南纵向岭谷区。金沙江巴塘河口（直门达）至宜宾河段全长 2316km，天然落差 3270m，流域面积 33.55 万 km²。金沙江由直门达至藏曲河口后转向南流，与横断山脉平行，与怒江、澜沧江并流，至斯木达坝址附近形成世界自然遗产"三江并流"景观。穿行至石鼓后成一急转弯流向东北，形成了"万里长江第一弯"，弯道上的虎跳峡大峡谷，是金沙江短距离落差最集中的河段。干流东北向流至三江口，从左岸汇入水洛河，又急转向南流至金江街，此后，干流又折向东流至攀枝花市，两岸山岭渐低，岭谷落差在 1000m 左右，河谷较上游宽。在攀枝花水文站下游约 15km 处，从左岸汇入最大支流雅砻江，沿途又纳入龙川江、普渡河、牛栏江、横江等各支流，至宜宾与左岸支流岷江汇合后称为长江。

岷江是长江主要支流之一，位于四川盆地腹部区的西部边缘，发源于四川和甘肃接壤的岷山南麓松潘县郎架岭，分东、西两源，东源出自弓杠岭，西源出自郎架岭，汇流于松潘红桥关，干流自北向南流经四川省中部的茂县、汶川、都江堰，进入成都平原后河道分

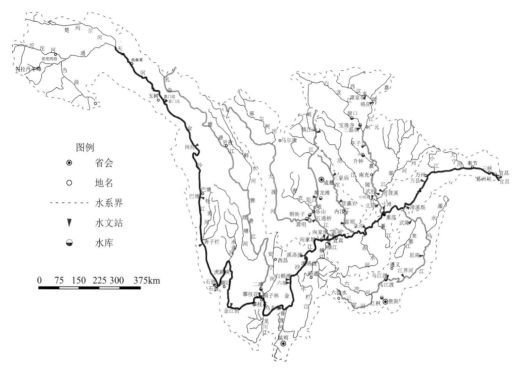

图 1.1　长江上游水系及主要水文控制站分布示意图

汉，在乐山纳支流大渡河、青衣江后于宜宾市汇入长江。岷江全长约 730km，流域面积 13.6 万 km²，天然落差约 3650m，是长江流域水量最大的支流，也是中国水利开发最早的河流之一。

沱江干流全长 702km，流域面积约 2.76 万 km²。沱江流域呈长条形，南北长、东西窄，地势自西北向东南逐渐降低。干流一般以金堂赵镇以上为上游，干流长 200km，平均比降 19.1‰。其中，汉旺以上为山区，地势陡峻，河谷深切，水流急，比降大；汉旺以下属平原性河流，河道宽浅，为卵石河床。赵镇至内江为中游，河道长 300km，落差 146.8m，平均比降 0.49‰，河宽一般为 200～400m。河道弯曲，水势缓急交替，河道中滩沱相间，在开阔河段，河宽可达 600m，个别河段如简阳市娃娃寺段，河宽超过了 1000m。内江以下为下游，长 202km，落差 67.3m，平均比降 0.33‰。

嘉陵江是长江上游左岸的主要支流，发源于秦岭南麓，流经陕西、甘肃、四川、重庆，干流全长 1120km，流域面积 15.98 万 km²，落差 2300m，平均比降 2.05‰，占长江流域面积的 9%。流域北及北东面以秦岭、大巴山与黄河及汉江为界，东及东南面以华蓥山与长江相隔，西北面有龙门山脉与岷江接壤，西及西南面与沱江毗连。

乌江流域集水面积 87920km²，河长 1030km，天然落差 2120m。乌江水系呈羽状分布，河网密度较大，一级支流 58 条。乌江上游化屋基以上三岔河，集水面积 18100km²，河长 320km，平均比降约 4.3%，是典型的山区性河流。自化屋基至思南段为乌江中游，区间集水面积 33100km²，河长 360km。中游各河段枯水时水面宽 30～100m，洪水时水面宽可增为 130～430m。思南县以下的下游段，区间集水面积约 36650km²，河长 340km，河谷宽窄相间,多险滩,平均比降约 0.6‰,枯水水面宽一般 40～120m,洪水水面宽 140～420m。

1.1.2　地质地貌

在地质构造上,长江流域地跨扬子准地台、松潘—甘孜褶皱系、三江褶皱系、秦岭褶皱系、华南褶皱系五个一级构造单元,长江上游跨前四个一级构造单元。长江流域大地构造单元间一般以深断裂为界,各大断裂多成带出现,具多旋回发展的特点。

长江上游以扬子准地台为主体,地层发育齐全,自新太古界至新生界第四系均有出露,并有不同时期的岩浆岩分布。长江上游岩石建造类型齐全,地层岩性复杂,岩相变化很大。按照全国地层统一区划,长江上游分属四大地层区:长江干流主要属于扬子地层区,四川盆地主要是侏罗系的红色砂岩、泥岩(背斜轴部有三叠系灰岩),四川盆地西北和南部边缘有白垩系红色砂岩、泥岩,成都平原为第四系土层;江源通天河及金沙江上中游的绝大部分属于特提斯地层区(松潘—甘孜地层区),仅西南边缘有藏滇地层区(三江地层区);流域中部的北缘地带属于秦岭地层区,包括嘉陵江流域上游部分和汉江流域上游部分及其支流唐白河等;扬子地层区地层从太古宇到第四系都有发育,特提斯地层区主要是三叠系轻微变质岩及侵入岩,藏滇地层区有古生界岩层,秦岭地层区以古生界岩层为主,岩石多有变质。流域内碳酸盐岩分布广泛,沉积组合和岩性类型多样,各类岩溶形态发育齐全。

长江上游新构造运动强烈,主要表现为在板块运动推挤作用下的面状隆起和掀斜活动、断块和断裂的差异活动及地震活动等。流域内地震活动主要受新构造运动的强烈程度及区域性活动断裂带的控制,中强震以上地震的方向性、成带性明显。区域地壳稳定性不均一,其总体特点是:西部大幅度强烈上升,活动断裂及地震活动强烈;中部中等幅度隆起,活动断裂和地震活动微弱;东部差异升降,活动断裂和地震活动稍强。自有地震记录以来,长江流域发生 6 级以上地震 120 余次,超 90%分布在西部的甘孜—康定、滇西、安宁河、小江、武都、松潘、马边—昭通等地震带,地震基本烈度在 7 度以上,其中安宁河、小江、甘孜—康定地震带及丽江附近等地区大于 9 度;中、东部除个别地区地震基本烈度为 7～9 度外,大部分地区小于 7 度。

长江上游断裂带发育,西部金沙江流域强烈上升区分布第四纪断裂 42 条,其中晚更新世—全新世活动断裂 22 条,分别占长江流域总数的 22%和 81%,晚更新世以来西部金沙江流域强烈上升的同时,断裂活动性也随之增强,强震频繁,绝大部分地区地震基本烈度在 7 度以上,礼县—西和、武都—文县、松潘、甘孜—康定、安宁河、小江、丽江—鹤庆等地带还出现 8～10 度地震区,相应地震动峰值加速度也出现大于 0.2g 区,部分地区达 0.3g～0.4g。金沙江断裂带北西自金沙江上游通天河,大致沿金沙江延伸,总体由北西向转为近南北向,是三江褶皱系与松潘—甘孜褶皱系的分界线。龙门山断裂带:位于扬子准地台西缘,是扬子准地台与松潘—甘孜褶皱系的分界线。玛沁—略阳断裂带:西自玛沁、玛曲,经迭部、武都延入略阳以东,是秦岭褶皱系与松潘—甘孜褶皱系的分界线。城口—房县—襄樊—广济断裂带:为扬子准地台与秦岭褶皱系的分界线。长江上游断裂带对土壤侵蚀影响强烈,崩塌、滑坡、泥石流等主要沿断裂带发育,强烈土壤侵蚀区主要沿断裂带分布。2008 年 5 月 12 日,四川汶川发生了 8.0 级地震,这是龙门山断裂带强烈活动的结果。川江中等隆起区尚未发现晚更新世—全新世活动断裂，第四纪断裂主要分布于秦巴山地、鄂西山地、黄陵背斜四周和川西平原一带。地震基本烈度除安康—青峰、柞水—商州、宜宾—自贡一带为 7 度区外，其余地区均为 6 度或小于 6 度区。相应地震动峰值加速度除上述 7 度区地段为 0.1g 外，其余均为 0.05g 或小于 0.05g。

长江流域地势西高东低，跨越中国地势三大阶梯，长江上游位于第一级和第二级阶梯。江源水系、通天河、金沙江及支流雅砻江、岷江上游、白龙江等流经的青南高原、川西高原和横断山脉，属第一级阶梯，一般高程为 3500～5000m；流经第一级阶梯的河流，除江源高平原区河谷宽浅、水流平缓外，多呈高山峡谷区的河流形态，水流湍急。宜宾至宜昌干流河段及支流岷江中下游、沱江、嘉陵江、乌江、清江及汉江上游等流经的秦巴山地、四川盆地和鄂黔山地，属第二级阶梯，一般高程为 500～2000m；流经这一级阶梯的河流，除盆地河段外，多流经中低山峡谷，河道比降仍较大，水流较湍急。第一级、第二级阶梯间的过渡带，由陇南、川滇高中山构成，一般高程为 2000～3500m，地形起伏大，自西向东由高山急剧降低为低山丘陵，岭谷高差达 1000～2000m，是流域内地震、滑坡、崩塌、泥石流分布最多的地区。

1.1.3　水文气象

长江流域位于东亚季风区，具有显著的季风气候特征。辽阔的地域、复杂的地貌又决定了长江流域具有多样的地区气候特征。上游地区，北有秦岭、大巴山，冬季风入侵的强度比中下游地区弱，南有云贵高原，东南季风不易到达，季风气候不如中下游明显。根据中国气候区划，我国有 10 个气候带，长江上游占有四个，即南温带、北亚热带、中亚热带和高原气候区。流域东西高差达数千米，高原、盆地、河谷、平原等各种地貌，使气候多种多样。江源地区气温低，降水少，日照充足，风力大；金沙江地区干湿季分明，有"一山有四季，五里不同天"的"立体气候"特征；四川盆地气候温和，湿润多雨。此外，还有多种局地性气候，如金沙江河谷地区的元谋、攀枝花等地全年无冬，常年晴热少雨；昆明的"四季如春"；雅安的"天漏"；重庆的"雾都"等。

长江流域降水较丰，多年平均降水量约 1100mm，长江上游多年平均降水量 885mm。降水量由东南向西北递减，山区大于平原，迎风坡大于背风坡。降水年内分配不均，年际变化较大。除金沙江巴塘以上、雅砻江雅江县城以上及大渡河上游共约 35 万 km² 地区，因地势高、水汽条件差，基本无暴雨外，其他广大地区均可能发生暴雨。长江流域内五大主要暴雨区有两处在上游地区，即大巴山暴雨区和川西（雅安）暴雨区。

长江流域洪水主要由暴雨形成。上游直门达以上少有洪水；直门达至宜宾洪水由暴雨和融冰化雪共同形成；宜宾至宜昌依次承接岷江、沱江、嘉陵江洪水，易形成干流洪峰高、洪量大的陡涨渐降型洪水过程，宜昌站最大 30d 洪量组成中，金沙江来水约占 30%，嘉陵江与岷江两水系来水约占 38%，乌江来水占 10%，其他占 22%。

长江干流寸滩、宜昌、汉口、大通站 1950～2015 年年均径流量分别为 3434 亿 m³、4304 亿 m³、7040 亿 m³、8931 亿 m³。径流量年际变化呈支流大、干流小的规律，年内丰枯差异明显。丰水年份 1954 年和 1998 年出现了严重的洪涝灾害，枯水年份 1972 年、1978 年和 2006 年则造成了大面积的旱灾。径流量年内分配规律与降水相似，年内分配不均，干流上游比下游、北岸比南岸集中程度更高，长江上游宜昌径流量占流域的 48.34%。

1.2　社 会 经 济

长江上游地区位于我国西部和中部地区青藏高原腹地的长江发源地到湖北宜昌这一江段，流域范围涉及青海、西藏、云南、四川、贵州、重庆的大部分地区及陕西、甘肃、湖北、湖南、河南、广西的部分地区，流域面积约 105 万 km²，占全国陆地面积的 10.4%。

自古，长江上游流域孕育出了巴蜀文化、滇文化、夜郎文化等区域性历史文化，同黄河流域一样扮演着华夏儿女"母亲"一般的角色。改革开放之后，长江上游地区充分利用丰富的土地和水能资源进行大规模农林水利水电建设，特别是大力兴建各类大、中、小型水电站；长江上游地区矿产资源丰富，钒钛磁铁矿已探明储量超过 200 亿 t，钒、钛储量分别位居世界第三、第一位，硫铁矿储量为全国最大，质量较高，煤炭储量高，种类齐全；长江上游地区一直定位为长江的绿色生态屏障，关乎长江流域的根基和命脉，复杂的地质构造、多样的地貌类型、丰富的生物资源赋予了其特殊的生态环境地位。在自然地理环境方面，长江上游地区尽管拥有丰富的光热水能资源、矿产资源、生物资源、旅游资源等，但其是整个长江流域生态最脆弱的地区，长江上游地区山地占 4/5。长江流域有丰富的水、土、水能、航道、矿产、森林、草原、物种等资源，但化石能源资源较少。

长江流域水能资源主要分布在长江上游地区，流域水能资源理论蕴藏量达 30.5 万 MW（含理论蕴藏量 10MW 以下河流及单站 0.1～0.5MW 装机容量），年发电量 2.67 万亿 kW·h；技术可开发装机容量 28.1 万 MW，年发电量 1.30 万亿 kW·h，分别占全国的 47% 和 48%。流域水力资源主要分布在宜昌以上的上游地区，宜昌以上干支流技术可开发量 2.22 亿 kW·h，占全流域的 87%。大型水电站特别是装机容量 1000MW 以上的水电站主要集中在上游地区，全流域 52 座 1000MW 及以上的水电站有 48 座分布在上游地区，装机容量和年发电量占全流域大型水电站的 93% 以上。长江上游水力资源中，宜宾以上的金沙江水系、宜宾至宜昌区间水系大致各占一半。

长江上游沿干支流及其两侧区域分布有四川攀枝花、云南昭通、四川宜宾、四川泸州、重庆江津、重庆合川、重庆永川、重庆主城、重庆长寿、重庆涪陵、重庆丰都、重庆忠县、重庆万州、重庆云阳、重庆奉节、重庆巫山和湖北宜昌等；沿渝蓉高速公路、重庆、四川成都至上海国道主干线，在长江上游的有成都、遂宁、南充、重庆城区、垫江、梁平、万州、宜昌等；渝昆铁路、兰渝铁路、成渝铁路、遂渝铁路、渝怀铁路等交通干线分布有重庆、四川成都等城市；沿渝黔铁路和高速公路等分布的有重庆、贵州遵义、贵州贵阳等城市；由成昆、内昆、贵昆线连接的有昆明等城市。2009～2016 年，长江经济带上游地区人口城镇化率均值从 34.4% 提升至 45.1%，增幅达 31.1%，2009 年人口城镇化率的空间集聚特征不明显，土地城镇化率的空间分布也较为分散，2016 年二者在空间上则均呈现出明显的"抱团式"集聚特征，成渝城市群、黔中城市群、滇中城市群为人口城镇化率与土地城镇化率"双高值区"（唐宇娣等，2020）。

　　长江上游地区是我国西部大开发的重要地区。长江上游城市和工业、农牧业的不断发展，将加剧对该地区环境的不利影响。另外，长江流域大部分水能资源都集中在上游地区，水流落差大，水能资源丰富。例如，长江上游金沙江流域水资源总量为 1565 亿 m^3，流域内人均水资源占有量 $7472m^3$，远高于长江流域和全国平均值。长江上游青海、云南、四川、贵州、重庆、甘肃、陕西等省（直辖市）2015 年人口约 1.96 亿，占全国总人口的 14.3%；长江上游地区生产总值 97121.5 亿元，占整个长江流域的 25.1%，占全国的 13.4%（表 1.1）；长江上游居民人均可支配收入 25589.5 元，占整个长江流域的 86.3%，占全国的 82.0%（表 1.2）；长江上游耕地面积 3753.0 万 hm^2，占全国的 27.8%；长江上游森林面积 6354.8 万 hm^2，占全国的 30.6%，森林覆盖率 31.3%，高于全国 21.6%的均值；长江上游农林牧渔业总产值 19092.6 亿元，占全国的 17.8%；长江上游农作物总播种面积 3506.6 万 hm^2，占全国的 21.1%[①]。

表 1.1　长江上游主要省份 2015 年地区生产总值

地区		地区生产总值/亿元	第一产业/亿元	第二产业/亿元	工业/亿元	建筑业/亿元	第三产业/亿元
长江上游	重庆	15717.3	1150.2	7069.4	5557.5	1511.9	7497.8
	四川	30053.1	3677.3	13248.1	11039.1	2321.4	13127.7
	贵州	10502.6	1640.6	4147.8	3315.6	833.4	4714.1
	云南	13619.2	2055.8	5416.1	3848.3	1574.8	6147.3
	陕西	18021.9	1597.6	9082.1	7344.6	1780.9	7342.1
	甘肃	6790.3	954.1	2494.8	1778.1	730.9	3341.5
	青海	2417.1	208.9	1207.3	893.9	313.8	1000.8
长江流域		386234.7	34859.4	173720.4	146997.4	27157.1	177654.9
全国		722767.9	60854.6	320787.0	275119.2	46839.9	341126.3
占长江流域比例/%		25.1	32.4	24.6	23.0	33.4	24.3
占全国比例/%		13.4	18.5	13.3	12.3	19.4	12.7

表 1.2　长江上游主要省份 2015 年居民人均可支配收入及收入来源

	地区	可支配收入/元	工资性收入/元	经营净收入/元	财产性收入/元	转移性收入/元
长江上游	重庆	27238.8	15936.2	2974.1	2174.7	6153.9
	四川	26205.3	15242.3	3054.4	2169.0	5739.7
	贵州	24579.6	14166.2	3729.8	1868.1	4815.6
	云南	26373.2	14659.0	3173.8	4036.1	4504.3
	陕西	26420.2	15742.5	2139.6	2273.9	6264.3
	甘肃	23767.1	15189.3	1805.1	2294.5	4478.1
	青海	24542.3	16899.2	1765.3	1330.8	4547.1
长江流域		29643.3	17704.9	3249.7	2959.4	5729.4
全国		31194.8	19337.1	3476.1	3041.9	5339.7
占长江流域比例/%		86.3	87.0	82.0	77.9	91.0
占全国比例/%		82.0	79.7	76.6	75.8	97.7

① 引自《长江年鉴（2016）》。

1.3 开发与保护

经过几十年的治理开发与保护，长江流域初步形成了综合防洪减灾体系，防洪能力得到了显著提高，水资源利用和保护取得了较大成果。截至 2007 年，长江流域已建成地表水蓄、引、提、调水工程设施 522 万座（处），水库总库容 1745 亿 m^3，兴利库容 1004 亿 m^3，其中，大、中、小型水库约 4.57 万座，集雨工程 268 万处。2007 年流域城乡生活及城镇工业供水总量 820.5 亿 m^3，农业供水总量 962.2 亿 m^3；有效灌溉面积为 22573 万亩（1 亩 ≈ 666.67m^2）。水能开发、水运交通等得到了长足发展，流域水资源综合管理得到了明显加强。长江水能资源主要集中在上游区域。截至 2007 年，全流域已建、在建水电站 2458 座，总装机容量约 12 万 MW，占流域技术可开发量的 42%，其中大型水电站 42 座，装机容量 9 万 MW，大型水电站中装机容量在 1000MW 以上的有 16 座[①]。

长江流域水土流失较为严重，主要分布在长江上中游地区。其中，上游地区集中分布在金沙江下游、嘉陵江、沱江、乌江及三峡库区。1988 年国务院批准将长江上游列为国家水土保持重点防治区，从 1989 年起在金沙江下游及毕节地区、嘉陵江中下游、陇南陕南地区、三峡库区"四大片"实施了长江上游水土保持重点防治工程（"长治"工程），分期实施以小流域为单元的水土流失综合治理工程。至 2005 年底，长江上游地区累计完成水土流失重点治理面积 8.7 万 km^2。2006～2015 年，长江流域累计治理水土流失面积 14.73 万 km^2。根据第一次全国水利普查数据（2013 年公布），长江流域水土流失面积 38.46 万 km^2，占流域土地总面积的 21.37%，与全国第二次水土流失遥感调查数据（2002 年公布）相比减少 14.62 万 km^2，减少比例为 27.54%。已建成了长江上游滑坡、泥石流预警系统，已有 1 个中心站、3 个一级站、8 个二级站、56 个监测预警点、18 个群测群防试点县。

以小流域为单元的水土流失综合治理，以水土保持工程措施、植物措施和保土耕作措施为主，沟坡兼治，因害设防，形成综合防治体系，有效地控制了水土流失，生态环境得到显著改善。

经过多年的水土保持和生态修复建设，长江上游生态环境有了较大的改善。特别是 2016 年以后，国家把修复长江生态环境摆在压倒性位置，共抓大保护，不搞大开发，"长江大保护"成为基于长江经济带战略而提出的一项急需完成的严峻任务。2016 年 9 月，《长江经济带发展规划纲要》（简称《纲要》）正式印发。《纲要》从规划背景、总体要求、大力保护长江生态环境、加快构建综合立体交通走廊、创新驱动产业转型升级、积极推进新型城镇化、努力构建全方位开放新格局、创新区域协调发展体制机制、保障措施等方面描绘了长江经济带发展的宏伟蓝图，是推动长江经济带发展重大国家战略的纲领性文件。《纲要》同时确立了长江经济带"一轴、两翼、三极、多点"的发展新格局。长江经济带作为中国新一轮改革开放转型实施的新区域开放开发战略，是具有全球影响力的内河经济带、东中西互动合作的协调发展带、沿海沿江沿边全面推进的对内对外开放带，也是生态文明建设的先行示范带。推动长江经济带发展，有利于走出一条生态优先、绿色发展之路，让

---

① 引自《长江流域综合利用规划（2012～2030 年）》。

中华民族母亲河永葆生机活力,真正使黄金水道产生黄金效益;有利于挖掘中上游广阔腹地蕴含的巨大内需潜力,促进经济增长空间从沿海向沿江内陆拓展,形成上中下游优势互补、协作互动格局,缩小东中西部发展差距。长江上游生态环境的持续改善,将对流域侵蚀产沙环境产生重大影响,可能使流域输沙量持续减小。

1.4 水文监测站网

长江流域布设有国家水文基本站网,这些站点基本监控了长江干支流水文泥沙变化情况,为长江流域防洪抗旱、水资源综合利用等提供了充分、科学、可靠的水文泥沙数据。

长江流域水文测验工作起源于李冰都江堰立石人记水(公元前约 250 年),唐代广德二年(公元 764 年)在涪陵长江江心石梁上镌刻石鱼,以石鱼至水面的距离来衡量江水枯落的程度。1865 年汉口海关设立水尺开始观测水位,1877 年宜昌、1892 年重庆及以后又有相继沿江十余个城镇海关设立水尺观测水位。中华人民共和国成立前夕,长江流域仅有水文站 104 个、水位站 219 个、雨量站 34 个,观测工作多濒临瘫痪状态。1949 年后,水文测验工作得到迅速发展,1956 年进行了一次全流域的水文基本站网规划,1958 年后又在三峡区间小支流上增加了基本测站,并开展测验工作,之后经过多次站网规划调整,测站数量及测验项目大大增加。另外,为研究蒸发规律和计算方法,探索人类活动对水文过程影响的机理,1953~1959 年,先后设立了凯江、祁仪径流试验站,重庆蒸发站,奉节水上漂浮蒸发等。至 2010 年,全流域共有水文测站 6400 个,包括水文站 1160 个、水位站 618 个、雨量站 4108 个、蒸发站 514 个,长江水利委员会管辖的骨干性水文站有 117 个、水位站 263 个、雨量站 25 个、大型蒸发实验站 2 个。由于三峡工程是长江流域防洪的骨干控制性工程,涉及上游、下游广大区域,因此,上述水文泥沙站网与资料为三峡入库水沙分析计算、泥沙研究等奠定了基础。

由于各水文站的定位、观测条件及设立年份的差异,长江上游干流及主要支流的水文、泥沙资料较为齐全,而有些小支流测站变动较大,泥沙观测资料缺失较多。长江上游干流及部分支流主要控制水文站基本情况见表 1.3。

表 1.3 长江上游干流及部分支流主要控制水文站基本情况

河名	测站名称	东经	北纬	至河口距离/km	集水面积/km²	设立时间(年-月)
金沙江	石鼓	99.93°	26.90°	4175	214184	1939-02
金沙江	阿海	100.50°	27.35°	3977	235400	2009-09
金沙江	金安桥	100.43°	26.8°	3922	239853	2004-01
金沙江	攀枝花	101.72°	26.58°	3658	259177	1965-05
金沙江	三堆子	101.85°	26.6°	3640	388571	1957-06
金沙江	乌东德	102.60°	26.28°	3444	406142	2014-06
金沙江	华弹	102.88°	26.92°	3295	425948	1939-04
金沙江	白鹤滩	102.88°	27.27°	3250	430308	2014-04

续表

河名	测站名称	东经	北纬	至河口距离/km	集水面积/km^2	设立时间（年-月）
金沙江	向家坝	104.40°	28.63°	2912	458800	2008-05
长江	朱沱	105.85°	29.02°	2645	694725	1954-04
长江	寸滩	106.60°	29.62°	2495	866559	1939-02
长江	宜昌	111.28°	30.70°	1837	1005501	1877-04
横江	横江	104.35°	28.55°	15	14781	1940-04
岷江	高场	104.42°	28.8°	27	135378	1939-04
沱江	富顺	105.00°	29.18°	113	19613	2001-01
赤水河	赤水	105.68°	28.58°	54	16622	1939-01
綦江	五岔	106.47°	29.12°	40	5566	1940-07
嘉陵江	北碚	106.47°	29.82°	53	156736	1939-04
乌江	武隆	107.75°	29.32°	69	83035	1951-06
龙河	石柱	108.13°	30.00°	81	898	1959-12
东里河	温泉	108.52°	31.33°	24	1158	2002-01
磨刀溪	长滩	108.62°	30.75°	56	2034	2001-01
大宁河	巫溪	109.63°	31.4°	72	2001	1972-10
古夫河	古夫	110.75°	31.28°	3	1167	2008-10
南阳河	南阳	110.7°	31.27°	2.8	672	2008-10

第2章　国内外研究进展

2.1　研究目的与意义

泥沙是塑造河流形态、维护生态系统健康的重要因素和驱动力，流域输沙量变化对长江防洪、航运、生态等河流功能的可持续发挥具有重要影响。流域系统的输沙规律变化及其影响因素研究一直是国内外研究的重要课题，分布式全球对地观测系统（global earth observation system of systems，GEOSS）和全球水系统项目（global water systems project，GWSP）也将流域产沙、输沙、堆积及其时空分布列为重点研究目标，对于流域中泥沙侵蚀、输移、沉积与输出关系十分复杂的地区尤其如此（Trimble，1983；Phillips，1992；Walling，1999；Walling et al.，2001；Zhang and Xu，2000；张欧阳和张红武，2002；张欧阳，2010）。

对于一个流域而言，其输沙量可视为长期平均值、周期性变化量和非周期性变化量之和，即来沙量＝长期平均来沙量＋周期性变化量＋非周期性变化量。周期性变化量代表了水沙条件的不恒定性，但通常也局限于一定的范围内，人类活动是造成水沙条件非周期性变化的主要原因。由于影响流域产输沙的自然因素和人类活动相互作用、相互影响，流域"沙账"一直难以准确算清。因此，1988年国际水文科学协会在巴西举行第一次泥沙概算国际学术讨论会。泥沙概算研究整个流域泥沙侵蚀-输移-沉积体系内各个部分之间的定量关系。目前，泥沙概算已成为研究流域产沙、输沙量综合平衡以及流域产输沙系统中侵蚀、输移、沉积与输出量的分配规律，进而评估人类活动对流域产输沙的影响的有力工具（Golosov et al.，1992；Reid and Dunne，1996；Walling et al.，2001）。近20年来，国外许多专家、学者在全球气候条件、人类活动等变化环境下的沿海地区泥沙淤积和输沙规律研究方面引入了泥沙概算的概念，并应用到河流输沙规律变化的研究中（Komar，1996；Kraus and Julie，1998；许全喜等，2000，2004，2008，2009，2012；Gaugush，2004；Ritchie et al.，2005；Skalak，2006；Xu et al.，2007；陈松生等，2008；Yuan et al.，2013；朱玲玲等，2016，2017）。

长江上游（长江源头至湖北宜昌江段）位于青藏高原的东缘，地质构造复杂、新构造运动和地壳隆升强烈、地形高差大，受东亚季风和南亚季风的交替影响，降水丰沛且多强降水过程，土壤侵蚀强烈，滑坡、泥石流分布集中，为我国水土流失最为严重的地区之一。据不完全统计，长江上游仅泥石流沟就有4200多条，新老滑坡有1.5万多处，加之坡陡土薄，降水也较集中，每年冲刷大量的地表土壤。据1985年长江上游各省区市统计，长江上游的水土流失面积为35.2万km^2，占上游总土地面积的35%，年均土壤侵蚀量达15.68亿t。三峡水库蓄水前，1950～2002年宜昌站年均径流量为4369亿m^3，仅占大通站的48.3%，但年均输沙量达到4.92亿t，为大通站年均输沙量的1.15倍，表明长江流域泥沙几乎全部来自上游地区，长江中下游地区来沙量较少，洞庭湖四水、汉江和鄱阳湖五河年均径流量为 3215 亿 m³，占大通站的 35.5%，来沙量 0.751 亿 t，占大通站的 17.6%，还有部分泥沙淤积在长江下游河道及通江湖泊中。

　　20 世纪 90 年代以来，随着社会经济的发展和人们对水土资源的开发利用，长江上游干支流出现了大量的水利工程，人们还在重点水土流失区开展了大规模的水土保持综合治理。这些强人类活动改变了长江上游地区的产输沙条件，也在很大程度上改变了水沙输移特征及分布格局，特别是 2003 年三峡水库及 2012 年金沙江下游向家坝水库、溪洛渡水库蓄水后，长江上游水沙分布格局变化更为明显。1950～1990 年上游控制站宜昌站、入海控制站大通站年均输沙量分别为 5.21 亿 t、4.58 亿 t，这一数据是长江流域规划和三峡工程设计的基础。与 1990 年前相比，1991 年后长江上游径流量没有发生明显的趋势性变化，但输沙量明显减少。1991～2002 年宜昌站和大通站年均输沙量减少至 3.91 亿 t 和 3.25 亿 t，2003～2015 年进一步锐减至 0.404 亿 t 和 1.39 亿 t。

　　长江泥沙变化兼具不确定性与复杂性。泥沙的锐减将引起河道冲淤再造、江河湖库系统泥沙重分配，从而对河势稳定、防洪安全、航运安全、水生态环境安全等产生重大影响，导致岸线崩塌、咸潮入侵、生态失衡等一系列问题。与三峡工程初步设计成果相比，三峡水库泥沙来量与淤积量均比预计的要少，减缓了水库的泥沙淤积进程，为提前蓄水和水库优化调度提供了便利条件。对于长江中下游地区，河道冲刷的深度、沿程冲刷的速度均比原设计时预估的更深、更快，河口海岸侵蚀速度也比原设计时预估的更快。长江上游泥沙锐减对长江中下游河道稳定和防洪安全产生了重大影响。评估长江上游泥沙变化对长江中下游及河口地区防洪、航运及生态环境的影响，需要弄清近年来长江泥沙变化的原因及发展趋势，其首要任务是查清长江上游泥沙变化特征，算清"沙账"，全面筛查长江上游泥沙变化的影响因子，量化主要影响因子在不同区域及不同时段对长江上游泥沙变化的贡献率，准确预测今后的泥沙变化趋势。

　　准确预测泥沙变化趋势必须建立在对泥沙变化驱动因子的详细调查和准确评估的基础上。近年来长江上游泥沙锐减的影响因子主要包括气候变化、水土保持综合治理和水库拦沙三个方面。其中：①这里气候变化主要是指降水量大小及分布等，其对流域产输沙影响较大，随机性较强，同时具有一定的周期性。如果水沙变化主要是由气候变化所引起的，则泥沙减少的趋势将不会长期持续下去，会随气候周期性的变化而波动。②水土保持综合治理能改善流域生态环境、抑制水土流失、减少土壤侵蚀，其导致的流域减沙具有长期性，减沙作用特别是对坡面侵蚀的抑制作用较为稳定，但减沙值会在一定的时间内达到相对平衡，不过遇特大暴雨洪水也可能出现沙量大幅度增加的现象。③水库拦沙导致的流域减沙也具有长期性，其拦沙效益也较为显著，但当水库淤积平衡后，上游来沙量又将得到一定程度的恢复。如果流域侵蚀量并无明显变化，只是水库的拦蓄作用使泥沙输移比在一定时间内大幅度降低，当上游水库淤满后，泥沙输移比将恢复到以前的状况或更大，水库拦沙作用的时长主要取决于水库库容大小和运行方式。另外，其他人为影响，包括采矿、修路、河道采砂等方面造成的影响会随社会经济发展而发生变化，这类活动对泥沙变化的影响多为临时性，但需要在具体分析中予以考虑。显然，不同因子对水沙变化影响的性质、程度和时间是不同的，由于影响泥沙变化的主导因子不同，泥沙未来变化趋势也存在很大的差异。这三个主要影响因子在不同区域、不同时段，对泥沙变化具有不同的影响。如何定量分割降水、水库拦沙和水土保持治理等因素对长江上游输沙规律变化的贡献率是准确预测泥沙变化趋势的关键科学问题。

流量、泥沙观测是水文监测最重要的两个方面，而河流输沙量、输沙率的观测又离不开流量这个重要参数。如果泥沙测验方法不能与流量测验方法同步实现创新，将影响整个水文监测体系创新的效果，影响泥沙预测的时效性和精度。而泥沙测验效率和精度对于预测泥沙变化趋势具有重要作用，因此需要对泥沙测验的方式方法进行研究，提高泥沙测验的效率和精度。

解决多源、多类、多量、多维、多时态和多主题（包括水位、流量、蒸发量、降水量、含沙量、泥沙粒径、水质等测点数据，测绘控制、河道地形、断面测量等面上数据，以及遥感图像和照片等空间数据）数据格式不兼容、使用不便等问题，需要融合多源异构海量数据存储与管理、空间分析与查询、计算模拟、网络发布等技术的海量数据管理模式，解决数据自动更新、数据实时通信和数据分析可视化等技术难题，实现水文泥沙海量数据管理，提高泥沙驱动力分析的科学性和效率。

2.2 泥沙监测技术研究进展

河流泥沙按运动状态，分为悬移质、推移质、河床质三类。悬移质是随水流一起运动的泥沙；推移质是沿河底以滚动、滑动、跳动方式运行的泥沙；河床质则是组成河床可动部分的泥沙。推移质泥沙的运动呈间歇性，在水流条件弱时常常停顿下来成为河床质，而在水流条件强时又可以成为悬移质。三类泥沙没有严格的界限，可随水流条件的变化而相互转换，但其性质各不相同。

（1）悬移质测验包括实测悬移质输沙率测验和颗粒级配分析。测验的目的在于用较精确的方法测定单位时间内通过测流断面的悬移质干沙重量，并据此计算断面的平均含沙量和输沙量。

（2）推移质测验的目的，一是提供实测推移质输沙率资料，直接推求总输沙率；二是为研究推移质运动规律和输沙率计算方法提供资料。

（3）河床质测验的目的是测定河床泥沙的粒径和级配，为研究河床演变、泥沙运动以及水利工程设计施工等提供资料。

验证悬移质泥沙监测新设备在长江流域内不同河流特性、复杂的来水来沙条件、随机变化的泥沙组成特征等河段是否适用，通常采用比测试验进行验证。即将拟采用的新设备作为需要验证的对象，为"试验仪器"；将常规的仪器或方法，作为标准或"真值"，为"参证仪器"。两者在同一测试环境下进行同步测量，再进行结果对比，从而得出相应的结论。因此，比测试验是目前验证新仪器的性能、适宜范围和测量精度等最直接的有效途径或方法。

目前，我国绝大多数水文站已积累了 50 年以上的悬移质泥沙资料和典型河段具有代表性的推移质资料，基本能满足经济社会发展以及工程水文分析计算所需的资料样本系列。但是，我国绝大部分水文测站仍采用瞬时式或积时式悬移质采样器，以汲取水样的方式进行输沙率测验（周波等，2016）。这种测验手段水样需要运送到室内进行处理分析，处理需要经过沉淀、过滤、烘干、称重、颗分等环节，历时长、过程烦琐、效率低下，无法达到自动化程度。近年来，为提高测验精度和效率，我国逐步引进和研发了OBS 和 LISST 等新仪器，用于悬移质泥沙的测验，取得了较好的效果。但 OBS 和 LISST 等虽然可以快速、直接自记水流测点含沙量和泥沙颗粒级配、平均粒径、水深、水温等特征值，但这些仪器的标定较复杂，如 OBS 传感器的反应函数取决于颗粒粒径，且超过一定范围后，与浓度是非线性的关系。同时，光学传感器对水生物污垢问题极其敏感，在水生物具有高度繁殖能力的河口地区，收集的数据通常只有前几天是有用的。另外，这些仪器只能进行单点测量，尚不能直接应用于像长江口这样宽阔断面的含沙量测量（李雨等，2015）。

推移质分为砂质推移质和卵石推移质等，是河流输移泥沙中的重要组成部分，在河床演变与水库淤积中起着重要作用。悬移质的运行速度与水流相同，测验比较容易；但对于推移质，测验仪器、测验方法以及理论研究都不够完善。多年来，国内外测定推移质的方法有直接测量法（器测法）和半定量（沙波法、体积法、示踪法、差测法、声学法和光学摄影法）测量法。我国推移质测验方法基本以器测法为主，其他方法为辅。

2.3　数据管理信息系统研究进展

2003 年以来，长江水利委员会水文局与相关单位联合研发了长江水文泥沙分析管理系统、金沙江下游水文泥沙信息管理系统、三峡水库水文泥沙综合信息系统等针对三峡水库这类大型、巨型水利枢纽而开发的软件系统，将实时水雨情数据融入水文泥沙分析管理，时效性较强，在数据管理、功能、软件开发技术等方面均取得了新的进展。

数据管理方面，三峡水库作为我国最大的水库，其水文泥沙综合信息系统拥有海量的水文泥沙信息数据，同时管理历史数据与实时数据，这种巨型水库的水文泥沙综合信息系统现阶段为数不多，在国内外较为少见。三峡水库水文泥沙综合信息系统对两种数据同时管理、同时使用，较之多数使用单一历史整编数据或实时水雨情数据的系统而言，该信息系统无论是在数据管理利用的复杂程度上，还是在对数据研究的深度上都相对更高。

功能方面，国内水文泥沙软件大多偏向于对历史数据的分析研究，或利用实时数据进行水情发布与预报。而三峡水库水文泥沙综合信息系统将两种数据结合使用，扩展了各项功能研究的深度和广度，揭示了数据间更深层次的联系与意义，为专业人员提供了更多的分析方法。同时，系统也兼顾了从辅助外业数据采集、矢量化成图、数据存储管理，到专业分析计算、辅助决策支持的全功能水文泥沙基础信息分析管理软件。

软件开发技术方面，不同于其他国内外水文泥沙应用软件均由国外大型 GIS 平台软件二次开发完成，三峡水库水文泥沙综合信息系统无论在 GIS 平台，还是在空间数据库引擎方面完全由底层自主研发，最大限度地保证了系统的数据安全性，同时摆脱了二次开发软件信息封闭、开发不灵活的束缚，其可以根据水文工作的特点，定制各类功能，以更好地满足水文工作者的使用习惯与特殊要求。数据库管理了不同的数据结构，但有相同意义的实时数据与整编数据，且两者同时与断面数据、河道地形数据共同参与分析计算，在数据的管理与调用、功能的安排上，既保证了准确性，又保证了时效性，缩短了复杂运算带来的时间上的延迟。在河道地形数据的管理上，该系统创新性地提出了"归一起点，分块计算"的存储组织方式，对单个大容量河道地形数字高程模型（digital elevation model，DEM）进行分块管理与调度，极大地弥补了以往各类系统在长河段、大范围河道地形的 DEM 生成、入库、调用时占用较大硬件资源、速度慢、不稳定的劣势（王伟等，2006；熊明等，2006）。

其他国内外水文泥沙软件大多仅以应用为目的，利用 GIS 平台二次开发快速搭建各类最终应用，普适性、可扩展性相对较弱。而该系统以平台的思想开发，一方面，系统本身是一个水文泥沙基本 GIS 平台，囊括了大量日常水文泥沙工作中所使用的最基本功能，并将其编写为基本函数库。各类复杂的专业计算、过程显示、辅助决策功能都可以通过调用这些基本函数进行逻辑组织、数学运算而得。随着时间的推移、科学技术的发展，人们对水文泥沙技术认识的提高，该系统可非常方便地对原有功能进行改进，或搭建新的功能；也可根据不同流域、河段的不同特点，因地制宜地建立不同的应用系统，将系统平台快速推广。另一方面，系统为三峡库区定制、为研究库区实时冲淤而定制。针对库区的范围大小与研究方向，系统对数据组织与专业功能的侧重方向都进行了专门设计，对专业数据、专业分析计算做了优化，放弃或弱化了大多数不涉及的功能，在"精简瘦身"的同时对专业领域做了加强改进，降低了系统的复杂度，从而降低了系统管理的难度，降低了平台对硬件的需求。相比国内外动辄小型机服务器、工作站客户端的专业水文泥沙系统，该系统减少了运行管理的投入。

2.4　长江泥沙变化及其影响因子研究进展

长江泥沙变化对流域防洪安全、维持生态环境健康影响巨大，同时也关乎水利枢纽工程的调度和安全运行，一直受到社会各界和专家学者的高度关注。以往研究人员已在水沙变化规律、气候变化及其影响、水土保持治理及水库拦沙对输沙量的影响等方面做了大量的工作。在三峡工程论证阶段和"九五""十五"期间，长江水利委员会水文局等国内一些单位对三峡工程来水来沙条件、长江上游水库群对三峡工程拦沙作用、嘉陵江流域水土保持对长江三峡工程来沙量影响等方面也进行了较为深入的分析研究，取得了大量的研究成果。

林承坤和吾小根（1999）探讨过长江的径流量特性，并探讨了这些变化特性对长江洪水成因与预报的研究和水利资源的开发与利用的重要意义。向治安和周刚炎（1993）、刘毅（1997）、朱鉴远（2000）、李香萍等（2001）、府仁寿等（2003）、Chen 等（2001）、Lu 等（2003）、许全喜等（2004）、Su 等（2005）、周建军（2005）、Zhang 等（2006）对长江流域及长江上游泥沙特性、水沙输移状况、长江上游主要支流主要水文站水沙变化特征、长江水沙变化趋势等进行了研究，对长江流域水沙变化趋势进行了初步预测。李长安等

（2000）分析认为，1960 年以来长江上游流域的植被覆盖率减少了近一半，水土流失面积扩大了一倍多。金沙江下游干支流泥沙量 20 世纪 80 年代较 60 年代增加了 12%～60%，而通过长江宜昌站的泥沙年平均输沙量则没有增加。由水土流失、山地灾害等带给流域系统的泥沙大部分堆积在各支流的中下游河道。府仁寿等（2003）的分析结果表明，长江干流汉口站、大通站、宜昌站平均年输沙量都有明显减少趋势；各主要支流水文站减沙趋势明显，汉江皇庄站平均年输沙量减少得最为显著；金沙江的屏山站近期平均年输沙量有增加的趋势；长江向洞庭湖分洪分沙的减少，使长江干流增沙。朱鉴远（2000）的研究结果表明，在长江上游生态环境破坏程度日益加剧的情况下，1950～1985 年长江输沙量、含沙量每 12 年约以 4% 的速率缓慢增长，1992～1997 年输沙量大量减少。长江上游大支流中，金沙江输沙量、含沙量呈增加趋势，嘉陵江、沱江呈减少趋势，岷江由减少转为增加，乌江由增加转为减少；长江上游水库淤积在客观上对长江中下游河道减沙已起到很大作用。若无水库淤积拦沙，长江上游输沙量年增长率将达 1% 以上，是相当可观的。刘毅（1997）认为长江泥沙主要来自上游金沙江和嘉陵江，来沙和来水分别占宜昌站的 70% 和 49%。地表侵蚀以水力侵蚀和重力侵蚀为主，但输沙量远少于侵蚀量。水土保持和兴建中小型水库的拦沙作用明显减少了进入河道的泥沙，与人类活动加剧水土流失所带来的负效应部分相互抵消。经综合对比分析，从宏观上看，宜昌站输沙量多年平均值相对稳定。周建军（2005）对三峡水库入库泥沙条件进行了分析，认为三峡工程论证期间采用的粗泥沙比例偏小，可能低估了三峡水库上段的泥沙淤积数量。但韩其为（2006）认为近年来长江上游水沙减少，特别是嘉陵江泥沙减少较多，加上金沙江溪洛渡等大型水电站，可缓解三峡水库的泥沙淤积。

王文均等（1994）、黄川等（2002）、许全喜等（2004）、Zhang 等（2006）运用非参数统计的 Spearman 秩次相关检验、Kendall 秩次相关检验、线性回归检验等方法，分析了长江径流时间序列特性。黄川等（2002）根据 1954～1992 年实测资料，对屏山站的水沙演变趋势进行了分析检验，得出了水沙演变无明显趋势的结论。许全喜等（2004）对屏山、北碚和宜昌三站的水沙变化趋势进行了分析，分析结果表明：宜昌站径流量无趋势性变化，但输沙量有减少趋势；北碚站水沙减少趋势均较为明显；屏山站径流量无趋势变化，但输沙量有一定的增大趋势。另外，许全喜（2007）、陈松生等（2008）还对影响长江上游水沙变化的降水量、水土保持措施、水库拦沙以及人类活动增沙等主要因素进行了分析。Zhang 等（2006）对 20 世纪 50 年代以来长江流域水沙变化进行了分析，结果表明在 95% 置信水平下，长江流域径流量无明显变化趋势，除屏山站 1990 年后输沙量有较为明显的增加趋势外，其他各站均呈减少趋势，认为水库拦沙和径流量变化是导致输沙量变化的主要原因。许全喜和童辉（2012）根据长江 50 年的水沙资料，宏观分析了长江干支流各主要水文站水沙变化趋势，结果表明，干流汉口站、大通站、宜昌站平均年输沙量都有明显减少趋势，各主要支流水文站减沙趋势明显，汉江皇庄站平均年输沙量减少得最为显著，但金沙江屏山站的平均年输沙量有增加的趋势。

关于长江上游输沙量变化原因的研究，也有大量的研究成果（张信宝等，1999，2002；许炯心，2000，2006；Yang et al.，2006）。张信宝等（1999，2002）认为人类活动的方式、程度，植被破坏与恢复，水土流失治理，水利工程拦沙和工程建设等的明显差异，是

20世纪80年代以来嘉陵江和金沙江水沙变化不同的主要原因。许炯心（2000，2006）认为长江上游森林可以显著增大枯水流量，削减中小洪水的洪峰流量，但对全流域性长历时暴雨所造成的特大洪水的削减作用有限。水利水保措施和20世纪80年代以来的降水减少，共同导致了嘉陵江流域产沙量的减少，降水减少所导致的年减沙量为2358万t，占年平均总减沙量的28.63%，水利水保措施年减沙量5879万t，占年平均总减沙量的71.37%。Hu等（2004）对嘉陵江水沙变化的分析结果表明，嘉陵江水土保持措施减沙、水库拦沙各占北碚站总减沙量的1/3。Yang等（2006）认为水库拦沙和水土保持措施是1985年后嘉陵江流域输沙量出现减少的主要原因，且水库拦沙占总减沙量的2/3，水土保持减沙占1/3。陈松生等（2008）对金沙江流域输沙量变化原因的分析结果表明，金沙江不同区域输沙量变化特征存在较大差异。2001～2004年与1990年前相比，金沙江攀枝花以上实测增沙为降水/径流变化引起，其他因素减沙；攀枝花至屏山（含雅砻江）实测减沙7750万t，减沙量贡献大小依次为水库减沙、水土保持减沙及降水减少。

　　气候变化对长江上游水沙变化有重要影响。近年来长江上游地区关于降水-产沙经验模型的研究取得了重要进展。杨永德等（1996）进行了李子溪流域输沙与降水、洪水等多因子回归分析，沈燕舟等（2002）、张明波等（2003）建立了嘉陵江上游西汉水、大通江、平洛河降水-产沙模型，对嘉陵江流域水土保持措施的减水减沙效益进行了深入研究。卢金发（2000）提出了以特征降水模比系数为降水指标的降水产沙关系。李林等（2004）的分析表明，降水量是影响径流量的最主要因子，近40年来（1963～2001年）长江上游径流量呈减少趋势。王艳君等（2005）认为长江上游流域年和冬季降水量显著增加，年降水量的增加主要缘于夏季极端降水事件频率的增大，降水量显著增加的区域主要分布在长江源区及金沙江流域；张有芷（1989）对长江上游暴雨与输沙量关系的分析结果表明，暴雨是影响输沙量年内年际变化、地区分布和水沙关系的主要气候因子。

　　水土保持是长江上游水沙变化的重要影响因素。20世纪80年代以来，土壤侵蚀、水土流失、水土保持研究以及水土保持减水减沙效益的量化和评价等一直是热点问题。土壤侵蚀影响因素、泥沙形成特征、土壤可蚀性以及水土保持措施等方面的研究已经取得了大量的研究成果（王礼先，1997）。自20世纪60年代以来，国内外开发出了许多实用的土壤侵蚀预报模型（蔡强国和刘纪根，2003），现有的流域侵蚀预报模型大多基于小流域建立起来，模型参数具有一定的区域性，对于大中尺度流域，由于缺乏降水、径流、泥沙过程资料，控制密度又比较疏，模型存在难以准确率定和推广应用的问题（周正朝和上官周平，2004）。水土保持措施的减水减沙效益评价的核心内容之一是建立和选择科学合理的评价方法（汤立群和陈国祥，1999），传统的计算方法有水文模型法（简称水文法）和水土保持分析法（简称水保法）两种（张胜利等，1994）。冉大川等（1996）采用降水-径流-输沙双累积关系模型研究了黄河流域典型区域水土保持的减水减蚀（沙）效益；1998年长江水利委员会水文局根据双累积关系模型分别研究了1989～1996年川中丘陵区和三峡库区"长治"工程减沙效益；2002年和2006年长江水利委员会水文局建立了长江上游地区屏山、北碚、寸滩等主要控制水文站不同时期的月均流量-月均输沙率关系模型，较为系统地分析了长江上游地区月均水沙关系的变化规律，并用于水土保持措施减沙效益的研究。陈江南等（2004）在吸收传统水文统计模型研究成果的基础上，将水土保持措施作为一个整体概念，引入水文统计模型，形成较完善的新的水土保持效益评价模型方法。随着非线性系统理论在水文水资源中的逐步应用，许全喜（2000）、张小峰等（2001）、长江水利委员会水文局（2000）基于 BP 神经网络模型的基本原理，将流域内年降水量、汛期降水量、最大月降水量或最大 30 日降水量以及最大日降水量四个表征降水量和年降水强度等降水条件的参数作为模型输入向量，流域出口断面的径流量和输沙量作为模型输出向量，建立了流域产流产沙 BP 神经网络预报模型。将模型应用于西汉水、三峡库区香溪河、大通江三个小流域以及嘉陵江流域水土保持减水减沙效益评价，取得了良好的效果。

水库拦沙是长江上游水沙变化的重要影响因素。对长江上游地区而言，1990～1992 年水利部科技教育司组织对长江上游地区的水库泥沙淤积情况做过较为系统的调查，基本弄清了长江上游地区大中小型水库的数量、库容大小、分布以及泥沙淤积情况，为分析长江上游水沙变化打下了良好的基础（水利部科技教育司，1993）。长江水利委员会水文测验研究所对 1956～1989 年长江上游金沙江、岷沱江、嘉陵江和乌江等支流流域水库群对三峡工程拦沙作用的研究结果表明，上游水库群年均拦沙淤积量为 1.8 亿 t，减少三峡入库沙量在 1500 万～1990 万 t（水利部长江水利委员会水文测验研究所，1991；水利部科技教育司，1993）。黄煜龄等（1992）、黄悦和黄煜龄（2002）、胡艳芬等（2003）、朱鉴远和陈五一（2005）分别利用一维泥沙数学模型计算分析了长江上游干支流修建水库以及溪洛渡、向家坝水库拦沙淤积对三峡入库泥沙的影响。

三峡水库上游流域面积大、自然条件复杂，加之三峡工程上游干支流水库的逐步建设，以及长江上游水土保持综合治理工程及西部大开发战略的实施，很大程度上改变了长江上游地区的产输沙环境，使得长江上游水沙变化影响因素更加复杂，也改变了三峡工程原有的入库水沙条件。虽然国内许多专家学者对长江上游地区泥沙变化情况及其原因进行了一些有益的探索和研究，对长江上游地区水土流失治理措施及其效应、滑坡与泥石流分布、降水分布与输沙量之间的关系等进行了较为深入的调查与分析，也取得了一些有益的研究成果，但长江上游泥沙输移规律变化，降水因素对侵蚀产沙的影响以及水土保持减蚀减沙、水利工程拦沙作用与减沙效益等方面还缺乏深入、系统的研究，尚未对大型水利工程、下垫面变化等人类活动对长江水沙输移变化作用强度的量化进行研究，特别是在算清长江上游地区"沙账"方面还存在许多不足。主要表现在以下方面。

（1）对长江上游，特别是系列干支流水沙地区组成、颗粒级配、年际年内等输沙规律及其变化缺乏深入、系统的研究。

（2）长江上游地区水沙条件变化原因尚不完全清楚。长江上游地区水沙条件发生变化的原因除气候变化（包括降水量大小、分布，以及暴雨强度和落区分布等）外，还包括水土保持、水利工程和其他人类活动影响（包括筑路、采矿、河道采砂等）等，这些影响因素往往交织在一起，如何定量分割和评估各影响因子对长江上游水沙条件变化的作用，尚无公认成熟的方法。因此，需要综合多种方法，在大量收集水文泥沙和降水观测资料的基础上，通过现场典型调查，借助遥感和 GIS 技术，采用各类统计数学模型计算等，揭示流域水沙条件变化原因。

（3）上游水库群减沙作用的定量评估尚不系统。长江上游水库众多，所处位置及调度方式各不相同，对三峡水库入库水沙条件的影响程度也有较大差异。关于定量并且准确地评估三峡上游已建水库群对三峡来水来沙的影响，目前所使用的方法都不同程度地存在一些不足，尚无公认完善的方法。因此，需要在总结已有方法的基础上，通过现场调查，收集水库相关资料，综合考虑水库及水库群的地理位置、类型、调度方式，定性与定量相结合地评估水库群拦沙量大小、分布及其对三峡入库泥沙的影响。

（4）水土保持减沙作用分析的资料不够系统。水土保持可有效减少土壤侵蚀量，进而减少河流的含沙量。现阶段水土保持减沙作用的分析方法，包括水保法、水文法，其计算精度主要取决于资料的完善程度。因此，需系统收集、整理各区域的水土保持资料，在典型小流域调查与分析的基础上，建立不同区域的水土保持措施减沙作用分析模型，进而评估长江上游水土保持对三峡水库来水来沙的影响。

第3章 河道泥沙监测技术与信息分析管理系统研究

3.1 悬移质泥沙监测新技术研究

3.1.1 悬移质泥沙监测技术现状

1. 泥沙监测设备

水体悬移质泥沙观测主要有两种途径：一是通过光电技术等物理技术直接观测水体中的泥沙数量及颗粒形态；二是通过汲取水样，经过室内水样烘干称重等处理后，推求含沙量以及进行级配分析。20 世纪 50 年代以来，国内外先后研制了多种类型的悬移质泥沙观测仪器，并经过不断改进，其技术得到了提升。

悬移质泥沙观测仪器按其工作原理可分为三类，分别为瞬时式采样器、积时式采样器和物理测沙仪器。

1）瞬时式采样器

瞬时式采样器主要通过收集所需测点瞬时水样，经过室内沉淀、烘干、称重等步骤推求观测点的泥沙重量及泥沙形态。瞬时式采样器是最原始的泥沙观测仪器，横式采样器是当前使用最广泛的瞬时式采样器。瞬时式采样器结构简单、操作方便，适用于各种水深、流速情况下取样。

最典型的瞬时式采样器是横式采样器。我国使用的横式采样器器身为圆筒形，容积一般为 $500 \sim 5000 \mathrm{cm}^3$，取样时先把仪器安置在悬杆上或悬吊在铅鱼的悬索上，使取样筒两端盖张开。然后，将仪器放入水中测点位置，器身和水流方向一致。最后操纵开关，借两端弹簧拉力使筒关闭，即可取得水样。横式采样器筒口大，器壁薄，筒内水流流速与天然水流流速相近，且结构、操作简单，适用于各种水深、流速情况下用积点法或混合法取样。我国目前大部分测站仍用这种仪器进行悬移质泥沙测验。

2）积时式采样器

积时式采样器通过使水流在某一历时内流入一定体积的容器内收取水样，然后经过沉淀、烘干、称重等步骤，推求某一测点、测线或断面的含沙量。该类仪器取样历时长，可以消除泥沙脉动影响。主要采样器有瓶式采样器、抽气式采样器、调压积时式采样器、皮囊式采样器等。

（1）瓶式采样器。最简单的积时式采样器为瓶式采样器。一个容积为 $500 \sim 2000 \mathrm{cm}^3$ 的玻璃瓶，瓶口加橡皮塞，塞上装一进水管和排水管，便可制成一个普通瓶式采样器。取样时，将其倾斜地装在悬杆或铅鱼上，进水管迎向水流方向，放入测点位置，即可采取水样。改变排水管口同进水管口的高度差和使用不同管径的进水管管嘴，可以适当调节进口流速和取样时间。

瓶式采样器取样历时长，可以减少泥沙脉动影响。影响积时式采样器取样精度的主要因素是进口流速系数，即进口流速系数应保持稳定，且等于或接近 1.0。经理论分析，当瓶式采样器在水下 5m 时，突然进注水量约为采样器容积的 1/3；在水下 10m 时，约为采样器容积的 1/2；在水下 20m 时，可达采样器容积的 2/3。这种突然进注现象使得取样开始时的进口流速比天然流速快得多，且在突然进注过程中，进口流速系数不断变化，会影响含沙量测验的精度。

瓶式采样器结构简单，操作方便，但仅适用于水深 1.0～1.5m 的双程积深取样和手工操作取样，水深越大，影响越大，其不宜在深水使用。瓶式采样器无调压能力，随着进入的水量不断增多，进口流速系数不断变化，影响了含沙量测量的精度。进口流速系数不能始终保持等于或接近 1.0 的问题，主要采用增加采样器调压功能的方式解决，如皮囊式采样器通过采用特殊的乳胶薄膜作皮囊，使其内外静水压力随时平衡完成调压，该类仪器过去因选择不到质量轻、柔性好、表面光滑、弹性应力小的皮囊材料，长期无大的进展。近年来，随着制作材料的重大发展，黄河水利委员会研发的全封闭皮囊式ANX3-1 型、辽宁省水文水资源勘测局研制的半皮囊采样器、美国研制的结合式皮囊采样器基本符合实用要求。皮囊式采样器结构简单、造价低廉、水样舱体积大，可在较大水深情况下使用。

（2）抽气式采样器。抽气式采样器是一种积时式采样器，由进水管、真空箱和抽气机三部分组成，利用抽气机将真空箱内的空气抽出，降低箱内气压，通过进水管吸水入箱。调节真空箱的真空度，可获得不同的进口流速。取样时，根据测点流速和已经率定的进口流速与气压读数的关系，调节真空箱内气压，使进口流速和天然流速一致。抽气式采样器能消除脉动影响，测验成果较准确。但因进水管连至真空箱的橡皮管细而长，流水在管中受到的摩阻力较大，进口流速不会太快，限制了在水深流急时使用。

（3）调压积时式采样器。调压积时式采样器主要由取样舱、调压舱和控制舱三部分组成。仪器设有调压舱，取样历时长，可消除突然进注水样对含沙量代表性的影响，消除泥沙脉动影响。操作安全、工作可靠、性能稳定，该类仪器适用于积点法、混合法和积深法取样。如配上水上的室内控制指示部分，还可用于缆道测沙。但由于仪器本身结构和水流条件变化的影响，进口流速系数不能始终保持等于或接近于 1.0，故对取样代表性仍有一定影响。该仪器不适用于高含沙量的河流，适用于含沙量少于 $30kg/m^3$ 时的积点法与混合法取样。

2005 年，长江水利委员会水文局针对调压积时式采样器存在的问题，研制开发了AYX2-1 型调压式悬移质采样器，自主研发了调压式悬沙采样器三相四通平板陶瓷转阀，解决了悬移质采样器管嘴积沙、开关阀卡沙、开关阀沾黏等难题；在缆道上成功采用了数字通信技术；采用了动态平衡调压技术，实现水样舱器内外压力快速平衡（3s），提高了悬移质采样速度；可集流速测量、水样采集、超声测深、水面指示、河底指示为一体，实现测量集成化，提高了测量效率。调压积时式采样器下放到水下某一深度时，仪器受到大气压力和静水压力的双重作用，调压舱不断进水，并压缩调压舱内的空气进入取样舱，使测点外的静水压力与取样舱内的压力平衡，水流就以大致相同的速度流入取样舱，从而达到调压消除突然灌注的目的。取样过程中，进口流速系数基本稳定，进口流速接近天然流速。

（4）皮囊式采样器。皮囊式采样器也是一种积时式采样器，与传统的积时式采样器相比，其不需要很复杂的调压系统，因而仪器结构简单，造价低廉，水样舱体积大，储存水样多。

皮囊式采样器一般采用乳胶薄膜作皮囊，皮囊内外静水压力可以随时平衡。通过在进水管安装开关改变皮囊容积以适应取样容积的要求，适用范围不受水深限制。

3）物理测沙仪器

瞬时式采样器及积时式采样器均需采取水样，再经过室内分析才能得出含沙量及颗粒级配，花费的时间长，投入的人力、物力较大，这两类仪器均不能实时现场监测。20 世纪 80 年代以来，随着科技的不断进步，各种现场物理测沙仪器不断涌现，为泥沙实时监测开创了新的途径。目前物理测沙仪器主要有同位素测沙仪、振动式测沙仪、光电测沙仪、超声波测沙仪等几类。

（1）同位素测沙仪。同位素测沙仪是利用放射线吸收原理制成的，包括测量探头和计数器两个部分。测量含沙量时，把仪器放入河中测点位置，由仪器测得脉冲计数率，根据率定脉冲计数率与浑水含沙量关系计算含沙量。

同位素测沙仪能在野外施测河流的含沙量，迅速可靠，并能连续自动测记，能及时提供含沙量过程数据，精度较高。但该类仪器也存在着一些问题，如放射性同位素衰变的随机性、温度对探头的影响、水质及泥沙矿物组成等因素都可能对含沙量施测成果的可靠性产生一定的影响。

（2）振动式测沙仪。振动式测沙仪是利用不同含沙量的水样具有不同振动周期的原理，通过建立含沙量与振动周期的关系推求河流含沙量。不同含沙量的水样具有不同的振动周期，通过建立含沙量与振动周期之间的关系，由仪器在河水中所感应到的振动周期，求出河水含沙量。振动式测沙仪能实现河流含沙量快速、准确、在线监测和记录，能够随测随报，且测量含沙量范围大，受泥沙粒径变化影响小，长期稳定性好。但该类仪器对于含沙量较小的河流，测量精度有限且产品化困难。2005 年黄河水利委员会水文局和哈尔滨工业大学联合研制了振动式测沙仪，提供了数据采集传输智能接口、含沙量实时处理软件，该仪器对高含沙量河流测验效果较好，同时受泥沙粒径变化影响小，但对于低含沙量河流测验效果欠佳。

（3）光电测沙仪。光电测沙仪是利用光的穿透能力、后向反射衍射原理，并将其转化为光电流，通过建立光电流与含沙量之间的关系，来测量水体中的含沙量。光电测沙仪根据使用光源的不同又分为可见光、红外线和激光测沙仪。利用可见光的光电测沙仪由于光线通过浑水的能力有限，只能用于含沙量较小的水体测量。同时由于水中泥沙颗粒组成和泥沙颜色的影响，水体浊度与含沙量关系不稳定，必须经常检定光电流和含沙量的关系。利用红外线的光学后向反射能力，通过接收红外辐射光的散射量监测悬浮物质，建立水体浊度与含沙量的关系，是红外线光电测沙的基本思路；利用激光的衍射原理，对激光散射下泥沙颗粒的数量、形状、大小等接收信号进行处理，就能得到水体中的含沙量和颗粒级配。由于激光的稳定性、穿透性均较强，该类仪器测试性能稳定，测验参数多，是目前国际上应用较多、性能较先进、发展较快的一种测沙仪器。该类仪器能现场测量含沙量和颗粒级配，对水体进行不间断的实时动态监测。

光电测沙仪能野外现场测定含沙量,并可连续自记。但受水中泥沙颗粒级配和泥沙颜色的影响,水样浑浊度与含沙量的关系不稳定,必须经常检定透射光电流和含沙量的关系。同时,由于光线通过浑水的能力有限,只能用于含沙量较小的测站。

(4)超声波测沙仪。超声波测沙仪由超声波发射机、接收机和不锈钢反射器组成,利用超声波穿透浑水经泥沙吸收和散射产生衰减的原理,测验出水中含沙量。发射机发出的超声波信号穿过浑水到达反射器,然后返回由接收器接收。信号在往返过程中,经泥沙的吸收和散射,产生衰减,通过电子仪器,对接收到的信号进行分析,并以电压形式显示出所代表的含沙量。

超声波测沙仪对于高含沙量水体测验有一定的精度,但对于含沙量过低的水体,测验精度不高,同时探头中夹有水草或碎石,会影响信号的发射与接收,甚至造成信号丢失,影响含沙量的测量精度。

2. 泥沙监测技术进展

随着光学、声学技术的发展,国内外研发了大量的悬移质含沙量监测新技术、新仪器,比较有代表性的主要有光学散射法、激光衍射法及声学后向散射(acoustic backscatter,ABS)法。

1)光学散射法

光学散射法可分为比浊法(nephelometry)及光学后向散射(optical backscatter)法。

比浊法是利用与入射光成90°夹角的检测器测量散射光来测量水体浊度的方法。比浊法测量的是光的散射和减弱程度,而不是光透度。散射越强,浊度就越高。比浊法测量浊度与入射光、检测角、传感器是单个或多个检测器等有关。目前基于比浊法原理工作的仪器主要有美国哈希(HACH)公司生产的2100型浊度仪。

光学后向散射传感器与比浊法传感器的测量特性一样。不同的是,入射光线与检测器之间的检测角小于90°。在进行光学后向检测期间,红外光或可见光直接介入样品中。若颗粒呈悬浮状态,一部分光必然会被其后向散射。在光源发射器周围布设了一系列光电二极管,用以检测后向散射信号。后向散射信号的强弱用来计算样品的浊度。目前基于此原理进行浊度测量的仪器主要有美国D&A公司生产的OBS浊度计。

浊度测量的输出值是电压信号,数据存储器按照一定的采样间隔存储此结果。应将记录的数据定期下载到一台计算机或存储模块中。电压信号应换算为浊度单位NTU。建议使用认证的聚合物珠解决方案进行校准。通常三个月做一次校准工作,方能保证浊度测量的准确性,去除错误的测量数据。这些错误的数据通常是水体中的碎片卡住传感器探头或者传感器镜头表面生长藻类造成的,它们可以通过检查浊度数据是否是一个很大的常量或者很大的变量或者系统增加的数值来加以判别。若发现在两次清理镜头时间之间有系统的偏移,则需进行线性相关来加以改正。

需将浊度进行转换才能得到含沙量(单位为mg/L)。浊度测量的水样要与含沙量测量的水样一致,这一点很重要。由于浊度对于水体中颗粒的大小、颜色和组成很敏感,加之泥沙特性会随时间不断变化,因此,分时段建立浊度与含沙量的关系是必要的(如采用分季节校准)。率定时需要保证一定的样本数量,且率定范围要涵盖所有浊度的变化范围,率定的转换关系不能进行外延使用。可以使用简单的线性相关来率定浊度与含沙量。若线性相关模型的误差能满足既定的最小误差范围，则可利用此模型来计算悬移质含沙量序列；若不能满足误差指标，则需利用浊度与水流特征数据来建立多元回归模型。若有其他的水流参数具有较强的统计特征，并能利用其建立多元回归模型，且精度较简单线性相关而言更高，则利用该多元回归模型来计算悬移质含沙量。利用此连续的悬移质含沙量时间序列乘以流量序列，便可推求悬移质输沙率时间序列。

　　光学散射法技术特点包括：体积小且取样容积小，线性响应，对气泡和环境光不敏感，长期、独立的测量（可靠性高），价格比基于声学后向散射法及激光衍射法原理的传感器便宜。

　　2）激光衍射法

　　激光衍射法基于小角激光散射（米氏理论）原理。球体颗粒引起的激光衍射与等尺寸的孔引起的衍射是基本相同的。一颗颗粒阻碍了光波，一部分光穿透了颗粒，另一部分光沿着颗粒的边缘衍射。穿透颗粒的光分散在整个 π 角度范围内，因此它们对小角度区域的贡献是很小的；衍射光出现在小角度区域，衍射在小角前向散射中占主导地位。衍射颗粒的组成、颜色，通常由表示光波长函数的折射率表示。衍射分布有个形状特征称为艾里函数（Airy 函数），粒子的大小和浓度可以由小角度的光散射数据反演确定。目前基于激光衍射技术原理进行悬移质泥沙测验的仪器主要是美国的 LISST-100X 现场测沙仪。

　　LISST-100X 现场测沙仪技术特点包括：可在现场快速（1Hz）测量颗粒级配分布；在低速流条件下测量结果准确；可自动测量，无须人工干预；可在现场直接涉水测量颗粒级配及浓度，无须采样；对絮凝和非絮凝的粒子，能准确测量其浓度；颗粒组成不会影响粒度测量。

　　3）声学后向散射法

　　利用悬浮颗粒反射的回波信号来测量浓度的原理是基于声呐方法。声学后向散射是一种非侵入式的测量水柱悬移质泥沙颗粒及变化的河床特征的测量技术。声学后向散射测量工具包括声呐探头，数据采集、存储及控制电子元件，数据处理软件。声呐探头（0.5～20Hz）发出一个声学能量短脉冲（10μs），此脉冲将穿透水柱中的任意悬浮颗粒；声波能量将被分散，并将反射一部分能量到声呐探头。因此，此探头也被用作接收器。在水体中的声速、悬浮颗粒的散射强度、声音的传播特性已知的情况下，回波强度与悬浮颗粒特征参数之间可建立相关关系。回波信号的大小可与悬移质泥沙浓度、颗粒级配及信号发射与接收的时间延迟建立相关关系。目前，基于此原理工作的仪器主要为美国生产的声学多普勒流速剖面仪（acoustic Doppler current profiler，ADCP），利用 ADCP 测沙尚处于探索阶段。

3.1.2　内河悬移质泥沙监测新技术

　　近年来，长江水利委员会水文局等为进一步提高悬移质泥沙测验效率和精度，分别在长江干、支流主要水文站开展了新仪器的比测试验工作，取得了长足进展。

1. 比测设备选型

1）规范要求

按照《河流悬移质泥沙测验规范》（GB/T 50159—2015）要求，测沙仪应满足下列要求：

（1）仪器工作曲线应稳定，校测方法简便，操作安全可靠，校测频次较少。

（2）仪器的测量精度、稳定性与可靠性应满足应用要求。

（3）仪器应具有一定的在线监测能力，有数据传输、数据储存、数据显示等功能。

（4）仪器对水温、泥沙的颗粒形状、颗粒组成及化学特性等的影响，应能自行或人工设置校正，或能将误差控制在允许的范围内。

（5）仪器装置应满足测点位置放置准确性的要求，能可靠地施测接近河床床面的含沙量。

（6）仪器应便于安装、携带、操作和维护。

（7）仪器应提供测量精度、适用范围、应用水深、开机稳定时间等指标。

（8）仪器应稳定连续工作 8h 以上。

（9）仪器对水流扰动小。

2）比选原则

在满足国家有关规范要求的条件下，长江泥沙实时观测设备的比选本着适宜长江及内河水沙特性、技术先进性、测量要素多、性价比优良、操作简单和维护方便的原则进行。

（1）适宜长江及内河水沙特性。仪器主要性能指标应能满足长江泥沙的粒径范围、最大含沙量和最小含沙量的要求，能适应测船、缆道使用，以及在线监测。

（2）技术先进性。应具有当今国内外先进的技术水平，具有较好稳定性、较高的效率和高智能技术优势特点。仪器硬件、生产工艺、实时测量及数据后处理软件等方面应先进优良。

（3）测量要素多。仪器测量要素尽量齐全，不仅能测量含沙量、颗粒级配，还应能测量水深、温度等参数。

（4）性价比优良。仪器价格相对低廉，售后服务良好。

（5）操作简单和维护方便。所选仪器操作不宜太复杂，维护方便。

3）设备比选

为满足泥沙实时观测设备的比选原则，在认真细致调研的基础上，结合长江河流水文特性和悬沙测验需求，选择了现场激光粒度分析仪 LISST 系列含沙量测量仪器开展比测试验与关键技术研究，主要原因如下。

（1）符合《河流悬移质泥沙测验规范》（GB/T 50159—2015）对测沙仪的规定。

（2）可在测沙现场采用动态或定点方式，连续同步地测量含沙量、颗粒级配、水深、温度等参数，反映悬沙变化过程特征全面、实时性强；也可在室内对水样进行含沙量、颗粒级配等参数分析。可变革测验方式，降低劳动强度，提高工作效率，获得较好的社会效益和经济效益。

（3）仪器具有稳定、效率和自动化程度高、技术先进、操作简单、测量要素多、满足长江悬沙测量粒径分析范围的要求等特点。

（4）根据市场询价，此类产品具有较高的性价比。

2. 比测站点及方式

1）比测站点

比测试验从 2004 年 2 月开始至 2006 年 12 月底结束，历时高、中、低水位级。选择长江中游干流水文站汉口站、宜昌站、沙市站以及长江三峡库区庙河水文巡测断面为验证站。

本次比测试验所选择的长江干流汉口、宜昌、沙市以及三峡库区庙河四个主要水文控制站，测验河段的水、沙具有非常明显的变化特征。根据资料统计，2002 年以前，多年月含沙量变化：汉口站为 $0.036 \sim 4.420 \text{kg/m}^3$，沙市站为 $0.310 \sim 4.790 \text{kg/m}^3$，宜昌站为 $0.275 \sim 10.500 \text{kg/m}^3$。2003 年 6 月长江三峡工程蓄水后，坝区及坝下游河段水沙特征与蓄水前相比发生了较大变化，含沙量普遍偏小，泥沙组成偏细，2006 年变化更加显著。由于来水来沙条件、泥沙组成以及测验河段特性的不同，各试验站年、月含沙量的大小变化有所不同。

2）比测方式

（1）动态测量方式。在野外测试环境下，通过仪器测量的含沙量、颗粒级配沿水深变化过程、垂向分布等试验（检测），来分析仪器采用动态测量方式的准确性、稳定性与适宜性。

在试验站单沙垂线处，从水面至河底、河底至水面，仪器匀速地下放和上提往返测量一次（考虑测量时间长，测量结果受水流含沙量脉动变化影响大，只往返一次）。分别采用标准、4.0 光程缩短和 4.5 光程缩短三种测量模式。以间隔 1s 时间、连续地采集垂线上瞬时的点含沙量、颗粒级配、水深、水温、激光检测能量、透射率等参数数据。

（2）定点测量方式。在野外测试环境下，通过仪器测量含沙量、颗粒级配在固定某水深位置的瞬时脉动变化过程、时均差异等试验（检测），来分析仪器采用定点测量方式的准确性、稳定性与适宜性。

在试验站单沙垂线处，仪器定点在传统选点法水深（或相对水深）位置，分别采用标准、4.0 光程缩短和 4.5 光程缩短三种测量模式。以间隔 1s 时间，历时 30 ～ 300s 连续地采集垂线上瞬时的点含沙量、颗粒级配、水深、水温、激光检测能量、透射率等参数数据。

（3）常规测验方式。在 LISST-100X 仪器测量垂线处或测点相对水深位置处，分别按《河流悬移质泥沙测验规范》（GB/T 50159—2015）及《河流泥沙颗粒分析规程》（SL 42—2010）要求，采取含沙量和颗粒级配分析水样和室内处理分析。

3）比测仪器与安装要求

2004 年 2 月至 2005 年 4 月，进行了 LISST-25 型现场激光粒度分析仪比测试验。2005 年 8 月至 2006 年 12 月重点对 LISST-100X（C 型，仪器编号 1169）现场激光粒度分析仪进行系统、全面的比测试验。

（1）现场悬移质泥沙实时测量试验仪器。LISST-100X 现场激光粒度分析仪可采用无线或在线监测，在不同采集模式特定的指令下，主要测量泥沙颗粒尺寸大小分布（即含沙量、颗粒级配）、水深、水温、激光检测能量和透射率等参数。当仪器采集完毕以后，可以从仪器存储器里下载采集数据，同时可对采集数据进行处理，生成各种需要的成果、图表。

（2）参证仪器。1000cm³横式采样器。

（3）操作控制。仪器动态运行和定位，采用长江水利委员会水文测流微机操作管理系统自动控制。充分利用水文站测船和现有设备，包括实时测量仪器的安装架、铅鱼、钢索、电源、工作场所等。

在保证安全操作的条件下，尽量将 LISST-100X 实时测量仪器与横式采样器以悬吊方式安装在测船同一船舷处。要求仪器安装同一测点位置，仪器间中心距为 0.2～0.3m，相互之间不产生干扰影响；尽量避免 LISST-100X 仪器镜头处泥沙淤积而对测试信号发射产生影响（图 3.1）。

(a) LISST-25　　　　　　　　　　　　(b) LISST-100X

图 3.1　LISST 系列仪器安装图

3. 含沙量比测试验结果分析

1）动态方式比测

图 3.2 为 2006 年 3 月 24 日在汉口站起点距 780m、1200m、1700m 三条单沙垂线处，采用 LISST-100X 沿水深测量的瞬时点含沙量与传统横式采样器测量的瞬时点含沙量（图中偏离点据，下同）对比试验结果。

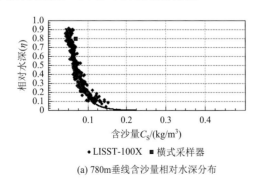
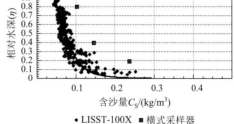

(a) 780m垂线含沙量相对水深分布　　　　　(b) 1200m垂线含沙量相对水深分布

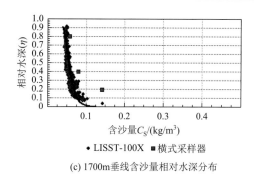

(c) 1700m垂线含沙量相对水深分布

图 3.2　LISST-100X 与传统横式采样器测量的瞬时点含沙量对比图

$\eta = y / H$，其中，y 为测点与河底的距离；H 为垂线水深

可以看出，在天然河流水沙脉动变化影响下，传统横式采样器瞬时点含沙量与 LISST-100X 仪器测量相比：传统法时而相等、时而偏大或偏小，偶然性较大。说明传统法采用有限个点含沙量的测验方式或方法，代表性不够、测验精度受到限制。

在汛期含沙量较大的条件下，LISST-100X 与传统横式采样器测量瞬时点含沙量，也表现出相同的变化特点。图 3.3 为 2006 年 8 月 24 日在汉口站相同垂线处的试验结果。在汛期含沙量相对较大的水流条件下，LISST-100X 与传统横式采样器测量瞬时点分布和量值基本接近，说明仪器测量性能和精度并没有受浓度变化的影响。

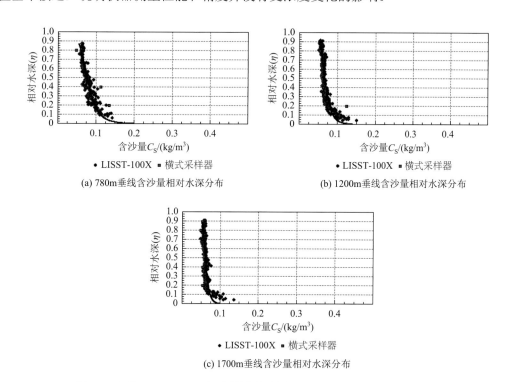

图 3.3　汛期 LISST-100X 与传统横式采样器测量的瞬时点含沙量对比图

$\eta = y / H$，其中，y 为测点与河底的距离；H 为垂线水深

可见，在天然河流水沙脉动变化影响下，LISST-100X 仪器与传统法同时在垂线上采集瞬时点含沙量，因此两种方法测量的结果较为接近，应该是正常、合理的。

但 LISST-100X 采用动态测量方式，测量点据多，"真值"代表性要比传统法好，因而可部分抵偿由含沙量脉动等因素所带来的误差影响，测验精度相对较高，技术优势特点也较为明显。

在沙市、宜昌和三峡库区等不同特性的河段，仪器与传统法对比试验结果。在水沙脉动影响条件下，由于 LISST-100X 测量与传统法的结果同为瞬时点含沙量，都存在偶然影响。因此，点含沙量偏差较大。

2）定点方式比测

（1）LISST-100X 定点测量。图 3.4 为 2006 年 3 月 24 日在汉口站起点距 780m、1200m、1700m 三条单沙垂线处，LISST-100X 在不同相对水深（0.2、0.4、0.8）处测量的 100s 时均点含沙量与传统横式采样器测量的瞬时点含沙量（图中偏离曲线，下同）对比试验结果。

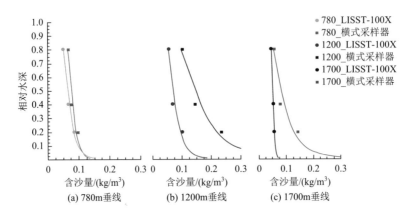

图 3.4　LISST-100X 与传统横式采样器测量瞬时点含沙量对比图

可以明显看出，同相对水深位置因 LISST-100X 为"时均点含沙量"，受脉动影响相对较小，与传统瞬时点含沙量相比偏差相对要小，是完全正常合理的。

图 3.5 为 LISST-100X 与传统横式采样器测量瞬时点含沙量对比图。同样可以看出：传统法"瞬时点含沙量"与 LISST-100X "时均点含沙量"数值和分布有较大的差异变化。

在沙市、三峡库区等特性不同的河段，LISST-100X 仪器与传统法对比试验的结果同样表现其性能特点和变化规律。横式采样器结果比 LISST-100X 时大时小，这主要是水沙脉动、测验方式等诸多因素所引起的。

（2）LISST-25 定点测量。采用实测数据拟合后，LISST-25 测量取校正常数为 75000，结果较为合理，具有一定的测量精度。但只能说明在现有数据系列中，其与传统横式采样器两者之间存在相关关系，并不等于任何水沙变化特性下都能适合用该常数换算。

如利用该常数（75000），换算 2004 年 8 月至 2005 年 4 月试验资料，结果误差较大。根据此阶段数据拟合，校正常数为 65000，对比误差较小。在实际应用中，要不断对其进行检验或校正。

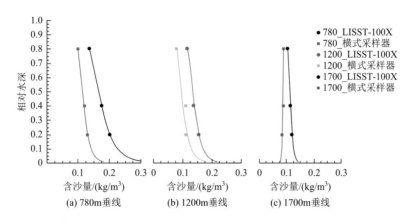

图 3.5　LISST-100X 与传统横式采样器测量瞬时点含沙量对比图

据比测试验资料分析，受天然河流泥沙组成特征等诸多因素的影响，两者之间的关系非常复杂、相关性相当弱、随机性较大，根本无法建立关系来确定"常数"。即使当前测量环境条件下求出了"常数"，用于不同时期水沙条件测量，结果又会发生变化。因此，在实际应用时需要经常对其进行率定或检验，否则，测量误差较大。

4. 颗粒级配比测试验结果分析

图 3.6 为 2006 年 3 月 24 日在汉口站起点距 780m、1200m、1700m 三条单沙垂线处，LISST-100X 在相对水深（0.2、0.6、0.8，共九点）处测量 100s 时段内的平均点颗粒级配与传统法（汉口站采用"粒仪结合法"，即粒径 0.031mm 以下的细沙颗分采用丹东 BT-1500 型离心沉降式粒度仪；粒径为 0.031～0.50mm 的泥沙仍采用传统的"粒径计法"）分析级配（图中偏离曲线，下同）对比试验结果。

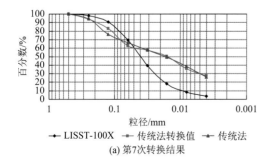

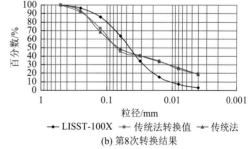

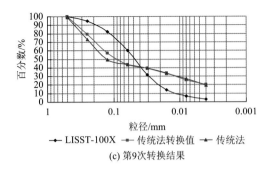

(c) 第9次转换结果

图 3.6　LISST-100X 与传统法瞬时点颗粒级配对比图（汉口站 2006 年 3 月 24 日）

可见，在 0.031～0.50mm，LISST-100X 与传统法分析结果接近，偏离程度不大；0.031mm 以下差异明显。主要原因为两种分析方法所使用的测量原理不同。激光粒度仪是以体积为基准，用等效球体来表现测量结果；传统法是以重量为基准，使用沉降原理来测量泥沙颗粒大小。

图 3.7 为 2006 年 3 月 28 日在汉口站起点距不同垂线处（以 780m、1200m、1700m 为主），LISST-100X 在相对水深（0.2、0.6、0.8）处测量 100s 时段内的平均点颗粒级配与传统法分析级配对比主要试验结果。

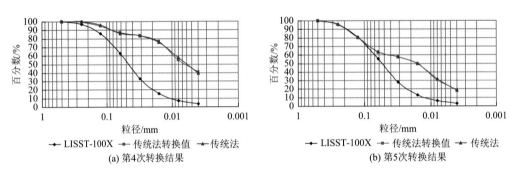

(a) 第4次转换结果　　　　　　　　　　　(b) 第5次转换结果

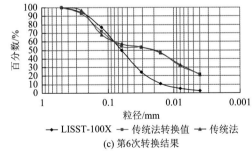

(c) 第6次转换结果

图 3.7　LISST-100X 与传统法瞬时点颗粒级配对比图（汉口站 2006 年 3 月 28 日）

图 3.8 为 2006 年 8 月 11 日在沙市站起点距 200m、500m、800m 处，LISST-100X 在

相对水深（0.2、0.6、0.8，共九点）处测量 100s 时段内的平均点颗粒级配与传统法（马尔文 MS2000 型激光粒度分析仪）分析级配对比主要试验结果。

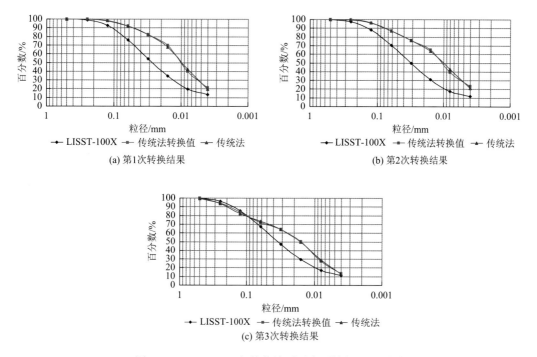

图 3.8　LISST-100X 与传统法瞬时点颗粒级配对比图

可见，两者的分布形式非常相似和接近。这首先验证了 LISST-100X 测试粒度的仪器性能是稳定、准确的，但为什么同基于激光衍射原理分析颗粒粒度的仪器相比，其结果还是存在差异呢？作者分析认为主要为"时均点级配"与"瞬时点级配"差异问题。虽然马尔文 MS2000 型与 LISST-100X 测试粒度的原理完全一样，但测试样品来源却完全不同。马尔文 MS2000 型样品完全依赖野外横式采样器采集"某瞬时点水样"，而 LISST-100X 样品为水沙脉动影响下实时采集的某时段内"时均点级配"。因此，在分布相似的前提下，LISST-100X 与马尔文 MS2000 型表现出分布形式的差异是完全正常的。

在宜昌站、三峡库区庙河站采用三条垂线相对水深（0.2、0.6、0.8，共三点）分层混合水样，LISST-100X 与传统法（马尔文 MS2000 型激光粒度分析仪）分析级配对比主要试验结果表明，在三峡工程蓄水库区水沙运动特性发生了较大改变的条件下，由于级配组成的颗粒粒径单一，分布出现异形变化，LISST-100X 测试"时均点级配"较为客观地反映了这一变化特性。但由于传统法"瞬时点级配"的代表性不足，分析结果差异较大。

3.1.3　入海悬移质输沙率监测新技术

徐六泾以下潮流河段的泥沙特性及运动规律极为复杂，不但受进入河口的来水来沙条件影响，还随潮汐、潮流周期性变化。

1. 监测设备和方法

目前我国绝大部分水文测站仍采用瞬时式或积时式悬移质采样器,以汲取水样的方式进行输沙率测验。这种测验手段过程烦琐,效率低下,无法达到自动化。

河流悬移质泥沙监测新仪器,如 OBS 和 LISST 等,虽然可以快速、直接自记水流测点含沙量和泥沙颗粒级配、平均粒径、水深、水温等特征值,但这些仪器的标定较复杂,如 OBS 传感器的反应函数取决于颗粒粒径,且超过一定范围后,与浓度是非线性的关系。同时,光学传感器对水生生物污垢问题极其敏感,在水生生物具有高度繁殖能力的河口地区,收集的数据通常只有前几天是有用的。另外,这些仪器只能进行单点测量,尚不能直接应用于像长江口这样宽阔断面的含沙量测量。

从声学多普勒流速剖面仪测流原理可知,ADCP 输出数据中含有声学后向散射的信息,使 ADCP 具备了估算整个垂线(定点测量)或断面(走航测量)悬沙浓度的潜力。

2. 比测情况

1)测站基本情况

徐六泾水文站遥测系统由四只遥测浮标、一个平台中继站和接收中心站组成。2#测流平台及测流浮标实物见图 3.9。徐六泾水文断面潮流量测验垂线分布见图 3.10。

图 3.9　2#测流平台及测流浮标实物图

2)主要技术要求

(1)固定垂线测船在平台或浮标附近指定位置抛锚,断面测量时动船整点来回观测。

(2)考虑分析的样本数需要,每 30min 取样一次,取样采用横式采样器,水样容积 2000mL,采用烘干称重法计算测点含沙量和垂线平均含沙量。取样时用 ADCP 记录流速和声散射强度,同时启动 OBS-3A 和 LISST-100 记录数据。

(3)在不同测次中,分别采用 1200K、600K、300K 的 ADCP 仪器,并外接 DGPS 定位系统,同步记录数据,探讨不同频率 ADCP 的测沙精度。

(4)ADCP 记录坐标、流速、流向、回声强度、方向、姿态、水温、好信号数等。记录本除记录常规信息如测量时间、文件名等外,还必须记录每个采样的信号序号(ensemble number),以便在 PDT 软件中用来与 OBS 或水样信号匹配。

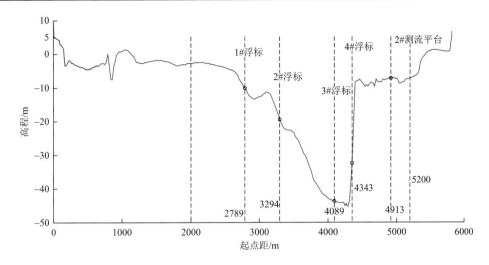

图 3.10　徐六泾水文断面潮流量测验垂线分布图

3）测验时间

根据对仪器设备以及软件的掌握程度和水情的实际情况，具体测验时间做了一些调整，分别为 2007 年 9～10 月（中水期，后称"200709 测次"）、2008 年 1 月（枯水期，后称"200801 测次"）和 2008 年 8 月（汛期，后称"200808 测次"）。

4）实测含沙量范围

三个测次水样分析的含沙量特征值统计见表 3.1。徐六泾河段含沙量不大，一般在 $500g/m^3$ 以下，最大值发生在 2008-08-21（13:04），2#浮标处底层含沙为 $710g/m^3$。

3. 比测精度分析

1）测点含沙量的精度

测点含沙量的比较分析一定程度上能反映 ADCP 的测沙精度，可用来评估 PDT 软件各种标定方法的计算精度。本项计算以采集水样的室内分析成果作为标准值（或称"真值"）。

计算过程中，以取样时的水深和时间为基准，在 ADCP 的输出文件中插补出匹配取样点的 ADCP 计算出的含沙量。若取样点在 ADCP 盲区内，则最上层（约水面下 0.5m 处），以 ADCP 第一个有效信号计算出的成果代替，最底层（约泥面上 0.5m 处）以最后一个有效信号计算出的成果代替。统计分析时，以水体中有 ADCP 信号的四层（即 0.2H[①]、0.4H、0.6H、0.8H）为一节，而表层、底层独立成一节，详述如下。

（1）表层含沙量精度。表层（约水面下 0.5m）实际上处在 ADCP 的盲区内，本书以第一个有效信号的成果代替，汛期、中水期、枯水期拟合公式及样本特征统计见表 3.1。

由表 3.1 可知，除 200801 测次 2#浮标处拟合关系稍差外（$R^2 = 0.7$），其余几个测次相关度均较高，ADCP 估算值呈偏大的趋势。中误差为平均含沙量的 14%～25%，偏大。

_____

① H 指从河底开始起算的水深。

表 3.1　表层含沙量特征值统计

地点	测次	拟合公式 （x 轴为水样分析成果）	总样本/个	水样分析＞ADCP 计算值样本		ADCP 计算值＞ 水样分析样本		平均含沙 量/(g/m³)	中误差 /(g/m³)
				个数/个	占比	个数/个	占比		
2#平台	200709 测次	$y = 0.9407x + 6.5832$ $R^2 = 0.9249$	84	41	49%	43	51%	126.3	18.6
3#浮标		$y = 0.9614x + 17.356$ $R^2 = 0.9066$	66	18	27%	48	73%	160.3	35.6
2#平台	200801 测次	$y = 1.0779x - 0.4509$ $R^2 = 0.9119$	88	24	27%	64	73%	87.0	14.6
2#浮标		$y = 0.9871x - 1.6981$ $R^2 = 0.7$	86	47	53%	39	47%	102.7	25.0
2#平台	200808 测次	$y = 1.0112x + 4.3855$ $R^2 = 0.8104$	81	23	28%	58	72%	86.6	12.4

（2）中间层含沙量精度。中间层指 0.2H、0.4H、0.6H、0.8H 四层，这四层基本上均有实测有效 ADCP 信号与水样成果一一对应。由表 3.2 可知，无论是 2#平台，还是在 2#（3#）浮标处，标定计算值与实测值的含沙量离散量很小，相关度极高。再从样本数统计来看，计算值大于实测值（水样分析）与实测值大于计算值的样本数几乎各占 50%，说明在有效 ADCP 信号的中间水层，两者之间不存在系统偏差。中误差为平均含沙量的 8%～13%，较好。

表 3.2　中间层含沙量精度

地点	测次	拟合公式 （x 轴为水样分析成果）	总样本/个	水样分析＞ADCP 计算值样本		ADCP 计算值＞水 样分析样本		平均含沙 量/(g/m³)	中误差 /(g/m³)
				个数/个	占比	个数/个	占比		
2#平台	200709 测次	$y = 0.9585x + 5.0144$ $R^2 = 0.9548$	336	165	49%	171	51%	140.0	15.3
3#浮标		$y = 0.9426x + 10.113$ $R^2 = 0.9591$	260	128	49%	132	51%	186.7	24.1
2#平台	200801 测次	$y = 0.9575x + 4.1057$ $R^2 = 0.965$	352	170	48%	182	52%	100.5	9.7
2#浮标		$y = 0.9252x + 9.94$ $R^2 = 0.9316$	344	171	50%	173	50%	137.3	17.8
2#平台	200808 测次	$y = 0.8933x + 11.131$ $R^2 = 0.903$	324	162	50%	162	50%	103.9	9.12

（3）底层含沙量精度。ADCP 所测底层含沙量为最后一个有效信号直接计算所得，与表层含沙量一样，其值与水样分析的成果相关度也比较高。表 3.3 表明，ADCP 计算成果要稍小于水样分析成果。中误差为平均含沙量的 10%～22%。

表 3.3 底层含沙量精度

地点	测次	拟合公式 (x 轴为水样分析成果)	总样本/个	水样分析>ADCP 计算值样本		ADCP 计算值>水样分析样本		平均含沙量/(g/m³)	中误差/(g/m³)
				个数/个	占比	个数/个	占比		
2#平台	200709 测次	$y = 0.939x + 7.0028$ $R^2 = 0.9044$	84	49	58%	35	42%	146.9	22.8
3#浮标		$y = 0.8716x + 6.2999$ $R^2 = 0.9173$	66	47	71%	19	29%	218.4	47.7
2#平台	200801 测次	$y = 0.8841x + 6.1379$ $R^2 = 0.9211$	88	59	67%	29	33%	114.5	19.1
2#浮标		$y = 0.8784x + 9.9394$ $R^2 = 0.8933$	86	59	69%	27	31%	177.7	34.0
2#平台	200808 测次	$y = 0.885x + 10.078$ $R^2 = 0.8686$	81	53	65%	28	35%	124.6	13.5

2）垂线平均含沙量的精度

（1）不同水情（中、枯、洪）下成果的精度。中水期（200709 测次），垂线平均含沙量为 41～583g/m³，由表 3.4 可知，误差在±5%以内的样本占 79.7%，误差在±10%以内的样本占 95.3%；枯水期（200801 测次），垂线平均含沙量为 35～305g/m³，误差在±5%以内的样本占 71.2%，误差在±10%以内的样本占 93.8%；洪水期（200808 测次），垂线平均含沙量为 52～265g/m³，误差在±5%以内的样本占 68.3%，误差在±10%以内的样本占 90.7%。三种水情下 ADCP 所得垂线平均含沙量均达到很高的精度，且误差基本呈正态分布。因此可以认为，只要有足够的标定样本(一般四点以上)，使用 PDT 软件所得的 ADCP 测沙成果是可信的。

表 3.4 不同水情下 ADCP 测沙垂线平均含沙量精度

测次	项目	误差范围/%									
		<−20	−20～−10	−10～−5	−5～−2	−2～2	2～5	5～10	10～20	>20	未收敛
200709 测次	样本数/个	0	5	20	30	161	48	27	9	0	0
	比例/%	0.0	1.7	6.7	10.0	53.7	16.0	9.0	3.0	0.0	0.0
200801 测次	样本数/个	0	3	23	33	111	39	35	13	0	0
	比例/%	0.0	1.2	8.9	12.8	43.2	15.2	13.6	5.1	0.0	0.0
200808 测次	样本数/个	0	3	13	11	75	24	23	11	1	0
	比例/%	0.0	1.9	8.1	6.8	46.6	14.9	14.3	6.8	0.6	0.0

注：比例为四舍五入结果，本书余同。

（2）不同潮型（大、中、小）下成果的精度。不同水情下，ADCP 取得了精度较高的成果，即 ADCP 不因水情的变化而在计算含沙量上出现不可控的结果。不同潮型下成果的精度分析仅以 200801 测次为例（表 3.5），其余测次精度类似。

表 3.5　不同潮型下 ADCP 测沙垂线平均含沙量精度（200801 测次）

潮型	项目	误差范围/%									
		<−20	−20~−10	−10~−5	−5~−2	−2~2	2~5	5~10	10~20	>20	未收敛
大潮	样本数/个	0	0	6	10	29	15	13	7	0	0
	比例/%	0.0	0.0	7.50	12.5	36.25	18.75	16.25	8.75	0.0	0.0
中潮	样本数/个	0	2	9	12	43	11	14	6	0	0
	比例/%	0.0	2.1	9.3	12.4	44.3	11.3	14.4	6.2	0.0	0.0
小潮	样本数/个	0	1	5	15	40	12	7	0	0	0
	比例/%	0.0	1.25	6.25	18.75	50.00	15.00	8.75	0.0	0.0	0.0

大潮时，平均含沙量为 $55\sim292\text{g/m}^3$，误差在 $\pm5\%$ 以内的样本占 67.5%，误差在 $\pm10\%$ 以内的样本占 91.3%；中潮时，平均含沙量为 $71\sim305\text{g/m}^3$，误差在 $\pm5\%$ 以内的样本占 68.0%，误差在 $\pm10\%$ 以内的样本占 91.7%；小潮时，平均含沙量为 $35\sim163\text{g/m}^3$，误差在 $\pm5\%$ 以内的样本占 83.8%，误差在 $\pm10\%$ 以内的样本占 98.8%。三种潮型下 ADCP 所得垂线平均含沙量均达到很高的精度，且误差呈正态分布。因此可以认为，ADCP 测沙成果不因潮型的变化而在精度上有差异。

（3）不同位置（2#平台、3#浮标）下成果的精度。因 3#浮标处水深较深（45m）且在航道边缘，因此仅 200709 测次在该处布置了比测垂线，后两个测次，出于安全考虑，改测 2#浮标北（15m）。3#浮标处与 2#平台水深差异最大，故不同位置下的成果精度选用 200709 测次予以分析。200709 测次，2#平台处垂线平均含沙量为 $41\sim293\text{g/m}^3$，而 3#浮标处为 $48\sim583\text{g/m}^3$，3#浮标处的含沙量明显较大。从所得结果看（表 3.6），2#平台处，误差在 $\pm5\%$ 以内的样本占 83.9%，误差在 $\pm10\%$ 以内的样本占 97.1%；3#浮标处，误差在 $\pm5\%$ 以内的样本占 74.5%，误差在 $\pm10\%$ 以内的样本占 93.3%。2#平台处成果稍好于 3#浮标处，但精度显然还在同一个平台上。可见，ADCP 测沙成果不因位置的变化而在精度上有明显的差异。

表 3.6　不同位置处 ADCP 测沙垂线平均含沙量精度（200709 测次）

地点	项目	误差范围/%									
		<−20	−20~−10	−10~−5	−5~−2	−2~2	2~5	5~10	10~20	>20	未收敛
2#平台	样本数/个	0	0	1	9	94	37	21	5	0	0
	比例/%	0.0	0.0	0.6	5.4	56.3	22.2	12.6	3.0	0.0	0.0
3#浮标	样本数/个	0	5	19	21	67	11	6	4	0	0
	比例/%	0.0	3.8	14.3	15.8	50.4	8.3	4.5	3.0	0.0	0.0

（4）不同 ADCP 仪器之间结果的比较（300K，600K）。200801 测次，曾在 2#浮标处，同一条测船的两侧分别绑定两台不同频率的 ADCP，同步进行 ADCP 测沙试验，后处理采用同一水样分析成果标定。两种不同频率的 ADCP 仪器所得含沙量逐时过程线基本重叠，一致性较好，600K 平均含沙量为 138.25g/m^3，300K 的为 139.55g/m^3，两种仪器 84 个样本之间的中误差为 8.87g/m^3，约为平均含沙量的 6.4%。若以 600K 计算成果为基准，300K 的与之相比，误差分布见表 3.7。其中误差在 $\pm5\%$ 以内的样本占 69.1%，误差

在±10%以内的样本占 92.9%。可见，ADCP 测沙成果在 300K 和 600K 两种频率之间，精度上没有明显差异。

表 3.7　不同频率 ADCP 测沙垂线平均含沙量精度（200801 测次，2#浮标处）

项目	误差范围/%								
	<−20	−20～−10	−10～−5	−5～−2	−2～2	2～5	5～10	10～20	>20
样本数/个	0	2	8	10	34	14	12	4	0
比例/%	0.0	2.4	9.5	11.9	40.5	16.7	14.3	4.8	0.0

3.1.4　长江上游悬移质泥沙实时监测新技术

近年来,随着以三峡水库为核心的长江上游水库群逐步建成,水库群防洪与综合利用、梯级水库间的蓄泄矛盾也逐步显现。水库泥沙淤积是水库科学调度所面临的重要技术问题之一。目前,泥沙测验方法以传统的悬移质输沙及颗粒级配测验方法为主,其观测时间长,不能快速及时计算入库泥沙量及库尾河段冲淤量,难以满足水库实时调度的需要。要及时准确掌握水库冲淤变化规律,急需研究更为精密的测量仪器、先进的测量技术以及相应高效准确的分析研究方法。从 2010 年开始,长江水利委员会水文局围绕三峡水库泥沙实时调度的要求,在三峡水库上游干、支流主要控制站开展了悬移质泥沙实时监测新技术研究。

1. 泥沙监测站概况

寸滩站为长江上游干流来沙和泥沙进入三峡水库的控制站,嘉陵江的北碚站、乌江的武隆站为支流进入三峡水库的控制站,清溪场站为三峡库区的主要控制站,朱沱站为上游干流控制站。选定上述五站开展浊度与含沙量的比测试验,构建三峡水库入库泥沙监测站网,并进行泥沙实时监测,可控制库区主要干支流入库泥沙。

2. 入库泥沙监测仪器比选

为了满足三峡水库悬移质泥沙实时监测的需要,入库泥沙监测仪器必须快速、高效且工作曲线稳定,便于率定。

LISST-100X 虽然可在现场施测悬移质泥沙颗粒级配、含沙量、水深等参数,但存在一些不足:①当悬沙粒径较细、含沙量较大时,LISST-100X 将会失效（测量不到数据）。②操作要求高。仪器体积较大,光程缩短器的安装对成果质量影响较大,仪器安装难度较大。③在洪水期间,三峡上游水体中漂浮物较多,明显影响该仪器的测量精度。④近年来三峡入库悬移质泥沙颗粒粒径明显变细,洪水期间水流含沙量较大,最大可达 20kg/m^3 以上,这些因素均制约了 LISST-100X 在三峡入库悬移质泥沙实时监测中的使用。

OBS 浊度计通过观测水体浊度间接推求含沙量,其存在的主要问题有:①测量参数少,仅能施测浊度。②浊度与含沙量关系难以确定。由于天然水体浊度受泥沙、气泡、有机质、颗粒的形状和颜色等诸多因素影响,确定一个稳定的浊度与含沙量关系比较困难。

通过调研发现，基于比浊法原理工作的浊度仪采用比率检测技术，可得到良好的线性关系、校准稳定性以及在存在色度的情况下进行浊度测量。利用比率检测技术，其浊度测量精度更高，测量范围更宽。

3. 含沙量回归模型及精度分析

1）模型框架

根据收集的比测资料，经过分析，本书考虑不同水力泥沙因子对含沙量的影响，提出三类不同的含沙量非线性回归模型，并根据模型确定性系数、模型推算单沙的精度、模型推算沙峰含沙量的误差范围、模型推算月输沙量及模型的简易程度等进行模型优选。

第一类为浊度-含沙量非线性模型（Turb-SSC 模型），仅利用 Turb 作为输入；第二类为浊度-流量-含沙量模型（Turb-Q-SSC 模型），在 Turb-SSC 模型的基础上，考虑了 Q 的影响，其输入为 Turb 及 Q；第三类为浊度-流量-级配特征参数-含沙量模型（Turb-Q-PSD-SSC 模型），在 Turb-Q-SSC 模型的基础上，考虑了不同泥沙级配组成对含沙量的影响，其输入为 Turb、Q 及 PSD（表征泥沙颗粒级配峰度变化的指标）。PSD 的定义如下：

$$\text{PSD} = \frac{\sum_{i=1}^{n}(P_i - \bar{P})^4}{S^4(n-1)} \tag{3.1}$$

$$\bar{P} = \frac{1}{n}\sum_{i=1}^{n}P_i \tag{3.2}$$

$$S = \sqrt{\frac{1}{n-1}\sum_{i=1}^{n}(P_i - \bar{P})^2} \tag{3.3}$$

式中，P_i 为小于某粒径占比，%；i 为粒径级数。

2）建模步骤

建模的步骤如下。

（1）设置指标变量（自变量）。根据与含沙量相关的水力因素，模型可挑选 Turb、Q、PSD 作为指标变量。利用不同的指标变量组合构建不同的模型。

（2）收集、整理比测数据。收集整理朱沱、寸滩等五站 2011～2013 年 Turb、SSC、Q、PSD 实测资料，通过编制相应的数据处理程序、数据库软件、水文资料整编系统等软件，进行资料整理。对于具有异方差的数据，应进行方差稳定性变换，对数据进行处理。

（3）确定理论回归模型的数学形式。根据各水力因素的物理意义，确定理论回归模型的数学形式。如果无法根据所获信息确定模型的形式，可采用不同的形式进行计算机模拟，对于不同的模拟结果，选择较好的一个为理论模型。

（4）模型参数的估计。理论回归模型确定后，利用收集、整理的样本数据估计模型的未知参数。未知参数的估计方法最常用的有普通最小二乘法、岭回归、主成分回归、偏最小二乘估计等。

（5）模型的检验与修改。理论回归模型的检验采用统计检验和模型物理意义的检验。统计检验：对回归方程、回归系数进行显著性检验，随机误差项的序列相关检验、异方差性检验、解释变量的多重共线性检验等。物理意义的检验：根据水力因素的实际情况进行检验，如含沙量不能为负值，若建立的模型计算结果出现了负值，即便模型通过了所有的统计检验，也是一个不合理的模型，需重新修改完善。

（6）回归模型的应用。利用建立的回归模型，通过施测 Turb、Q 等，可推求 SSC，用于三峡水库泥沙预报的实时校正。

（7）模型优选及评价。上述各站含沙量回归模型汇总一览见表 3.8。

表 3.8　含沙量回归模型汇总一览表

测站	模型形式	模型方程	适用范围	优选模型	备选模型
朱沱	Turb-SSC	$\lg SSC = 0.109\lg Turb^4 - 1.138\lg Turb^3$ $+ 4.149\lg Turb^2 - 5.217\lg Turb + 3.318$	$13.3\,NTU \leqslant Turb \leqslant 11000\,NTU$	Turb-SSC	—
	Turb-Q-SSC	$SSC = 0.666\,Turb^{0.723}Q^{0.253}$	$2900\,m^3/s \leqslant Q \leqslant 49900\,m^3/s$		
	Turb-Q-PSD-SSC	$SSC = 7.283\,Turb^{0.799}Q^{0.017}PSD^{-1.182}$	$1.285 \leqslant PSD \leqslant 2.232$		
寸滩	Turb-SSC	$\lg SSC = 0.067\lg Turb^4 - 0.791\lg Turb^3$ $+ 3.283\lg Turb^2 - 4.788\lg Turb + 3.796$	$13.4\,NTU \leqslant Turb \leqslant 10527\,NTU$	Turb-Q-PSD-SSC	Turb-SSC
	Turb-Q-SSC	$SSC = 2.291\,Turb^{0.751}Q^{0.098}$	$4140\,m^3/s \leqslant Q \leqslant 65900\,m^3/s$		
	Turb-Q-PSD-SSC	$SSC = 0.332\,Turb^{0.728}Q^{0.262}PSD^{0.734}$	$1.403 \leqslant PSD \leqslant 2.641$		
清溪场	Turb-SSC	$\lg SSC = -0.082\lg Turb^4 + 0.863\lg Turb^3$ $- 3.307\lg Turb^2 + 6.394\lg Turb - 3.11$	$9.5\,NTU \leqslant Turb \leqslant 6721.7\,NTU$	Turb-SSC	—
	Turb-Q-SSC	$SSC = 0.195\,Turb^{0.82}Q^{0.27}$	$5810\,m^3/s \leqslant Q \leqslant 65400\,m^3/s$		
	Turb-Q-PSD-SSC	$SSC = 0.407\,Turb^{0.833}Q^{0.21}PSD^{-0.371}$	$1.155 \leqslant PSD \leqslant 2.476$		
北碚	Turb-SSC	$\lg SSC = 0.0265\lg Turb^4 - 0.3276\lg Turb^3$ $+ 1.3902\lg Turb^2 - 1.398\lg Turb + 1.4618$	$3.74\,NTU \leqslant Turb \leqslant 19538\,NTU$	Turb-Q-SSC	Turb-SSC
	Turb-Q-SSC	$SSC = 0.689\,Turb^{0.861}Q^{0.160}$	$281\,m^3/s \leqslant Q \leqslant 35700\,m^3/s$		
	Turb-Q-PSD-SSC	$SSC = 3.298\,Turb^{0.818}Q^{0.122}PSD^{-1.522}$	$1.287 \leqslant PSD \leqslant 2.404$		
武隆	Turb-SSC	$\lg SSC = 0.0045\lg Turb^4 - 0.1077\lg Turb^3$ $+ 0.489\lg Turb^2 + 0.2688\lg Turb + 0.4018$	$2.41\,NTU \leqslant Turb \leqslant 2774\,NTU$	Turb-SSC	—
	Turb-Q-SSC	$SSC = 0.976\,Turb^{0.819}Q^{0.166}$	$342\,m^3/s \leqslant Q \leqslant 6510\,m^3/s$		
	Turb-Q-PSD-SSC	$SSC = 0.448\,Turb^{0.811}Q^{0.214}PSD^{0.689}$	$1.062 \leqslant PSD \leqslant 2.147$		

注：备选模型为优选模型因输入因子不齐而无法使用时，进行含沙量推算的模型；Turb 为浊度，NTU；Q 为流量，m^3/s；SSC 为含沙量，g/m^3；PSD 为表征级配特征的参数，无量纲。

图 3.11 绘制了寸滩站 2011 年 Turb-Q-PSD-SSC 模型推算单沙与实测单沙对比，从图中可见，两者峰谷相应，拟合效果较好。

表 3.9 统计了 2011～2013 年寸滩站采用 Turb-Q-PSD-SSC 非线性回归模型推算单沙的精度。从表中可见，2011～2013 年系统误差为 $0.018kg/m^3$，标准差为 $0.201kg/m^3$；各年沙峰含沙量推算误差为 $-0.970～0.176kg/m^3$。

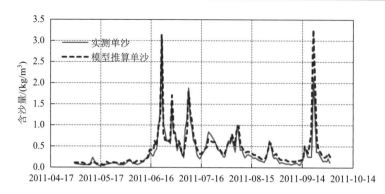

图 3.11　寸滩站 2011 年 Turb-Q-PSD-SSC 模型推算单沙与实测单沙对比图

表 3.9　寸滩站 Trub-Q-PSD-SSC 非线性回归模型推算单沙精度统计表（单位：kg/m³）

年份	系统误差	标准差	沙峰含沙量			
			时间	实测值	推算值	误差
2011 年	0.065	0.146	06-22 8:21	3.100	3.120	0.020
2012 年	−0.026	0.265	09-06 18:00	5.960	4.990	−0.970
2013 年	0.029	0.132	07-13 8:00	6.290	6.470	0.176
2011~2013 年	0.018	0.201	—	—	—	—

　　另外，根据比测结果，朱沱站 2011~2013 年利用 Turb-SSC 一元非线性回归模型推算单沙与实测单沙的过程对比，两者峰谷相应，拟合效果较好。系统误差为 0.006kg/m³，标准差为 0.171kg/m³；各年沙峰含沙量推算误差为−0.470~0.446kg/m³。

　　清溪场站 2011 年、2013 年推算单沙与实测单沙过程线峰谷相应，拟合效果较好，但 2012 年的拟合效果欠佳；2011~2013 年系统误差为−0.014kg/m³，标准差为 0.260kg/m³；各年沙峰推算误差为−0.752~0.010kg/m³。北碚站推算单沙与实测单沙峰谷相应，拟合效果较好；系统误差为 0.010kg/m³，标准差为 0.281kg/m³；各年沙峰含沙量推算误差为−0.320~0.556kg/m³。武隆站推算单沙与实测单沙过程峰谷相应，拟合效果较好；系统误差为−0.002kg/m³，标准差为 0.024kg/m³；各年沙峰含沙量推算误差为−0.058~0.040kg/m³。

3.2　临底悬沙观测新技术

　　目前，悬移质泥沙测验测量范围多是在距河底 0.2 倍水深以上，而距河底 0.2 倍水深以下至河床的泥沙，就是介于悬沙与床沙之间的部分临底泥沙，部分泥沙不仅属于底边界的组成部分，而且直接关系悬移质泥沙量的计算，影响泥沙测量精度。

3.2.1　临底悬沙采样仪器

　　新仪器研制采用横式采样器与铅鱼组合的方式（图 3.12）。选用双管垂直连接式（河底上 0.1m 和河底上 0.5m 两管），双管同步取样，开关联动布置。采样器器盖采用触及河底立即关闭的结构式，可有效防止仪器放到床面后扰动河床，以使测得的临底悬沙真实可靠。为减少采样器因重力下放陷入淤泥中的可能，在采样器底部加装一护板（活动的，可拆卸），护板的作用主要是增大对软质床面的承压面，使之不易下陷，以防止泥浆涌入采样区域。

图 3.12　双管垂直连接型临底悬沙采样器

3.2.2　临底悬沙观测的主要内容

1. 流速（流量）测验

临底悬沙试验采用多线多点法，根据测站的具体情况布置流速测点，同时视水位和河宽变化实际情况，对某些水边垂线进行取舍。

2. 悬沙测验

悬沙测验垂线布置与流速流量测验相同，采样时在垂线相对位置 1.0、0.8、0.4、0.2 处采用常规横式采样器取样，而垂线相对位置 0.1、距床面 0.5m 和距床面 0.1m 处则用临底悬沙采样器取样。每次在取悬移质含沙量水样的同时，另取一套作为悬移质颗分水样。

3. 床沙测验

床沙测验需与每次临底悬沙测验配套进行。

3.2.3　临底悬沙试验成果分析

1. 流速垂向分布概化

各站临底多点法垂线相对流速（$V_\eta / \overline{V}$）与相对水深可表示为

$$V_\eta = V_{max} - (H^2 / 2P)(\eta - \eta_{max})^2 \tag{3.4}$$

式中，V_η 为同一相对水深 η 处的横向平均流速；V_{max} 为垂线上最大测点流速；η 为垂线上测点的相对水深值；η_{max} 为垂线上最大测点流速处的相对水深；H 为垂线水深；P 为参数。

上式可转化为

$$\frac{V_\eta}{V_{max}} = 1 - k(\eta - \eta_{max})^2 \tag{3.5}$$

式中，$k = \dfrac{H^2}{2PV_{max}}$。采用最小二乘法建立每一测次过原点的关系线，其斜率即为流速分布曲线公式的系数。

概化垂线平均流速沿水深基本呈指数分布规律。流速垂线曲线可表示为

$$V_\eta = K\eta^{\frac{1}{m}} \tag{3.6}$$

式中，η 为垂线上测点的相对水深值；V_η 为同一相对水深 η 处的横向平均流速；K 为系数；$\dfrac{1}{m}$ 为指数。则概化垂线平均流速为

$$V_{cp} = \int_0^1 k\eta^{\frac{1}{m}} \mathrm{d}\eta = K\frac{m}{1+m} \tag{3.7}$$

可转化为

$$\frac{V_\eta}{V_{cp}} = \left(1 + \frac{1}{m}\right)\eta^{\frac{1}{m}} \tag{3.8}$$

式（3.8）两边同取对数，可根据实测资料采用最小二乘法建立每一测次关系直线，其直线斜率即为流速分布曲线公式的指数 $1/m$，从而得到各单一测次流速概化曲线公式参数。图 3.13 为清溪场站和监利站概化垂线相对流速与相对水深关系综合曲线图。

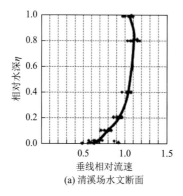
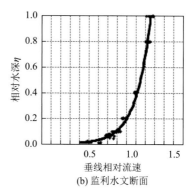

图 3.13　清溪场站与监利站概化垂线相对流速与相对水深关系综合曲线图

2. 含沙量垂向分布概化

由横算法计算出 η 水深处含沙量 $C_{s\eta}$ 后，按粒径分成下列各组：

（1）d_i 组，d_1：$\geqslant 1.0$mm；d_2：$1.0 \sim 0.5$mm；d_3：$0.5 \sim 0.25$mm；d_4：$0.25 \sim 0.125$mm；d_5：$0.125 \sim 0.062$mm；d_6：$0.062 \sim 0.031$mm；d_7：< 0.031mm。

（2）全沙：$C_{s\eta(全)}$。

（3）床沙质：$\geq d_c$。

（4）冲泻质：$< d_c$。

由实测资料计算 $C_{s\eta(全)}$，设 $C_{s\eta - d_i}$ 与 $C_{s\eta - d_c(床)}$ 分别为全沙中 d_i 组与临界粒径 d_c 以上床沙质含沙量，$\Delta P_{\eta - d_i}\%$ 与 $\Delta P_{\eta - d_c}\%$ 分别为概化垂线 d_i 组与临界粒径 d_c 以上床沙质质量分数，则有

$$C_{s\eta - d_i} = C_{s\eta(全)} \times \Delta P_{\eta - d_i}\%$$
$$C_{s\eta - d_c(床)} = C_{s\eta(全)} \times \Delta P_{\eta - d_c}\% \tag{3.9}$$

其中，床沙质和冲泻质分界粒径确定方法为：在床沙级配曲线右端小于 10%范围图中，已出现明显拐点的相应床沙粒径为 d_c，作为悬移质中床沙质与冲泻质的划分粒径，大于等于 d_c 为床沙质。在床沙级配曲线右端小于 10%范围图中，若无明显拐点，则取曲线上与纵坐标 5%相应的粒径为 d_c。库区一般可取为 0.01～0.02mm（采用内插求得），长江中下游一般可取 0.1mm，具体可据资料分析确定。

含沙量分布一般可表示为

$$C_{s\eta(全)} \text{ 或 } C_{s\eta - d_c(床)} = r\left[\frac{1}{\eta} - 1\right]^z \tag{3.10}$$

式中，r 为系数；z 为指数。

经转化：

$$\frac{C_{s\eta(全)}}{C_{s0.2(全)}} \text{ 或 } \frac{C_{s\eta - d_i}}{C_{s0.2 - d_i}} \text{ 或 } \frac{C_{s\eta - d_c(床)}}{C_{s0.2 - d_c(床)}} = \left[\frac{1}{0.2} - 1\right]^{-z} \times \left[\frac{1}{\eta} - 1\right]^z = a\left[\frac{1}{\eta} - 1\right]^z \tag{3.11}$$

式中，$C_{s0.2(全)}$、$C_{s0.2 - d_c(床)}$、$C_{s0.2 - d_i}$ 分别为计算得到的相对水深 0.2 处的全沙、床沙、第 i 组粒径沙的含沙量。

按上述方法求出各站单一测次分组粒径概化曲线公式中的系数与指数，根据全年所有测次求得各站的综合概化曲线公式参数。

图 3.14 为 2006～2007 年临底多点法测验计算的宜昌站与监利站概化垂线相对含沙量与相对水深关系综合曲线。从图中可以看出，相对水深相同时，在距河底 0.2 倍水深以下，相对含沙量点比较散乱，说明近底层泥沙脉动程度较水面层大。在相对水深 0.1 至近河床 0.1m 处的含沙量明显加大。

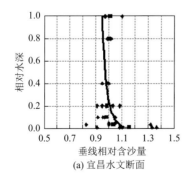
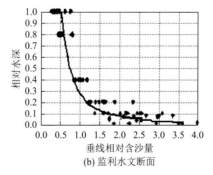

图 3.14　宜昌站与监利站概化垂线相对含沙量与相对水深关系综合曲线图

3.2.4 输沙量改正计算

1. 输沙量改正系数计算

输沙量改正系数为综合概化曲线公式按积分法所计算的输沙量与按规范规定的方法得出的输沙量的比值。

由于流速及含沙量部分概化的不同，输沙量改正系数计算选用不同公式进行计算。长江清溪场站计算式为

$$\theta_{d_i} = \int_A^1 [1 - k(\eta - \eta_{\max})^2] \times \left(\frac{1}{\eta} - 1\right)^{z'} \mathrm{d}\eta / X = E / X$$

$$\theta_{d_{c(\text{床})}} = \int_A^1 [1 - k(\eta - \eta_{\max})^2] \times \left(\frac{1}{\eta} - 1\right)^{z'} \mathrm{d}\eta / X = E / X \tag{3.12}$$

长江监利站计算式为

$$\theta_{d_i} = \int_A^1 \eta^{\frac{1}{m'}} \left(\frac{1}{\eta} - 1\right)^{z'} \mathrm{d}\eta / X = E / X$$

$$\theta_{d_{c(\text{床})}} = \int_A^1 \eta^{\frac{1}{m'}} \left(\frac{1}{\eta} - 1\right)^{z'} \mathrm{d}\eta / X = E / X \tag{3.13}$$

式中，θ_{d_i} 为 d_i 组泥沙输沙量改正系数；$\theta_{d_{c(\text{床})}}$ 为 $d_{c(\text{床})}$ 组床沙质输沙量改正系数；z' 为待定系数；相对水深 A 值，一般认为是悬移质泥沙层与沙质推移泥沙层的分界点，爱因斯坦提出 $A = \dfrac{2\overline{D}}{h}$ [对概化垂线来说，h 为断面平均水深，$\overline{D}$ 为近河底（$y = 0.1\text{m}$）处悬移质泥沙 d_i 组的平均粒径]。对水深较大的河流，A 值是极其微小的，可取为 0。

E 可采用数值积分方法近似求值,将积分区间 0~1 平均分为 1000 份可基本接近真值。X 计算公式为

$$X = \sum_\eta K'_\eta [1 - k(\eta - \eta_{\max})^2] \left(\frac{1}{\eta} - 1\right)^{z'} \tag{3.14}$$

E 也可采用下式计算：

$$E = \int_A^1 \eta^{\frac{1}{m'}} \left(\frac{1}{\eta} - 1\right)^{z'} \mathrm{d}\eta = \frac{1 - A^M}{M} - \frac{Z'(1 - A^{M+1})}{M + 1} - \frac{Z'(Z' - 1)(1 - A^{M+2})}{2(M + 2)}$$

$$- \frac{Z'(Z' - 1)(Z' - 2)(1 - A^{M+3})}{6(M + 3)} \tag{3.15}$$

式中，$M = \dfrac{1}{m'} - Z' + 1$；$Z'$ 为系数。

则 X 按建立的综合曲线公式求得

$$X = \sum_{\eta} K'_{\eta} \eta^{\frac{1}{m'}} \left(\frac{1}{\eta} - 1 \right)^{z'} \tag{3.16}$$

X 应以临底多线多点法观测资料，按常规观测的测点计算。

由计算公式（3.12）～式（3.16）可以求出改正参数。

2. 年输沙量改正计算

输沙量采用按粒径分组与按床沙分组改正。在按粒径分组改正时，先进行分组改正，然后进行全组沙的改正。在进行床沙改正时，床沙质泥沙不分多组，只以 $d_{c(床)}$ 划分一组泥沙作改正。

1）未经改正的年输沙量计算

$$W'_{s-d_i} = W'_s \times \Delta P_{d_i}\% \tag{3.17}$$

$$W'_{s-d_{c(床)}} = W'_s \times \Delta P_{d_{c(床)}}\% \tag{3.18}$$

式中，W'_s 为悬移质泥沙（全组沙）年总输沙量整编成果；$\Delta P_{d_i}\%$、$\Delta P_{d_{c(床)}}\%$ 分别为 d_i、$d_{c(床)}$ 组泥沙的年输沙量 W'_{s-d_i}、$W'_{s-d_{c(床)}}$ 占年总输沙量 W'_s 的百分数，可从整编的年平均悬移质颗粒级配成果中得出；W'_{s-d_i}、$W'_{s-d_{c(床)}}$ 分别为未改正的 d_i、$d_{c(床)}$ 组泥沙的年输沙量。

2）改正后的分组年输沙量计算

$$W_{s-d_i} = \theta_{d_i} \cdot W'_{s-d_i} \tag{3.19}$$

$$W_{s-d_{c(床)}} = \theta_{d_{c(床)}} \cdot W'_{s-d_{c(床)}} \tag{3.20}$$

式中，W_{s-d_i} 为改正后的 d_i 组泥沙年输沙量；$W_{s-d_{c(床)}}$ 为改正后的 $d_{c(床)}$ 组床沙质年输沙量。

3）年输沙量改正值及其比值计算

（1）全组沙。

$W_{s(全)}$ 为改正后的全组沙年输沙量，则有

$$W_{s(全)} = \sum W_{s-d_i} \tag{3.21}$$

设 $\Delta W_{s(全)}$ 为全组沙年输沙量总改正值，则有

$$\Delta W_{s(全)} = W_{s(全)} - W'_s \tag{3.22}$$

全沙年改正量占改正前全组沙输沙量比值 $B_{(全)}$：

$$B_{(全)} = \frac{\Delta W_{s(全)}}{W'_s} \tag{3.23}$$

（2）床沙质部分。

设 $\Delta W_{s-d_{c(床)}}$ 为床沙质年输沙量改正值，则有

$$\Delta W_{s-d_{c(床)}} = W_{s-d_{c(床)}} - W'_{s-d_{c(床)}} \tag{3.24}$$

设 W_{sc} 为进行床沙部分改正后的全组沙年总输沙量，则有

$$W_{sc} = W'_s + \Delta W_{s-d_{c(床)}} \tag{3.25}$$

床沙质年改正量占改正前床沙质年输沙量的比值 $B_{(床)}$：

$$B_{(床)} = \frac{\Delta W_{s-d_{c(床)}}}{W'_{s-d_{c(床)}}} \tag{3.26}$$

床沙质年改正量占改正前全组沙年输沙量比值 $B_{(全)}$：

$$B_{(全)} = \frac{\Delta W_{s-d_{c(床)}}}{W'_s} \tag{3.27}$$

通过以上计算，可以得到各站年输沙量改正计算值。

2006～2007 年五个水文站输沙率对比试验分析成果表明，从输沙率修正系数和相对误差看，清溪场站、万州的万县站修正系数均为 0.98，说明该两站多测次平均输沙率测验值较多线多点法测验值偏大，清溪场站、万县站全断面输沙率相对误差分别为 3.5%、2.7%；宜昌站、沙市站、监利站修正系数分别为 1.01、1.03、1.02，均大于 1.0，说明宜昌站、沙市站和监利站多测次平均输沙率测验值较多线多点法测验值偏小，宜昌站、沙市站、监利站全断面输沙率相对误差分别为 2.2%、7.6%、11.9%。

2011 年沙市站临底常规法和临底多线多点法输沙率计算的全断面输沙率最大相对误差为 17.8%，最小为 2.48%，平均相对误差为 0.03%，平均修正系数为 1.010；粒径大于 0.1mm 部分输沙率最大相对误差为 51.5%，最小相对误差为 0.45%，平均相对误差为 10.8%，平均修正系数为 1.194。监利站全断面输沙率最大相对误差为 23.1%，最小相对误差为 2.17%，平均相对误差为 4.41%，平均修正系数为 1.056；粒径大于 0.1mm 部分输沙率最大相对误差为 37.2%，最小相对误差为 4.85%，平均相对误差为 11.8%，平均修正系数为 1.162。说明两种计算方法中粒径大于 0.1mm 部分的输沙率相对误差比全断面输沙率的相对误差要大得多。

以上结果表明，输沙改正比例随泥沙粒径的增大逐渐增大，说明常规测验对粗颗粒部分泥沙（床沙质部分）测验的误差相对较大，对细颗粒泥沙（冲泻质部分）测验误差较小。

3.3　推移质泥沙测验技术

3.3.1　推移质泥沙测验现状

推移质在输移运行中具有突发、间歇、蠕动等特性，加上推移质运动比较复杂，多年来测验手段不完善，测验方法不成熟，致使测验工作难以正常开展，成为水文测验的薄弱环节。国内外测定推移质的方法有直接测量法（器测法）和半定量测量法（沙波法、体积法、示踪法、差测法、声学法和光学摄影法）。我国推移质测验方法基本以器测法为主，其他方法为辅。

我国主要采用网式或压差式采样器，如长江水文站施测砾卵石推移质的 Y64 型卵石推移质采样器、Y80 型卵石推移质和 Y80-2 型砾石推移质采样器，其取样效率、性能、适应条件都优于国外仪器。Y64 型和 Y80-2 型采样器结构见图 3.15 和图 3.16。

图 3.15 Y64 型卵石推移质采样器

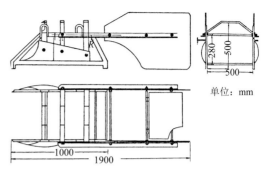

单位：mm

图 3.16 Y80-2 型砾石推移质采样器

现有的网式采样器一般适用于测取粒径 10mm 以上的卵石推移质，它的进口流速系数一般只有 0.9 左右，同时因器身框架大、线型不好、阻水严重等，采样效率较低，一般为 8%～25%，所测取的样品代表性不高。以美国 Helly-Smith（HS）型采样器为代表的压差式采样器适用于测取粒径在 60mm 以下的砾卵石，但进口流速系数高达 1.54，硬质底板对河床的伏贴能力差，虽然平均采样效率高达 100%，但随粒径的大小变化很大，粒配代表性不高的问题更为突出。

理想的推移质采样器应满足对采样器周围的流场无干扰，采样器底网（底板）对推移质泥沙的进入无阻碍，采样器的进口流速系数等于 1.0，对各种粒径泥沙的采样效率均相等且等于 100%。由于采样器对水流的干扰是必然的，故要研制出理想的推移质采样器非常困难。因此，采样器研制一般应达到以下目标。

（1）水力稳定性。采样器应具有良好的导向能力和足够的稳定性，保证在采样时，采样器口门能正对流向，并稳定地搁置在河床面。

（2）进口流速系数 K_V 值略大于 1.0。

（3）阻力小且分布合理。采样器的水阻力及其分布不仅影响其稳定性，而且是决定采样器口门前流场改变程度的重要因素，必须尽力减小水阻力和由阻力产生的对采样器口门前流场的干扰。

（4）采样器的器底薄，且具有较好的伏贴能力。采样器的器底是否紧靠河床，对推移质泥沙进入采样器有直接影响。

（5）有较大的采样效率且在各粒径组基本稳定。只要采样器的采样效率相对较大，且采样效率在各粒径组基本稳定（样品级配代表性好），就可以减少野外工作量，提高测验精度。

3.3.2 砾卵石推移质采样器研发

我国目前已有 Y64 型、Y80 型卵石推移质采样器和 Y80-2 型砾石推移质采样器，但还没有一种采样器既能施测卵石推移质，又能施测砾石推移质，要测取 2mm 以上的砾卵石推移质，一般需要两种采样器分别测取砾石推移质和卵石推移质。若能在综合网式采样器和压差式采样器各自优点的基础上，研制一种采样效率相对较高，样品代表性较好，适用于测取粒径 2mm 以上的砾卵石推移质的采样器，不但能保证成果质量，还有明显的经济效益。几种采样器的采样效率与粒径关系如图 3.17 所示。

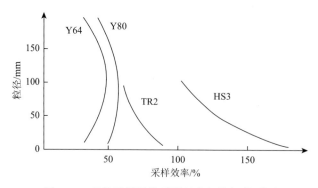

图 3.17　几种采样器的采样效率与粒径关系图

1. 采样器基本参数及辅助设计

采样器的基本参数，包括口门尺寸和重量，这些是采样器设计的基本数据。其他设计包括悬吊方式、外部线型、承样袋和尾翼等。

口门尺寸一般应大于需要采集的最大粒径，不得小于 D_{90}。口门高可据卵石的几何特征，取口门宽的 80%～90%。考虑稳定性的需要，按允许偏角 45°，总重量初步定为 320kg。

器身是采样器的核心，可分为口门、控制、扩散三段。口门段包括口门尺寸、口门形状及口门段器底等。口门尺寸由基本尺寸确定，口门宽为 300mm、高为 270mm。口门形状使用 45°斜口门，口门段的长度定为 240mm。口门段的器底软底采用板块网，由 6mm 厚的小钢板和钢丝圈连接而成。控制段和扩散段的主要作用是形成负压，以产生适当的压差和相应的 K_V。

国内的网式采样器都采用四点悬吊，而国外压差型采样器基本上采用单点悬吊。新采样器采用滑动单点悬吊方式。器身两侧各用一条 20mm 厚、120mm 宽的钢板与尾翼连接，器身两侧和顶部用薄钢板制作成流线型外壳，其间灌铅加重。采用尼龙承样网袋，紧接于器身扩散段后，承样网孔径定为 2mm。尾翼采用双垂直尾翼加活动水平尾翼。活动水平尾翼在采样器下放时不起作用，上提时阻水，使口门上翘，从而使采样器仍保持一定的仰角，减小水阻力。

2. AYT 采样器水槽优化试验

长江水利委员会水文局在采样器优化设计过程中，先后在原成都科学技术大学（现四川大学）大型玻璃水槽和白沙推移质试验水槽进行了多次试验，包括导向性测试、水力稳定性测试、水阻力及阻力系数测试、进口流速系数 K_V 测定、采样效率测试等水力特性试验。

水槽试验条件主要是指适当的水深、水面宽、流速、床面糙度和输沙粒配及补给。由于水槽条件的限制，试验的模型采样器不能设计得过大，也不能过小，否则模型采样器的阻力特性和采样性能相对于原型采样器就失去了代表性。

1）采样效率试验方法

采样效率为器测输沙率 $Q_{b器}$ 和自然输沙率 $Q_{b天}$ 之比，即

$$\eta = \frac{Q_{b器}}{Q_{b天}} \times 100\% \tag{3.28}$$

$Q_{b器}$ 和 $Q_{b天}$ 的获取难点在于不能获取同时、同位的对应量。在以往的试验中，往往采用测坑测取 $Q_{b天}$，用采样器在测坑前不远处测取 $Q_{b器}$，取 $Q_{b器}$ 的平均值与 $Q_{b天}$ 组成对应量，计算 η 值。这种方法称为坑、器单点对应。由于推移质输沙的不稳定性（或阵发性）和器测对测坑的干扰等，单点对应的 η 变化大，代表性不高。为克服单点对应的缺点，采用断面平均输沙率对应法进行试验。

由于水槽横向输沙分布不均，为减少随机性，在试验断面布设了七条垂线，考虑水槽中泓一般输沙强度较高且变化较大，测线略加密，两侧受边壁效应的影响，测线略较稀。垂线单次取样历时和重复次数，考虑在非均匀沙且床面粒配变动和取样总历时不变的条件下，适当增加重复取样次数比增长单次取样历时测验精度较高的原则，根据输沙率的大小垂线重复取样次数定为 1～4 次。单次采样历时，据样品的重量，定为 30～360s。在器测断面输沙率开始到结束期间，连续测取接坑的输沙量，然后加上器测输沙量，即得本测次的标准坑测输沙量，并以此计算标准坑测输沙率。

2）采样器优化试验

由于控制段和扩散段是采样器核心部件，主要作用是形成负压，以产生适当的压差和相应的 K_V，而 K_V 又是影响采样效率高低和样品代表性的主要因素，为此，以下以 AYT 型采样器为例。采样器研制过程中，对扩散-K_V-效率 η 关系的研究，贯穿了研制的全过程。

（1）第一次样机试验。采样器的结构与基本结构相同。以口门宽 300mm 为准，其余尺寸为：高 270mm；器身三段等长，均为 250mm；全长 1710mm。在其他结构和尺寸相同的条件下，设计了扩散面积比为 1：1.0、1：1.2、1：1.5 和 1：2.0 的四个采样器。鉴于水槽宽 1.5m，试验采样器按 1：5 比例正态缩小，组成口门宽为 60mm 的四个不同扩散度的试验采样器。在水槽的平整定床面上和流速 0.812～1.310m/s 内，用采样器口门三线九点法测定斜口门中断面的平均进口流速系数，成果见表 3.10。可以看出，各扩散面积比的 K_V 值不随 V 的改变而变化，各扩散面积比的 K_V 值均小于 1.0，尚未达到 K_V 应略大于 1.0 的要求。在水槽粗糙定床上，水沙基本平衡的条件下，以及坑测输沙率 1.12～55.8g/(s·m) 内，不同扩散面积比采样器的采样效率大致随粒径增大而有所提高。样机试验表明，单纯靠增加扩散面积比的方法，K_V 值很难达到略大于 1.0 的要求。

表 3.10　第一次样机不同扩散面积比条件下 K_V、η 试验成果表

扩散面积比	进口流速系数 K_V						采样效率 η/%						
	平均 K_V	天然流速/(m/s)					平均 η	粒径级/mm					
		0.812	0.962	1.10	1.23	1.31		1～4	4～10	10～15	15～20	20～30	30～40
1：1.0	0.914	0.917	0.930	0.910	0.906	0.909	48.4	46.4	56.4	50.8	33.8	90.5	17.9
1：1.2	0.938	0.939	0.937	0.956	0.928	0.932	49.8	37.8	54.5	54.3	46.4	80.5	93.5
1：1.5	0.964	0.960	0.965	0.974	0.967	0.953	58.5	45.1	73.2	62.8	39.1	97.5	58.4
1：2.0	0.976	0.963	0.967	0.983	0.995	0.970	47.6	33.3	56.8	52.4	34.3	55.1	103.0
1：1.5（加流线体）	0.967		0.976		0.965	0.961	61.5	101.5	70.4	66.7	41.4	80.5	

（2）第二次样机试验。第二次样机试验对第一次的采样器做了以下修改：以第一次样机中扩散面积比为1∶1.5的采样器为基础将300mm口门宽采样器的扩散段长度从250mm增长到300mm，将口门高从90%口门宽降至85%口门宽，即255mm。根据上述修改，加工口门宽分别为120mm、200m和一台口门宽120mm、扩散面积比为1∶2.5的样机。三台样机其他结构相同。在白沙水槽的平整定床面上，在1.11～1.81m/s内设七个流速级，测定斜口门中断面的K_V值，成果见表3.11。第二次样机的K_V值已略大于1.0，但该值是斜口门中断面的水力效率，对采样效率起直接作用的应是斜口门的口门断面（A-A）。虽然中断面的K_V已略大于1.0，但口门断面可能达不到1.0，因而K_V值还应进一步提高。

表3.11　第二次样机不同扩散面积比条件下K_V、η试验成果表

扩散面积比	口门宽/mm	进口流速系数 K_V							
		平均 K_V	天然流速/(m/s)						
			1.11	1.19	1.38	1.51	1.58	1.79	1.81
1∶1.5	120	1.015		1.01	1.00	1.03	1.02		
	200	1.020	1.03	1.01	1.01	1.03	1.01	1.05	1.00
1∶2.5	120	0.025		1.01	1.01	1.02	1.04		

（3）第三次样机试验。在第一、第二次样机的基础上做了如下优化：扩散段长度定为3倍口门水力直径，将口门高从85%口门宽降至80%。为研究水力扩散角对K_V值的影响，试验设计加工了四个不同水力扩散角的采样器，这四个采样器的控制段约为2倍口门水力直径。为研究控制段长度的影响，同时，还设计加工了一个控制段长约等于口门水力直径的采样器。第三次试验样机的水力扩散角及有关参数见表3.12。

表3.12　第三次试验样机的水力扩散角及有关参数

序号	口门尺寸/mm		器身长/mm			长度比		扩散度		水力效率 K_V		
	宽（b）	高（h）	水力半径（R_1）	控制段（L_1）	扩散段（L）	$\dfrac{L_1}{2R_1}$	$\dfrac{L}{2R_1}$	进出口面积比	水力扩散角/(°)	斜口门前	斜口门中	斜口门后
1	150	120	33.33	130	200	1.95	3	1.3	1.37	1.009	1.01	1.136
2	150	120	33.33	130	200	1.95	3	1.5	2.15	1.02	1.045	1.19
3	150	120	33.33	130	200	1.95	3	1.84	3.43	1.032	1.054	1.208
4	150	120	33.33	130	200	1.95	3	2.06	4.2	1.025	1.042	1.226
5	150	120	33.33	65	200	0.98	3	1.44	1.95	1.022	1.036	1.18

第三次试验除测试K_V和采样效率外，还对样机的稳定性及水阻力进行了测试。在$V=1.44～2.12$m/s内，根据实测水面偏角（度），计算得到各样机水阻系数。在同一浆定糙床和基本稳定的水沙条件下，以及坑测输沙率1.0～200g/(s·m)内，各样机都具有较好的

水力稳定性，口门断面的 K_V 值略大于 1.0，采样效率基本达到 50%以上，基本上达到了 AYT 型采样器研制的目标。采样效率 η 在第二次与第三次采样器之间出现极值，对应的最优水力扩散角 α 约为 2.7°。

（4）AYT 型采样器的定型试验。按 2.7°水力扩散角换算，口门宽 300mm 的 AYT 型采样器，口门高为 240mm，器身长 916mm，全长 1900mm，总高 438mm，总重 320kg，原型采样器见图 3.18。

由于试验水槽只有 3m 宽，尺度相对较小，试验用采样器不能采用原型采样器，为减少水槽效应和比尺效应的影响，将试验仪器口门宽由 300mm 缩小为 120mm，其他尺寸按比例缩小，但承样网孔径仍为 2mm。

图 3.18　AYT 型采样器

在水槽平整定床面上，在 1.2～2.1m/s 内设七个流速级，测定 A-A、B-B 断面的 K_V 值。根据试验资料分析，A-A 断面的 K_V 为 0.998～1.03，$\bar{K}_V = 1.02$，B-B 断面的 K_V 为 1.17～1.23，$\bar{K}_V = 1.19$，且在不同流速条件下基本稳定。图 3.19 显示了采样器进口断面测点流速与相应点天然流速之比沿断面的分布特点，由于采样器器壁的阻滞作用以及天然情况下受床面粗糙影响，靠近器底的测点流速系数大于器顶附近，侧壁垂线的流速系数略小于中垂线。此外，由于采样器为斜口形，B-B 断面的 K_V 比 A-A 断面的大，有利于泥沙顺利通过器身推移至承样袋。

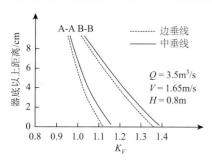

图 3.19　采样器进口流速系数分布图

AYT 型采样器还根据相似性原理，针对模拟的不同粗糙动床、粒配、输沙率，开展了 44 个测次采样效率率定，单次采样效率值最小为 31.7%，最大为 82.5%，平均为 58.5%。将各测次器测、坑测同百分数的粒径算术平均，AYT 和坑测的同百分数粒径相比，除最大粒径略偏小外，其余均基本接近。

3. 野外试验及成果评价

为进一步分析了解 AYT 型采样器的采样性能和适应范围，在长江朱沱水文站采用口门宽 300mm 的 AYT 型采样器与口门宽 500mm 的网式采样器进行了比测试验。试验时 $Q = 10000～36000\text{m}^3/\text{s}$、水深 $h = 9.0～21\text{m}$、流速 $V = 1.7～3.8\text{m/s}$，共进行了 37 组，每组重复 30 点。

（1）根据数据统计，AYT 型采样器对网式采样器的相对采样效率为 236%，说明 AYT 型采样器的采样效率更高。

（2）从测取的泥沙组成看，最大粒径差别不大，但平均粒径网式采样器比 AYT 型粗 7%～15%。这是由于网式采样器 K_V 低，阻水作用大，细沙从器身两侧排走等。

（3）从两仪器测取的输沙率脉动差异来看，AYT 型采样器比网式采样器低 10%。由于 AYT 型采样器比网式采样器的出、入水偏角小，导向性好，测点位置较易控制，故采集泥沙的随机性要比网式采样器低。

另外，在 1998 年、1999 年、2002 年汛期，还用口门宽 300mm 的 AYT 型采样器在乌江武隆水文站试测 110 次断面输沙率。从试测结果看，在 $h = 5.0 \sim 40\text{m}$、$V = 1.2 \sim 4.0\text{m/s}$ 条件下，AYT 型采样器出、入水平稳，偏角一般小于 45°，其实测输沙率过程与流量过程基本对应，说明 AYT 型采样器野外采样性能良好。从金沙江三堆子水文站实测卵石推移质资料与中国水利水电科学研究院所作物理模型成果对比看，两者不但在数量上接近，而且在断面输沙率横向分布上也有较好的相似性，也间接说明了 AYT 型采样器所测成果的可靠性。

3.3.3 沙质推移质采样器研制

沙质推移质采样器是采集河流推移质沙样，测定单位宽度推移质输沙率的仪器。沙质推移质泥沙测验始于 20 世纪 50 年代，使用的仪器有荷兰（网式）、波里亚柯夫（盘）式和顿式三种。由于这些采样器存在口门不伏贴河床、口门附近产生淘刷、不能取得有代表性沙样等缺点，20 世纪 60 年代暂停了沙质推移质测验，并组织研制新的测验仪器。

经过多年努力，长江水利委员会水文局研制出了 Y78-1 型采样器，先后在长江中下游及宜昌、南津关等站使用。然而，Y78-1 型采样器体型庞大，阻水作用大，仅适合垂线平均流速小于 2.5m/s、水深小于 30m 左右的沙质河床施测沙质推移质。

长江上游水利水电工程规划设计及运行管理急需收集沙质推移质资料，但没有适合长江上游大水深（20～30m）、高流速（3.0～4.5m/s）以及砂卵石河床组成条件的采样器，鉴于此，需研究一种适合大水深、高流速及砂卵石河床的沙质推移质采样器。

1. 采样器基本结构

沙质推移质采样器应包括护板、前盖门、锤击杠杆、拉绳、后盖门、滑块、垂直尾翼、水平尾翼、浮筒、器身、连接块、悬吊架及插销等部分（图 3.20）。

沙质推移质采样器总长 1845mm，重 126kg。沙质推移质采样器的器口底部为护板（图 3.20）。护板前宽后窄近似矩形，可以减少沙质推移质采样器在松软床面产生的下陷。头部加重铅块为流线型。开关支架设置在器身上，用于安装锤击杠杆。器身的前后分别设有前盖门和后盖门。垂直尾翼主要作用是控制采样器方向，使采样器口门在水中始终正对水流方向（图 3.20 中 V 所示方向）。水平尾翼使采样器在上提和下放过程中保持平衡。浮筒浮力约 2.5kg，可使器口易于伏贴河床。器身的两侧为平衡注铅钢管，主要起加重和平衡作用。连接块用于连接两段拉绳，连接块一端的拉绳通过支柱与前盖门相连，连接块另一端的拉绳与后盖门上的滑块连接。悬吊架设置在器身中部，用于整个沙质推移质采样器的起放，插销设置在锤击杠杆前端，主要起固定连接块的作用，压簧设置在后盖门上，用于后盖门关闭。

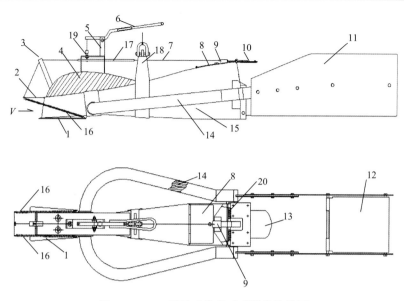

图 3.20　Y90 型沙质推移质采样器结构图

1. 护板；2. 前盖门；3. 支柱；4. 加重铅块；5. 开关支架；6. 锤击杠杆；7. 拉绳；8. 冲沙门；9. 滑块；10. 后盖门；
11. 垂直尾翼；12. 水平尾翼；13. 浮筒；14. 平衡注铅钢管；15. 器身；16. 前门拉簧；17. 连接块；18. 悬吊架；
19. 插销；20. 压簧

器身由 2mm 不锈钢板制成，顺序包括前段、扩散段和尾段三个部分。前段为进水管，呈矩形，截面积基本相等，进水口宽×高为 100mm×100mm。器身的扩散段向四周扩张，起集沙和产生负压的作用。扩散段的顶部为弧形曲线，与渐变管相似，使水流不在顶部产生旋涡。尾段为出口端，出口宽 200mm、高 90mm，尾墙高 180mm。

采样时，冲沙门关闭，前盖门、后盖门张开呈水平状，并用插销固定。采样结束后，采用锤击方式锤击杠杆，使锤击杠杆上的插销受力上提拔出，并借前门拉簧的拉力，使前盖门紧闭，同时滑块向前被拉出，在后盖门上的压簧作用下使后盖门紧闭。

2. 采样器水槽试验

Y90 型原型采样器在白沙推移质试验水槽进行，主要进行了进口流速系数和采样效率试验。

进口流速系数率定：在保持水深 0.8m 条件下，通过调整流量和水槽坡降，进行了五个流速级试验，成果见表 3.13。在试验流速范围内，K_V 略大于 1.0，平均值为 1.02，且随流速增大 K_V 略有升高。但增高不多，可以认为 K_V 值是基本稳定的。

表 3.13　Y90 型采样器水力效率试验成果表

级数	1	2	3	4	5	平均
水深/m	0.80	0.80	0.80	0.80	0.80	—
流速/(m/s)	0.479	0.592	0.671	0.758	0.871	—
K_V	1.00	1.02	1.00	1.02	1.05	1.02

采样效率试验：在基本稳定的水沙条件下，用 Y90 型采样器施测断面沙质推移质输沙率 G_{Y90}，用断面坑同步施测断面沙质推移质输沙率 $G_坑$，G_{Y90} 与 $G_坑$ 之比即为 Y90 型采样器的采样效率。

严格地说，沙质推移质采样器采样效率率定试验的流速范围只能在泥沙能起动推移和不产生悬浮的流速之间。因为一旦产生悬浮，采样器将采集到口门高度以内的悬沙，而悬浮输移的泥沙也很可能越坑而过，将导致采样效率偏高。

为此，需通过分析和试验，首先确定试验沙的起动和悬浮流速。起动流速采用沙莫夫起动流速公式计算，悬浮流速采用劳斯含沙量垂线分布公式计算。

按水沙条件分析和试验确定的原则和基本方法，分别在砂卵石和沙质床面上率定 Y90 型采样器的采样效率。试验成果见表 3.14。

表 3.14　Y90 型采样器采样效率试验成果表　　[单位: g/(s·m)]

序号	统号	G_{Y90} 单次	G_{Y90} 5次平均	$G_坑$ 单次	$G_坑$ 5次平均	序号	统号	G_{Y90} 单次	G_{Y90} 5次平均	$G_坑$ 单次	$G_坑$ 5次平均
1	3	114		69.5		20	38	18.2	27.7	19.1	20.1
2	2	97.7		45.6		21	36	18.0		30.6	
3	4	91.4		67.8		22	20	15.1		4.66	
4	14	65.8		33.5		23	42	42.4		13.7	
5	6	60.2	85.8	41.4	51.6	24	21	12.1		4.14	
6	1	59.1		44.8		25	43	11.2	13.8	16.3	13.9
7	15	46.1		24.1		26	16	10.1		11.3	
8	5	44.5		74.3		27	28	9.85		2.08	
9	13	44.1		18.4		28	27	9.48		1.19	
10	7	43.0	47.3	47.4	41.8	29	41	9.47		12.9	
11	39	42.4		31.1		30	23	9.35	9.65	2.76	6.05
12	40	41.8		29.9		31	48	9.15		7.89	
13	35	40.0		32.2		32	17	8.95		11.7	
14	10	38.9		21.5		33	25	8.29		1.13	
15	8	36.5	39.9	19.1	26.8	34	22	8.13		2.90	
16	11	36.5		17.7		35	26	7.60	8.42	1.31	4.99
17	12	32.2		20.3		36	18	7.13		8.82	
18	9	31.0		18.4		37	10	6.86		8.09	
19	37	20.8		25.0		38	44	6.54		8.51	
39	24	6.41		1.20		45	30	2.92	3.90	0.470	2.52
40	46	5.34	6.46	6.27	6.58	46	32	2.85		0.604	

续表

序号	统号	G_{Y90}		$G_坑$		序号	统号	G_{Y90}		$G_坑$	
		单次	5次平均	单次	5次平均			单次	5次平均	单次	5次平均
41	45	4.77		4.84		47	29	2.72		0.403	
42	47	4.36		6.31		48	34	2.54		0.378	
43	31	4.13		0.505		49	49	2.30		4.26	
44	33	3.33		0.462		50	50	1.65	2.41	2.36	1.60

为减少脉动影响,提高定线精度,将试验成果以五次为一组分别平均,点绘 G_{Y90} 和 $G_坑$ 相关关系,见图 3.21,通过点群重心定线,得

$$G_坑 = 0.655 G_{Y90}^{1.033} \tag{3.29}$$

式中,G_{Y90} 为 Y90 型采样器实测输沙率,g/(s·m);$G_坑$ 为相应的水槽坑测输沙率,g/(s·m)。

由式(3.28)和式(3.29)可得 Y90 型采样器的采样效率 η 关系式:

$$\eta = 1.53 G_{Y90}^{-0.033} \times 100\% \tag{3.30}$$

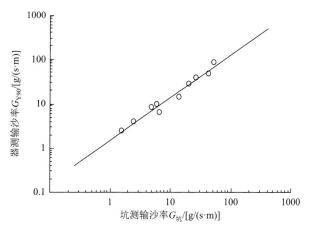

图 3.21 Y90 型沙质推移质采样器采样效率率定 G_{Y90} 与 $G_坑$ 关系图

3. 采样器优化

通过水槽试验的 Y90 型采样器,经在寸滩、奉节水文站使用,暴露出一些缺陷和不足:①仪器自重不够。Y90 型采样器自重仅 120kg,测验时出、入水偏角较大,仪器偏离断面较远,采样代表性较差,定线精度差,个别年份外延幅度远远超过《河流推移质泥沙及床沙测验规程》(SL43—1992)20%的允许要求。②器身较薄,易损坏。③前、后盖板关闭不严,漏水漏沙。在测验过程中,采样器不时出现前、后盖板关闭不严,漏水漏沙等现象,致使测验成果偏小。究其原因,前盖板关闭不严主要是口门护板变形上翘所致;后盖板关闭不严主要是采样器使用多次后,压簧疲劳,弹压力不够所致。

针对水槽试验暴露出的缺陷，对 Y90 型采样器的改进：①仪器增重措施。采用两种方法：一是在采样器背部加重铅块，尾部在保持流线型的基础上，适当加长加厚，可增重 9kg；二是在仪器两侧各增加一根直径 100mm 的注铅钢管，可增重 80kg，为减少阻力，该注铅钢管头部做成斜口形，紧靠器身固定在平衡管上。②仪器抗变形措施。经试验，器身由原来的 2mm 改至 4mm，护板由 4mm 改为 6mm，可基本满足采样器强度要求。③对后盖，增设一对斜拉簧，拉簧一端固定在盖板上，另一端连接在器身上，当采样器关闭时，可借助拉簧使后盖紧闭；对前盖，由于关闭不严主要是护板变形引起的，按前述方法基本解决护板变形后，问题可基本得到解决。改进后采样器总重 215kg，较之前增加了 95kg，增重约 79.2%。

4. Y90 型采样器比测试验

为建立 Y90 型采样器改进前、后的关系，在寸滩、奉节水文站进行比测试验。比测时，寸滩站选择的垂线为起点距 477m、536m 两线，奉节为 310m 一线，每次连续取样 30 点，每比测 15 点后交换两个采样器的左右位置，以测组的均值作为比测成果，以克服推移质脉动和消除横向不均匀性的影响。为满足定线和相关分析的需要，寸滩、奉节站各比测 30 次，测次安排在大、中、小输沙率。

根据比测成果，点绘 Y90 型和改进 Y90 型采样器的实测单宽输沙率关系见图 3.22。从图中可以看出，点群呈狭窄带状分布，趋势明显。经 t 检验，寸滩、奉节站点据无系统偏离。通过点群重心适线，得两仪器实测输沙率关系为

$$q_{b2} = 0.783 q_{b1}^{1.053} \qquad (3.31)$$

式（3.31）可改写为

$$\frac{q_{b2}}{q_{b1}} = 0.793 q_{b2}^{0.053} \qquad (3.32)$$

即改进前后的相对效率为

$$\frac{\eta_2}{\eta_1} = 0.793 q_{b2}^{0.053} \qquad (3.33)$$

式中，q_{b1}、q_{b2} 分别为 Y90 型、改进 Y90 型沙质推移质采样器的实测单宽输沙率，g/(s·m)；η_1、η_2 分别为 Y90 型、改进 Y90 型沙质推移质采样器的采样效率，%。

可以看出，在寸滩、奉节站两种不同河床组成条件下，Y90 型、改进 Y90 型沙质推移质采样器的相对采样效率基本遵循相同的变化规律。在中、小输沙率时约小于 1，大输沙率[≥100g/(s·m)]时约大于 1，总体上两仪器的采样效率差别不大。

通过输沙率加权法，得 Y90 型、改进 Y90 型沙质推移质采样器在寸滩、奉节站平均颗粒级配，见表 3.15。为了分析仪器采样级配的代表性，将两站的床沙级配扣除大于 2mm 部分后的成果一并列入。从表 3.15 可以看出，Y90 型、改进 Y90 型沙质推移质采样器的沙质推移质颗粒级配基本一致，与床沙级配相差不大，说明两仪器采样样品颗粒级配基本能反映天然实际情况。

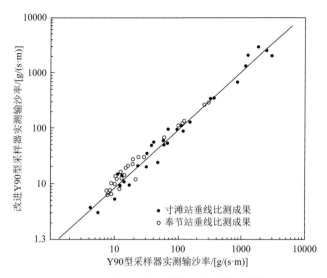

图 3.22　Y90 型及改进型采样器实测输沙率关系图

表 3.15　Y90 型及改进 Y90 型采样器泥沙颗粒级配成果表

站名	项目	小于某粒径沙重百分数/%					
		0.062mm	0.125mm	0.250mm	0.500mm	1.00mm	2.00mm
寸滩	改进 90 型	0.7	7.2	36.2	98.0	99.7	100
	Y90 型	0.7	7.4	36.3	99.2	99.8	100
	床沙	0.4	4.4	34.5	97.6	99.3	100
奉节	改进 90 型	0.3	8.1	52.3	96.8	99.6	100
	Y90 型	0.4	8.1	51.5	96.7	99.5	100
	床沙	0.2	7.5	49.6	95.8	99.6	100

因此，Y90 系列沙质推移质采样器，体积小、入水阻力小，适合大水深、高流速及砂卵石河床的沙质推移质采样。

目前，改进后的 Y90 型采样已在长江上游朱沱、寸滩、武隆、三堆子站投入使用。多年的使用表明，该仪器结构牢固、操作方便，实测资料与水力因素之间存在较好的关系。

3.4　淤积物干容重观测技术

随着我国水利水电工程的逐渐增多，河流泥沙导致的水库及河道淤积问题逐渐显现。现阶段我国河道断面的泥沙测量均采用重量单位，而依据地形及断面计算的水库、河道淤积计算结果为体积单位，重量和体积之间的转换需要涉及干容重这一重要参数。

3.4.1　干容重观测方法

1. 观测布置

根据观测对象的不同，干容重观测包括长河段、典型河段和水库淤积物干容重观测。

观测点位的布置应考虑干容重的沿程、横向变化及淤积物的组成特性。因干容重的变化与淤积物的密实及厚度关系较大，研究干容重沿淤积深度的变化，须沿厚度分层进行观测。

干容重观测的取样垂线应在淤积部位布置，对于水库的常年回水区每断面不少于五线，变动回水区每断面不少于七线，每线一般五点。

取样测点按淤积厚度布置，淤积厚度通过测时水下断面与淤积起始断面比较确定。当淤积厚度小于 0.5m 时，在 0.5 Z（Z 淤积厚度）处取一个样品；当淤积厚度在 0.5～1.0m 时，在 0.2 Z 与 0.8 Z 各取一个样品；当淤积厚度大于 1.0m 时，一般按 0.0 Z、0.2 Z、0.4 Z、0.6 Z、0.8 Z 进行布置。

典型河段应选择淤积明显、具有代表性的河段，每个河段选择 5～10 个断面。

对于水库，运行初期，每年结合固定断面测量安排 2、3 次干容重测验；水库正常运行期，干容重观测可与固定断面或地形观测测次相应。一年或多年施测一次的水库，可选择在枯水季节施测；一年施测多次的水库，可选择在水、沙平稳期施测。水库典型河段的干容重观测测次适当加密，以反映干容重的年内和年际变化。多沙河流的大型水库和重要的中型水库，运行初期和正常运行期，一般每年安排淤积干容重观测，当汛期发生高含沙洪水时应及时安排淤积物干容重观测。

对于河道，干容重测验的范围可结合推移质、河床质测验来确定，干容重观测测次的安排以能反映淤积物的时间变化特性及变化规律为原则。测验时机一般选择在水、沙平稳期。

2. 观测方法

1）表层干容重

对于洲滩，取样点应选在不受人为破坏和无特殊堆积形态处，尽量选择有明显淤积并相对较高的部位，减少水渗漏带来的误差。洲滩取样定位一般采用 DGPS 测量或全站仪极坐标法测量。

淤泥及沙质洲滩取样可采用滚轴式采样器、转轴式采样器、环刀、活塞式钻管、重力式钻管、旋杆式钻管。

卵石洲滩取样采用坑测法，即在现场挖出大小适度的坑，将取出的样品盛装于铁桶内，分层夯实，然后量积，称重，筛分。粒径（D）>2mm 的卵石不计含水率，分组称重，$D<$2mm 的称重后抽样，送室内烘干，称重，求出干湿比，并作粒径分析，将其换算成干沙重，与 $D>$2mm 卵石合起来，计算干容重及其级配。

对于水下，干容重取样定位一般采用 DGPS 将测船定位在所测断面、垂线处。取样仪器主要采用转轴式（AZC-1 型、AZC-2 型）、犁式、挖斗式采样器，采样器入水取样应尽可能不扰动河底泥沙。

2）深层干容重

对于洲滩，分层取样时分别对不同淤积厚度的样品进行称重、量积，装入密闭容器送室内进行烘干，称重，计算干容重，并进行颗粒级配分析。

对于水下，深层水下干容重测量主要在浮泥及细沙河床进行，取样仪器主要采用深水转轴式（AZC-1 型、AZC-2 型）采样器。

3. 计算原理

1）断面表层平均干容重

断面表层平均干容重采用河宽加权方法计算。当水边有垂线时，采用左右水边的河宽，水边无垂线时采用有取样垂线间的实际代表河宽，但当距水边最近的垂线能代表水边的情况时，仍应以水边计算河宽。

$$r'D = \left\{ \sum \left[\frac{1}{2}(r'm_i + r'm_{i+1}) \right] \Delta b_{i,i+1} \right\} \bigg/ \sum \Delta b_{i,i+1} \qquad (3.34)$$

式中，$r'D$ 为断面表层平均干容重；$r'm_i$ 为第 i 条垂线表层干容重；$\Delta b_{i,i+1}$ 为垂线间距。

2）河段表层平均干容重

表层组成物质基本相同的河段，可计算河段表层平均干容重。河段表层平均干容重 $r'L$ 采用断面表层平均干容重 $r'D$ 与河长加权计算。计算公式为

$$r'L = \left\{ \sum \left[\frac{1}{2}(r'D_j + r'D_{j+1}) \right] \Delta L_{j,j+1} \right\} \bigg/ \sum \Delta L_{j,j+1} \qquad (3.35)$$

式中，$r'L$ 为河段表层平均干容重；$\Delta L_{j,j+1}$ 为断面间距。

3）整体性淤积河段干容重

整体性淤积河段采用多线多测点布置垂线观测时，首先计算垂线平均干容重，仍以 $r'm_i$ 表示（不仅仅代表表层干容重），其近似计算公式为

$$r'm_i = \sum_n r'_{i,n} \qquad (3.36)$$

式中，$r'_{i,n}$ 为第 i 条垂线床面下第 n 个取样点的干容重。

然后参照式（3.34）和式（3.35）计算断面表层平均干容重和河段表层平均干容重。

3.4.2　深水干容重采样器改进

1. 深水干容重采样器设计

目前干容重采样器有滚轴式采样器、环刀、重力式钻管、旋杆式钻管、活塞式钻管、挖斗式采样器等，这些采样器只能在触底后才能正常工作，存在明显使用缺陷。针对水库的深水干容重测验，尚无合适可靠的干容重采样器可供使用。

经比较目前使用的采样器结构特点和使用范围后，认为插管式采样器较符合深水干容重测验使用要求。使用时，首先根据估算的淤积物厚度，选取不同长度的插管与采样盒串接在一起，下放至河底后，内部的触底开关便将底部采样盒关闭，上提采样器至水面，逐个取出采样盒倒出沙样，这样一条垂线不同淤积深度的样品就测取完成。但该类型采样器的采样盒开关方式单一且不能进行单点采样。

为解决上述问题，重新设计了一种干容重采样器，采样器由靠板、固定于靠板的采样管、若干采样盒、固定于采样管底端的采样管嘴，以及固定于采样管和采样管嘴之间的开

关盒、锤击杠杆、击锤、复位弹簧、悬吊板及钢丝绳组成。改进后的干容重采样器可以通过采样管触底后使悬吊爪失重，从而拉动水文绞车的悬吊绳使开关盒关闭；也可以通过击锤进行远程锤击的方式使钢丝绳脱离，从而关闭开关盒，增加了开关盒的关闭方式，且采样管上间隔设置有若干采集盒，每一个采集盒均可以采集干容重样品，避免了单点采样。此外，干容重采样器还设置有一个用于固定水文绞车悬吊绳的旋转接头，杜绝了干容重采样器在下放过程中随悬吊绳旋转而缠绕钢丝绳的问题。

适合深水测量的 AZC-2 型插管式干容重采样器技术指标如下。

总重：130～300kg。

工作水深：不小于 200m。

采样方式：单点采样，多点采样。

采样管径：Φ50mm。

取样厚度：0～20m（淤泥），0～0.5m（淤沙）。

采样盒容积：136mL（固定容积）。

型式：转轴式。

采样盒间隔：最小 0.5m，最大 5.0m，视采样环境的不同可将采样间隔调整为 0.5m 的整数倍数。

启闭控制：机械式。

2. 干容重采样器观测试验

以三峡水库干容重观测为例，采样器观测包括长河段表层干容重沿程变化观测、典型河段干容重变化观测等内容。

1）取样仪器

干容重采样器采用的是针对三峡水库水沙特征研制和改进的 AWC 型挖斗采样器、AZC 型采样器和犁式采样器结合进行，采样器见图 3.23。

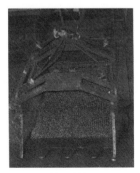

犁式采样器　　　　　　　　AWC-2型采样器　　　　　　　插管式采样器(AZC-2)

图 3.23　干容重采样器

（1）犁式采样器。主要针对卵石淤积物取样，属于非原状淤积物采样。由于卵石淤积物的干容重变化幅度小，干容重主要与淤积物的物理化学特性相关，即使对淤积原状进行了破坏，其干容重观测的精度也不会受到影响。

（2）AWC 型挖斗采样器。该采样器主要用于挖取水下粗沙和小卵石的干容重样品，相当于非原状干容重取样。对于粗沙和小卵石淤积物，即使对淤积原状进行了破坏，其干容重变化也不大，基本能满足该状况下淤积物的干容重观测精度要求。

（3）AZC 型采样器。该采样器适应于三峡库区大水深特性；对河床淤积物的原状扰动小；能获取不同淤积深度的淤积物样品；测取的淤积物体积量取方便可靠；测取的淤积物样品满足干容重和颗粒级配分析的需要；采样器坚固耐用，使用维修方便。采样器配重主要采用铅鱼形和铅锥形两种。

2）取样方法

（1）干容重取样施测水位采用全站仪接测水位与观测区内水位站水位相结合，由于测区内水位站布设比较密集，水位均尽量利用测区内水位站的水位观测成果。当水位落差变幅较大需加密控制水位变化时，则采用全站仪接测水位。

（2）干容重取样水深测量采用回声测深仪定标测深。

（3）干容重取样平面定位，使用星站 GPS 实时导航定位。

（4）若淤积物为较细淤泥，则采用 AZC 型采样器取样；若淤积物为粗沙和小砾卵石（主要分布在变动回水区），则采用 AWC-2 型挖斗采样器取样；若淤积物为较粗卵石（主要分布在李渡镇以上河段），则采用犁式采样器取样。

（5）库区和典型河段的实际淤积物厚度，根据三峡水库 135m 蓄水前本底资料和新近实测断面资料确定。

（6）干容重沙样，在现场测量容积，并使用量测精度为 lg 的台秤称重并记录。

（7）采用 AZC 型采样器测取的样品，现场记录体积、重量并全部带回实验室，进行烘干、称重和颗分，计算干容重；采用 AWC-l 型挖斗采样器测取的样品，现场倒入有刻度的容器中进行密实，记录体积和重量，样品中有粒径大于 2.00mm 砾卵石的，现场进行筛分，粒径小于 2.00mm 的沙，抽取部分沙样带回实验室，进行烘干、称重和颗分分析，计算干湿比和干容重；采用犁式采样器测取的砾卵石样品，现场倒入有刻度的容器中，进行密实，记录体积、重量并进行筛分。

3）分析方法

（1）粒径大于及等于 2mm 的干容重沙样野外分析。

（2）对粒径 2mm 以下的样品用量杯装好后送交泥沙分析室进行室内分析。

（3）干容重样品均作泥沙颗粒分析。其分析方法用水析法（如粒径计法、吸管法、消光法、离心沉降法、激光法）或筛选法。

（4）粉砂、黏粒为主的泥沙样品，选用水析法，分析下限应至 0.004mm，当查不出 D_{50} 时，应分析至 0.002mm，仍然查不出 D_{50} 时，可按级配曲线趋势延长插补 D_{50}；砂粒为主的泥沙样品，可选用水析法或筛析法。

（5）级配测定采用：粒径计法、消光法、筛析法、离心沉降法。

4）成果展现

长江三峡水库历年（2005～2010 年）各河段淤积物干容重沿程分布和平均中值粒径沿程变化见图 3.24 和图 3.25。

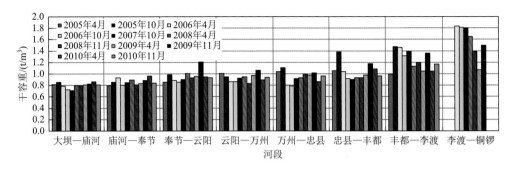

图 3.24　长江三峡水库 2005～2010 年各河段淤积物干容重沿程分布图

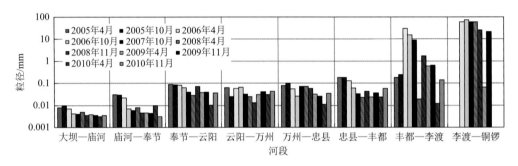

图 3.25　长江三峡水库 2005～2010 年淤积物平均中值粒径沿程变化图

3.5　水文泥沙信息分析管理系统

3.5.1　长江水文泥沙信息分析管理系统研制

长江水文泥沙观测自 1860 年开始，至今已经形成了一个比较完善、相对稳定的基本水文泥沙网，为长江流域规划、综合治理和长江中下游防洪积累了可靠的基本资料，产生了巨大的社会和经济效益。中华人民共和国成立以来，还开展了大量的河道观测工作，为长江防洪、河道治理以及各种水利工程的规划、设计、施工、运行提供了丰富的河道原型观测资料和分析研究成果，形成了覆盖长江干流及主要支流、湖泊，布局合理的水文泥沙监测体系。所获取的数据既有水位、流量、含沙量、水质等基本水文泥沙水质测点数据，又有测绘控制、河道地形、断面测量等面上数据，还有遥感图像和各类摄影照片。截至 2015 年，长江流域已经积累了 130 多亿条水文基本数据。

为了提高这些数据资料的管理水平和分析水平，长江水利委员会水文局建立了一些相关的数据库和分析计算系统，其中，国家水文基本数据库和三峡水文泥沙监测资料数据库存储了长江流域及三峡库区部分的水文整编成果，泥沙、断面信息资料及水道地形图等。这些数据库采用客户服务器管理模式进行管理，但这些信息及传统的信息管理系统基本上还比较分散和独立，形成一个个的信息孤岛，还没有能投入实际使用的全流域性的水文泥沙信息系统。这些数据的存储、管理、使用和发布的计算机化与自动化程度还比较低，一些地形图和数据录入查询与分析还处在手工处理阶段。

　　基于以上原因，长江水利委员会水文局于 2003 年依托国家重点基础研究发展计划
（973）项目"长江流域水沙产输及其与环境变化耦合机理"开发研制了"长江水文泥沙信
息分析管理系统"，用以处理大量的三维空间数据及河道观测资料，使数据采集、存储、
管理、统计、分析、输出和应用等环节实现一体化作业，为长江河道综合整治、防洪、
规划、水利水电工程建设、长江两岸经济建设、航运管理和水文泥沙研究提供了及时、
有效、准确的服务。

　　1. 系统开发模式与总架构

　　长江水文泥沙信息分析管理系统基于先进的分布式点源信息系统的设计思想，遵循科
学性、实用性、实时性、开放性和安全性相结合的开发原则，采用"多 S"结合与集成方
式；综合使用了数据库、GIS、遥感、CAD 和计算机通信网络等现代化信息技术，能够真
实、准确地实时采集、分析长江水文泥沙及河道变化信息，快速高效地处理大量历史数据，
可以动态地分析来水、来沙及河道演化情况，还能够动态模拟不同水位条件下长江河道的
真实三维景观，从而提高水文泥沙分析和河道演化分析的准确性、时效性和直观性，为长
江水灾的监测、预警，以及防洪抗洪和河道疏浚提供决策支持。

　　长江水文泥沙信息分析管理系统的逻辑结构见图 3.26。

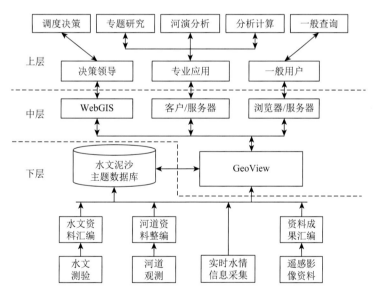

图 3.26　长江水文泥沙信息分析管理系统的逻辑结构

　　系统的硬件结构自上而下分为核心层和应用层两个层次。核心层即网络主干，是网络
系统通信和互联的中枢，由服务器、交换机、路由器等主干设备组成，主要作用是管理和
监控整个网络的运行、管理数据库实体和各用户之间的信息交换。

　　系统的软件结构为以主题式的对象-关系数据库为核心、以 GeoView 为主要支撑平台
的客户/服务器（C/S）和浏览器/服务器（B/S）模式，即在数据库和支撑软件平台上，建
立数据支撑层/信息处理层/应用软件层的层叠式复合结构。在这种结构体系下，数据库管

理为第一层（下层）；数据管理分发服务器上的中间层和信息处理软件构成第二层（中层），负责接收访问请求；各客户机的浏览、处理和应用为第三层（上层），主要提供信息化处理应用的操作界面。

系统的设计开发以 C/S（含 GIS）结构为应用开发模式，以 B/S 结构（含 WebGIS 结构）为信息查询服务模式，同时结合适用于网络开发的数据库系统及前端开发工具，实施本系统的功能开发。

2. 多源异构数据一体化管理

长江的水文泥沙信息具有多源、多类、多量、多维、多时态和多主题特征，按数据的存储结构可划分为：①属性数据，主要是按关系型数据库表结构格式存储的数据，如水位、流量、含沙量、断面成果表数据等；②空间数据，包括矢量型和栅格型两类，前者是指以矢量格式储存的地形图，如水下地形图、流态图；后者是指以栅格格式储存的各种图形，如遥感图像、水下摄影照片。

系统以水文泥沙主题数据库为核心，以 Oracle 数据库为管理平台，采用各种规范的数据分析和处理技术进行水文泥沙资料和河道资料的服务与管理，并基于 WebGIS 进行空间数据和属性数据汇编。各子系统之间的数据流向虽然较为复杂，但大致可归纳如图 3.27 所示的流程。

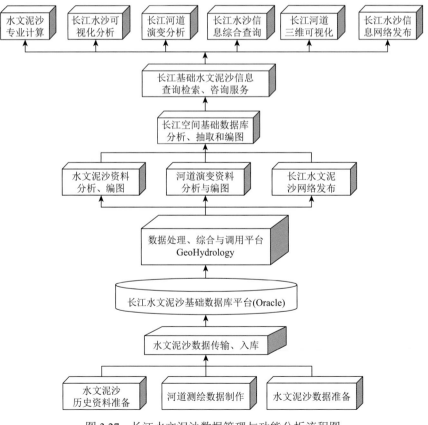

图 3.27　长江水文泥沙数据管理与功能分析流程图

　　为了满足长江水文泥沙信息处理与信息服务的功能需求，系统解决了多源异构的"多S"数据一体化管理问题。目前，系统总体上使用以多层 C/S 结构为基础，C/S 与 B/S 结合的设计方式，即主要业务处理采用 C/S 方式，以提高业务处理的运行速度为目标；信息的查询和发布采用 B/S 方式，便于各用户的信息查询。为了解决基于 WebGIS 的信息查询问题，引进三层映射模式，即应用系统层、中间服务层和数据库层，这也使得多源数据格式转换模式、直接数据访问模式和数据互操作模式得以实现。

　　3. 系统"多 S"结合与集成

　　为了有效地提高系统的信息管理、查询、分析、处理和可视化能力，系统综合采用多项数据采集、数据管理和数据处理技术系统。这些技术系统包括对象-关系型数据库系统（OR-DBS）、遥感信息处理系统（RS）、全球卫星导航系统（GNSS）、计算机辅助设计系统（CADS）、地理信息系统（GIS）、三维可视化分析系统（3D-VAS）、管理信息系统（MIS）、仿真预测系统（SFS）、专家系统（ES）或人工神经网络系统（ANNS）等。"多 S"结合与集成，就是指基于信息共享的上述多种高新技术系统的结合、集成和应用，贯串于数据采集、数据管理、数据分析、数据处理与应用等各个阶段中。

　　这些系统中，OR-DBS 用于一体化存储和管理水文泥沙监测工作所获取的各种属性数据和空间数据，实时提供数据的查询、检索和组织功能；RS 用于实时或准实时地提供监测目标和环境的语义或非语义信息，协同监测干流水位、含沙量、淹没状况和岸坡环境的变化，及时为 OR-DBS 和 GIS 提供新的数据；GNSS 用于实时、快速地提供监测目标、监测装置和运载平台（车、船）的空间位置；CADS 用于进行各种监测和分析图件的实时、快速编绘，也可用于水文泥沙调度方案的辅助设计；GIS 用于多时态的 2 维或 2.5 维空间数据的综合处理，实现某些重点目标，如大坝、船闸、淤积三角洲、河床、库底、险工、浅滩、塌岸等的表面三维重建，提供相应的 2 维或 2.5 维空间查询和空间分析功能，其中包括水上岸坡地形、水淹状况、通视状况和剖面分析；3D-VAS 用于多时态的三维空间数据的综合处理，实现水中泥沙分布、水下泥沙沉积物等重点目标内部结构的三维重建，提供相应的三维空间查询和空间分析功能；MIS 用于存储、管理和处理长江水利委员会水文局各级管理机构和观测站的事务管理数据和报表，实现管理工作的信息化、自动化；SFS 用于模拟三峡库区、大坝下游和长江干流水文泥沙的空间分布、冲淤状况，并且对河道的变化做出预测；ES 或 ANNS 根据 GIS、3D-VAS 和 SFS 的分析、模拟结果，综合使用模型库、方法库和知识库，为河道和岸坡变化的防治方案和库区水泥沙调度提供决策支持。"多 S"集成也是分层次的，OR-DBS 和 GIS 是整个系统最核心的部分，也是集成平台，其他几个"S"需基于这个核心平台发挥作用。

　　4. 子系统主要功能

　　系统主要功能包括（系统主界面见图 3.28）：①界面友好的图形矢量化与编辑子系统；②安全可靠的对象关系数据库管理子系统；③多样化的水文泥沙专业计算功能；④直观全面的水文泥沙信息可视化分析子系统；⑤简便快捷的长江水沙信息综合查询

子系统；⑥完善的河道演变分析功能；⑦形象逼真的长江三维可视化功能；⑧美观实用的网上发布功能。

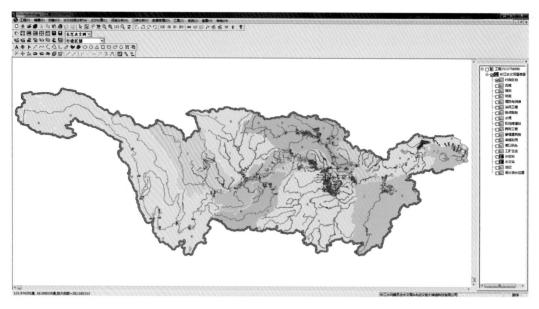

图 3.28　长江水文泥沙信息分析管理系统界面

（1）图形矢量化与编辑子系统是集图形、图像、数据管理、空间分析、查询等功能于一体的，具有"多 S"集成特征的地学信息处理软件系统。系统作为水文泥沙平台型 GIS 软件具有强大的图形矢量化与编辑功能，不仅具有自动与半自动的矢量化功能，还针对《水文数据 GIS 分类编码标准》（SL 385—2007）中的规定对图层、图元、元数据的操作处理做了大量优化，线型、符号样式做了规范统一，同时具有空间分析、制图、成图、地图分幅、空间坐标转换、各类数据格式转换等全面且贴近水文应用的 GIS 基本功能。

（2）对象关系数据库管理子系统全面存储和管理了长江水文泥沙数据，主要包括水文泥沙属性表数据、河道地形空间数据及其他类型多元数据，属性表数据以《水文数据库表结构及标识符》（SL/T 324—2019）为基础，河道地形数据的组织方式以《基础地理信息要素分类与代码》（GB/T 13923—2006）、《水文数据 GIS 分类编码标准》（SL 385—2007）为标准，对地形数据进行标准分幅管理与调度，系统数据库引擎将多源数据通过合理、巧妙地调用实现了对参与分析计算数据一系列的组织与存取方式，很大程度上改善了大数据量运算与较高硬件需求间的矛盾，从而为系统能快捷有效地提供各类水文泥沙计算服务打下了坚实的基础。

（3）水文泥沙专业计算是河道演变分析、泥沙运动规律研究的基础，是为河流水文泥沙管理、研究和监控提供辅助决策支持的重要环节。子系统实现水沙信息和河道形态以及各种计算结果的图形可视化，包括地理空间信息分析、数理统计技术、空间几何运算在内的多方案组合模式。主要计算水文泥沙各项特征值（如断面水位、水深、流量、断面流速分布、含沙量、推移质输沙率、悬沙级配、推移质级配、河床组成特征等）及河道的槽蓄量、冲淤量和冲淤厚度等，还计算和显示长江河道的泥沙淤积和平面分布情况，可供分析河道内的水沙运动情况及其对泥沙冲淤演变的影响。该子系统的分析计算功能，可以基本满足长江水文泥沙计算、分析、信息查询及成果整编等工作的需要。

（4）水文泥沙信息可视化分析子系统具有各种水文泥沙、断面、河段地形等数据及其变化过程的图形化显示与计算功能，可以为水文专业研究人员提供强大直观的可视化分析工具，把复杂的水文数据用图形、表格的方式表达出来，揭示蕴藏在复杂数据后的规律。分析结果不仅可以作为专业问题研究的成果表达方式，而且可以作为领导决策的依据，部分结果还可以发布到互联网上为公众提供直观的水文信息服务。子系统提供的水沙可视化分析功能包括实时编绘水文泥沙过程线图、水文泥沙沿程变化图、水文泥沙年内年际变化关系图、水文泥沙综合关系图等，动态准确地反映水沙特征及其变化规律。

（5）长江水沙信息综合查询子系统以对象-关系数据库为基础，使用户能方便快捷地查询检索到所需的与水文泥沙、水雨情信息、工情信息等相关的属性信息和空间信息。用户还可以利用系统提供的有关功能模块，进行专项空间查询和空间分析，如系统 SQL 高级查询、模糊查询等。查询、分析结果可以以数据表、文本信息框、图形等简明直观的形式表达，同时可选择输出到文件或打印机。

（6）河道演变是水沙运动和相互作用的必然结果。河道演变分析功能具有长江河道演变参数计算、河道演变分析及其结果可视化的功能，为专业研究人员和决策者提供强有力的分析决策工具。包括槽蓄量和库容计算及显示、河道冲淤计算及显示、河演专题图编绘、任意断面绘制等，用于实现长江河道演变的可视化分析。河道槽蓄量与冲淤量相关计算均使用了断面法与 DEM 法两种方式，专题图的编绘中动态展现了断面变化、岸线变化、洲滩变化、深泓线变化过程。

（7）三维可视化功能既可对局部重点区域空间对象进行诸如填挖方计算、水淹计算、分层设色、通视分析、剖面分析、坡度坡向分析等常规三维分析计算与成果展示，又可进行大范围的三维景观漫游，实现对长河段河势与大区域地形景观的全方位浏览和查询。

（8）网上发布功能提供各种水文泥沙信息的网络查询；实现各种水文泥沙数据的可视化分析和表达；同时实现互联网上的三维显示功能和对数据资料的管理，使各种用户通过网络查询和访问长江各河段水文资料，及时了解各河段水文信息成为现实。系统可以对所获取的水文泥沙资料进行网络管理，为网内用户查询资料提供方便。

3.5.2 系统推广应用

长江水文泥沙信息分析管理系统是一套集数据存储管理及水文科学分析计算于一体、

基于 GIS 的综合型水文泥沙平台软件，适用于水文整编数据、泥沙数据、地形数据的综合管理，水文分析计算、泥沙分析计算、水文泥沙过程线分析、水沙关系分析、河床演变分析、专题图制作等方向的专业应用与二次开发。目前，以长江水文泥沙信息分析管理系统为平台，先后开发了多款专业应用软件［其中，2005 年开发了荆江河道三维可视化人机交互式信息系统，2006 年开发了长江河道（南京河段）信息服务系统，2012 年开发了金沙江下游梯级水电站水文泥沙数据库及信息管理分析系统，2013 年开发了三峡水库库尾泥沙冲淤实时分析系统，2016 年开发了三峡水库泥沙冲淤变化三维动态演示系统］，并在长江水利委员会水文局及下属七个勘测局、长江防汛抗旱总指挥部、中国长江三峡集团有限公司广泛推广应用，成为长江流域河道地形图形矢量化编辑处理、水文泥沙与河道地形存储与管理、水沙计算与河演分析、库容与冲淤分析、防汛发电与泥沙调度、河道岸线与工情管理等方面的重要工具。

1. 荆江河道三维可视化人机交互式信息系统

2005 年，研究人员以长江水文泥沙信息分析管理系统为平台开发了荆江河道三维可视化人机交互式信息系统（图 3.29），该系统以三维可视化为基础，对荆江河段进行三维建模，建立与水情、工情、岸线利用相关的重点目标的实体模型，实现了对荆江险段全方位三维可视化管理。

图 3.29　荆江河道三维系统水文水位站信息查询示意图

2. 长江河道（南京河段）信息服务系统

2006 年，以长江水文泥沙信息分析管理系统为平台，长江水利委员会防汛抗旱办公室研制了长江河道（南京河段）信息服务系统（图 3.30），该系统全面管理了河段内水情信息、工情信息、岸线资源数据，并实现了对其进行综合查询，河道崩岸、险工险段河演分析，三维景观可视化分析与浏览等功能。

图 3.30　长江河道（南京河段）信息服务系统三维景观可视化分析与浏览示意图

3. 金沙江下游梯级水电站水文泥沙数据库及信息管理分析系统

2012 年，以长江水文泥沙信息分析管理系统为平台，中国长江三峡集团有限公司研发了金沙江下游梯级水电站水文泥沙数据库及信息管理分析系统，该系统全面管理了乌东德水电站、白鹤滩水电站、溪洛渡水电站、向家坝水电站水沙与地形数据，实现了基于 GIS 的内外业一体化河道成图、数据综合管理、基于 GIS 的信息查询与输出、水文泥沙分析与预测、三维可视化等功能。该系统很好地管理了金沙江水文泥沙观测资料和研究分析成果，充分发挥了它们在金沙江下游梯级水电站信息管理、优化调度、河床演变分析、泥沙预报预测、决策支持等方面的作用。金沙江水沙系统水道地形图与图形编辑子系统示意图见图 3.31。

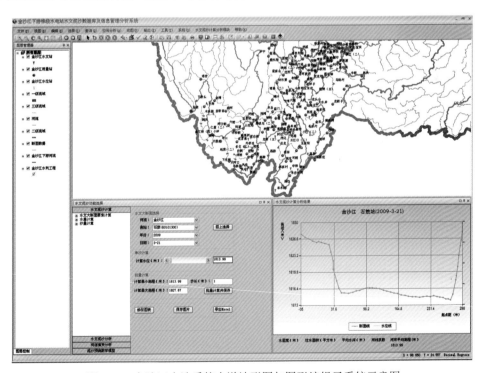

图 3.31　金沙江水沙系统水道地形图与图形编辑子系统示意图

4. 三峡水库库尾泥沙冲淤实时分析系统

2013 年，以长江水文泥沙信息分析管理系统为平台，中国长江三峡集团有限公司研发了三峡水库库尾泥沙冲淤实时分析系统。该系统划分为两大子系统：水文泥沙与地形数据库管理子系统、河床冲淤实时分析子系统。其中，水文泥沙与地形数据库管理子系统主要包括系统维护和数据维护两大模块，实现了水文泥沙基础数据库和地形数据库的用户管理、数据库备份及导入、数据表查询、水沙基础数据入库、河道地形数据入库以及入库数据的维护等功能；河床冲淤实时分析子系统主要包括图形编辑、固定断面分析、河道地形分析、航道分析、三维可视化分析、水文泥沙过程分析六个模块，实现针对固定断面和河道地形数据进行河床冲淤量计算，以及适航区分析，支持河道三维可视化浏览。

该系统结合库尾河道地形监测成果，基于 GIS 的河道地形数据管理和河道泥沙冲淤实时分析技术，实现了三峡水库主要控制站水沙整编数据、报汛数据和库尾河段地形、固定断面数据的实时入库与科学管理，并实现了水文泥沙分析与库尾河段河床冲淤的实时分析，提高了分析成果的时效性、准确性。三峡库区河道地形子系统示意图见图 3.32。

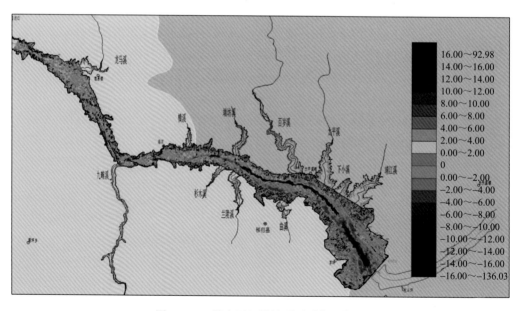

图 3.32　三峡库区河道地形子系统示意图

5. 三峡水库泥沙冲淤变化三维动态演示系统

2016 年，受中国长江三峡集团有限公司委托，长江水利委员会水文局以长江水文泥沙信息分析管理系统为平台，研发了三峡水库泥沙冲淤变化三维动态演示系统。该系统收集整理了三峡水文泥沙、库区地形监测数据，建立了库区河道地形、水沙综合数据库，将GIS 技术、三维仿真及可视化技术与三峡水库水沙数学模型相结合，形象、逼真地展现了水文泥沙冲淤变化过程，为三峡水库防洪发电、科学调度、科学管理提供了技术支撑和参考。主要包括以下内容：①系统收集整理长系列三峡水库水文泥沙观测数据、河道地形及固定断面数据，结合水沙实时监测数据，建立统一、高效、科学、安全的河道地形与水沙数据库管理系统；②利用三维 GIS 平台，进行基础水沙信息查询，结合三峡水库实测地形，实时提供三峡水库沿程、局部重点河段河床地形三维图，实现三峡水库局部河段泥沙冲淤量、河床冲淤面积、冲淤厚度等计算功能及泥沙冲淤变化的三维动态展示，绘制不同时期库区任意横、纵剖面和河段泥沙冲淤变化分布云图，制作分段冲淤量、冲淤速率等统计图表；③结合三维仿真与可视化技术，实现三峡水库不同坝前水位下库区水面范围与面积和水库库容的自动演算和动态演示；④运用三峡水库一维水沙数学模型计算模拟成果，利用二维、三维动态展示技术，实现三峡实时水库调度过程中泥沙冲淤变化的动态演示（图 3.33）。

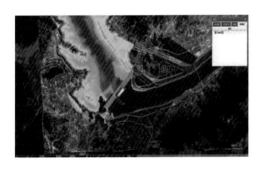

图 3.33　三维浏览热点定位与信息查询及固定断面切割地形与三维冲淤动态展示示意图

6. 其他应用

（1）2009 年，长江水文泥沙信息分析管理系统在国家防汛抗旱指挥系统一期工程图形库建设项目与中国东中部地区 1∶5 万水利基础电子地图数据库建设中起到了重要作用，图形库是国家防汛抗旱指挥系统的公用数据库之一，为其他各数据库信息的空间表达提供公共基础平台，并为各应用系统提供最基础的空间信息支持。其中，国家防汛抗旱指挥系统一期工程图形库建设涉及图幅 1259 幅，中国东中部地区 1∶5 万水利基础电子地图数据库涉及电子地形图 1581 幅。系统完成内容包括：①1∶5 万比例尺尺度上的资料收集、整理，并开展数据格式、地理坐标及地图投影转换、图幅拼接与裁切等预处理。②完成河流、水库、湖泊、控制站、堤防（段）、海堤（塘）、蓄滞（行）洪区、圩垸、机电排灌站、水闸、险工险段、墒情监测站点 12 类骨干水利专题图层与流域分区、水资源分区、水功能分区、水文预报单元四类公共数据图层的制作。

（2）在 2008 年汶川特大地震应急处置工作中，系统对地震后形成的唐家山堰塞湖等若干堰塞湖的遥感影像生成 DEM 后，对其进行了库容曲线分析。根据水文预报应急工作需要对临时布置的 34 处断面进行了切割、分析与计算。

（3）2011 年，在第一次全国水利普查工作中，系统完成了长江流域河流湖泊、水利工程、河湖治理专项中相关信息的制作与提取。

（4）2014 年，在三峡库容复核量算项目中，完成了对 20 世纪 50 年代三峡库区纸质扫描地形图的校正、坐标变换与矢量化工作，利用三峡库区两岸影像数据生成等高线，利用等高线生成 DEM，从而计算水库库容，通过对三峡库区规划阶段与蓄水前后的库容计算，分析比较了各时期库容变化情况，复核了三峡库区的实际库容。

（5）长江中下游泥沙冲淤计算及发布。系统建成后，用于长江中下游泥沙冲淤计算与成果发布，在很多科研项目研究过程中得到了体现。泥沙公报使用的冲淤数据也运用该系统计算。图 3.34 为长江河道监视评估系统。

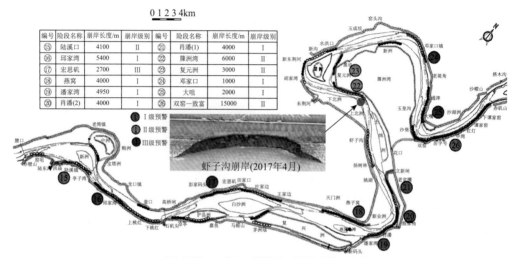

编号	险段名称	崩岸长度/m	崩岸级别	编号	险段名称	崩岸长度/m	崩岸级别
⑮	陆溪口	4100	II	㉑	肖潘(1)	4000	I
⑯	邱家湾	5400	I	㉒	簰洲湾	6000	II
⑰	宏思矶	2700	III	㉓	复元洲	3000	II
⑱	燕窝	4000	I	㉔	邓家口	1000	I
⑲	潘家湾	4950	I	㉕	大咀	2000	I
⑳	肖潘(2)	4000	I	㉖	双窑一致富	15000	II

(a) 长江陆溪口、嘉鱼、簰洲湾河段崩岸预警示意图

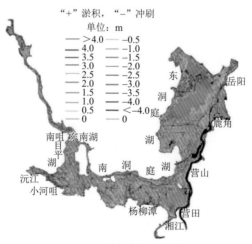

(b) 2003～2011年洞庭湖冲淤厚度图

图 3.34　长江河道监视评估系统

（6）在百余项防洪评价工作中，系统为评价工作提供了从基础到高级的一系列应用工具，可通过系统调阅大量的水文泥沙基础资料，进行各类过程线展示，进行河道平面变化、

深泓纵剖面变化、典型横断面变化、河床冲淤变化等河道演变分析；大量计算成果数据作为评价数模计算的输入参数；将评价工程与河道地形等多要素通过三维显示，立体直观地对工程进行综合防洪评价。

3.5.3　系统解决的问题及应用效益

系统为长江水文泥沙和河道演变数据的科学管理和永久保存提供了可靠的途径，还给出了实现长江水文泥沙及河道演变观测、分析的信息化和三维可视化的有效方法。该系统的成功研发，使在网络计算环境中完成大量水文泥沙专业计算与数据处理成为现实，能够方便、高效地为长江流域开发、防洪调度及河道治理服务，同时增强了水文信息实时服务能力。

该系统解决了以下科学问题：

（1）实现了长江水文泥沙数据的科学管理和永久保存，提高了各种数据的处理、分析、储存、查询速度和效率，提高了信息化程度。

（2）完成了水文泥沙计算和专业分析功能模块及其可视化，具有实时计算、实时绘图、专业分析以及多条件、多组合功能，编制了专门的河道矢量数据标准，作为项目标准统一了全长江河道地形图的规格和样式。

（3）基于数字高程模型（DEM）和其他多来源、多类型、多时态数据，并考虑比降因素计算河道槽蓄量，实现了泥沙冲淤厚度分布计算及其结果可视化。及时反映河道或库区槽蓄量变化和冲淤分布、河势变化情况，为沿江水工建设、城防建设、长江防洪抗旱等提供了决策依据和信息技术支撑。

（4）实现长江水文泥沙及河道原型观测和分析的三维可视化，开发了长河道飞行浏览、水淹分析、含沙量分布显示、开挖分析、断面分析、长江两岸部分景观的信息发布和空间信息查询等功能，为长江河道信息服务和工程建设提供了直观的辅助决策和管理依据。

（5）在河道演变分析中，实现了基于图切剖面技术的任意断面生成功能，解决了河演过程可视化模拟和深泓线自动追踪问题，为河道演变分析和成果表达提供了强有力的技术支撑。

该系统实现了以下综合效益：

该系统的诞生彻底结束了长江流域以前由纸质保管河道地形资料的历史，通过系统提供的自动或半自动的计算机矢量化绘制功能，将纸质或 CAD 电子地图文件形式转变成数据库存储的形式，使得远至中华人民共和国成立前的大量珍贵纸质河道地形资料得到了长久保存，同时也减少了文件档案存放的占地面积与维护投入，减少了数据处理与存储的人力、物力成本，提高了劳动效率。另外，经矢量化后河道地形图在 GIS 系统中更有助于进行分析计算，对工作效率的提高不可估量。

目前，长江水利委员会水文局在长江及其主要支流的出口共设置水文站 100 多个、水位站 200 多个，组建了 10 个河道勘测中心、12 个水文站队结合巡测基地，固定断面 3000 多个，形成了覆盖长江干流及主要支流和湖泊，站网布局合理的现代水文测报和河道观测体系。

同时，每隔五年，长江水利委员会水文局即在长江中下游进行一次长程河道地形的实测，每两年在宜昌至江阴的长江河段实测固定断面，并根据需要，对金沙江下游、三峡水库开展河道地形与固定断面的系列观测。该系统存储了自有水文观测资料以来长江水文积累的 130 多亿条水文基本数据，基本建成国家水文数据库。各种比例尺的河道地形图 40000 多幅，上亿条固定断面数据，初步建成长江河道地形数据库。

该系统的数据组织、存取方式与数据库设计均以国家与行业标准为标准，系统的功能均在水文泥沙专业日常工作中高频率使用，各类专业计算算法均采用通过数学验证的标准算法，其计算结果的正确性与误差范围已在无数次的实际应用中得到了检验。系统作为水文泥沙工作的综合基础平台，无论是数据库与分析计算功能的设计思路还是在生产实践中均具有较好的通用性与推广性。

3.6 小   结

（1）本章分析了河流悬移质泥沙监测新技术，对传统的河流泥沙采集和测验方法进行了优化和完善，提出了临底悬移质泥沙测量方法。

对光学散射法、激光衍射法及声学后向散射法等悬移质含沙量监测新技术、新仪器在内河、大型水库、河口等区域进行了比测试验，通过反复对比监测和分析含沙量、泥沙颗粒级配要素在不同测量点、不同测量垂线、不同测量断面、不同流量及含沙量条件、不同水体类型的特征，创新了悬移质泥沙实时测量方法。成功地实现了三峡水库入库泥沙的实时监测，率先在国内实现了悬移质泥沙的实时报汛，实现了泥沙的实时监测与报汛，测验历时由传统的 3～7d 缩短至 1h。

（2）针对距河底 $0.2h$ 以下泥沙难以准确监测的技术难题，提出了临底悬移质含沙量同步双层测验方法及全断面泥沙计算改正方法，使悬移质泥沙测量精度提高了 10%～30%。

（3）完善了推移质测验方法，研制了卵石推移质和沙质推移质采样器，并进行了大量比测试验，提高了全沙测量效率和测量精度。

（4）提出了水库大水深条件下淤积物干容重测量方法和技术，为水库淤积计算提供了基础。

（5）构建了基于多源异构的海量长江水文泥沙数据管理技术体系和"多 S"融合的长江河道监视评估系统，提供了大量水文气象基础资料、河道演变分析成果、防洪预报、水资源分析与计算结果，为科学、严谨的工程计算、科学研究等工作打下了坚实的基础。

第4章 长江上游泥沙时空变化特征

4.1 泥沙空间分布特征

4.1.1 长江上游

1. 水沙量空间分布特征

长江悬移质泥沙主要来自上游地区。宜昌站为长江上游水文控制站，大通水文站为长江入海控制站。宜昌站控制流域面积、径流量和输沙量分别占大通站的 58.96%、48.34% 和 108.44%。1956～2015 年，宜昌站年均输沙量为 3.93 亿 t，大通站年均输沙量为 3.63 亿 t，比宜昌站还少 0.30 亿 t；长江下游地区洞庭湖四水输沙量 0.239 亿 t、汉江输沙量为 0.262 亿 t、鄱阳湖五河 0.124 亿 t，每年有约 0.925 亿 t 的泥沙淤积于长江中下游河道及通江湖泊。

根据流域水系特点及水文站控制情况，长江上游水沙来源区分为金沙江、横江、岷江、沱江、嘉陵江、乌江等组成部分。三峡水库蓄水前，长江上游水沙地区组成以宜昌站控制的水沙量为总水沙量，三峡区间（寸滩至宜昌区间）和向一寸区间（向家坝至寸滩区间）所占比例较小，其水沙可以不予考虑。三峡水库蓄水后，大量泥沙淤积于库区内，三峡水库出口断面输沙量大幅度减小，宜昌站不能反映长江上游水沙总量的真实情况，本书以各组成部分之和作为总水量和沙量进行水沙空间分布特征分析。三峡水库蓄水后，由于其他区域来沙量减小，三峡区间来沙比例增大，需要将其纳入，以较为准确地反映泥沙空间分布特征。金沙江、横江、岷江、沱江、嘉陵江及乌江分别以向家坝、横江、高场、富顺、北碚及武隆水文站水沙资料为依据。由于三峡区间和向一寸区间缺乏完整的水文观测资料，其产水产沙量不能直接得出，需要用径流量及相邻区域的输沙模数进行估算[1]。

长江上游不同空间区域径流量、输沙量及比例见表 4.1、表 4.2 和图 4.1。长江上游不同的地理单元水沙产输差异较大。金沙江、岷江和嘉陵江流域面积较大，水沙比例也较大。从径流量和输沙量组成的多年平均（1956～2015 年）情况看（图 4.1），金沙江向家坝占长江上游集水面积的 45.63%，径流量占 32.57%，输沙量占 46.67%，径流量比例明显小于流域面积比例，输沙量比例略大于面积比例；岷江高场站占长江上游集水面积的 13.46%，径流量占 19.27%，输沙量占 8.96%，径流量比例明显大于流域面积比例，输沙量比例明显小于面积比例，水多沙少；嘉陵江北碚站占长江上游集水面积的 15.53%，径流量占 15.01%，输沙量占 20.26%，径流量比例与流域面积比例基本一致，输沙量比例大于面积比例。因此，长江上游水沙异源、不平衡现象十分突出，径流主要来自金沙江、岷江和嘉陵江等流域，输沙量主要来自金沙江和嘉陵江。

---

[1] 长江水利委员会水文局. 2012. 三峡水库区间来沙量分析研究报告。

表 4.1 长江上游径流量空间分布统计表

区间	集水面积		年均径流量															
			1956~1975 年		1976~1997 年		1998~2002 年		1956~1990 年		1991~2002 年		2003~2012 年		2013~2015 年		1956~2015 年	
	km²	%	亿 m³	%	亿 m³	%	亿 m³	%	亿 m³	%	亿 m³	%	亿 m³	%	亿 m³	%	亿 m³	%
向家坝	458800	45.63	1430	32.19	1374	31.41	1748	37.13	1414	31.72	1506	34.37	1391	34.17	1245	30.20	1420	32.57
横江	14781	1.47	93.04	2.09	81.95	1.87	84.7	1.80	90.14	2.02	76.71	1.75	71.55	1.76	80.64	1.96	83.44	1.91
高场	135378	13.46	861.9	19.40	856.8	19.58	821.3	17.44	869.1	19.49	814.7	18.59	789.0	19.38	773.5	18.76	840.1	19.27
富顺	19613	1.95	127.6	2.87	117.4	2.68	111.9	2.38	125.6	2.82	107.8	2.46	102.5	2.52	134.6	3.27	118.5	2.72
向一寸区间	81845	8.14	388.0	8.73	386.0	8.82	428.0	9.09	389.0	8.73	399.0	9.11	321.0	7.89	379.6	9.21	378.5	8.68
北碚	156142	15.53	700.5	15.77	641.3	14.66	541.4	11.50	699.2	15.68	529.4	12.08	659.8	16.21	619	15.02	654.7	15.01
武隆	83053	8.26	486.8	10.96	495.9	11.33	551.7	11.72	486.4	10.91	531.7	12.13	422.4	10.38	448.6	10.88	482.9	11.07
三峡区间	55889	5.56	354.5	7.98	421.6	9.64	421.3	8.95	385.0	8.64	416.3	9.50	313.4	7.70	441.4	10.71	382.2	8.77
合计	1005501	100	4442.34	100	4374.95	100	4708.3	100	4458.44	100	4381.61	100	4070.65	100	4122.34	100	4360.34	100

表 4.2　长江上游输沙量空间分布统计表

区间	集水面积		年均输沙量															
			1956~1975 年		1976~1997 年		1998~2002 年		1956~1990 年		1991~2002 年		2003~2012 年		2013~2015 年		1956~2015 年	
	km²	%	万 t	%	万 t	%	万 t	%	万 t	%	万 t	%	万 t	%	万 t	%	万 t	%
向家坝	458800	45.63	24600	40.86	25200	47.76	29600	63.98	24400	41.65	28100	61.55	14200	56.85	161	1.77	22300	46.67
横江	14781	1.47	1240	2.06	1460	2.77	1430	3.09	1370	2.34	1390	3.04	547	2.19	457	5.01	1180	2.47
高场	135378	13.46	5160	8.57	4740	8.98	3270	7.07	5210	8.89	3450	7.56	2930	11.73	1260	13.83	4280	8.96
富顺	19613	1.95	1310	2.18	768	1.46	345	0.75	1150	1.96	372	0.81	210	0.84	1370	15.03	843	1.76
向一寸区间	81845	8.14	4950	8.22	3830	7.26	1420	3.07	4530	7.73	3030	6.64	1270	5.08	1140	12.51	3350	7.01
北碚	156142	15.53	15500	25.75	9810	18.59	3750	8.11	14300	24.41	3720	8.15	2920	11.69	2720	29.85	9680	20.26
武隆	83053	8.26	3050	5.07	2600	4.93	2030	4.39	2970	5.07	2040	4.47	570	2.28	285	3.13	2250	4.71
三峡区间	55889	5.56	4390	7.29	4360	8.26	4420	9.55	4660	7.95	3550	7.78	2330	9.33	1720	18.87	3900	8.16
合计	1005501	100	60200	100	52768	100	46265	100	58590	100	45652	100	24977	100	9113	100	47783	100

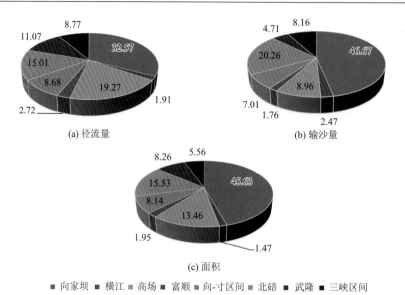

图 4.1　长江上游流域面积、径流量、输沙量地区分布比例（单位：%）

　　受水土保持治理及大型水库拦沙等因素对流域输沙量变化的影响，长江上游不同区域不同时段径流量比例变化不大，输沙量占比却发生了很大的变化。1976 年碧口水库开始蓄水，1998 年二滩水库开始蓄水，2003 年三峡水库开始蓄水，2013 年溪洛渡、向家坝水库开始蓄水。表 4.1 和表 4.2 中时段的划分主要以流域大型水库的运行时间为依据。由于三峡水库库容大，拦沙量及拦沙比例大，2003 年为时间分段的主要依据。长江上游不同区域不同时段输沙量占比变化情况见表 4.2 和图 4.2。以 2003 年和 2012 年三峡水库和金沙江下游水库蓄水前后为界，不同时段输沙量的来源发生了很大变化（图 4.2）。三峡水库蓄水前，长江上游不同区域的输沙量也因水土保持、水电工程建设等人类活动的影响，发生了较大的变化，但终不及三峡水库蓄水的影响，2002 年前流域输沙量的空间分布特征更接近流域的侵蚀产沙的自然状况。

　　1956～1990 年，长江上游流域水土保持治理之前，向家坝、横江、高场、富顺、北碚、武隆站及向—寸区间和三峡区间径流量分别占来水总量的 31.72%、2.02%、19.49%、2.82%、15.68%、10.91% 及 8.73% 和 8.64%（表 4.1），输沙量分别占总来沙量的 41.65%、

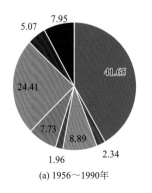

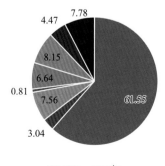

(a) 1956～1990年　　　　　　　　　　　　　(b) 1991～2002年

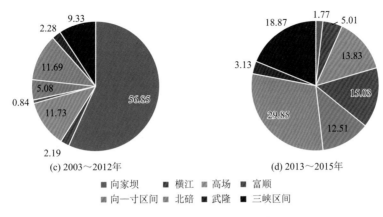

图 4.2　长江上游不同时段输沙量地区分布比例（单位：%）

2.34%、8.89%、1.96%、24.41%、5.07% 及 7.73% 和 7.95%。金沙江输沙量所占比例与面积所占比例基本相当，高场站小于面积所占比例，嘉陵江大于面积所占比例。1975 年以前接近自然状态情况下，金沙江向家坝上游来沙量占 40.86%，嘉陵江北碚站上游来沙量占 25.75%，两者占长江上游输沙量的约 2/3；1976～1997 年，嘉陵江受碧口水库拦沙的影响，来沙量占比减小为 18.59%，金沙江来沙量略增大，占比为 47.76%；1998～2002 年，金沙江虽然有二滩水库拦沙，但其他区域输沙量增大，来沙占比增大为 63.98%，嘉陵江来沙占比减小至 8.11%。

2003～2012 年，由于嘉陵江水库拦沙量较大，上游来沙总量减少，再加上三峡水库蓄水，宜昌站输沙量大幅度减少，输沙量的地区组成发生了很大的变化，金沙江向家坝站输沙量接近宜昌站的 3 倍，高场站占宜昌站的 62.90%。与 1998～2002 年比较，金沙江输沙量比例减少，为 56.85%，嘉陵江和岷江比例增大，分别由 8.11% 和 7.07% 增加至 11.69% 和 11.73%。与 1956～1990 年比较，2003～2012 年金沙江、岷江、三峡区间输沙量占比增加，其余区间占比减少，但金沙江仍是长江上游主要的泥沙来源区。

2013 年后，随着金沙江流域一些大型水库的相继建成蓄水，金沙江流域来沙量大幅度减少，长江上游输沙量的地区组成发生了很大的变化。金沙江输沙量所占比例大幅度减少，在所统计的八个区域中，输沙量贡献率由 2003～2012 年的 56.85% 变为 2013～2015 年的 1.77%，为表 4.2 中所有来源区中的最小值。长江上游各区域输沙量比例除金沙江大幅度减少外，其余区域占比均增加。嘉陵江 2013～2015 年所占比例最大，为 29.85%。金沙江和嘉陵江所占比例的变化呈近乎镜像的变化关系，金沙江比例增大，嘉陵江比例减小，金沙江比例减小，嘉陵江比例增大。岷江来沙量从 1956～1990 年的 8.89% 增加到 2013～2015 年的 13.83%。沱江富顺站输沙量所占比例从 1956～1990 年的 1.96% 大幅度增加至 2013～2015 年的 15.03%，主要是 2013 年沱江流域滑坡、泥石流导致输沙量大幅度增加所致。2013 年沱江流域特大洪水，爆发滑坡、泥石流，产沙量达 3600 余万吨，是年均产沙量的 6 倍多。向一寸区间输沙量所占比例也大幅度增加，从 1956～1990 年的 7.73% 增至 2013～2015 年的 12.51%。三峡区间从 1956～1990 年的 7.95% 增加至 2013～2015 年的 18.87%。2013 年后，嘉陵江、岷江和三峡区间输沙量所占比例大幅度增加，这三个区间输沙量占长江上游输沙量的 62.55%，三峡区间及向一寸区间来沙量对长江上游泥沙的地区分布有着重要影响。

不同时段不同来源区水沙比例的变化主要受流域水土保持、水库拦沙等因素的影响。一些特殊的水沙年份，受洪水来源的影响，三峡入库水沙组成也存在很大的差异。1974 年金沙江向家坝以上来水量占总来水量的 42.7%，输沙量占 63.1%；1997 年，金沙江向家坝以上来水量占总来水量的 36.3%，输沙量占 87.3%，北碚站径流量占 8.2%，输沙量占 1.4%；2014 年三峡区间径流量占 12.8%，输沙量占 31.3%，为所有来源区的最大值，当年向家坝径流量占 28.7%，输沙量占 2.5%；2018 年北碚站径流量占 14.8%，输沙量占 45.4%，金沙江向家坝以上径流量占 33.9%，输沙量仅占 1.0%。

2. 输沙模数变化

输沙模数是表示流域输沙强度的一个重要指标。长江上游干流水文站径流模数和输沙模数沿程变化较大。长江上游平均径流模数 14.01L/(km²·s)，金沙江流域径流模数最小，在 9.81L/(km²·s)左右，其他流域径流模数相差不大，在 15～20L/(km²·s)。金沙江石鼓站相较长江上游其他区域，径流模数和输沙模数均较小，多年平均径流模数为 6.3L/(km²·s)，多年平均输沙模数为 121.5t/(km²·a)。攀枝花站多年平均径流模数为 7.0L/(km²·s)，多年平均输沙模数为 171.8t/(km²·a)，相对于金沙江下游地区，也较小，但均比石鼓站大。三堆子站多年平均径流模数为 9.3L/(km²·s)，多年平均输沙模数为 200.5t/(km²·a)，均较石鼓站和攀枝花站大。屏山站多年平均径流模数为 9.9L/(km²·s)，输沙模数为 460t/(km²·a)。金沙江径流模数与输沙模数均自石鼓向下游屏山递增。朱沱站多年平均径流模数为 12.1L/(km²·s)，多年平均输沙模数为 370t/(km²·a)，径流模数大于屏山站，输沙模数小于屏山站。寸滩站多年平均径流模数为 12.6L/(km²·s)，输沙模数为 416t/(km²·a)，径流模数与输沙模数大于朱沱站。宜昌站多年平均径流模数为 13.6L/(km²·s)，多年平均输沙模数为 384t/(km²·a)。长江上游径流模数从石鼓至宜昌不断增大，输沙模数则从石鼓至屏山增大，从屏山至朱沱减小，从朱沱至寸滩增大，从寸滩至宜昌减小。

表 4.3 为长江上游不同水沙来源区不同时段输沙模数统计表。从表中可以看出，同一区域径流模数在不同时段变化不大，但不同区域的径流模数差异却较大。长江上游平均输沙模数约 475t/(km²·a)，不同区域输沙模数差异较大，最大的三个区域是横江、三峡区间和嘉陵江，多年平均输沙模数分别为 798t/(km²·a)、698t/(km²·a)和 620t/(km²·a)；输沙模数最小的区域为乌江和岷江，多年平均输沙模数分别为 271t/(km²·a)和 316t/(km²·a)。

表 4.3　长江上游不同水沙来源区不同时段输沙模数统计表　　　　[单位：t/(km²·a)]

区间	1956～1975 年	1976～1997 年	1998～2002 年	1956～1990 年	1991～2002 年	2003～2012 年	2013～2015 年	1956～2015 年
向家坝	536	549	645	532	612	310	3.5	486
横江	839	988	967	927	940	370	309	798
高场	381	350	242	385	255	216	93	316
富顺	668	392	176	586	190	107	699	430
向一寸区间	605	468	173	553	370	155	139	409

续表

区间	1956~1975年	1976~1997年	1998~2002年	1956~1990年	1991~2002年	2003~2012年	2013~2015年	1956~2015年
北碚	993	628	240	916	238	187	174	620
武隆	367	313	244	358	246	69	34	271
三峡区间	785	780	791	834	635	417	308	698
汇总	599	525	460	583	454	248	91	475

长江上游不仅不同来源区的输沙模数差异很大，同一来源区在不同时段的输沙模数差异也很大，长江上游三峡水库修建前后统计时段的输沙模数分别为 587t/(km²·a)和228t/(km²·a)，减少了61%。金沙江向家坝以上区域输沙模数1956~2000年，输沙模数最大，从1956~1975年的536t/(km²·a)增加到1998~2002年的645t/(km²·a)，此后，输沙模数减小，至2003~2012年减少为310t/(km²·a)，至2013~2015年减少为3.5t/(km²·a)。其他各区域输沙模数也经历相似的变化特征，只不过增大或减小的时间节点有差异，主要因流域水库拦沙和水土保持的时间节点的差异而不同。自然情况下，嘉陵江是长江上游重要水沙来源区，1956~1975年，北碚站输沙模数达993t/(km²·a)，此后由于水库拦沙及水土保持工程的影响，输沙模数大幅度减少，至1998~2002年，减少为240t/(km²·a)，此后，输沙模数略有减少，但总体变化不大，三峡水库蓄水后的输沙模数为181t/(km²·a)。三峡水库蓄水前后三峡区间输沙模数分别为783t/(km²·a)和374t/(km²·a)，减小了52%。

4.1.2　金沙江流域

金沙江流域是长江上游的重点产沙区，输沙量的地区分布也存在很大的区域差异，径流量和输沙量地区组成见表4.4、表4.5和图4.3。金沙江流域以二滩及溪洛渡、向家坝蓄水为时间分段节点。由于金沙江各水文站资料起始年限不同，攀枝花水文站1966年才开始有观测资料，这里金沙江流域水沙地区组成的统计资料年限为1966~2015年。从多年（1966~2015年）平均情况看，金沙江流域输沙量接近长江上游的50%，其中，1998~2002年约占2/3，2013年后，金沙江流域输沙量占比大幅度下降。金沙江流域输沙量占比下降并不表明区域产沙量大幅度减少，而是由水库大量淤积所致。根据水文站控制节点，向家坝水沙来源区主要可分为三个区：攀枝花以上地区、雅砻江和攀枝花至向家坝区间。金沙江水沙异源、不平衡现象十分突出。

表 4.4　金沙江径流量地区组成

河名	测站	集水面积 km²	占比/%	1966~1997年 亿m³	占比/%	1998~2002年 亿m³	占比/%	2003~2012年 亿m³	占比/%	2013~2015年 亿m³	占比/%	1966~2015年 亿m³	占比/%
金沙江	石鼓	214384	46.7	2546	11.6	470.6	26.9	441.0	31.7	389.9	31.3	418.1	29.6
金沙江	攀枝花	259177	56.5	4766	21.7	691.6	39.6	592.4	42.6	513.3	41.2	564.0	39.9
	石鼓—攀枝花	44793	9.8	135.3	0.6	10.1	0.6	151.5	10.9	123.3	9.9	145.9	10.3

续表

河名	测站	集水面积		年均径流量									
				1966~1997 年		1998~2002 年		2003~2012 年		2013~2015 年		1966~2015 年	
		km²	占比/%	亿 m³	占比/%	亿 m³	占比/%	亿 m³	占比/%	亿 m³	占比/%	亿 m³	占比/%
雅砻江	桐子林	128363	28.0	3406	15.5	678.0	38.8	578.6	41.6	545.7	43.8	580.6	41.1
龙川江	小黄瓜园	5560	1.2	442	2.0	15.0	0.9	3.983	0.3	2.701	0.2	7.483	0.5
金沙江	白鹤滩	430308	93.8	17124	78.0	1578	90.3	1269	91.2	1127	90.5	1266	89.6
黑水河	宁南	3074	0.7	469	2.1	23.17	1.3	20.71	1.5	19.10	1.5	21.01	1.5
美姑河	美姑	1607	0.4	186	0.8	10.87	0.6	9.779	0.7	9.832	0.8	10.46	0.7
攀—桐—白区间		42768	9.3	119.4	0.5	40.8	2.3	97.91	7.0	67.78	5.4	120.9	8.6
白—向区间		28492	6.2	154.1	0.7	22.0	1.3	121.6	8.7	118.6	9.5	147.1	10.4
金沙江	向家坝	458800	100	21950	100	1748	100.0	1391	100	1245	100	1413	100
横江	横江	14800	—	1190	—	84.70	—	71.55	—	80.64	—	82.38	29.6

注：桐子林站 1966~1998 年采用安宁河的湾滩站与雅砻江干流的小得石站之和，1999~2016 年采用桐子林站实测资料；白鹤滩 1966~2013 年为华弹＋宁南站资料；占比为占向家坝站的比例；攀—桐—白指攀枝花至白鹤滩区间，白—向区间指白鹤滩至向家坝区间，后同。

表 4.5　金沙江输沙量地区组成

河名	测站	集水面积		年均输沙量									
				1966~1997 年		1998~2002 年		2003~2012 年		2013~2015 年		1966~2015 年	
		km²	占比/%	万 t	占比/%	万 t	占比/%	万 t	占比/%	万 t	占比/%	万 t	占比/%
金沙江	石鼓	214384	46.7	2110	8.4	4230	14.3	3080	21.7	2270	1409.9	2550	11.6
金沙江	攀枝花	259177	56.5	4590	18.2	9110	30.8	4400	31.0	520	323.0	4770	21.7
石鼓—攀枝花		**44793**	**9.8**	**2480**	**9.8**	**4870**	**16.5**	**1320**	**9.3**	**−1750**	**−1087.0**	**2220**	**10.1**
雅砻江	桐子林	128363	28.0	4430	17.6	2480	8.4	1360	9.6	797	495.0	3410	15.5
龙川江	小黄瓜园	5560	1.2	485	1.9	994	3.4	148	1.0	69	42.9	442	2.0
金沙江	白鹤滩	430308	93.8	18700	74.2	24100	81.4	11600	81.7	7690	4776.4	17100	77.7
黑水河	宁南	3074	0.7	464	1.8	678	2.3	434	3.1	289	179.5	469	2.1
美姑河	美姑	1607	0.4	202	0.8	159	0.5	157	1.1	167	103.7	186	0.8
攀—桐—白区间		**42768**	**9.3**	**9640**	**38.3**	**12500**	**42.2**	**5800**	**40.8**	**6370**	**3956.5**	**8950**	**40.7**
白—向区间		**28492**	**6.2**	**6560**	**26.0**	**5580**	**18.9**	**2600**	**18.3**	**−7530**	**−4677.0**	**4830**	**22.0**
金沙江	向家坝	458800	100	25200	100	29600	100	14200	100	161	100	22000	100
横江	横江	14800	—	1420	—	1430	—	547	—	457	—	1190	—

注：桐子林站 1966~1998 年采用安宁河的湾滩站与雅砻江干流的小得石站之和，1999~2016 年采用桐子林站实测资料，支流均补充收集了沙量资料；白鹤滩 1959~2013 年为华弹＋宁南站资料；比例为占向家坝站的比例。

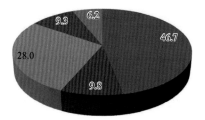

(a) 面积

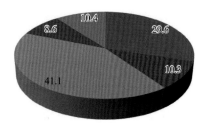

(b) 径流量

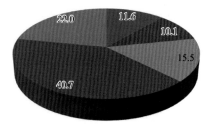

(c) 输沙量

图 4.3 金沙江流域面积、径流量、输沙量地区分布比例（单位：%）

从多年平均情况看，攀枝花以上地区和雅砻江地区来水量分别为 564.0 亿 m³ 和 580.6 亿 m³，分别占屏山/向家坝站水量的 39.9%和 41.1%；攀枝花至向家坝区间（不含雅砻江，下同）来水量为 268.0 亿 m³，占向家坝站来水量的 19.0%。

从多年平均情况看，金沙江输沙量主要来自攀枝花至向家坝区间。石鼓以上地区来沙量为 2550 万 t，占屏山站的 11.6%；攀枝花以上地区来沙量为 4770 万 t，占屏山站的 21.7%；雅砻江来沙量为 3410 万 t，占屏山站的 15.5%；攀枝花至向家坝区间（不含雅砻江）来沙量 13780 万 t，占屏山站的 62.7%，其中：攀枝花至白鹤滩区间、白鹤滩至向家坝区间来沙量分别为 8950 万 t、4830 万 t，分别占屏山站的 40.7%、22.0%。

从金沙江下游各支流水沙量来看，龙川江、黑水河和美姑河多年平均来水量分别为 7.483 亿 m³、21.01 亿 m³ 和 10.46 亿 m³，分别占屏山站水量的 0.5%、1.5%和 0.7%；多年平均来沙量分别为 442 万 t、469 万 t 和 186 万 t，分别占向家坝站沙量的 2.0%、2.1%和 0.8%。昭觉站和七星桥站因控制流域面积小，不做统计。

金沙江下游悬移质泥沙的沿程变化具有明显的地域性，泥沙主要来自高产沙地带。攀枝花以上流域面积为 259177km²，占向家坝站控制面积的 56.5%，径流量占 39.9%，输沙量仅占总沙量的 21.7%，输沙模数仅为 184t/(km²·a)；雅砻江桐子林以上区域集水面积 128363km²，占向家坝站集水面积的 28.0%，径流量占 41.1%，输沙量占总沙量的 15.5%；攀枝花至白鹤滩区间流域面积为 42768km²，仅占向家坝站控制面积的 9.3%，径流量占 8.6%，输沙量则达到 8950 万 t，占向家坝沙量的 40.7%；白鹤滩至向家坝区间流域面积为 28492km²，仅占向家坝站控制面积的 6.2%，径流量占 10.4%，输沙量则达到 4830 万 t，占向家坝的 22.0%。攀枝花至向家坝区间为金沙江的重点产沙区，多年平均含沙量

5.14kg/m^3，为攀枝花站年均含沙量 0.84kg/m^3 的 6 倍以上，平均输沙模数为 1934t/(km^2·a)，超出攀枝花以上地区的 10 倍。可见，金沙江水沙主要来自攀枝花至屏山区间。攀枝花至向家坝区间地形高差大，断裂发育，滑坡和泥石流频发，向金沙江下游的干流和支流输送了大量泥沙。攀枝花至白鹤滩区间和白鹤滩至向家坝区间输沙模数分别为 2090t/(km^2·a) 和 1700t/(km^2·a)，无论从输沙量还是输沙模数方面看，攀枝花至白鹤滩（不含雅砻江）区间都是流域最主要的泥沙来源区。雅砻江多年平均径流量和输沙量分别占流域的 41.1%和 15.5%，是流域径流量的重要来源区，而来沙量则较少。石鼓以上、石鼓—攀枝花区间及雅砻江流域输沙模数分别为 119t/(km^2·a)、496t/(km^2·a) 和 266t/(km^2·a)，远小于金沙江下游地区。

金沙江下游各时段径流量地区组成对比见图 4.4。与 1998 年前相比，1998～2012 年石鼓以上、石鼓—攀枝花区间、攀—桐—白区间径流量比例增加；雅砻江、白—向区间比例减小；2013～2015 年，白鹤滩以上区间径流量所占比例均较 1998 年前增加，白鹤滩以下区域减小。不管径流量增加还是减小，其比例均不大，不改变原来的径流量空间分布格局。

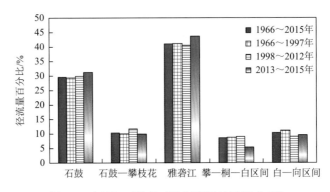

图 4.4　金沙江下游各时段径流量地区组成对比

金沙江下游各时段输沙量地区组成对比见图 4.5。由于水库拦沙等的影响，不同时期金沙江输沙量的地区组成发生了很大的变化。1998～2012 年与 1966～1997 年相比（图 4.5），石鼓、石鼓至攀枝花区间、攀枝花至白鹤滩区间所占比例增大，雅砻江流域、白鹤滩至向家坝区间所占比例减小。其中，石鼓所占比例由 8.4%增加到 17.9%，石鼓至攀枝花区间所占比例由 9.8%增加到 13.0%，雅砻江流域比例减小，由 17.6%减小为 9.0%，攀枝花至白鹤滩区间由 38.4%增加为 41.5%，白鹤滩至向家坝区间由 25.9%减小为 18.6%。

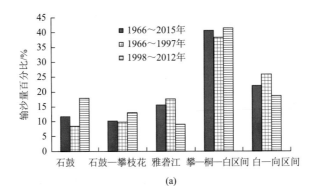

(a)

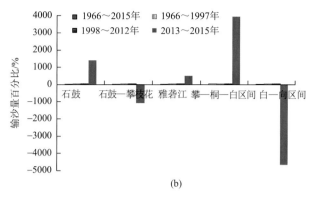

图 4.5　金沙江下游各时段输沙量地区组成对比

输沙量比例减少主要为水库淤积等所致，输沙量比例增加因水库淤积等导致向家坝站的输沙量减少，其比例相对增加。攀枝花至白鹤滩区间 1998 年前输沙量为 9640 万 t，1998～2012 年为 8020 万 t，输沙量减少 16.8%，但其区间所占比例增加 0.9%。

2013 年以后，由于干流一系列水库相继蓄水，水库淤积量大幅度增加，金沙江输沙量的地区组成发生了巨大的变化。图 4.5（b）反映了溪洛渡和向家坝水库拦沙的影响。金沙江主要产沙区变成了石鼓以上区间和攀枝花至白鹤滩区间，石鼓至攀枝花区间和白鹤滩至向家坝区间产沙量因为水库淤积而变为负值。位于白鹤滩库区的黑水河宁南站，属于攀枝花至白鹤滩区间，1966～1997 年、1998～2012 年、2013～2015 年输沙量分别为 464 万 t、515 万 t 和 289 万 t，输沙量减少的变化趋势不很明显，但占屏山站输沙量的比例却从 1998 年前的 1.8% 变为 2013～2015 年的 179%，输沙模数从 1510t(km²·a) 减少为 940t/(km²·a)。位于溪洛渡库区的美姑河属于白鹤滩至向家坝区间，1966～1997 年、1999～2012 年和 2013～2015 年美姑站输沙量分别为 202 万 t、158 万 t 和 167 万 t，2013～2015 年输沙模数仍有 1040t/(km²·a)，远高于攀枝花上游地区。

根据表 4.5，2013～2015 年白鹤滩至向家坝区间输沙量所占比例为负值，并不表示区间不产沙或产沙量少，而是由于水库淤积量大，淤积量大于区间产沙量，只是干流控制性水文站的监测数据反映不出来。2013 年溪洛渡、向家坝水库相继蓄水，水库拦沙量大，向家坝泥沙不能再代表金沙江输沙量。由于水库拦沙的影响，相较 1998 年以前，1998～2002 年和 2003～2012 年石鼓站输沙量占比增大，雅砻江输沙量占比减小，攀枝花至白鹤滩区间输沙量占比增加，白鹤滩至向家坝区间输沙量占比减小。2013～2015 年石鼓至攀枝花区间和白鹤滩至向家坝区间则由于水库拦沙，输沙量占比为负值。攀枝花至向家坝区间输沙量虽然为负值，但产沙量仍很大，仍是金沙江流域重点产沙区。

综上，金沙江流域不同时段径流量地区组成变化不大，但 2013 年后由于水库拦沙等影响，输沙量的地区组成却发生了很大的变化，但流域重点产沙区域并没有发生大的改变，攀枝花至向家坝区间的干热河谷地带仍然是流域重点产沙区。

4.1.3　岷江流域

岷江流域以紫坪铺水库蓄水为时间分段节点，紫坪铺水库蓄水前再以 1990 年为界分两个时段。根据岷江各站水沙多年资料统计分析，岷江不同时段径流量和输沙量地区组成见表 4.6 和表 4.7，三峡水库蓄水后水沙地区比例见图 4.6。

表 4.6　岷江流域径流量地区组成

河名	站名	集水面积		年均径流量									
				1960~1990 年		1991~2003 年		1960~2003 年		2004~2015 年		1960~2015 年	
		km²	占高场/%	亿 m³	占高场/%	亿 m³	占高场/%	亿 m³	占高场/%	亿 m³	占高场/%	亿 m³	占高场/%
青衣江	多营坪	8777	6.48	113.0	12.87	96.00	11.79	110.0	12.78				
青衣江	夹江	12588	9.30							130.4	16.65		
大渡河	安顺场	1452	1.07	17.90	2.04	17.70	2.17	17.80	2.07				
大渡河	沙湾	76622	56.60							446.3	56.98		
岷江	镇江关	4486	3.31	17.80	2.03	15.90	1.95	17.10	1.99	15.70	2.00	17.10	2.03
岷江	镇江关—彭山	26175	19.33	118.2	13.46	98.10	12.05	112.9	13.11	102.9	13.14	110.8	13.18
岷江	彭山	30661	22.65	136.0	15.49	114.0	14.00	130.0	15.10	118.6	15.14	127.9	15.21
岷江	彭山—五通桥	6607	4.88							12.70	1.62		
岷江	五通桥	126478	93.43	787.0	89.64	741.0	91.03	771.0	89.55	707.9	90.37	759.0	90.27
岷江	五通桥—高场	8900	6.57	91.00	10.36	73.00	8.97	90.00	10.45	75.40	9.63	81.80	9.73
岷江	高场	135378	100	878.0	100	814.0	100	861.0	100	783.3	100	840.8	100

表 4.7　岷江流域输沙量地区组成

河名	站名	集水面积		年均输沙量									
				1960~1990 年		1991~2003 年		1960~2003 年		2004~2015 年		1960~2015 年	
		km²	占高场/%	万 t	占高场/%	万 t	占高场/%	万 t	占高场/%	万 t	占高场/%	万 t	占高场/%
青衣江	多营坪	8777	6.48	859	16.33	1240	34.93	944	19.59				
青衣江	夹江	12588	9.30							600	25.42		
大渡河	安顺场	1452	1.07	130	2.47	166	4.68	143	2.97				
大渡河	沙湾	76622	56.60							1130	47.88		
岷江	镇江关	4486	3.31	57.5	1.09	47.1	1.33	54.1	1.12	55.6	2.36	54.4	1.29
岷江	镇江关—彭山	26175	19.33	1030	19.58	400	11.27	839	17.41	320	13.56	741	17.56
岷江	彭山	30661	22.65	1090	20.72	447	12.59	893	18.53	376	15.93	795	18.84
岷江	彭山—五通桥	6607	4.88							201	8.52	2880	68.25
岷江	五通桥	126478	93.43	4350	82.70	3370	94.93	4010	83.20	2300	97.46	3680	87.20
岷江	五通桥—高场	8900	6.57	910	17.30	180	5.07	810	16.80	53.7	2.28	546	12.94
岷江	高场	135378	100	5260	100	3550	100	4820	100	2360.0	100	4220	100

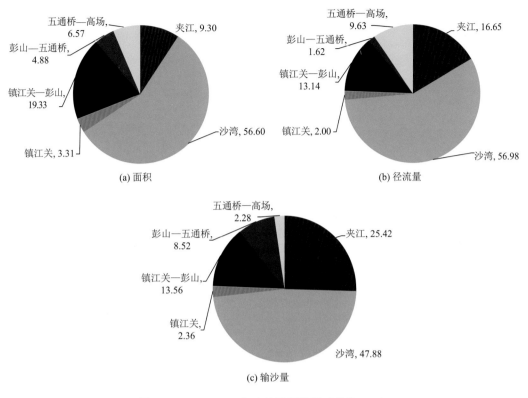

图 4.6　2004～2015 年水沙地区比例（单位：%）

由于岷江水文站泥沙监测资料连续性较差，很多水文站泥沙资料年限较短，不能完全区分不同区域的输沙量所占流域的比例，仅 2004～2015 年资料较完整。根据 1960～2003 年的资料，岷江干流、大渡河和青衣江流域面积（以水文站控制面积平摊）占比分别为 34.1%、56.6% 和 9.3%，多年平均径流量占比分别为 25.6%（其中，彭山上游 15.1%，五通桥下游占 10.5%）、56.1% 和 18.3%，多年平均输沙量占比分别为 44.7%（其中，彭山上游占 18.5%，彭山至五通桥占 9.4%，五通桥下游占 16.8%）、35.7% 和 19.6%，流域径流量的占比与流域面积占比基本一致，径流量主要来自大渡河，输沙量主要来自岷江干流，青衣江输沙量强度较大。

2004～2015 年，岷江干流、大渡河和青衣江多年平均径流量占比分别为 26.4%（其中，彭山上游占 15.1%，五通桥下游占 9.6%）、57.0% 和 16.6%，多年平均输沙量占比分别为 26.7%（其中，彭山上游占 15.9%，彭山至五通桥占 8.5%，五通桥下游占 2.3%）、47.9% 和 25.4%，径流量和输沙量均主要来自大渡河。2004～2015 年，岷江干流、大渡河和青衣江径流模数分别为 14.2L/(km^2·s)、18.5L/(km^2·s) 和 32.8L/(km^2·s)，输沙模数分别为 136t/(km^2·a)、147t/(km^2·a) 和 477t/(km^2·a)，青衣江径流模数和输沙模数均最大，大渡河次之，岷江干流最小，大渡河与岷江差别不大。2004 年后，岷江干流输沙量占比减小，青衣江和大渡河增加。青衣江增加主要是因为青衣江处于雅安暴雨区，且水库拦沙能力较弱，输沙量减幅较小。岷江比例减少主要是因为紫坪铺水库 2005 年开始拦沙，还可能与岷江下游采砂活动等有关。

岷江上游镇江关水文站控制流域面积为高场站的 3.31%，其多年平均径流量和输沙量分别占高场站的 2.03%和 1.29%。从 2003 年前后对比情况来看，径流量和输沙量占高场的比例略增大，输沙模数从 1960～2003 年的 121t/(km²·a) 变为 2004～2015 年的 138t/(km²·a)。1960～1990 年、1991～2003 年、2004～2015 年输沙量分别占高场站的 1.09%、1.33%和 2.36%。汶川地震对镇江关以上区域有一定的影响但影响较小，且人类活动影响较小，水库拦沙作用较小，输沙量减小的比例较其他区域略小，故占流域的比例略增大。

岷江上游镇江关至彭山水文站控制流域面积为高场站的 19.33%，其多年平均径流量和多年平均输沙量分别占高场站的 13.18%和 17.56%。从 1990 年前后对比情况来看，径流量相对变化不大，年均输沙量占高场站的比例也变化不大，但输沙模数减小却较为明显，从 1960～1990 年的 395t/(km²·a)变为 2004～2015 年的 122t/(km²·a)。1960～1990 年、1991～2003 年、2004～2015 年输沙量分别占高场站的 19.58%、11.27%和 13.56%。2005 年紫坪铺水库开始蓄水拦沙。2008 年汶川地震对岷江成都以上区域影响较大，流域侵蚀产沙强度增大，紫坪铺水库拦沙量增大，大量泥沙淤积于紫坪铺水库。由于紫坪铺水库上游来沙主要淤积于紫坪铺水库内，镇江关至彭山水文站区间泥沙主要来自紫坪铺水库下游至彭山水文站区间。这一区间特别是都江堰附近的一些支流如沙河等受汶川地震影响较大，流域产沙量增加，故 2004～2015 年该区间输沙量占比大于 1991～2003 年时段。都江堰至彭山段属于成都平原，区间产沙量很小，河道多处于淤积状态。

彭山至五通桥区间（不含大渡河和青衣江）水文站控制流域面积为高场站的 4.88%，2004～2015 年多年平均径流量和输沙量分别为高场站的 1.62%和 8.52%。

岷江下游五通桥至高场水文站控制流域面积为高场站的 6.57%，多年平均径流量和多年平均输沙量分别占高场站的 9.73%和 12.94%。从 1990 年前后对比情况来看，径流量相对变化不大，年均输沙量占高场站的比例减少，1960～1990 年和 2004～2015 年分别为 17.30%和 2.28%。1960～1990 年输沙模数为 1020t/(km²·a)，2004～2015 年输沙模数仅为 60t/(km²·a)。

大渡河流域水沙比例与流域面积占比较为一致。大渡河安顺场水文站控制流域面积为高场站的 1.07%，其多年平均径流量仅为 17.80 亿 m³，占高场站的 2.07%，多年平均输沙量为 143 万 t，占高场站的 2.97%。从 1990 年前后对比情况来看，安顺场径流量由 1960～1990 年的 17.90 亿 m³ 减少至 1991～2003 年的 17.70 亿 m³，输沙量由 130 万 t 增加至 166 万 t，其占高场站同期输沙量的百分数也由 2.47%增加至 4.68%。根据铜街子水文站 1961～1966 年资料，大渡河年均径流量 481.2 亿 m³，输沙量 3370 万 t，同期彭山站径流量 153.4 亿 m³，输沙量 1580 万 t，高场站径流量 942.3 亿 m³，输沙量 6969 万 t，铜街子径流量占高场站的 51.1%，输沙量占高场站的 48.4%。2010 年后大渡河设沙湾水文站，控制流域面积占高场站的 56.60%，2004～2015 年沙湾站多年平均径流量占高场的 56.98%，输沙量占 47.88%，径流模数 18.5L/(km²·s)，输沙模数 147t/(km²·a)。2010 年后，大渡河上游水库拦沙量较大，沙湾站年均输沙量 1130 万 t，是瀑布沟等水库拦沙后的结果，大渡河上游产沙量大多拦截于水库，沙湾站的输沙量大多产生于瀑布沟水库下游。据估算，瀑布沟及上游水库群年均拦沙量约 2500 万 t，水库拦沙率 68.1%。2004 年后，大渡河输沙量减少，来沙比例增加，可能与统计时段有关。瀑布沟水库 2008 年开始拦沙，但下游龚嘴、铜街子等水库不再具有拦沙能力，大水期间还可能冲起库区泥沙，瀑布沟大坝至沙湾区间的泥沙无水库拦截，导致大渡河来沙比例增大，而岷江紫坪铺水库是 2005 年开始拦沙，两者拦沙起讫时间不一致，紫坪铺拦沙时间长，瀑布沟拦沙时间相对较短，显得大渡河输沙量时段平均值偏大，岷江输沙量时段平均值偏少。随着瀑布沟及上游水库的建成，大渡河水库拦沙能力增加，瀑布沟水库将拦截上游大量泥沙，大渡河泥沙主要来自瀑布沟大坝以下区域，大渡河出口水文站输沙量将减小，占流域的比例可能减小。

青衣江多营坪水文站控制流域面积为高场站的 6.48%，其多年平均径流量仅为 110.0 亿 m^3，为高场站的 12.78%，但其多年平均输沙量达到 944 万 t，占到高场站输沙量的 19.59%。从 1990 年前后对比情况来看，径流量变化不大，但年均输沙量由 1990 年前的 859 万 t 增加至 1991～2003 年的 1240 万 t，其占高场站同期输沙量的百分数也由 16.33%增加至 34.93%，表明青衣江地区输沙量增加幅度大于流域平均水平。夹江站 2006 年开始水文测量，控制流域面积占高场站的 9.30%，径流量占比为 16.65%，径流模数 32.8L/(km^2·s)，明显大于岷江其他区域，输沙模数 477t/(km^2·a)，大于同期其他区域的输沙模数，产沙强度较大。青衣江输沙模数是大渡河的 3.5 倍，主要是因为青衣江刚好处于平原向邛崃山过渡段，地形抬升剧烈，形成雅安暴雨区，是长江流域五大暴雨区之一，年降水量和暴雨强度均较大，但水库拦沙能力较小。

4.1.4　沱江流域

沱江流域面积较小，水沙组成较简单，主要以监测资料情况进行时段划分。根据沱江干流三皇庙、登瀛岩、富顺等三站 1956～2015 年水沙资料分析（表 4.8 和表 4.9），流域水沙量均主要来自三皇庙以上地区。沱江汉王场以上属于山区河流，汉王场到三皇庙区间与岷江连通，为网状水系；沱江上游平原地区由岷江引入水量补给，据毗河石堤堰水文站和蒲阳河新桥水文站资料统计，年引水量约 25 亿 m^3。沱江流域属弱产沙区，多年平均输沙模数为 364t/(km^2·a)。沱江中、下游处于川中丘陵区，地形高差小，曲流发育，河道淤积较强烈，许多支流上都修建了大量水库，有一定的拦沙作用，区间水库和河道淤积，很多年份三皇庙至登瀛岩区间和登瀛岩至李家湾区间输沙量都为负值。

表 4.8　沱江流域径流量地区组成

河名	站名	集水面积		年均径流量									
		km^2	占富顺/%	1956～1990 年		1991～2004 年		1956～2004 年		2005～2015 年		1956～2015 年	
				亿 m^3	占富顺/%	亿 m^3	占富顺/%	亿 m^3	占富顺/%	亿 m^3	占富顺/%	亿 m^3	占富顺/%
沱江	三皇庙	6590	28.30	71.90	56.88	62.40	60.12	69.10	57.63	59.40	51.47	67.80	56.93
三皇庙—登瀛岩区间		7894	33.90	25.40	20.09	23.90	23.03	25.00	20.85	25.80	22.36	24.80	20.82
沱江	登瀛岩	14484	62.21	97.30	76.98	86.30	83.14	94.10	78.48	85.10	73.74	92.60	77.75
登瀛岩—富顺区间		8799	37.79	29.10	23.02	17.60	16.96	25.80	21.52	30.30	26.26	26.50	22.25
沱江	富顺	23283	100	126.4	100	103.8	100	119.9	100	115.4	100	119.1	100

表 4.9　沱江流域输沙量地区组成

河名	站名	集水面积		年输沙量									
				1956~1990 年		1991~2004 年		1956~2004 年		2005~2015 年		1956~2015 年	
		km²	占富顺/%	万 t	占富顺/%	万 t	占富顺/%	万 t	占富顺/%	万 t	占富顺/%	万 t	占富顺/%
沱江	三皇庙	6590	28.30	537	46.29	311	106.14	518	56.92				
三皇庙—登瀛岩区间		7894	33.90	353	30.43	−56.0	−19.11	190	20.88				
沱江	登瀛岩	14484	62.21	890	76.72	255	87.03	708	77.80	673	121.92	702	82.78
登瀛岩—富顺区间		8799	37.79	270	23.28	39.0	13.31	202	22.20	−121	−21.92	146	17.22
沱江	富顺	23283	100	1160	100	293	100	910	100	552	100	848	100

　　三皇庙站集水面积占富顺站控制面积的 28.30%，1956~2004 年，径流量占富顺站的 57.63%，输沙量占富顺站的 56.92%。2005 年后，三皇庙径流量占富顺站的 51.47%，径流模数为 28.6L/(km²·s)，径流模数较大；2004 年前输沙模数为 786t/(km²·a)，2004 年后无监测资料。三皇庙以上地区可分为两个地貌单元：一是山区，二是冲积平原区，泥沙主要来自绵远河、石亭江和湔江的山区部分，这些河流出山口前输沙量较大，出山口后在河道大量淤积，冲积平原区的河道淤积强烈，泥沙到达三皇庙站后输沙量已经大幅度减少。因此，三皇庙站监测到的输沙量数值明显小于上游地区的产沙量，沱江的泥沙主要来自汉王场、高景关、关口水文站以上的山区，但这三个站均没有泥沙观测资料。

　　三皇庙—登瀛岩区间集水面积占富顺站的 33.90%，1956~2004 年平均径流量占富顺站的 20.85%，输沙量占富顺站的 20.88%，输沙模数 241t/(km²·a)，远小于三皇庙以上地区。该区间径流量没有趋势性的增减变化，输沙量减少的趋势很明显。

　　登瀛岩上游地区包含三皇庙以上区域和三皇庙—登瀛岩区间，是沱江的主要水沙来源区。根据表 4.8 和表 4.9，登瀛岩上游 1956~2015 年平均径流量占富顺站的 77.75%，输沙量占 82.78%。1956~1990 年、1991~2004 年和 2005~2015 年，登瀛岩站输沙量占富顺站的 76.72%、87.03% 和 121.92%。登瀛岩上游地区输沙量减少，但占比增大，主要是因为中下游水库有一定的拦沙作用，采砂也有一定的影响，河道总体处于淤积状态。实际上，输沙量主要来源于龙门山出山口的山区，龙门山至三皇庙河道处于淤积状态，河道淤积强烈。登瀛岩站输沙量的变化基本上也代表了三皇庙以上区域输沙量的变化。

　　登瀛岩—富顺区间集水面积占富顺站的 37.79%，1956~2015 年径流量占 22.25%，输沙量占 17.22%。该区间径流量和输沙量减小的幅度均较大。但 1991 年后，区间水库拦沙作用较强，河道采砂量加大，如四川省资中县年均砂石开采量约 320 万 t，内江市区年开采量在 300 万 t 以上，使得登瀛岩—富顺区间输沙量出现负值。

　　沱江流域产沙区域很集中，泥沙主要来自龙门山，沱江流域不管哪个时段，输沙模数均从上游向下游减小，源头区仍是主要产沙区。绵远河、石亭江、湔江等出龙门山山口后，泥沙总体上处于淤积状态，在成都平原区输沙量沿程减小。沱江出龙泉山后，进入丘陵地区，中下游地区产沙量总体上较小。但由于区间水库的拦截作用，区间水库库区和河道有淤积。

4.1.5　嘉陵江流域

嘉陵江流域水沙地区组成见表 4.10～表 4.12。由表可以看出，嘉陵江三大水系嘉陵江武胜、渠江罗渡溪、涪江小河坝水文站以上区域及以下区域［武胜—北碚区间（三江汇口区）］面积占北碚水文站比例分别为 51.05%、24.38%、18.84% 及 5.73%，1956～2015 年平均径流量分别占北碚站的 38.17%、33.13%、21.32% 和 7.39%；平均输沙量分别占北碚站的 48.13%、21.41%、14.45% 和 15.90%。武胜以上径流量比小于面积比，三江汇口区径流量比大于面积比。武胜以下输沙量比多大于面积比，其他区域均小于面积比。

表 4.10　嘉陵江流域径流量地区组成

| 河流 | 站名 | 集水面积 | | 年均径流量 | | | | | | | |
| | | km² | 占北碚/% | 1956～1990 年 | | 1991～2002 年 | | 2003～2015 年 | | 1956～2015 年 | |
				亿 m³	占北碚/%	亿 m³	占北碚/%	亿 m³	占北碚/%	亿 m³	占北碚/%
白龙江	武都	14288	9.15	44.30	6.36	32.20	6.04	37.0	5.69	40.30	6.15
白龙江	碧口	26086	16.71	88.70	12.73	66.30	12.43	95.2	14.64	86.80	13.25
白龙江	三磊坝	29247	18.73	105.4	15.12	79.20	14.85	86.4	13.28	96.60	14.74
西汉水	顺利峡	3439	2.20	3.600	0.52	1.200	0.23			2.900	0.44
西汉水	镡家坝	9538	6.11	15.60	2.24	8.600	1.61	9.5	1.46	12.90	1.97
嘉陵江	江源—略阳	9668	6.19	22.40	3.21	−8.600	−1.61	18.1	2.78	22.80	3.48
嘉陵江	略阳	19206	12.30	38.10	5.47			27.6	4.24	35.70	5.45
嘉陵江	广元	25647	16.43					55.8	8.58	55.80	8.52
嘉陵江	略阳—亭子口	12636	8.09	64.7	9.29	61.7	1157	—	—	52.6	8.02
嘉陵江	亭子口	61089	39.12	208.2	29.87	140.9	26.42			184.9	28.22
嘉陵江	亭子口—武胜	18625	11.93	69.90	10.03	51.10	9.58			65.20	9.95
嘉陵江	武胜	79714	51.05	278.1	39.90	192.0	36.00	228.2	35.09	250.1	38.17
嘉陵江	三江汇口区	8944	5.73	42.50	6.10	32.20	6.04	74.5	11.45	48.40	7.39
渠江	东林	6462	4.14	55.40	7.95					55.40	8.46
渠江	罗渡溪	38064	24.38	226.7	32.53	179.5	33.66	225.7	34.70	217.1	33.13
涪江	平武	4310	2.76					34.2	5.26	34.20	5.22
涪江	江油	5915	3.79					32.1	4.94	32.10	4.90
涪江	涪江桥	11908	7.63	87.70	12.58	71.60	13.43	81.2	12.48	82.70	12.62
涪江	射洪	23574	15.10	129.4	18.57			119.9	18.43	127.1	19.40
涪江	小河坝	29420	18.84	149.7	21.48	129.6	24.30	122.0	18.76	139.7	21.32
嘉陵江	北碚	156142	100	697.0	100	533.3	100	650.4	100	655.2	100

表 4.11　嘉陵江流域输沙量地区组成

河流	站名	集水面积		年均输沙量							
				1956～1990 年		1991～2002 年		2003～2015 年		1956～2015 年	
		km²	占北碚/%	万 t	占北碚/%	万 t	占北碚/%	万 t	占北碚/%	万 t	占北碚/%
白龙江	武都	14288	9.15	1620	11.10	482	12.92	66	2.30	1100	11.43
白龙江	碧口	26086	16.71	1260	8.63	6.00	0.16	377	13.14	923	9.59
白龙江	三磊坝	29247	18.73	1620	11.10	482	12.92	66	2.30	1100	11.43
西汉水	顺利峡	3439	2.20	1010	6.92	126	3.38			1100	11.43
西汉水	谭家坝	9538	6.11	2330	15.96	771	20.67	526	18.33	1560	16.22
嘉陵江	江源—略阳	9668	6.19	946	6.48	−53.0	−1.42	77	2.68	738	7.67
嘉陵江	略阳	19206	12.30	3270	22.40	717	19.22	603	21.01	2300	23.91
嘉陵江	广元	25647	16.43					1411	49.16		
嘉陵江	略阳—亭子口	12636	8.09	1310	8.97	787	21.10			1220	12.68
嘉陵江	亭子口	61089	39.12	6210	42.53	1990	53.35			4620	48.02
嘉陵江	亭子口—武胜	18625	11.93	985	6.75	−384	−10.29			9.00	0.09
嘉陵江	武胜	79714	51.05	7190	49.25	1600	42.90	934	32.54	4630	48.13
嘉陵江	三江汇口区	8944	5.73	2850	19.52	90.0	2.41	−25	−0.87	1530	15.90
渠江	东林	6462	4.14	846	5.79					846	8.79
渠江	罗渡溪	38064	24.38	2710	18.56	1050	28.15	1316	45.85	2060	21.41
涪江	平武	4310	2.76					34	1.18		
涪江	江油	5915	3.79					32	1.11		
涪江	涪江桥	11908	7.63	1160	7.95			1691	58.92	1300	13.51
涪江	射洪	23574	15.10	1550	10.62			1363	47.49		
涪江	小河坝	29420	18.84	1830	12.53	982	26.33	645	22.47	1390	14.45
嘉陵江	北碚	156142	100	14600	100	3730	100	2870	100	9620	100

表 4.12　嘉陵江流域不同区域径流模数和输沙模数统计表

河流	站名	集水面积		1956～1990 年		1991～2002 年		2003～2015 年		1956～2015 年	
		km²	占北碚/%	径流模数/[L/(km²·s)]	输沙模数/[t/(km²·a)]	径流模数/[L/(km²·s)]	输沙模数/[t/(km²·a)]	径流模数/[L/(km²·s)]	输沙模数/[t/(km²·a)]	径流模数/[L/(km²·s)]	输沙模数/[t/(km²·a)]
白龙江	武都	14288	9.15	9.83	1135.3	7.16	338	8.22	46.2	8.94	769.7
白龙江	碧口	26086	16.71	10.78	484.4	8.06	2	11.57	144.5	10.55	353.9
白龙江	三磊坝	29247	18.73	11.43	554.6	8.58	165	9.37	22.6	10.47	376.0
西汉水	顺利峡	3439	2.20	3.35	2931.5	1.10	367			2.65	3198.1
西汉水	谭家坝	9538	6.11	5.20	2440.6	2.86	808	3.16	551.5	4.29	1638.9
嘉陵江	江源—略阳	9668	6.19	7.35	978.2	−2.82	−55	5.94	79.2	7.48	763.1
嘉陵江	略阳	19206	12.30	6.28	1704.4		374	4.56	313.8	5.90	1198.1
嘉陵江	广元	25647	16.43					6.90	550.2	6.90	

续表

河流	站名	集水面积		1956～1990 年		1991～2002 年		2003～2015 年		1956～2015 年	
		km²	占北碚/%	径流模数/[L/(km²·s)]	输沙模数/[t/(km²·a)]	径流模数/[L/(km²·s)]	输沙模数/[t/(km²·a)]	径流模数/[L/(km²·s)]	输沙模数/[t/(km²·a)]	径流模数/[L/(km²·s)]	输沙模数/[t/(km²·a)]
嘉陵江	略阳—亭子口	12636	8.09	16.24	1037.9	15.49	623			13.19	968.0
嘉陵江	亭子口	61089	39.12	10.81	1016.1	7.31	325			9.60	756.9
嘉陵江	亭子口—武胜	18625	11.93	11.90	528.8	8.69	−206			11.10	4.8
嘉陵江	武胜	79714	51.05	11.06	902.2	7.64	201	9.08	117.1	9.95	581.2
嘉陵江	三江汇口区	8944	5.73	15.06	3181.9	11.43	100	26.41	−27.9	17.15	1708.7
渠江	东林	6462	4.14	27.21	1309.8					27.21	1309.8
渠江	罗渡溪	38064	24.38	18.89	711.1	14.95	276	18.81	345.8	18.08	542.1
涪江	平武	4310	2.76					25.16	79.4	25.16	
涪江	江油	5915	3.79					17.23	54.3	17.23	
涪江	涪江桥	11908	7.63	23.36	975.5	19.06		21.63	1419.8	22.03	1093.1
涪江	射洪	23574	15.10	17.41	655.8	0.00		16.13	578.3	17.10	
涪江	小河坝	29420	18.84	16.13	620.4	13.97	334	13.14	219.2	15.05	473.7
嘉陵江	北碚	156142	100	14.15	933.1	10.83	239	13.21	183.8	13.31	616.0

　　嘉陵江流域水沙地区分布的变化受水库影响很大。1976 年碧口水库修建以前的输沙量接近自然状态，1956～1975 年水沙比例见图 4.7。从图中可以看出，径流量的比例与面

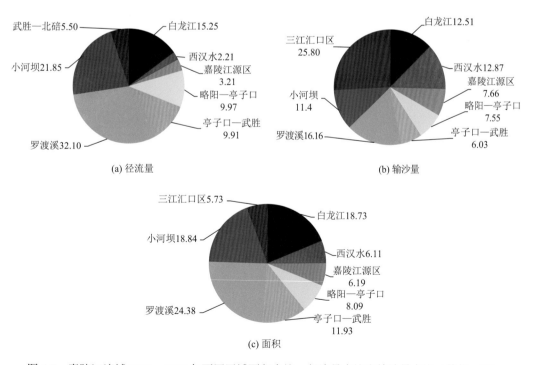

图 4.7　嘉陵江流域 1956～1975 年不同区域面积占比、径流量占比和输沙量占比（单位：%）

积比例较为一致，而输沙量占比与面积占比相差较大。白龙江流域面积占比、径流量占比和输沙量占比相差不大，径流量占比与输沙量占比略小，为相对的少水少沙区。西汉水径流量占比小于面积占比，输沙量占比大于面积占比，为少水多沙区，是嘉陵江流域的重点产沙区之一。嘉陵江源区径流量占比明显小于面积占比，输沙量占比略大于面积占比，也为少水多沙区。略阳至亭子口段（不含白龙江）径流量占比大于面积占比，输沙量占比略小于面积占比，为多水少沙区，为径流主要来源区，以8.09%的面积占北碚径流量的9.97%。亭子口至武胜段输沙量占比小于径流量占比小于面积占比，为少水少沙区，但三者所占北碚站的比例相差不大。渠江罗渡溪水文站以上区域径流量占比大于面积占比大于输沙量占比，为多水少沙区。涪江小河坝水文站以上区域输沙量占比小于面积占比小于径流量占比，为多水少沙区。三江汇口区径流量占比与面积占比基本相当，但输沙量占比明显大很多，以5.73%的面积贡献25.80%的输沙量，为嘉陵江多沙来源区，是嘉陵江流域的重点产沙区之一。

嘉陵江各个区域不同时段径流量占比相差不大，除三江汇口区2003年后径流模数增加幅度很大外，其他区域径流模数变化不大。嘉陵江不同区域不同时段输沙量占比相差非常明显，输沙模数变化大。嘉陵江流域不同区域径流模数和输沙模数统计见表4.12。嘉陵江武胜以上地区1956~1990年、1991~2002年和2003~2015年输沙量分别为7190万t、1600万t和934万t，分别占北碚站的49.25%、42.90%和32.54%，输沙量和占比均减小，输沙模数也明显减小，分别为902.2t/(km^2·a)、201t/(km^2·a)和117.1t/(km^2·a)。

白龙江三磊坝水文站多年平均输沙量为1100万t，占北碚站的11.43%，1956~1990年、1991~2002年、2003~2015年输沙量分别为1620万t、482万t、66万t，占北碚站比例分别为11.10%、12.92%、2.30%，输沙模数分别为554.6t/(km^2·a)、165t/(km^2·a)、22.6t/(km^2·a)。输沙量和输沙模数变化较大，2003年后，白龙江输沙量占比也大幅度减小，与宝珠寺水库及苗家坝水库拦沙有关。白龙江也是嘉陵江的重要泥沙来源区，但1976年碧口水库运行后，碧口水库拦沙量较大，碧口水库淤满后，下游的宝珠寺和上游的苗家坝水库继续拦沙，使白龙江流域输沙量减小，占北碚站的比例较小。

西汉水镡家坝水文站多年平均输沙量为1560万t，占北碚站的16.22%，1956~1990年、1991~2002年、2003~2015年输沙量分别为2330万t、771万t、526万t，占北碚站比例分别为15.96%、20.67%和18.33%，输沙模数分别为2440.6t/(km^2·a)、808t/(km^2·a)和551.5t/(km^2·a)。顺利峡1956~1990年输沙模数达2931.5t/(km^2·a)。1990年后镡家坝输沙量减小，水库拦沙量较小，主要是水土保持措施发挥了一定的作用，但减沙幅度不及其他区域，故1991年后输沙量占比较1990年前增加。嘉陵江江源至略阳地区1956~1990年、1991~2002年和2003~2015年输沙量占北碚站的比例发生了很大的改变，分别为6.48%、−1.42%和2.68%，输沙模数大幅度减小，分别为978.2t/(km^2·a)、−55t/(km^2·a)和79.2t/(km^2·a)。1991~2002年输沙模数为负值，泥沙处于淤积状态，显然受水库拦沙影响很大。略阳至亭子口段1956~1990年和1991~2002年输沙量占北碚站的比例增大，分别为8.97%和21.10%，输沙模数分别为1037.9t/(km^2·a)和623t/(km^2·a)。

亭子口以上区域包含西汉水和白龙江，自然状态下均为产沙强度较大的区域，白龙江受水库拦沙影响较大，西汉水水库拦沙量较小，故而西汉水占北碚站的输沙量比例较大，而白龙江占比较小。嘉陵江输沙量主要来自亭子口以上区域，各个时段占比均较大。亭子口以上 1956～2002 年平均输沙量 4620 万 t，占北碚站 48.1%，1956～1990 年、1991～2002 年输沙量分别为 6210 万 t、1990 万 t，占北碚站比例分别为 42.53%、53.35%，1991 年后较之前输沙量大幅度减小，碧口、宝珠寺、亭子口水库拦沙影响很大，但占比变化不大，仅略增大，主要是因为亭子口下游段输沙量减小幅度更大。

亭子口至武胜段 1956～1990 年和 1991～2002 年输沙量占北碚站的比例变化很大，分别为 6.75% 和 –10.29%，输沙模数分别为 528.8t/(km^2·a) 和 –206t/(km^2·a)，输沙模数为负数，表明区间水库拦沙作用明显。

武胜至北碚（三江汇口区）1956～2015 年平均输沙量 1530 万 t，占北碚站 15.90%，1956～1990 年、1991～2002 年和 2003～2015 年输沙量分别为 2850 万 t、90 万 t 和 –25 万 t，占北碚站比例分别为 19.52%、2.41% 和 –0.87%，输沙模数分别为 3181.9t/(km^2·a)、100t/(km^2·a) 和 –27.9t/(km^2·a)。2003 年后输沙量数值为负数，表明区间泥沙以淤积为主，上游来沙淤积于草街枢纽等水库库区。嘉陵江流域的两个重点产沙区西汉水和三江汇口区，1990 年前输沙模数均在 3000t/(km^2·a) 左右，1990 年以后，成为嘉陵江流域水土保持的重点区域，水土保持工程发挥了较好的减沙效益，输沙模数大幅度减小。镡家坝站输沙模数从 1956～1990 年的 2440.6t/(km^2·a) 变为 2003～2015 年的 551.5t/(km^2·a)，减小了 70% 以上。

渠江罗渡溪水文站多年平均输沙量 2060 万 t，占北碚站的 21.41%，1956～1990 年、1991～2002 年和 2003～2015 年输沙量分别为 2710 万 t、1050 万 t 和 1316 万 t，分别占北碚站的 18.56%、28.15% 和 45.85%，输沙模数分别为 711.1t/(km^2·a)、276t/(km^2·a) 和 345.8t/(km^2·a)。渠江流域 1991 年后虽然输沙量大幅度减少，输沙模数减少 50% 以上，但输沙量占比却增加，表明其他区域输沙量减幅更大，嘉陵江干流减沙尤其明显。

涪江小河坝水文站多年平均输沙量 1390 万 t，占北碚站的 14.45%。1956～1990 年、1991～2002 年和 2003～2015 年输沙量分别为 1830 万 t、982 万 t 和 645 万 t，分别占北碚站的 12.53%、26.33% 和 22.47%，输沙模数分别为 620.4t/(km^2·a)、334t/(km^2·a) 和 219.2t/(km^2·a)。1991 年后较之前输沙量减小，但占比增大，表明涪江流域 1991 年后虽然输沙量减小，但其他流域减沙幅度更大，其输沙量对嘉陵江的贡献率增大。受汶川地震影响，涪江桥 2003 年后年均输沙模数仍达 1420t/(km^2·a)，是其他区域同期的近 3 倍，而到了小河坝则变为 219.2t/(km^2·a)，输沙量和输沙模数沿程减小，区间淤积较为严重。

2003 年前后对比，整个嘉陵江流域输沙量和输沙模数均大幅度减小，但 2003 年后干流输沙量减小的幅度最大，占北碚站的比例大幅度减小，而罗渡溪和小河坝输沙量也减小，但其占北碚站的比例大幅度增加，这主要是因为：嘉陵江干流亭子口水库修建后，拦沙量较大，其上游来沙量大多淤积于库区；涪江受汶川地震影响很大，流域产沙强度增加，且水库拦沙能力较小，输沙量占比增加；渠江水库拦沙量较小，输沙量变化不大，流域占比增大。受水土保持作用等因素的影响，嘉陵江原先的两大重点产沙区输沙模数大幅度减小，其他区域输沙量比例相应增大，泥沙主要来源于河源区，干流河道因水库拦沙作用的影响而淤积严重，输沙量有沿程减小的迹象，即上游为产沙区，中下游为输移和沉积区。

4.1.6　乌江流域

乌江流域水沙地区组成见表 4.13 和表 4.14。乌江源区三岔河、六冲河及乌江上游、中游和下游地区面积占武隆站的比例分别为 3.25%、11.39% 及 33.52%、28.21% 和 38.27%，1956~2015 年平均径流量分别占武隆站的 2.89%、9.22% 及 30.38%、25.18% 和 44.44%，输沙量分别占武隆站的 10.31%、26.58% 及 34.80%、6.36% 和 58.67%。三岔河、六冲河产沙强度大，但源区面积小，径流量和输沙量比例小；乌江下游面积大，径流量和输沙量比例大，产沙强度也较大。

三岔河所占面积小，径流量和输沙量均较少，输沙模数大，径流量比小于面积比小于输沙量比，水少沙多，为乌江流域高强度产沙区域。三岔河多年平均输沙模数约 860t/(km²·a)，为乌江流域输沙模数最大的区域，是"长治"工程重点治理区。普定水库于 1994 年蓄水，引子渡水库于 2003 年实现投产发电，水库拦沙能力更强，三岔河上游泥沙经普定水库拦截后再经库容更大的引子渡水库拦截，下泄输沙量将进一步减小。2004 年以后无观测资料，从流域水土保持治理和水库拦沙情况看，输沙模数应进一步减少。

表 4.13　乌江流域径流量地区组成变化

| 河名 | 站名 | 集水面积 | | 年均径流量 | | | | | | | |
| | | | | 1956~1990 年 | | 1991~2004 年 | | 2005~2015 年 | | 1956~2015 年 | |
		km²	占武隆/%	亿 m³	占武隆/%	亿 m³	占武隆/%	亿 m³	占武隆/%	亿 m³	占武隆/%
三岔河	阳长	2696	3.25	14.00	2.88	14.70	2.80	12.73	3.05	13.93	2.89
六冲河	洪家渡	9456	11.39	44.50	9.16	44.40	8.46	33.90	8.11	44.50	9.22
乌江	鸭池河	18187	21.90	105.0	21.60	105.0	20	87.25	20.87	101.7	21.08
乌江	乌江渡	27838	33.52	147.0	30.25	155.0	29.52	126.4	30.24	146.6	30.38
乌江	江界河	42306	50.94	211.0	43.42	238.0	45.33	——	——	219.4	45.47
乌江	思南	51270	61.73	264.0	54.32	310.0	59.05	224.3	53.66	268.1	55.56
乌江中游		**23432**	28.21	**117.0**	24.07	**155.0**	29.52	**97.87**	23.41	**121.5**	25.18
乌江	龚滩	64200	77.30	352.0	72.43	375.0	71.43	259.7	62.11	348.1	72.16
乌江	武隆	83053	100	486.0	100	525.0	100	418.0	100	482.5	100
乌江下游		**31783**	38.27	**222.0**	45.68	**215.0**	40.95	**193.8**	46.36	**214.4**	44.44

表 4.14　乌江流域输沙量地区组成变化

| 河名 | 站名 | 集水面积 | | 年均输沙量 | | | | | | | |
| | | | | 1956~1990 年 | | 1991~2004 年 | | 2005~2015 年 | | 1956~2015 年 | |
		km²	占武隆/%	万 t	占武隆/%	万 t	占武隆/%	万 t	占武隆/%	万 t	占武隆/%
三岔河	阳长	2696	3.25	219	7.35	259	13.42	46.3	12.65	232	10.31
六冲河	洪家渡	9456	11.39	685	22.99	418	21.66	1.72	0.47	598	26.58
乌江	鸭池河	18187	21.90	1340	44.97	332	17.20	0.37	0.10	822	36.53

续表

河名	站名	集水面积		年均输沙量							
		km²	占武隆/%	1956~1990 年		1991~2004 年		2005~2015 年		1956~2015 年	
				万 t	占武隆/%	万 t	占武隆/%	万 t	占武隆/%	万 t	占武隆/%
乌江	乌江渡	27838	33.52	1170	39.26	18.9	0.98	0.50	0.14	783	34.80
乌江	江界河	42306	50.94	856	28.72	303	15.70	—	—	647	28.76
乌江	思南	51270	61.73	1420	47.65	480	24.87	149	40.60	927	41.20
	乌江中游	23432	28.21	250	8.39	461	23.89	148	40.44	143	6.36
乌江	龚滩	64200	77.30	1860	62.42	1120	58.03	339	92.62	1541	68.49
乌江	武隆	83053	100	2980	100	1930	100	366	100	2250	100
	乌江下游	31783	38.27	1560	52.35	1450	75.13	218	59.43	1320	58.67

六冲河面积小,径流量占比小于面积占比小于输沙量占比,水少沙多,属于高产沙区,多年平均输沙模数约 630t/(km²·a),输沙模数大。六冲河属于"长治"工程重点治理区,水土保持治理对减沙的影响较大。1991~2004 年输沙模数比 1956~1990 年小。六冲河下游的洪家渡水电站于 2004 年 4 月蓄水,基本拦截了六冲河的全部来沙量,下游洪家渡水文站 2004 年实测输沙量仅为 11 万 t。2004 年后,六冲河输沙量较 1991~2004 年大幅度减小。

乌江上游(乌江渡上游,含三岔河和六冲河)面积约占乌江流域面积的 1/3,多年平均径流量与输沙量均约占 1/3,分别为 30.38%和 34.80%,输沙量占比大于径流量占比大于面积占比,多水多沙。多年平均输沙模数约 270t/(km²·a),输沙模数在乌江流域较小。1956~1990 年、1991~2004 年和 2005~2015 年输沙模数大幅度减小,分别为 420t/(km²·a)、7.0t/(km²·a)和 0.2t/(km²·a)。考虑乌江渡电站于 1980 年开始蓄水,将其分为 1979 年前和 1980~2004 年两个时段进行分析可知,乌江渡站 1955~1979 年年均径流量和输沙量分别为 152 亿 m³ 和 1570 万 t,分别占武隆站的 30.8%和 48.2%;1980~2004 年其年均径流量和输沙量分别为 147 亿 m³ 和 61 万 t,分别占武隆站的 29.3%和 2.9%,从乌江渡电站蓄水前后对比情况来看,水量变化不大,输沙量受乌江渡电站拦沙作用的影响,大幅度减少。2005~2015 年乌江渡水文站输沙量仅 0.50 万 t,乌江上游泥沙几乎全被水库拦截,进入三峡库区的泥沙几乎全来自中下游地区。

乌江中游乌江渡—思南区域流域面积占武隆站的 28.21%,1956~2004 年平均径流量为 128 亿 m³,为武隆站的 25.8%;此区间植被条件较好,其多年平均来沙量仅 175 万 t,仅为武隆站的 6.5%。从 1990 年前后对比情况来看,水量有所增加,由 117.0 亿 m³ 增至 155.0 亿 m³,增幅 32.5%;但沙量有所增大,其年均输沙量由 1990 年前的 250 万 t 增大至 461 万 t,增幅为 84.4%,其占武隆站的百分数也由 8.39%增大至 23.89%。乌江中游属于少水少沙区,为乌江流域输沙模数的低值区,1956~1990 年、1991~2004 年和 2005~2015 年输沙模数分别为 107t/(km²·a)、197t/(km²·a)和 63t/(km²·a),2005 年后,受水库拦沙作用的影响,输沙模数大幅度减小。

乌江下游思南—武隆区域流域面积占武隆站的 38.27%,1956~1990 年平均径流量约为 222.0 亿 m³,为武隆站的 45.68%,平均输沙量 1560 万 t,为武隆站的 52.35%;1991~

2004 年平均径流量为 215.0 亿 m³, 为武隆站的 40.95%, 平均输沙量 1450 万 t, 为武隆站的 75.13%。从 2004 年前后对比情况来看, 水量变化不大, 输沙量大幅度减少。1956~1990 年、1991~2004 年和 2005~2015 年输沙模数分别为 491t/(km²·a)、456t/(km²·a) 和 69t/(km²·a), 输沙模数大于中游地区, 是乌江进入三峡库区泥沙的主要来源区, 但 2005 年后输沙量和输沙模数减小幅度很大。

4.2　悬移质泥沙变化特征

4.2.1　年际变化

1. 干流水沙年际变化

长江上游水沙存在长时间段丰、枯相间的周期性变化, 丰枯水段和丰枯水年交替出现。来沙多少基本与来水丰枯同步, 但视暴雨降落区域的不同, 输沙量有所差异。长江上游水沙年际变化大, 径流量倍比系数 DW（最大年径流量/最小年径流量）一般为 1.65~3.47, 输沙量倍比系数 DW_s（最大年输沙量/最小年输沙量）则为 2.80~100.30（表 4.15）。由表 4.15 可见, 各站输沙量的年际变幅远大于径流量, 且水沙变幅随流域面积的增大而减小。长江上游干流石鼓、攀枝花、华弹、屏山、朱沱、寸滩、清溪场、万县、奉节和宜昌 10 个水文站流域面积 A（万 km²）、DW、DW_s 初步拟合关系如下:

$$DW = 2.7993 \times A^{-0.1073} \quad R^2 = 0.726 \qquad (4.1)$$

$$DW_s = 27.884 \times A^{-0.4658} \quad R^2 = 0.640 \qquad (4.2)$$

表 4.15　长江上游干流主要控制站年径流量、输沙量倍比关系统计表

站名	历年最大				历年最小				径流量倍比系数	输沙量倍比系数
	径流量/亿 m³	年份	输沙量/万 t	年份	径流量/亿 m³	年份	输沙量/万 t	年份		
屏山	1971	1998	50100	1974	1060	1994	12600	1975	1.86	3.98
高场	1089	1954	12200	1966	654.9	2002	1520	2002	1.66	8.03
李家湾	191	1961	3560	1981	66.38	1969	35.5	2004	2.88	100.30
朱沱	3524	1954	48400	1998	2087	1994	17300	1994	1.69	2.80
北碚	1070	1983	35600	1981	308	1997	609	1997	3.47	58.50
寸滩	4475	1954	67800	1954	2659	1994	19000	1994	1.68	3.57
武隆	684	1977	6040	1977	318.7	1966	443	2005	2.15	13.63
清溪场	5348	1954	75500	1954	3051	1994	18900	1994	1.75	3.99
万县	5596	1954	79800	1981	3230	1994	21500	1994	1.73	3.71
奉节	5654	1954	71900	1981	3198	1994	22000	1994	1.77	3.27
宜昌	5751	1954	75400	1954	3475	1994	21000	1994	1.65	3.59

由式 (4.1)、式 (4.2), 得到长江上游干流石鼓、攀枝花、华弹、屏山、朱沱、寸滩、清溪场、万县、奉节和宜昌 10 个水文站流域面积 A、DW、DW_s 关系图（见图 4.8）。

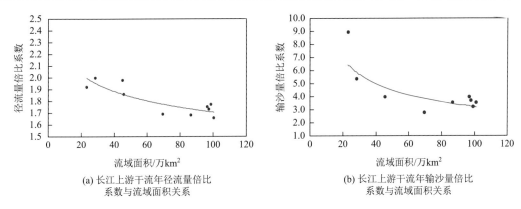

图 4.8　长江上游干流年径流量倍比系数和年输沙量倍比系数与流域面积关系

长江上游干流主要水文站不同时段径流量和输沙量统计见表 4.16 和图 4.9。表 4.16 中，1950 年是最早的资料统计年份，有的站资料统计起始年份较晚，1955 年则是所有站的统计年份。1998 年是长江流域特大洪水年，2003 年则是三峡水库开始蓄水的年份，不同时段比较时主要考虑这两个时间节点。另外，不同支流因大型水库修建的影响，也存在不同的输沙量变化拐点。

表 4.16　长江上游干流主要水文站不同时段（不同统计口径）径流量和输沙量统计表

时段	径流量/亿 m³						输沙量/万 t					
	石鼓	攀枝花	华弹	屏山	寸滩	宜昌	石鼓	攀枝花	华弹	屏山	寸滩	宜昌
1950~1960 年	419.1	—	1359	1490	3564	4393	1900	—	11900	25200	50700	50900
1961~1970 年	455.2	570.6	1319	1511	3690	4549	2690	4340	17400	25100	47900	55600
1971~1980 年	388.2	527.0	1159	1342	3285	4188	1730	3830	14900	22100	38300	48000
1981~1990 年	422.3	555.0	1224	1419	3518	4433	2510	4930	19400	26300	48000	54100
1991~2000 年	433.5	584.7	1338	1483	3362	4335	3000	6600	22300	29500	35500	41700
2001~2010 年	438.6	614.4	1315	1469	3267	3982	3100	5520	13100	16500	20600	9600
2011~2015 年	407.5	524.4	1117	1251	3237	4067	2630	955	7380	4220	10100	1840
1950~2015 年	423.7	565.8	1269	1434	3433	4296	2540	4700	16300	22500	37400	40300
1950~1990 年	419.4	547.8	1258	1437	3515	4391	2230	4350	16800	24600	46000	52100
1991~2002 年	431.6	595.9	1359	1506	3339	4286	3040	6700	21600	28100	33700	39200
1950~2002 年	422.3	563.0	1283	1454	3475	4367	2440	5130	18100	25500	43000	49200
1955~2002 年	418.9	563.0	1274	1443	3445	4333	2440	5130	18100	25300	42500	49200
2003~2015 年	429.2	574.0	1216	1361	3262	4006	2890	3510	10200	11000	15900	4040
1950~1997 年	417.0	543.5	1252	1420	3463	4346	2220	4490	17400	25000	43900	49900
1955~1997 年	412.6	543.5	1242	1408	3427	4306	2220	4490	17400	24800	43300	50000
1998~2015 年	433.7	586.1	1291	1439	3341	4178	2950	5100	16000	19900	26600	23600
1955~2015 年	421.2	565.8	1262	1426	3406	4264	2540	4700	16300	22300	36800	39600

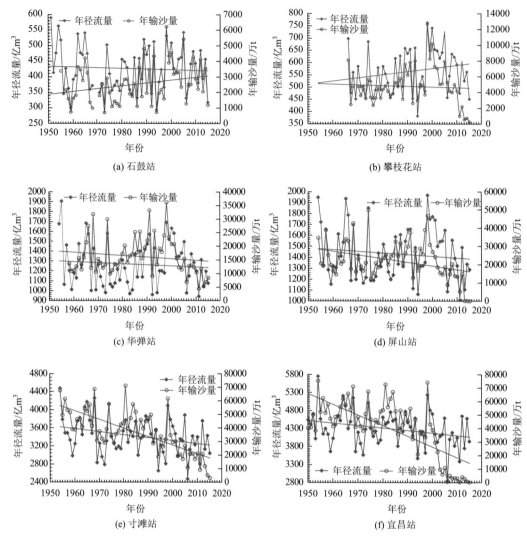

图 4.9   长江上游干流主要水文站径流量和输沙量变化特征

从径流量和输沙量沿程变化看，1955～2015 年，石鼓、攀枝花、华弹、屏山、寸滩、宜昌站径流量分别为 421.2 亿 m³、565.8 亿 m³、1262 亿 m³、1426 亿 m³、3406 亿 m³ 和 4264 亿 m³，输沙量分别为 2540 万 t、4700 万 t、16300 万 t、22300 万 t、36800 万 t 和 39600 万 t，径流量和输沙量均沿程增大，但增大的幅度不同，输沙量在攀枝花至寸滩区间增幅大。2003～2015 年与 1955～2002 年相比，石鼓站输沙量增加，而其他站输沙量均大幅度减小。2012 年后，随着向家坝和溪洛渡及金沙江部分大型水库相继蓄水，输沙量的沿程变化发生了根本性变化，从石鼓到攀枝花输沙量减小，攀枝花到华弹增大，华弹到屏山减小，屏山到寸滩增大，寸滩到宜昌减小。

长江上游 20 世纪 60 年代水沙量均较大，但 70 年代由于径流量有所减小，输沙量也随之减少；80 年代水沙量均较大；1990～2005 年，除金沙江水沙量有所增大外，其余区域水沙量均表现为减小，2012 年后，金沙江输沙量大幅度减小。例如，金沙江屏山站在

20 世纪 50～80 年代年际间水沙量均无明显变化，近期径流量略有增加，但输沙量增加更为明显，其水沙量分别为 50～80 年代的 0.99～1.13 倍和 1.11～1.33 倍，含沙量为 1.12～1.14 倍。

金沙江上游控制站石鼓站多年平均（1955～2015 年）径流量和输沙量分别为 421.2 亿 m³和 2540 万 t，水沙量年际间呈波动性变化，水沙无明显趋势性变化，但径流量与输沙量的变化有一定差异，径流量无明显的趋势性增减，而输沙量则略增大。1998～2015 年与 1955～1997 年相比，径流量增加 5.11%，输沙量增加 32.88%。2011～2015 年与 2001～2010 年相比，径流量减小 7.09%，输沙量减小 15.16%。

攀枝花站径流量变化不大，输沙量大幅度减少，但其变化过程均有一个转折。1966～2002 年，攀枝花站的年径流量和输沙量过程线都明显上升，周期性变化特征表现不明显。1998 年是大水大沙年，1998 年后，径流量和输沙量都明显减小，水沙变化基本同步，输沙量减小的比例稍大。2011～2015 年，攀枝花站年平均径流量和输沙量分别为 524.4 亿 m³和 955 万 t，较多年均值分别偏小 7.32%和 79.68%。金沙江中游六个梯级电站金安桥、阿海、龙开口、鲁地拉、观音岩、梨园先后于 2010 年 11 月、2011 年 12 月、2012 年 11 月、2013 年 4 月、2014 年 10 月、2014 年 11 月相继建成蓄水，受其影响，2010 年后攀枝花站输沙量大幅度减小。1998～2015 年与 1955～1997 年相比，径流量增加 7.84%，输沙量增加 13.59%。2011～2015 年与 2001～2010 年相比，径流量减小 14.65%，输沙量减小 82.70%。

华弹站多年平均（1955～2015 年）径流量和输沙量分别为 1262 亿 m³ 和 16300 万 t。1955～2002 年，华弹站年径流量和输沙量都增加，输沙量的增幅明显大于径流量的增幅，且周期性变化特征较明显。华弹站 1954～1979 年径流量呈减小趋势，1979 年以后呈增大趋势，1998 年后年又减小。年输沙量的变化特征与径流量较一致，1998 年后年输沙量减小的幅度更大。1998～2015 年与 1955～1997 年相比，径流量增加 3.95%，输沙量减小 8.05%。2011～2015 年与 2001～2010 年相比，径流量减小 15.06%，输沙量减小 43.66%。

屏山站（2012 年后为向家坝站）多年平均（1955～2015 年）径流量和输沙量分别为 1426 亿 m³ 和 22300 万 t，其水沙变化过程与华弹站极为相似。1954～2003 年，屏山站的年径流量和输沙量略增加，径流量的增加比例略大于输沙量增加的比例，但增幅都很小。与上游几个站相比，输沙量的增加幅度要小得多。1954～1977 年径流量减小，自 1978 年后增大。屏山站输沙量的变化与径流量基本一致，但 1998 年后输沙量大幅度减小，其减小比例远大于径流量。1998～2015 年与 1955～1997 年相比，径流量增加 2.20%，输沙量减小 19.76%。2011～2015 年与 2001～2010 年相比，径流量减小 14.84%，输沙量减小 74.42%。

寸滩站多年平均（1955～2015 年）径流量和输沙量分别为 3406 亿 m³ 和 36800 万 t。1955～2015 年，年径流量和输沙量都呈减小的趋势，但输沙量的减幅明显大于径流量。寸滩站径流量和输沙量的周期性变化特征较为明显，年径流量 1953～1959 年减小，1959～1968 年增大，1968～1972 年减小，1972～1981 年增加，1981～1994 年减小，1994～1998 年增加，1998～2007 年减小，2007～2012 年增加。年输沙量变化的周期特征与径流量较一致，1998 年后年输沙量减小的幅度更大。1998～2015 年与 1955～1997 年相比，径流量减小 2.51%，输沙量减小 38.57%。2011～2015 年与 2001～2010 年相比，径流量减小 0.92%，输沙量减小 50.97%。

从宜昌站 1950～2015 年的变化过程看，其年径流量和输沙量都呈减小的变化特征，输沙量的减幅明显大于径流量。宜昌站径流量和输沙量的变化都有一定的周期性特征，径流量的周期性表现更明显。1950～1998 年，输沙量无明显的减小趋势，1998 年后输沙量急剧减小，2003 年后，输沙量减小非常明显，年均值不到 2002 年前年均值的 10%。

2. 主要支流水沙年际变化

长江上游干流主要支流水文站不同时段径流量和输沙量统计见表 4.17 和图 4.10。受水利工程拦沙等影响，嘉陵江、沱江、乌江 1991 年后水沙变化过程不相应，其他各站水沙变化过程基本相应，即水大沙多，水小沙少，输沙量随径流量的增减而产生相应变化。受上游地区降水条件和下垫面条件等方面的影响，历年水沙量过程主要表现为随机变化过程，高低值期交替出现。例如，干流屏山、寸滩和宜昌站水沙量过程出现三个高值期，即 1954～1958 年、1963～1968 年和 1980～1985 年三个时段，北碚站水沙量过程也相应出现三个相同高值期。

表 4.17　长江上游主要支流水文站不同时段（不同统计口径）径流量和输沙量统计表

时段	径流量/亿 m^3						输沙量/万 t					
	桐子林	横江	高场	富顺	北碚	武隆	桐子林	横江	高场	富顺	北碚	武隆
1950～1960 年	600.2	87.83	908.6	136.4	645.4	482.5	—	1080	5930	1190	14600	2870
1961～1970 年	624.3	101.6	893.1	132.1	762.7	510.5	3840	1130	5910	1500	18700	2910
1971～1980 年	555.2	86.50	833.7	112.5	606.1	520.2	3160	1360	3340	843	11100	3990
1981～1990 年	578.7	86.68	888.0	132.4	762.5	454.4	5440	1650	6140	938	13500	2250
1991～2000 年	612.8	77.58	823.7	106.7	552.4	537.8	4390	1510	3560	320	4110	2210
2001～2010 年	590.0	72.18	781.0	93.50	594.6	442.7	1210	623	3140	150	2630	780
2011～2015 年	546.6	75.93	788.5	134.0	676.9	429.0	1250	444	1500	993	2920	225
1950～2015 年	588.9	83.42	850.5	120.2	655.9	486.6	3380	1180	4440	837	9700	2320
1950～1990 年	587.7	90.14	881.5	128.1	700.0	492.2	4160	1370	5380	1120	14600	3010
1991～2002 年	611.4	76.71	814.9	104.4	533.3	531.7	3860	1390	3450	300	3730	2040
1950～2002 年	593.9	86.40	866.5	122.2	657.5	501.5	4070	1380	4930	934	11700	2780
1955～2002 年	593.9	86.40	859.7	121.4	657.5	497.2	4070	1380	4830	923	11700	2750
2003～2015 年	571.0	73.59	785.4	110.0	650.4	428.4	1230	526	2540	478	2870	504
1950～1997 年	583.6	86.62	871.1	124.6	670.1	496.0	4290	1370	5110	999	12700	2860
1955～1997 年	583.6	86.62	864.1	123.1	670.8	490.8	4290	1370	5020	991	12700	2830
1998～2015 年	594.6	75.78	818.3	110.0	607.0	468.3	2830	1020	3550	417	3850	1250
1955～2015 年	588.9	83.42	843.9	118.9	655.9	482.5	3380	1180	4330	823	9710	2270

雅砻江桐子林站 1998 年之前的水沙量为小得石站和弯滩站之和，1999 年之后为桐子林站的观测值。桐子林多年（1955～2015 年）平均径流量为 588.9 亿 m^3，年径流量变差系数（C_V）为 0.16，多年平均输沙量为 3380 万 t，年输沙量 C_V 为 0.59，多年平均含沙量 0.57kg/m^3。年径流量最大值为 1965 年的 879.5 亿 m^3，最小值为 2011 年的 427.4 亿 m^3。

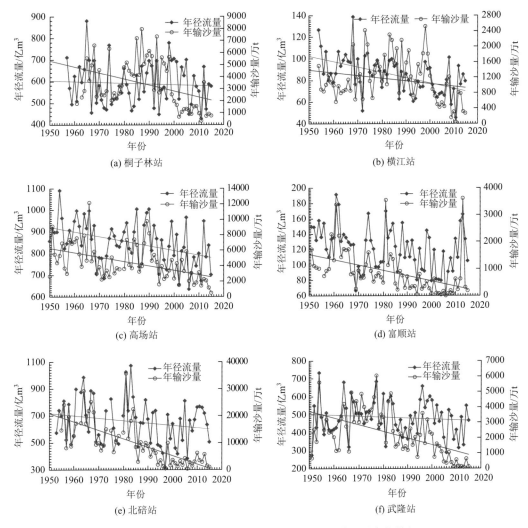

图 4.10　长江上游主要支流水文站径流量和输沙量变化特征

年输沙量最大值为 1987 年的 7960 万 t（实际值应为 1998 年，因水沙太大及二滩水库拦沙，在数值上无法体现），最小值为 2011 年的 322 万 t。1998 年之后与之前相比，桐子林站径流量增加 1.88%，输沙量减少 34.03%。1998 年之前，年径流量和年输沙量的变化过程基本一致，年径流与年输沙量过程峰谷对应，无明显趋势性变化。1998 年后，受二滩水库蓄水影响，输沙量大幅度减小，年均输沙量 1000 万 t 左右，仅 2009 年因流域大水，输沙量较大，为 3520 万 t。

横江横江站多年（1955～2015 年）平均径流量为 83.42 亿 m³，年径流量 C_V 为 0.20，多年平均输沙量为 1180 万 t，年输沙量 C_V 为 0.50，多年平均含沙量 1.41kg/m³。年径流量最大为 1968 年的 138.6 亿 m³，最小值为 2011 年的 45.43 亿 m³。年输沙量最大为 1998 年的 2520 万 t，最小值为 2011 年的 46.1 万 t。横江站径流量和输沙量均有减小的变化趋势。1998 年之后与之前相比，横江站径流量减小 12.51%，输沙量减少 25.55%。2003 年后输沙量较 2003 年前减小 61.88%。

　　岷江高场站多年（1950～2015 年）平均径流量为 850.5 亿 m³，年径流量 C_V 为 0.11，多年平均输沙量为 4440 万 t，年输沙量 C_V 为 0.51，多年平均含沙量为 0.52kg/m³。年径流量最大值为 1954 年的 1090 亿 m³，最小值为 2006 年的 635 亿 m³。年输沙量最大值为 1966 年的 12100 万 t，最小值为 2015 年的 479 万 t。高场站年径流量和输沙量均呈明显减小的变化趋势，且变化幅度相差不大，水沙变化的周期性特征不很明显。2003 年后输沙量较 2003 年前减小 47.41%。

　　沱江富顺站多年（1955～2015 年）平均径流量为 118.9 亿 m³，年径流量 C_V 为 0.23，多年平均输沙量为 823 万 t，年输沙量 C_V 为 0.92，多年平均含沙量 0.69kg/m³。年径流量最大值为 1961 年的 191.3 亿 m³，最小值为 2006 年的 59.20 亿 m³。年输沙量最大值为 2013 年的 3610 万 t，最小值为 2006 年的 6.00 万 t。富顺年径流量和输沙量均呈明显减小的变化趋势，且变化幅度相差不大，水沙变化的周期性特征明显，水沙在 1961 年、1981 年和 2013 年有三个明显的峰值，水沙峰谷对应。1985 年后，除 2013 年输沙量为特大年外，其余年份输沙量均较小。2003 年后输沙量较 2003 年前减小 48.21%。

　　嘉陵江北碚站多年（1955～2015 年）平均径流量为 655.9 亿 m³，年径流量 C_V 为 0.25，多年平均输沙量为 9710 万 t，年输沙量 C_V 为 0.81，多年平均含沙量 1.48kg/m³。年径流量最大值为 1983 年的 1072 亿 m³，最小值为 1997 年的 307.9 亿 m³。年输沙量最大值为 1981 年的 35700 万 t，最小值为 2006 年的 343 万 t。北碚年径流量减小的变化趋势不明显，而输沙量减小幅度大于径流量减小幅度，1985 年后，输沙量大幅度减小。2003 年后输沙量较 2003 年前减小 75.47%。

　　乌江武隆站多年（1955～2015 年）平均径流量为 482.5 亿 m³，年径流量 C_V 为 0.20，多年平均输沙量为 2270 万 t，年输沙量 C_V 为 0.64，多年平均含沙量 0.47kg/m³。年径流量最大值为 1954 年的 732.2 亿 m³，最小值为 1951 年的 274.4 亿 m³。年输沙量最大值为 1977 年的 6040 万 t，最小值为 2013 年的 90.0 万 t。武隆年径流量变化无明显的增减过程，而输沙量却大幅度减小。1994 年后，武隆站径流量增大，而输沙量却减小，水沙变化不相应。2003 年后输沙量较 2003 年前减小 81.67%。

4.2.2　年内变化

　　可用集中度（RCD）和集中期（RCP）来反映径流和泥沙的年内集中程度。径流集中度指各月径流量按月以向量方式累加，各分量之和的合成量占年径流量的百分数，其意义是反映径流量在年内的集中程度，数值越大，集中程度越高。集中度出现的时间称为集中期，是指径流向量合成后的方位，反映全年径流量集中的重心所出现的月份，以 12 个月分量和的比值正切角度表示。集中度和集中期也可通过公式求得（杨远东，1984）。具体做法是：以年内各月（日、旬）为向量，月径流量大小为向量的长度，所处的月份为向量的方向。各月方向的确定：把一年的天数（365 天）看作是一个 360° 的圆，相当于 0.986° 为一日，以每个月的第 15 个日期作为该月向量的方向。长江上游干流主要水文站及主要支流水文站水沙年内分配情况见表 4.18～表 4.21 及图 4.11 和图 4.12。

表 4.18　长江上游干流主要水文站径流量年内分配特征

站名	时段	径流量年内分配情况/%												汛期	主汛期	最大月	最小月	年最大	年最小	Max/Min	集中度	集中期(°)
		月份																				
		1	2	3	4	5	6	7	8	9	10	11	12									
石鼓	1955~2002 年	2.8	2.4	2.6	3.4	5.7	10.1	17.9	19.1	16.6	10.4	5.4	3.6	79.8	63.7	21.1	2.4	1	0.1	9.1	0.48	208.6
	2003~2015 年	2.7	2.2	2.5	3.4	5.6	10	17.7	19.1	17.5	10.6	5.3	3.4	80.5	64.3	21.9	2.2	1	0.1	9.9	0.49	209.5
	1955~2015 年	2.8	2.3	2.6	3.4	5.7	10.1	17.9	19.1	16.8	10.4	5.4	3.5	80	63.8	21.3	2.3	1	0.1	9.3	0.48	208.8
攀枝花	1955~2002 年	2.9	2.3	2.5	3	4.9	8.6	17.2	19.7	18	11.3	5.7	3.8	79.9	63.6	21.4	2.4	1.1	0.1	9.1	0.5	214.8
	2003~2015 年	2.9	2.4	2.6	3.1	4.8	8.8	17.3	19.5	18.5	10.9	5.7	3.7	79.7	64	22.2	2.4	1	0.1	9.5	0.5	214
	1955~2015 年	2.9	2.3	2.5	3	4.9	8.7	17.2	19.6	18.1	11.2	5.7	3.8	79.9	63.7	21.6	2.4	1.1	0.1	9.2	0.5	214.6
华弹	1955~2002 年	2.9	2.3	2.4	2.6	4.1	8.7	17.6	19.3	18	12.2	6	3.8	80	63.7	21.6	2.3	1.1	0.1	9.8	0.51	217
	2003~2015 年	3.7	3	3.3	3.2	4.5	8	17.1	17.7	18.2	11.5	5.9	3.8	77.1	61.1	21.3	2.9	1	0.1	7.6	0.45	216.5
	1955~2015 年	3.1	2.4	2.5	2.8	4.2	8.6	17.5	19	18.1	12.1	6	3.8	79.4	63.1	21.5	2.4	1.1	0.1	9.3	0.5	216.9
屏山	1955~2002 年	3.1	2.4	2.5	2.7	4.2	8.7	17.4	18.8	17.6	12.2	6.2	4.1	79	62.6	21.2	2.4	1	0.1	9	0.49	217.4
	2003~2015 年	3.8	3	3.4	3.6	4.5	7.6	17	17.7	17.9	11.4	6	4.1	76.1	60.2	21	3	1	0.1	7.1	0.44	217
	1955~2015 年	3.2	2.6	2.7	2.9	4.2	8.5	17.3	18.6	17.6	12.1	6.2	4.1	78.4	62.1	21.2	2.5	1	0.1	8.6	0.48	217.3
寸滩	1955~2002 年	2.7	2.2	2.5	3.3	5.9	10.2	18.8	17.9	16.1	11.1	5.7	3.6	80.1	63	21	2.1	1.2	0.1	9.9	0.49	209.1
	2003~2015 年	3.3	2.7	3.4	4	5.7	9.5	18.7	16.6	16.2	10.3	5.7	3.9	77.1	61	21	2.7	1.2	0.1	8	0.44	209
	1955~2015 年	2.8	2.3	2.7	3.5	5.9	10.1	18.8	17.6	16.1	11	5.7	3.6	79.5	62.6	21	2.3	1.2	0.1	9.5	0.48	209.1
宜昌	1955~2002 年	2.6	2.2	2.7	3.9	7.1	10.9	18.4	16.7	14.9	11	6	3.6	79	60.9	20	2.2	1	0.1	9.4	0.46	205.7
	2003~2015 年	3.6	3.2	3.9	4.9	8	10.8	18	15.6	14.1	8.2	5.8	4	74.7	58.5	19.3	3.2	0.9	0.1	6.3	0.39	198.1
	1955~2015 年	2.8	2.4	2.9	4.1	7.3	10.9	18.3	16.5	14.7	10.5	5.9	3.7	78.1	60.4	19.9	2.4	1	0.1	8.7	0.45	204.1

表 4.19　长江上游干流主要水文站输沙量年内分配特征

站名	时段	月份												输沙量年内分配情况/%						Max/min	集中度	集中期(°)
		1	2	3	4	5	6	7	8	9	10	11	12	汛期	主汛期	最大月	最小月	最大日	最小日			
石鼓	1955~2002年	0.1	0.0	0.1	0.3	1.5	9.9	33.8	31.8	17.9	3.9	0.6	0.1	98.9	93.5	43.9	0.1	4.8	0.0	1086	0.85	199.3
	2003~2015年	0.0	0.0	0.0	0.4	1.7	9.2	30.1	33.1	19.9	4.8	0.8	0.0	98.8	92.3	43.4	0.3	3.8	0.0	3259	0.84	201.5
	1955~2015年	0.1	0.0	0.1	0.4	1.6	9.7	32.8	32.1	18.4	4.1	0.7	0.1	98.9	93.2	43.8	0.2	4.6	0.0	1573	0.85	199.8
攀枝花	1955~2002年	0.1	0.1	0.1	0.2	1.2	8.7	28.5	31.6	22.1	6.0	1.0	0.3	98.0	90.7	37.6	0.1	5.5	0.0	477	0.83	206.6
	2003~2015年	0.4	0.3	0.4	0.5	1.6	9.3	27.9	30.5	21.2	6.1	1.2	0.6	97.6	89.8	38.2	0.3	4.5	0.0	149	0.82	202.1
	1955~2015年	0.2	0.1	0.1	0.3	1.3	8.8	28.4	31.4	21.9	6.0	1.1	0.4	97.9	90.5	37.7	0.1	5.3	0.0	390	0.83	205.4
华弹	1955~2002年	0.2	0.2	0.2	0.3	1.3	12.1	29.1	27.3	20.5	7.2	1.4	0.4	97.5	89.0	34.6	0.1	5.9	0.0	407	0.80	203.6
	2003~2015年	0.8	0.6	0.3	0.8	1.9	10.8	29.8	24.6	21.3	6.6	2.0	0.4	96.6	87.9	34.2	0.6	6.4	0.0	825	0.78	202.7
	1955~2015年	0.2	0.2	0.2	0.3	1.4	11.9	29.2	27.0	20.6	7.1	1.5	0.4	97.4	88.9	34.5	0.2	5.9	0.0	499	0.80	203.4
屏山	1955~2002年	0.2	0.1	0.1	0.3	1.5	11.5	29.0	27.1	20.5	7.8	1.4	0.4	97.4	88.1	34.2	0.1	4.4	0.0	439	0.80	204.3
	2003~2015年	0.6	0.4	0.4	0.6	1.8	10.7	30.7	24.4	21.3	6.4	1.9	0.7	95.4	87.2	33.3	0.3	5.3	0.0	879	0.75	205.9
	1955~2015年	0.2	0.2	0.1	0.3	1.6	11.4	29.2	26.8	20.6	7.6	1.5	0.5	97.2	88.0	34.1	0.1	4.5	0.0	533	0.79	204.6
寸滩	1955~2002年	0.1	0.1	0.1	0.4	2.6	10.8	32.0	26.8	19.2	6.4	1.2	0.3	97.9	88.8	35.0	0.1	5.1	0.0	708	0.80	201.3
	2003~2015年	0.2	0.1	0.3	0.6	1.8	8.9	37.7	24.0	20.0	4.9	1.3	0.3	97.3	90.6	40.5	0.1	6.5	0.0	328	0.81	200.1
	1955~2015年	0.1	0.1	0.1	0.5	2.6	10.6	32.6	26.5	19.3	6.3	1.2	0.3	97.8	89.0	35.5	0.1	5.3	0.0	627	0.81	201.0
宜昌	1955~2002年	0.1	0.1	0.2	0.9	4.1	11.0	31.4	25.1	17.7	7.1	1.9	0.4	96.5	85.2	34.0	0.1	4.2	0.0	913	0.77	199.9
	2003~2015年	0.1	0.1	0.1	0.3	0.9	3.2	38.2	30.8	23.8	2.0	0.3	0.2	98.9	96.0	56.5	0.1	6.9	0.0	583	0.88	199.8
	1955~2015年	0.1	0.1	0.2	0.9	4.1	10.8	31.6	25.3	17.8	7.0	1.9	0.4	96.5	85.5	34.5	0.1	4.3	0.0	843	0.80	199.8

表 4.20　长江上游主要支流水文站径流量年内分配特征

| 站名 | 时段 | 径流量年内分配情况/% 月份 | | | | | | | | | | | | 汛期 | 主汛期 | 最大月 | 最小月 | 年最大 | 年最小 | Max/Min | 集中度 | 集中期(°) |
		1	2	3	4	5	6	7	8	9	10	11	12									
横江	1955~2002 年	3.7	3.8	4.4	4.5	6.0	10.7	17.7	17.6	12.4	9.2	5.6	4.3	74.0	58.7	21.9	3.3	2.3	0.1	7.0	0.40	202.5
	2003~2015 年	4.3	4.1	4.9	5.0	5.7	9.4	16.3	17.3	12.6	9.2	6.2	4.9	70.6	55.7	20.6	3.6	2.4	0.1	5.8	0.34	206.7
	1955~2015 年	3.8	3.9	4.5	4.6	5.9	10.5	17.4	17.5	12.5	9.2	5.7	4.4	73.3	58.1	21.7	3.3	2.3	0.1	6.7	0.38	203.4
高场	1955~2002 年	2.4	2.0	2.6	3.7	6.6	12.2	19.0	18.1	14.5	9.9	5.4	3.5	80.3	63.8	20.6	2.0	1.7	0.1	10.2	0.49	202.7
	2003~2015 年	3.4	2.9	3.8	4.5	6.5	11.6	18.2	17.1	13.2	9.4	5.3	4.1	76.0	60.1	19.6	2.9	1.3	0.1	7.2	0.42	201.7
	1955~2015 年	2.6	2.2	2.8	3.9	6.6	12.1	18.9	17.9	14.3	9.8	5.4	3.6	79.5	63.1	20.4	2.2	1.6	0.1	9.6	0.47	202.5
富顺	1955~2002 年	2.0	1.4	1.5	2.1	4.8	10.3	22.9	23.4	16.5	8.7	4.3	2.2	86.6	73.1	28.9	1.2	4.1	0.0	27.8	0.61	205.6
	2003~2015 年	3.0	2.0	2.3	3.3	4.9	9.8	21.4	18.9	15.6	9.1	5.6	4.1	79.7	65.8	25.8	1.8	3.5	0.0	15.9	0.50	209.4
	1955~2015 年	2.2	1.5	1.7	2.3	4.8	10.2	22.6	22.6	16.3	8.8	4.5	2.6	85.3	71.7	28.3	1.3	4.0	0.0	25.2	0.59	206.4
北碚	1955~2002 年	1.9	1.4	2.0	3.9	8.0	10.4	21.7	15.8	16.9	10.6	4.8	2.6	89.3	69.4	28.1	1.5	3.1	0.0	19.2	0.54	201.3
	2003~2015 年	2.4	1.8	2.5	3.6	5.9	8.9	23.5	15.5	18.0	9.9	5.0	2.9	81.9	66.0	29.2	1.7	3.1	0.0	18.8	0.51	206.8
	1955~2015 年	2.0	1.5	2.1	3.9	7.5	10.1	22.1	15.8	17.2	10.5	4.9	2.6	87.6	68.6	28.4	1.6	3.1	0.0	19.1	0.53	202.6
武隆	1955~2002 年	2.5	2.3	3.3	6.6	12.6	18.4	17.8	11.2	8.7	8.0	5.4	3.2	76.7	56.1	23.4	2.1	2.1	0.1	11.7	0.43	175.3
	2003~2015 年	3.6	3.2	4.5	7.3	13.2	15.8	16.4	10.4	9.0	6.4	6.2	4.1	71.2	51.6	20.4	2.8	1.7	0.1	7.9	0.36	167.5
	1955~2015 年	2.7	2.5	3.5	6.7	12.7	17.9	17.6	11.0	8.7	7.7	5.6	3.3	75.7	55.2	22.8	2.2	2.0	0.1	10.9	0.42	173.6

表 4.21　长江上游主要支流水文站输沙量年内分配特征

站名	时段	输沙量年内分配情况/% 月份												汛期	主汛期	最大月	最小月	年最大	年最小	Max/Min	集中度	集中期/(°)
		1	2	3	4	5	6	7	8	9	10	11	12									
横江	1955~2002 年	0.0	0.1	0.1	0.5	3.9	16.2	36.4	30.7	10.1	1.8	0.2	0.0	99.2	93.5	48.9	0.0	18.7	0.0	3353.1	0.85	189.8
	2003~2015 年	0.0	0.0	0.3	1.1	1.3	8.2	31.1	44.1	10.8	2.0	1.1	0.0	97.7	94.4	58.3	0.0	29.8	0.0	3874.0	0.83	197.9
	1955~2015 年	0.0	0.1	0.1	0.6	3.6	15.3	35.8	32.1	10.2	1.8	0.3	0.0	99.0	93.6	49.9	0.0	19.9	0.0	3476.2	0.80	191.8
高场	1955~2002 年	0.0	0.0	0.1	0.4	1.8	12.2	37.9	31.6	13.3	2.2	0.3	0.1	99.1	95.1	43.7	0.0	11.1	0.0	2015.1	0.79	193.6
	2003~2015 年	0.1	0.1	0.2	0.5	2.0	12.2	38.1	32.2	11.8	2.1	0.5	0.2	98.4	94.3	44.8	0.1	12.5	0.0	774.4	0.81	193.1
	1955~2015 年	0.0	0.0	0.1	0.4	1.8	12.2	38.0	31.7	13.2	2.2	0.4	0.1	99.0	95.0	43.9	0.0	10.1	0.0	1746.2	0.80	193.5
富顺	1955~2002 年	0.0	0.0	0.0	0.0	0.8	7.7	39.8	35.8	14.8	1.0	0.1	0.0	99.9	98.1	55.9	0.0	18.5	0.0	10016.8	0.86	199.0
	2003~2015 年	0.0	0.0	0.0	0.0	0.1	3.4	68.7	20.5	7.0	0.4	0.0	0.0	100.0	99.6	79.6	0.0	44.0	0.0	990.9	0.86	202.3
	1955~2015 年	0.0	0.0	0.0	0.0	0.7	7.2	43.3	33.9	13.8	0.9	0.1	0.0	99.9	98.3	58.8	0.0	21.7	0.0	8813.3	0.91	199.7
北碚	1955~2002 年	0.0	0.0	0.1	0.7	4.6	8.9	34.2	22.7	23.2	5.2	0.4	0.0	98.7	89.0	45.3	0.0	16.8	0.0	13444.0	0.85	198.2
	2003~2015 年	0.0	0.0	0.1	0.1	0.5	4.1	54.4	12.0	24.3	4.1	0.4	0.0	99.4	94.8	67.4	0.0	21.1	0.0	4827.0	0.76	204.1
	1955~2015 年	0.0	0.0	0.1	0.7	4.3	8.6	35.6	22.0	23.3	5.1	0.4	0.0	98.8	89.4	46.8	0.0	17.0	0.0	11512.6	0.85	199.5
武隆	1955~2002 年	0.1	0.1	0.3	3.3	15.2	30.3	28.0	11.4	7.0	3.2	1.0	0.1	95.1	76.7	42.2	0.0	14.9	0.0	1855.0	0.83	167.4
	2003~2015 年	0.3	0.4	0.8	3.5	15.4	23.9	35.8	7.0	8.1	2.3	2.0	0.5	92.6	74.9	47.6	0.2	22.5	0.0	596.7	0.80	166.1
	1955~2015 年	0.1	0.1	0.3	3.3	15.2	30.0	28.4	11.2	7.0	3.1	1.1	0.1	95.0	76.6	42.5	0.0	15.2	0.0	1586.8	0.79	167.1

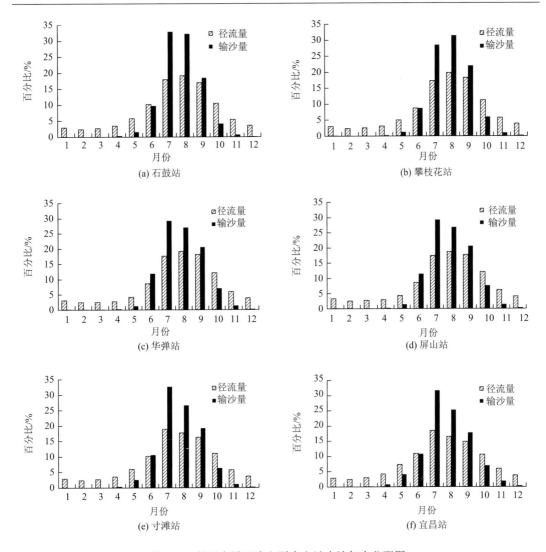

图 4.11　长江上游干流主要水文站水沙年内分配图

金沙江下游各站水沙年内分配基本相应，但输沙量的集中度大于径流量，较径流量分配更为集中，径流量的集中期大于输沙量的集中期。干流水沙较支流更为集中。攀枝花、

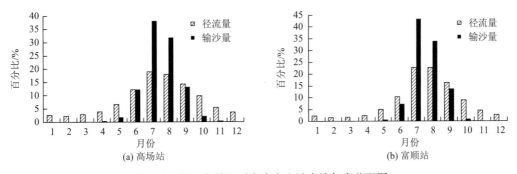

图 4.12　长江上游主要支流水文站水沙年内分配图

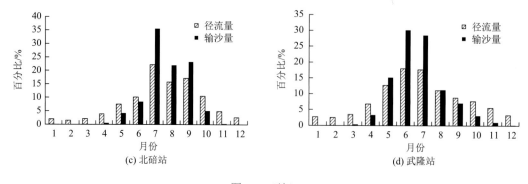

图 4.12（续）

华弹和向家坝等主要控制站汛期（5～10月）径流量和输沙量分别占全年的68.2%～80.2%和 85.5%～98.2%，主汛期（6～9 月）径流量和输沙量分别占全年的 42.9%～56.1%和 55.0%～81.7%。

　　石鼓站汛期径流量占年径流量的80.0%；主汛期径流量占年径流量的63.8%；最大月径流量占年径流量的21.3%。径流量多年平均最大月为8月，最小月为2月。石鼓站汛期输沙量占年输沙量的98.9%；主汛期输沙量占年输沙量的93.2%；最大月输沙量占年输沙量的43.8%。输沙量多年平均最大月为7月。径流量年内集中度为0.48，集中期为208.8°；输沙量年内集中度为0.85，集中期为199.8°。

　　攀枝花站汛期径流量占年径流量的 79.9%；主汛期径流量占年径流量的63.7%；最大月径流量占年径流量的21.6%。径流量多年平均最大月为8月，最小月为2月。攀枝花站汛期输沙量占年输沙量的97.9%；主汛期输沙量占年输沙量的90.5%；最大月输沙量占年输沙量的37.7%。输沙量多年平均最大月为 8月，1990年以后比 1990 年以前输沙量更集中。径流量年内集中度为 0.50，集中期为 214.6°；输沙量年内集中度为0.83，集中期为205.4°。

　　华弹站汛期径流量占年径流量的79.4%；主汛期径流量占年径流量的63.1%；最大月径流量占年径流量的21.5%。径流量多年平均最大月为8月，最小月为2月，2001～2004 年系列枯季径流量略增加。各系列年径流量的年内分配差异不大。华弹站汛期输沙量占年输沙量的97.4%；主汛期输沙量占年输沙量的88.9%；最大月输沙量占年输沙量的34.5%。输沙量多年平均最大月为7月。不同系列年输沙量年内分配差异较大，输沙量大的 1990～2000 年系列输沙量的年内分配更集中。径流量年内集中度为 0.50，集中期为216.9°；输沙量年内集中度为0.80，集中期为203.4°。

　　屏山站汛期径流量占年径流量的78.4%；主汛期径流量占年径流量的62.1%；最大月径流量占年径流量的21.2%，径流量多年平均最大月为8月。屏山站汛期输沙量占年输沙量的97.2%；主汛期输沙量占年输沙量的88.0%；最大月输沙量占年输沙量的34.1%。输沙量多年平均最大月为7月。径流量年内集中度为0.48，集中期为217.3°；输沙量集中度为0.79，集中期为204.6°。

　　寸滩站汛期径流量占年径流量的79.5%；主汛期径流量占年径流量的62.6%；最大月径流量占年径流量的21.0%，径流量多年平均最大月为7月。寸滩站汛期输沙量占年输沙量的 97.8%；主汛期输沙量占年输沙量的 89.0%；最大月输沙量占年输沙量的 35.5%。输沙量多年平均最大月为 7 月。径流量年内集中度为 0.48，集中期为 209.1°；输沙量年内集中度为 0.81，集中期为 201.0°。

宜昌站汛期径流量占年径流量的 78.1%；主汛期径流量占年径流量的 60.4%；最大月径流量占年径流量的 19.9%，径流量多年平均最大月为 7 月。宜昌站汛期输沙量占年输沙量的 96.5%；主汛期输沙量占年输沙量的 85.5%；最大月输沙量占年输沙量的 34.5%。输沙量多年平均最大月为 7 月。径流量年内集中度为 0.45，集中期为 204.1°；输沙量年内集中度为 0.80，集中期为 199.8°。

高场站汛期径流量占年径流量的 79.5%；主汛期径流量占年径流量的 63.1%；径流量最大月占年径流量的 20.4%，径流量多年平均最大月为 7 月。高场站汛期输沙量占年输沙量的 99.0%；主汛期输沙量占年输沙量的 95.0%；最大月输沙量占年输沙量的 43.9%。输沙量多年平均最大月为 7 月。径流量年内集中度为 0.47，集中期为 202.5°；输沙量年内集中度为 0.80，集中期为 193.5°。

富顺站汛期径流量占年径流量的 85.3%；主汛期径流量占年径流量的 71.7%；径流量最大月占年径流量的 28.3%，径流量多年平均最大月为 7 月、8 月，均为 22.6。富顺站汛期输沙量占年输沙量的 99.9%；主汛期输沙量占年输沙量的 98.3%；最大月输沙量占年输沙量的 58.8%。输沙量多年平均最大月为 7 月。径流量年内集中度为 0.59，集中期为 206.4°；输沙量年内集中度为 0.91，集中期为 199.7°。

北碚站汛期径流量占年径流量的 87.6%；主汛期径流量占年径流量的 68.6%；径流量最大月占年径流量的 28.4%，径流量多年平均最大月为 7 月。北碚站汛期输沙量占年输沙量的 98.8%；主汛期输沙量占年输沙量的 89.4%；最大月输沙量占年输沙量的 46.8%。输沙量多年平均最大月为 7 月。径流量年内集中度为 0.53，集中期为 202.6°；输沙量年内集中度为 0.85，集中期为 199.5°。

武隆站汛期径流量占年径流量的 75.7%；主汛期径流量占年径流量的 55.2%；径流量最大月占年径流量的 22.8%，径流量多年平均最大月为 6 月。武隆站汛期输沙量占年输沙量的 95.0%；主汛期输沙量占年输沙量的 76.6%；最大月输沙量占年输沙量的 42.5%。输沙量多年平均最大月为 6 月。径流量年内集中度为 0.42，集中期为 173.6°；输沙量年内集中度为 0.79，集中期为 167.1°。

以上各站 2003 年后径流量集中度较 2003 年前减小，径流量年内分配更均匀。输沙量集中度则无明显规律，有的站点 2003 年后集中度减小，有的站点增大。

4.2.3　水沙关系

1. 相关关系

为研究长江上游干流主要控制站及主要支流出口控制站同径流量下输沙量的变化情况，点绘了不同时段水沙关系图（图 4.13 和图 4.14）。

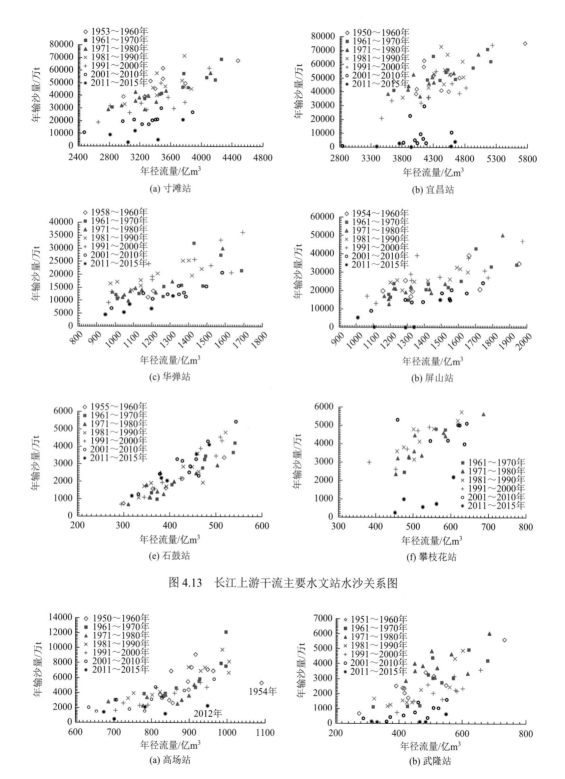

图 4.13 长江上游干流主要水文站水沙关系图

图 4.14 长江上游主要支流水文站水沙关系图

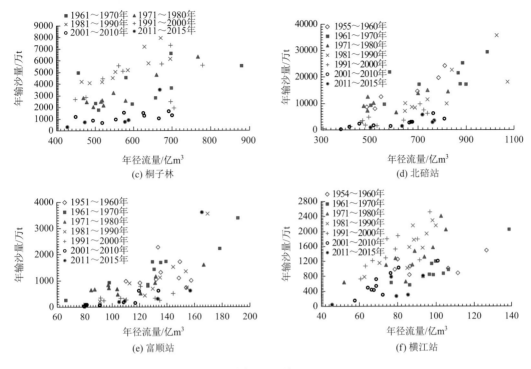

图 4.14（续）

石鼓站年输沙量和年径流量的总体关系较好，不同时段差异不是很明显。在七个系列中，同径流量条件下，1981～1990 年和 1991～2000 年系列输沙量较大，1980 年以前的两个系列输沙量较小。2001～2010 年系列的水沙关系与通常的不一致，2001～2003 年输沙量很大，居历年之首，2004 年大幅度减少，2001～2015 年同径流量条件下输沙量增大。石鼓站历年的水沙关系点距较为集中，不同年代间差别不大，同径流量情况下，输沙量有增大的迹象。

攀枝花站 1997 年之前和 1998～2010 年输沙量和径流量相关关系总体均较好，点距较集中，不同时段差异不明显。在六个系列中，同径流量条件下，1991～2000 年系列的输沙量大于其他系列，1980 年以前的两个系列输沙量较小。2001～2010 年系列输沙量变化也很大，2001～2002 年输沙量大，2003～2004 年输沙量减小，与 1980 年以前系列一致。2010 年金沙江中游金安桥水电站的蓄水运行，拦截了部分来自金沙江中游的泥沙，使攀枝花站 2011～2015 年水沙相关点分布在相关线下侧，表明同径流量情况下输沙量有所减少。

华弹站水沙相关关系较差，点距很分散，不同时段差异明显，但水沙相关关系尚未发生明显变化。在七个系列中，同径流量条件下，1981～1990 年和 1991～2000 年系列输沙量明显大于其他系列，其他系列输沙量大小依次是 1971～1980 年、1958～1970 年和 2001～2010 年系列，2001～2004 年系列输沙量明显减小，达到有水文资料记录以来的最低水平。2001～2004 年华弹上游的攀枝花站、泸宁站、湾滩站来沙量均较大，华弹站输沙量减小与二滩水库拦截了大量泥沙有很大的关系。华弹站 2011 年以来输沙量减少，随着区间的补给作用，减少幅度较上游攀枝花站略小。

屏山站水沙相关关系差，点距很分散，不同时段差异明显。在七个系列中，同径流量条件下，1981～1990 年、1991～2000 年系列输沙量比其他系列年份稍大，1971～1980 年、1981～1990 年、1991～2000 年三个系列基本处于同一水平，1970 年以前系列输沙量较小，2001～2010 年系列输沙量变小，输沙量减小的幅度比华弹站更大，达到有水文资料记录以来的最低值。这表明 2001～2004 年华弹到屏山区间来沙量也减小。1998～2015 年水沙相关点点据大多分布在相关线下侧，表明其水沙相关关系变化较为明显，同径流量情况下，沙量有所减少。2012 年向家坝水库蓄水后，同径流量条件下输沙量大幅度减小，其水沙关系发生了根本性的变化。

寸滩站水沙相关关系点距很分散，不同时段差异明显。在七个系列中，同径流量条件下，1953～2000 年系列输沙量明显大于 2001～2015 年系列。2011 年后输沙量明显减小。

宜昌站水沙相关关系点距很分散，不同时段差异明显。在七个系列中，同径流量条件下，1953～2002 年系列输沙量明显大于 2003～2015 年系列，1953～2002 年系列点距混杂，无明显的区分。2003 年后输沙量明显减小，其水沙关系发生了根本性变化。

桐子林站水沙相关关系总体上较差，不同时段点距很分散，差异明显，但水沙相关关系尚未发生明显变化。同径流量条件下，按点据的分布，大致可以分为三个系列，1981～1990 年和 1991～2000 年系列输沙量最大，1971～1980 年、1961～1970 年系列居中，2001～2015 年系列输沙量明显减小。

横江站的水沙相关关系点距较分散，不同时段差异明显。七个时段大致可以分为两个系列，同径流量条件下，1981～2000 年系列输沙量最大，其次为 1954～1970 年系列和 2001～2015 年系列混杂在一起，成为一个大的系列，这个系列较 1981～2000 年系列输沙量减小。同径流量条件下输沙量的变化经历了先增大、再减小的过程。

高场站水沙关系点距相对集中，不同时段水沙关系差异不明显，水沙相关关系尚未发生明显变化。同径流量条件下，按点距的分布，以 2012 年为界，大致可以分为两个系列，2012 年后水沙关系发生了较大的变化，同径流量条件下输沙量明显减小。

富顺站水沙相关关系总体上较差，点距较分散，不同时段差异不明显，但水沙相关关系未发生明显变化。

北碚站水沙相关关系总体上较差，不同时段点距很分散，差异较为明显。同径流量条件下，按点距的分布，大致可以分为三个系列，1955～1980 年系列输沙量最大，1981～2000 年系列输沙量减小，2001 年后，输沙量进一步减小，水沙关系发生了一定的变化。

武隆站水沙相关关系很差，点距很分散，不同时段差异较明显。不同时段的点距也较为混杂，同径流量条件下，1961～1980 年输沙量较 1961 年前增大，1981 年后输沙量减小，2001 年后，输沙量进一步减小，为输沙量最小的系列。输沙量大致可以分为 2001 年前后两个系列。

2. 双累积关系

用双累积关系分析来沙量的变化反映一定径流量水平条件下的相对来沙比例，不仅能反映来沙量绝对量的变化，而且可以在一定程度上消除径流量变化的影响，反映流域植被及人类活动等因素的变化对来沙的影响。图 4.15 和图 4.16 分别为长江上游干流主要水文站和主要支流水文站水沙双累积关系。

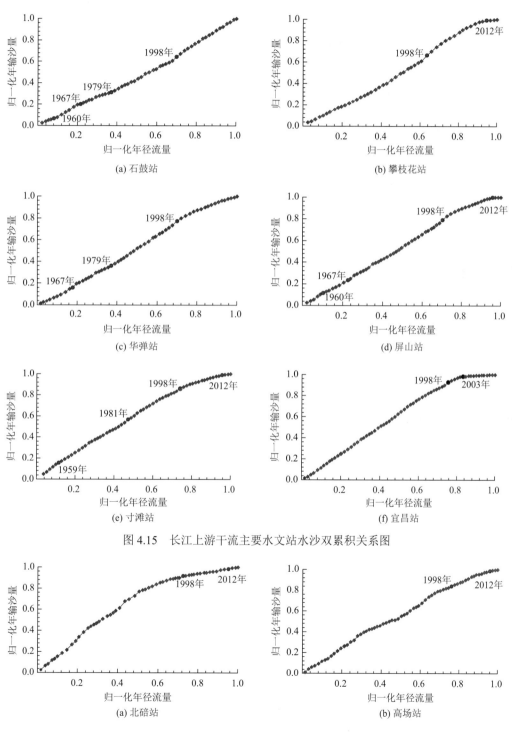

图 4.15　长江上游干流主要水文站水沙双累积关系图

图 4.16　长江上游主要支流水文站水沙双累积关系图

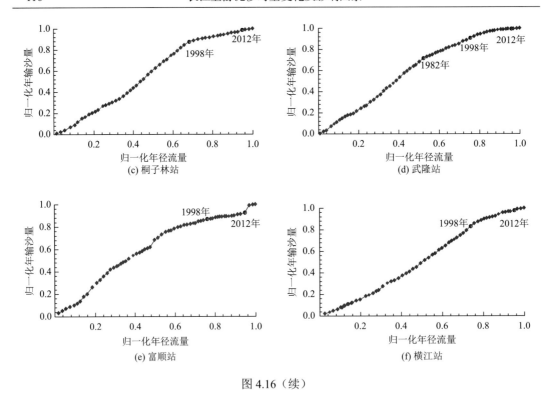

图 4.16（续）

石鼓站 1965 年以前水沙比例较一致，1965～1974 年输沙量略偏小，1975～1979 年输沙量偏小，1980～1997 年水沙比例基本一致，1998～2002 年输沙量偏大，1998 年输沙量偏大尤其明显，2003～2004 年输沙量基本为正常值。

攀枝花站 1968～1988 年输沙量偏小，其中 1968～1978 年偏小的程度较大，1989～1997 年水沙比例基本一致，1998～2000 年输沙量偏大，1998 年输沙量偏大很明显，2002～2004 年水沙比例基本一致。1988 年以后输沙量明显大于 1988 年以前。

华弹站水沙变化的比例基本一致，年际间差别小，1964 年以前、1968～1973 年、1975～1981 年输沙量小于正常值，1964～1968 年、1974 年、1982～1999 年输沙量大于正常值，2000 年后输沙量减小，小于正常值。

屏山站水沙变化比例非常一致，双累积曲线几乎为一直线，仅 1997 年后有稍许变化，1997～1998 年输沙量大，而 1999 年后输沙量又减小，2003～2004 年明显减小。

寸滩站双累积曲线较为顺直，1998 年有一个较为明显的转折，其他年份较少发生转折变化。1998 年后，曲线斜率变小，表明同径流量条件下输沙量减小。2012 年后，曲线斜率进一步变小。

宜昌站双累积曲线较为顺直，2003 年有一个非常明显的转折，其他年份较少发生转折变化。2003 年后，曲线斜率明显变小，表明同径流量条件下输沙量减小。

桐子林站双累积曲线在 1998 年有一个非常明显的转折，1980 年也有一个较大的转折，1980～1998 年同径流量条件下输沙量增大。1998 年后二滩水库蓄水，曲线斜率明显变小，表明同径流量条件下输沙量减小。

　　横江站双累积曲线大致可分为三个系列，1973 年以前输沙量较少，1974～1999 年输沙量较大，2000 年后输沙量减少。1960～1972 年、1977 年、2001～2004 年输沙量少于正常值，1974～1976 年、1978～2001 年输沙量大于正常值，2001 年后输沙量减少很明显。

　　高场站双累积曲线总体上较为顺直，没有大的转折变化，仅有一些小的转折。2012 年后，曲线斜率变小，表明同径流量条件下输沙量减少。

　　富顺站双累积曲线呈上凸形，表明同径流量条件下输沙量减少，曲线的转折变化也较多。1984 年有一个明显的转折点，其后曲线斜率减小，输沙量减少。2013 年，流域发生大洪水，诱发滑坡、泥石流，输沙量大幅度增加，改变了双累积曲线的形状。

　　北碚站双累积曲线呈上凸形，转折点较少，分别在 1985 年和 1998 年有两个较为明显的转折，1985 年后曲线斜率变小，1998 年后进一步变小。

　　武隆站双累积曲线转折点较多，也呈上凸形。在 1982 年有一个明显的转折点，曲线斜率减小。2009 年后曲线斜率进一步减小，表明同径流量条件下输沙量减小。

4.3　推移质泥沙变化

　　长江上游泥沙以悬移质为主，推移质泥沙占泥沙总量的比例较小，观测资料也较少，干流仅朱沱、寸滩、万县等少数水文站有长系列的推移质观测资料。三峡水库上游朱沱、寸滩和万县站卵石推移质输沙量变化见图 4.17，宜昌站卵石推移质输沙量变化见图 4.18。推移质观测又以卵石推移质泥沙为主，砂质推移质泥沙观测资料更少，仅寸滩站有长系列观测资料。

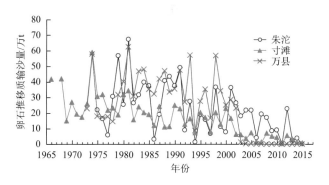

图 4.17　三峡水库上游卵石推移质输沙量变化

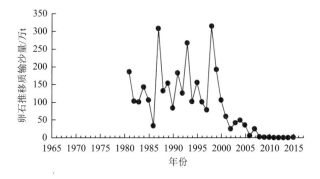

图 4.18　宜昌站卵石推移质输沙量变化

朱沱站位于三峡水库上游，有 1975～2015 年的卵石推移质资料。朱沱站 1975～2002 年年均悬移质输沙量 30000 万 t；卵石推移质输沙量 26.9 万 t，仅占悬移质输沙量的 0.09%；2003～2015 年年均悬移质输沙量 13900 万 t；卵石推移质输沙量 11.7 万 t，仅占悬移质输沙量的 0.08%。朱沱站卵石推移质泥沙呈减小的变化趋势，2003～2015 年较 1975～2002 年减小 56.5%。溪洛渡和向家坝水库蓄水后，2013～2015 年朱沱站卵石推移质输沙量大幅度减小，年均仅 7.19 万 t，较 1975～2002 年减小 73.3%。

寸滩站为三峡水库泥沙入库站，有长系列的卵石和砂质推移质输沙量资料，其卵石和砂质推移质输沙量变化见图 4.19。寸滩站 1966～2002 年年均悬移质输沙量 40600 万 t，卵石推移质输沙量 21.9 万 t，仅占悬移质输沙量的 0.05%；2003～2015 年年均悬移质输沙量 15900 万 t，卵石推移质输沙量 3.87 万 t，仅占悬移质输沙量的 0.02%。寸滩站卵石推移质泥沙呈减小的变化趋势，2002 年后减小尤为明显。2003～2015 年较 1966～2002 年减小 82.41%。溪洛渡和向家坝水库蓄水后，2013～2015 年寸滩站卵石推移质输沙量大幅度减小，年均仅 1.97 万 t，较 1966～2002 年减小 91.0%。寸滩站 1966～2002 年砂质推移质输沙量大于卵石推移质输沙量，为 41.3 万 t，比卵石推移质输沙量大 87.7%；2003～2015 年砂质推移质输沙量小于卵石推移质输沙量，为 1.28 万 t，比卵石推移质输沙量小 66.9%。

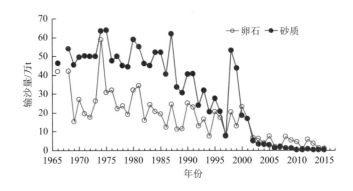

图 4.19　寸滩站推移质输沙量变化

万县站位于三峡水库库区，有 1973～2015 年的卵石推移质资料。万县站 1973～2002 年年均悬移质输沙量 45700 万 t，卵石推移质输沙量约 34.1 万 t，仅占悬移质输沙量的 0.07%；2003～2015 年年均悬移质输沙量 9670 万 t，卵石推移质输沙量 0.18 万 t，仅占悬移质输沙量的 0.0002%。万县站卵石推移质泥沙呈减小的变化趋势，2002 年后减小尤为明显。2003～2015 年较 1973～2002 年减小 99.5%。溪洛渡和向家坝水库蓄水后，2013～2015 年万县站卵石推移质输沙量大幅度减小，年均仅 0.07 万 t，较 1973～2002 年减小 99.8%。

宜昌站位于三峡水库出口，有 1973～2015 年的卵石推移质资料。宜昌站 1973～2002 年年均悬移质输沙量 47000 万 t，卵石推移质输沙量 349 万 t，占悬移质输沙量的 0.7%；2003～2015 年年均悬移质输沙量 4040 万 t，卵石推移质输沙量 0.63 万 t，仅占悬移质输沙量的 0.02%。宜昌站卵石推移质泥沙明显大于上游的朱沱、寸滩及万县站，呈减小的变化趋势，2002 年后减小尤为明显。2003～2015 年较 1973～2002 年减小 99.82%。溪洛渡和向家坝水库蓄水后，2013～2015 年宜昌站卵石推移质输沙量大幅度减小，年均仅 0.07 万 t，较 1973～2002 年减小 99.98%。

　　长江上游卵石推移质输沙量年内分配见表 4.22。各站卵石推移质输沙量年内分配都很集中，朱沱、寸滩、万县站汛期（5～10 月）占全年的 83.3%～100%，主汛期（6～9 月）占全年的 64.58%～98.57%；一般 7 月最大（除万县 2003～2006 年），占全年的 30.17%～44.39%，8 月次之，7、8 两月占全年的 29.17%～79.14%。三峡水库蓄水前后，朱沱和寸滩站年内分配变化不大，万县站却发生了很大的变化。三峡水库蓄水前，万县站卵石推移质输沙量 7 月最大（占全年的 36.38%），7～9 月占全年的 87.55%，其他月份占比很小；三峡水库蓄水后，万县站卵石推移质输沙量 9 月最大（占全年的 35.42%），7～9 月占全年的 64.58%，4～5 月也较大，占全年的 35.42%。

表 4.22　长江上游卵石推移质输沙量年内分配表

站名	统计年份	项目	年内分配												全年
			1月	2月	3月	4月	5月	6月	7月	8月	9月	10月	11月	12月	
朱沱	1975～2002 年	输沙量/万 t				0	0.013	0.782	11.4	9.87	4.44	0.372	0		26.877
		%				0.00	0.05	2.91	42.42	36.72	16.52	1.38	0.00		100
	2003～2006 年	输沙量/万 t				0	0.04	0.18	7.48	4.91	3.88	0.36	0		16.850
		%				0.00	0.24	1.07	44.39	29.14	23.03	2.14	0.00		100
寸滩	1966～2002 年	输沙量/万 t	0.013	0.003	0.01	0.111	0.443	1.95	7.29	5.6	4.59	1.67	0.266	0.06	22.006
		%	0.06	0.01	0.05	0.50	2.01	8.86	33.13	25.45	20.86	7.59	1.21	0.27	100
	2003～2006 年	输沙量/万 t				0.01	0.14	0.54	1.46	1.03	1.22	0.41	0.03		4.840
		%				0.21	2.89	11.16	30.17	21.28	25.21	8.47	0.62		100
万县	1973～2002 年	输沙量/万 t				0.043	0.32	2.09	12.4	9.82	7.62	1.66	0.131		34.084
		%				0.13	0.94	6.13	36.38	28.81	22.36	4.87	0.38		100
	2003～2006 年	输沙量/万 t				0.08	0.09	0	0.09	0.05	0.17	0			0.480
		%				16.67	18.75	0.00	18.75	10.42	35.42	0.00	0.00		100
奉节	1974～1978 年、1981～2001 年	输沙量/万 t	10.8	2.93	1.18	0.73	0.725	0.578	0.931	1.74	0.906	1.38	1.95	6.28	30.130
		%	35.84	9.72	3.92	2.42	2.41	1.92	3.09	5.77	3.01	4.58	6.47	20.84	100
东津沱	2002 年	输沙量/万 t				0	0	0	0.0530	0	0	0	0		0.053
		%				0.00	0.00	0.00	100.00	0.00	0.00	0.00	0.00		100
	2003～2006 年	输沙量/万 t				0	0	0	0.2	0.03	0.73	0.04	0		1.000
		%				0.00	0.00	0.00	20.00	3.00	73.00	4.00	0.00		100
武隆	2002 年	输沙量/万 t		0.078	0.157	0.854	4.5	6.36	1.07	5.63	0.085	0	0		18.734
		%		0.42	0.84	4.56	24.02	33.95	5.71	30.05	0.45	0.00	0.00		100
	2003～2006 年	输沙量/万 t				0	0.16	3.18	3.22	3.68	0.37	0.25	0.23	0.08	11.170
		%				0.00	1.43	28.47	28.83	32.95	3.31	2.24	2.06	0.72	100

4.4　不同粒径组输沙量变化

4.4.1　悬移质泥沙颗粒组成

　　长江上游悬移质泥沙颗粒分级方法在 1987 年（或 1986 年）前主要采用粒径计法，1987 年后主要采用粒径计-移液管结合法（向治安等，1997），1996 年后调整了颗粒分级标准。1986 年前粒径小于 0.1mm 的悬沙级配可按表 4.23 的公式转换（向治安，2000），1986 年前泥沙中值粒径按全沙公式转换。

表 4.23　粒径计-移液管结合法与粒径计法泥沙粒径转换公式

泥沙类型	适用地区/粒径区间	$D_{吸}$ 与 $D_{粒}$ 关系式	适用水文站
$D_{粒}<0.1\text{mm}$ 沙	长江上游 6 个地区	$D_{吸}=2.642D_{粒}^{1.49}$	高场、北碚、武隆
	金沙江干流	$D_{吸}=2.00D_{粒}^{1.40}$	屏山
	长江上游干流	$D_{吸}=1.26D_{粒}^{1.32}$	朱沱、寸滩、宜昌
全沙	$D_{粒}\leqslant0.08\text{mm}$	$D_{吸}=1.838D_{粒}^{1.295}$	长江流域各水文站
	$0.08<D_{粒}\leqslant0.18\text{mm}$	$D_{吸}=0.710D_{粒}+0.013$	
	$D_{粒}>0.18\text{mm}$	$D_{吸}=0.871D_{粒}-0.016$	

　　1986 年前的泥沙中值粒径转换后便可与 1997 年后的资料进行比较。图 4.20 点绘了长江上游屏山、朱沱、寸滩、宜昌、高场和武隆站悬移质泥沙中值粒径变化。从图中可以看出：长江上游干流各站悬移质颗粒中值粒径都有减小的趋势，1962～1986 年粒径减小的幅度较大，1987 年后泥沙中值粒径虽然也有减小，但除了高场站外相对较稳定，1987 年前后泥沙中值粒径差别较大；从沿程的变化看，泥沙粒径沿程变细。在各主要支流中，岷江来沙最粗，但 1987 年前后相比，悬沙中值粒径由 0.030mm 变细为 0.019mm。

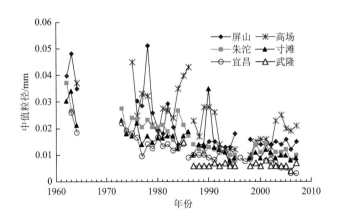

图 4.20　长江上游主要水文站悬移质泥沙中值粒径变化图

图 4.21 为点绘的长江上游屏山、朱沱、高场、武隆寸滩、宜昌站 1962～1986 年、1987～1995 年和 1996～2007 年三个时段的悬移质泥沙颗粒级配（按表 4.23 的转换公式修正后，通过输沙量加权平均求得）变化图。从图中可以看出，长江上游各站悬移质粒径总体上有变细的迹象，不同的站略有差别。屏山站 1987～1995 年系列和 1996 年后系列粒径变化不大，但较 1986 年系列明显变细，武隆站与宜昌站变化相似；朱沱、高场站 1986 年前、1987～1995 年和 1996 年后系列粒径略变细，高场站变化更明显；寸滩和宜昌站粒径变化较为相似，1996 年后系列粒径明显变细。

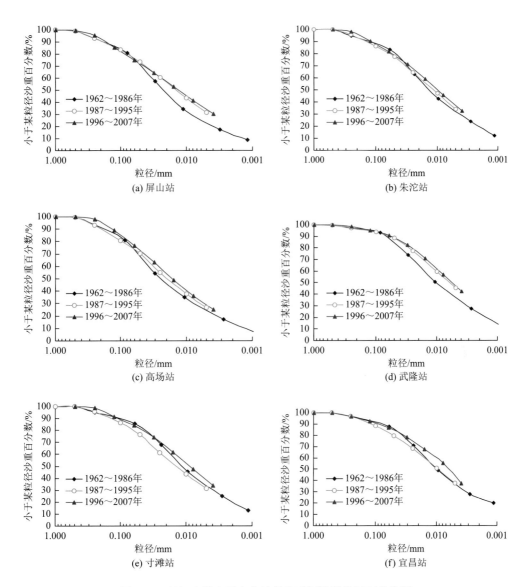

图 4.21　长江上游主要水文站悬移质泥沙颗粒级配变化图

4.4.2　不同粒径组悬移质输沙量

长江上游主要控制站悬移质分粒径组含量和各粒径级输沙量统计分别见表 4.24 和表 4.25。从不同粒径组悬移质泥沙含量的一般变化情况看，长江上游各站 0.005～0.05mm 粒径组含量最多，大多在 40% 以上，是长江上游来沙的主体，其次是 0.005mm 以下粒径组泥沙，粒径 0.05～2mm 的沙粒含量最少，但不同水文站、不同时段又存在一定的差异。1987～2007 年与 1986 年前相比，长江上游悬移质泥沙减少量中，0.005～0.05mm 粒径组减少最多，其次是 0.05～2mm 粒径组，0.005mm 以下粒径组减少量最少，多数水文站粒径 0.005mm 以下的泥沙含量增加，0.05～2mm 粒径组部分有所减少。从屏山到宜昌，粒径 0.005mm 以下的泥沙含量沿程增加，0.05～2mm 粒径组沙粒含量沿程减少，而 0.005～0.05mm 泥沙含量则变化不大。总的来看，长江上游来沙减小，悬沙粒径有所变细，0.005mm 以下粒径组泥沙含量增加，0.05～2mm 粒径组泥沙含量减小。

表 4.24　长江上游主要控制站悬移质分粒径组含量统计表

水文站	粒径范围/mm	含量/%（转换后）				颗粒级配资料系列
		1986 年前	1987～1995 年	1996～2007 年	1987～2007 年	
屏山	$D \leqslant 0.005$	22.43	31.62	34.19	32.96	1962～1964 年，1976～1984 年，1988～1995 年，1998～2007 年
	$0.005 < D \leqslant 0.05$	48.53	42.28	37.50	39.78	
	$0.05 < D \leqslant 2$	29.04	26.10	28.31	27.26	
朱沱	$D \leqslant 0.005$	32.01	33.81	36.69	35.19	1962～1963 年，1973～1995 年，1998～2007 年
	$0.005 < D \leqslant 0.05$	48.57	43.89	41.73	42.86	
	$0.05 < D \leqslant 2$	19.42	22.30	21.58	21.96	
寸滩	$D \leqslant 0.005$	33.10	31.29	38.13	34.29	1962～1964 年，1973～1995 年，1998～2007 年
	$0.005 < D \leqslant 0.05$	49.99	45.33	43.16	44.38	
	$0.05 < D \leqslant 2$	16.91	23.38	18.71	21.33	
宜昌	$D \leqslant 0.005$	37.86	37.86	43.21	39.75	1963～1964 年，1973～1998 年，2001～2007 年
	$0.005 < D \leqslant 0.05$	47.85	41.43	41.08	41.31	
	$0.05 < D \leqslant 2$	14.29	20.71	15.71	18.94	
高场	$D \leqslant 0.005$	24.64	26.79	28.57	27.54	1964 年，1975～1995 年，1998～2007 年
	$0.005 < D \leqslant 0.05$	42.86	43.57	44.64	44.02	
	$0.05 < D \leqslant 2$	32.50	29.64	26.79	28.44	
武隆	$D \leqslant 0.005$	36.52	45.04	47.16	46.07	1985 年，1987～1995 年，1998～2007 年
	$0.005 < D \leqslant 0.05$	48.23	43.61	41.49	42.58	
	$0.05 < D \leqslant 2$	15.25	11.35	11.35	11.35	

表 4.25　长江上游主要控制站 1986 年前后各粒径级输沙量统计表

时段	粒径范围/mm		输沙量/亿 t					
			屏山	朱沱	寸滩	宜昌	高场	武隆
1986 年前	全沙		2.211	3.061	4.494	5.530	0.488	—
	$D \leqslant 0.005$		0.496	0.980	1.487	2.094	0.120	—
	$0.005 < D \leqslant 0.05$		1.073	1.487	2.246	2.646	0.209	—
	$0.05 < D \leqslant 2$		0.642	0.594	0.760	0.790	0.159	—
1987~1995 年	全沙		2.521	2.996	3.873	4.266	0.543	0.170
	$D \leqslant 0.005$		0.797	1.013	1.212	1.615	0.146	0.076
	$0.005 < D \leqslant 0.05$		1.066	1.315	1.756	1.767	0.237	0.074
	$0.05 < D \leqslant 2$		0.658	0.668	0.906	0.883	0.161	0.019
1996~2007 年	全沙		2.214	2.467	2.728	2.299	0.354	0.145
	$D \leqslant 0.005$		0.757	0.905	1.040	0.994	0.101	0.068
	$0.005 < D \leqslant 0.05$		0.830	1.029	1.177	0.945	0.158	0.060
	$0.05 < D \leqslant 2$		0.627	0.532	0.510	0.361	0.095	0.016
1987~2007 年	全沙		2.351	2.717	3.271	3.251	0.444	0.157
	$D \leqslant 0.005$		0.775	0.956	1.122	1.292	0.122	0.072
	$0.005 < D \leqslant 0.05$		0.935	1.165	1.451	1.343	0.195	0.067
	$0.05 < D \leqslant 2$		0.641	0.597	0.698	0.616	0.126	0.018
1986 年前后比较	全沙	沙重/亿 t	0.140	−0.344	−1.223	−2.279	−0.044	—
		占比/%	6.33	−11.24	−27.21	−41.21	−9.02	—
	$D \leqslant 0.005$	沙重/亿 t	0.279	−0.024	−0.365	−0.802	0.002	—
		占比/%	56.25	−2.45	−24.55	−38.30	1.67	—
	$0.005 < D \leqslant 0.05$	沙重/亿 t	−0.138	−0.322	−0.795	−1.303	−0.014	—
		占比/%	−12.86	−21.65	−35.39	−49.24	−6.70	—
	$0.05 < D \leqslant 2$	沙重/亿 t	−0.001	0.003	−0.062	−0.174	−0.033	—
		占比/%	−0.16	0.31	−8.16	−22.03	−20.76	—

　　屏山站 1986 年前系列 0.005mm 以下粒径组泥沙占 22.43%，0.005~0.05mm 粒径组占 48.53%，0.05~2mm 粒径组占 29.04%。1987~2007 年较 1986 年前输沙量增加 6.33%，其中 0.005mm 以下粒径组泥沙增加 56.25%，0.005~0.05mm 粒径组泥沙减少 12.86%，0.05~2mm 粒径组泥沙减少 0.16%。

　　朱沱站 1986 年前 0.005mm 以下粒径组泥沙占 32.01%，0.005~0.05mm 粒径组占 48.57%，0.05~2mm 粒径组占 19.42%；1987~2007 年，0.005mm 以下粒径组泥沙含量增加为 35.19%，0.005~0.05mm 粒径组泥沙含量减少，0.05~2mm 粒径组泥沙含量略增加。1987~2007 年较 1986 年前输沙量减少 11.24%，其中 0.005mm 以下粒径组泥沙减少 2.45%，0.005~0.05mm 粒径组泥沙减少 21.65%，0.05~2mm 粒径组泥沙增加 0.31%。

　　寸滩站 1986 年前系列 0.005mm 以下粒径组泥沙占 33.10%，0.005~0.05mm 粒径组占

49.99%，0.05～2mm 粒径组占 16.91%；1987～2007 年，0.005mm 以下粒径组泥沙含量增加为 34.29%，0.005～0.05mm 粒径组泥沙含量减少，0.05～2mm 粒径组泥沙含量增加。1987～2007 年较 1986 年前输沙量减少 27.21%，各粒径级沙量均减少，其中 0.005mm 以下粒径组泥沙减少 24.55%，0.005～0.05mm 粒径组泥沙减少 35.39%，0.05～2mm 粒径组泥沙减少 8.16%。

宜昌站 1986 年前系列 0.005mm 以下粒径组泥沙占 37.86%，0.005～0.05mm 粒径组占 47.85%，0.05～2mm 粒径组占 14.29%；1987～2007 年，0.005mm 以下粒径组泥沙含量增加为 39.75%，0.005～0.05mm 粒径组泥沙含量减少为 41.31%，0.05～2mm 粒径组泥沙含量增加为 18.94%。1987～2007 年较 1986 年前输沙量减少 41.21%，各粒径级沙量均减少，其中 0.005mm 以下粒径组泥沙减少 38.30%，0.005～0.05mm 粒径组泥沙减少 49.24%，0.05～2mm 粒径组泥沙减少 22.03%。

高场站 1986 年前系列 0.005mm 以下粒径组泥沙含量较少，占 24.64%，0.005～0.05mm 粒径组占 42.86%，0.05～2mm 粒径组含量高，占 32.50%，是各站中 0.05～2mm 含量最多的；1987 年后，0.005mm 以下粒径组泥沙含量增加为 27.54%，0.005～0.05mm 粒径组泥沙含量增加为 44.02%，0.05～2mm 粒径组泥沙含量减少为 28.44%。1987～2007 年较 1986 年前输沙量减少 9.02%，其中 0.005mm 以下粒径组泥沙增加 1.67%，0.005～0.05mm 粒径组泥沙减少 6.70%，0.05～2mm 粒径组泥沙减少 20.76%。

4.5　长江上游输沙量跃变分析

4.5.1　跃变分析方法

水文过程包含两种成分：一种是确定成分，表现为水文现象的趋势变化和周期变化等；另一种是随机成分，表现为水文现象的相依性和纯随机变化。

跃变是水文系统所具有的非线性的特殊表现形式，指时间序列在某时刻发生急剧变化，表现为跳跃点前后平均输沙量发生陡升或是陡降。跃变分析的本质是有序聚类分析，首先找出跳跃点，然后进行检验（应铭等，2005）。Ye 和 Yan（1990）把由子序列均值作为检测跃变的基本量而得到的跃变叫作第Ⅰ类跃变；由子序列方差作为检测跃变的基本量而得到的跃变叫作第Ⅱ类跃变。

长江上游流域面积大，产汇流条件复杂，径流量过程既表现为一定的周期性变化，也受气候的缓慢变化或人类活动的影响，如水库群的蓄、泄水及取水、用水等，出现一定的上升或下降的趋势或跳跃的变化等。同时，由于长江上游地质地貌条件复杂，流域产输沙条件更为复杂，其输沙量过程既受径流量变化的影响，也受到流域植被条件、降水条件（降水落区、强度大小及分布）、水库蓄水拦沙等的影响，特别是在金沙江下游攀枝花—屏山段、嘉陵江上游白龙江和西汉水流域等，由于降水条件的变化，泥石流、滑坡的发生具有较强的随机性，其变化更为复杂，往往随着时间的延长和流域下垫面条件的变化，径流量和输沙量出现一定的上升或下降的趋势或跳跃的变化等。

目前跃变的统计检测方法中以累积相关曲线法、有序聚类分析法、里和海哈林法和费希尔（Fisher）最优分割法应用较为普遍。秩和检验法（丁晶和邓育仁，1988）及游程检验法（西格耳，1986；吴喜之和王兆年，1996）等非参数检验方法在时间序列跃变点的检验中应用较为普遍。

1. 秩和检验法

设跳跃前后（即分割点 τ_0 前后）两序列总体的分布函数分别为 $F_1(x)$ 和 $F_2(x)$，从总体中分别抽取容量分别为 n_1 和 n_2 的样本，要求检验原假设：$F_1(x) = F_2(x)$。当 $n_1, n_2 > 10$ 时，统计量 W 近似于正态分布：

$$N\left(\frac{n_1(n_1+n_2+1)}{2}, \frac{n_1 n_2(n_1+n_2+1)}{12}\right)$$

可用 u 检验，即统计量为

$$U = \frac{W - \dfrac{n_1(n_1+n_2+1)}{2}}{\sqrt{\dfrac{n_1 n_2(n_1+n_2+1)}{12}}} \tag{4.3}$$

式中，W 为小序列各数值的秩之和；n_1 为小序列的容量；n_2 为大序列的容量。选择显著水平 α，当 $|U| < u_{\alpha/2}$ 时，即两样本来自同一分布总体，表明跳跃不显著；相反跳跃显著。

$n_1, n_2 < 10$ 时，给定显著水平 α，统计量 W 的上限 W_2 和下限 W_1，如 $W_1 < W < W_2$，则认为两个总体无显著差异，即跳跃不显著；如 $W_1 \leqslant W$ 或 $W \geqslant W_2$，则认为显著。

2. 游程检验法

当游程出现个数较期望的游程数少时，则两个总体不服从同一分布，这就是游程检验法的基本思想。目前以游程总个数检验法应用较为普遍。

若容量为 n_1 和 n_2 的两个样本分别来自两个总体，原假设为：两个总体具有同样的分布函数。

可以证明在假设时，$n_1, n_2 > 20$，游程总个数 K 迅速趋于正态分布：

$$N\left(1 + \frac{2n_1 n_2}{n}, \frac{2n_1 n_2(2n_1 n_2 - n)}{n^2(n-1)}\right)$$

于是可用 u 检验法，其统计量

$$U = \frac{K - \left(1 + \dfrac{2n_1 n_2}{n}\right)}{\sqrt{\dfrac{2n_1 n_2(2n_1 n_2 - n)}{n^2(n-1)}}} \tag{4.4}$$

服从标准正态分布。式中，$n = n_1 + n_2$。选择显著水平 α，查出临界值 $u_{\alpha/2}$，当 $|U| < u_{\alpha/2}$ 时接受原假设，分割点 τ_0 前后两样本来自同一分布总体，表示跳跃不显著；相反跳跃显著。

$n_1, n_2 < 20$，当游程数 $K \leqslant k_c(n_1, n_2)$ 时，跳跃显著。有专用表查询 $k_c(n_1, n_2)$，检验十分方便。

4.5.2　干流输沙量跃变分析

金沙江干流主要控制站石鼓、攀枝花、华弹等沙量跳跃性分析表明（表 4.26～表 4.29）：石鼓站输沙量在 1997 年后发生明显跳跃性的增加，主要与径流量增大有关，但 2000 年后输沙量明显减少，则主要与水库拦沙和水土保持措施减沙等有关；攀枝花站和白鹤滩站输沙量分别在 1988 年和 1984 年前后有明显增沙过程，主要是与径流量增大有关，但却分别在 2010 年和 2002 年后发生明显跳跃性的减少，如攀枝花站 2011～2015 年年均输沙量仅为 0.095 亿 t，主要受金沙江中游干流梨园、阿海、金安桥、龙开口、鲁地拉、观音岩水电站的拦沙作用影响。

表 4.26　石鼓站各分期年平均输沙量

年份	1971～1997 年			1998～2015 年			相差
	1971～1979 年	1980～1997 年	相差	1998～2000 年	2001～2015 年	相差	
输沙量/亿 t	0.165	0.239	+ 0.074 （+44.85%）	0.490	0.294	−0.196 （−40.00%）	
		0.214			0.326		+ 0.112 （+52.34%）
径流量/ 亿 m³	380.6	417.0	+ 36.4 （+9.56%）	502.9	428.2	−74.7 （−14.85%）	
		404.9			440.7		+ 35.8 （+8.84%）

注：括号中数据为占比，下同。

表 4.27　攀枝花站各分期年平均输沙量

年份	1966～2010 年			2011～2015 年	相差
	1966～1988 年	1989～2010 年	相差		
输沙量/亿 t	0.421	0.614	+ 0.193（+45.84%）		
		0.515		0.095	−0.42（−81.55%）
径流量/亿 m³	534.4	603.9	+ 69.5（+13.01%）		
		568.4		524.5	−43.9（−7.72%）

表 4.28　华弹站各分期年平均输沙量

年份	1958～2002 年			2003～2015 年	相差
	1958～1984 年	1985～2002 年	相差		
输沙量/亿 t	1.582	2.143	+ 0.561（+35.46%）		
		1.807		1.015	−0.792（−43.83%）
径流量/亿 m³	1203	1347	+ 144（+11.97%）		
		1261		1216	−45（−3.57%）

表 4.29　屏山站各分期年平均输沙量

年份	1954~2001 年	2002~2015 年			相差
		2002~2012 年	2013~2015 年	相差	
输沙量/亿 t		1.457	0.016	−1.441 (−98.90%)	
	2.563		1.148		−1.415 (−55.21%)
径流量/亿 m³		1401	1245	−156 (−11.13%)	
	1453		1367		−86 (−5.92%)

　　根据有序聚类分析法、里和海哈林法对屏山站 1954~2015 年年输沙量时间序列，以及费希尔法对年输沙量时间序列进行同步最优分割计算，发现 2001 年为最优分割点。因此，划分 1954~2001 年为跳跃前期，2002~2015 年为跳跃后期。用同样的方法对 2002~2015 年进行次级聚类分析，计算得到 2012 年为次级分割点。屏山站各分期年平均输沙量见表 4.29。秩和检验、游程检验结果表明，跳跃点 2001 年和 2012 年跳跃均不显著。其中，屏山站 2001 年后输沙量连续大幅度下降，与 1954~2001 年相比，在径流量减少 5.92%的情况下，年均输沙量减少了 1.415 亿 t，减幅达到 55.21%。这说明屏山站不仅受径流量（降水量）大小的影响，还受降水强度与分布及水利工程拦沙、水土保持措施等方面的影响。2013~2015 年年均输沙量仅为 0.016 亿 t，相比 2002~2012 年减幅达到 98.90%，可以说 2012 年后屏山站的输沙量发生了质的变化，金沙江输沙量变化受溪洛渡、向家坝水库拦沙作用影响明显。

　　寸滩站 1953~2015 年共 63 年输沙量序列计算结果表明，1999 年为一级跳跃点，1968 年为次级跳跃点，且秩和检验、游程检验结果表明，两个跳跃点均显著存在。各分期年平均输沙量见表 4.30。寸滩站 1999 年一级跳跃的跳跃幅度很大，输沙量减小了 2.615 亿 t，减幅达到 59.34%（相应径流量减幅仅为 5.47%），而 1968 年次级跳跃点输沙量跳跃幅度为 20.65%（径流量跳跃幅度为 8.95%）。由此可见，受长江上游金沙江、岷沱江和嘉陵江以及干流区间来水来沙变化的影响，2000 年后三峡入库输沙量发生了质的变化，输沙量显著减小。

表 4.30　寸滩站各分期年平均输沙量

年份	1953~1999 年			2000~2015 年	相差
	1953~1968 年	1969~1999 年	相差		
输沙量/亿 t	5.098	4.050	−1.048 (−20.56%)		
		4.407		1.792	−2.615 (−59.34%)
径流量/亿 m³	3689	3359	−33 (−8.95%)		
		3471		3281	−190 (−5.47%)

　　宜昌站 1950~2015 年共 66 年输沙量序列计算结果表明，1991 年为最优分割点，1953 年和 2002 年为次级分割点。秩和检验、游程检验结果表明，宜昌站输沙量在 1954 年、

1992 年和 2003 年出现三个明显的跳跃过程。各分期年平均输沙量见表 4.31。由表可知，宜昌站 1992～2015 年较 1950～1991 年输沙量减少了 3.272 亿 t，减幅达到了 62.69%（径流量相应减小幅度为 5.88%），而 2002 年次级跳跃点输沙量跳跃幅度为 89.28%（径流量跳跃幅度为 6.45%）。受长江上游来水来沙变化的影响，宜昌站 1991 年后输沙量发生了质的变化，虽 1992～2015 年宜昌站年输沙量最大值为 7.43 亿 t（1998 年），但其输沙量平均值仅为 1.947 亿 t，小于 1950～1991 年输沙量平均值。2003 年三峡水库蓄水后，其输沙量减小更为显著（2003～2015 年平均输沙量仅为 0.404 亿 t，较 1992～2002 年均值减小了 89.28%）。

表 4.31　宜昌站各分期年平均输沙量

年份	1950～1991 年			1992～2015 年			相差
	1950～1953 年	1954～1991 年	相差	1992～2002 年	2003～2015 年	相差	
输沙量/亿 t	4.263	5.319	+1.056 (+24.77%)	3.770	0.404	−3.366 (−89.28%)	
	5.219			1.947			−3.272 (−62.69%)
径流量/亿 m³	4425	4386	−39 (−0.88%)	4281	4005	−276 (−6.45%)	
	4390			4132			−258 (−5.88%)

　　对长江上游支流各主要控制站泥沙时间序列的跳跃分析表明，长江三峡入库输沙量在 1991 年后发生了质的变化，2001 年后输沙量减小更为显著。金沙江屏山站 1954～2001 年出现了两个明显的增沙过程，主要与降水量（径流量）增大、人类活动影响剧烈、局部水土流失加剧，导致产沙量大幅增加等有关；2001 年后输沙量大幅下降，则主要是降水强度、分布变化与水库拦沙、水土保持措施等共同作用的结果，其中水库拦沙是主要因素。寸滩站在 1968 年、2000 年出现明显的两个减沙过程，主要与径流量减小、水利工程拦沙、水保措施拦沙等有关。

4.5.3　主要支流输沙量跃变分析

　　长江上游主要支流控制站高场、富顺、北碚、武隆站输沙量跳跃性分析结果分别见表 4.32～表 4.35。

表 4.32　高场站各分期年平均输沙量

年份	1950～1993 年	1994～2015 年	相差
输沙量/亿 t	0.524	0.272	−0.252（−48.09%）
径流量/亿 m³	880.8	790.0	−90.8（−10.31%）

表 4.33　富顺站各分期年平均输沙量

年份	1951～1984 年			1985～2015 年			相差
	1951～1966 年	1967～1984 年	相差	1985～2012 年	2013～2015 年	相差	
输沙量/亿 t	0.152	0.104	−0.048 (−31.58%)	0.034	0.137	+0.103 (+302.94%)	
	0.126			0.044			−0.082 (−65.08%)
径流量/亿 m³	142.6	119.1	−23.5 (−16.48%)	108.6	134.6	+26 (+23.94%)	
	130.2			111.1			−19.03 (−14.67%)

表 4.34　北碚站各分期年平均输沙量

年份	1954～1984 年			1985～2015 年			相差
	1954～1980 年	1981～1984 年	相差	1985～1993 年	1994～2015 年	相差	
输沙量/亿 t	1.451	2.198	+0.747 (+51.48%)	0.732	0.288	−0.444 (−60.66%)	
	1.548			0.417			−1.131 (−73.06%)
径流量/亿 m³	677.2	920.5	+243.3 (+35.93%)	656	584	−72 (−10.98%)	
	708.6			604.9			−103.7 (−14.63%)

表 4.35　武隆站各分期年平均输沙量

年份	1951～1984 年			1985～2015 年			相差
	1951～1966 年	1967～1984 年	相差	1985～2003 年	2004～2015 年	相差	
输沙量/亿 t	0.251	0.381	+0.130 (+51.79%)	0.185	0.043	−0.142 (−76.76%)	
	0.320			0.130			−0.190 (−59.38%)
径流量/亿 m³	471.1	526.2	+55.10 (+11.70%)	490.9	425.7	−65.2 (−13.28%)	
	500.3			465.7			−34.6 (−6.92%)

　　岷江高场站 1950～2015 年共 66 年输沙量序列计算结果表明，输沙量在 1993 年发生跳跃，但秩和检验、游程检验结果表明，跳跃点不显著。1993 年跳跃的幅度很大，输沙量减小幅度达到了 48.09%，其主要是受 1994 年建成的铜街子电站拦沙影响。自 1994 年开始，输沙量平均值仅为 0.272 亿 t，最大值为 0.585 亿 t（2005 年），小于 1950～1993 年

输沙量平均值。可以说 1994 年后高场站的输沙量发生了质的变化。说明岷江输沙量变化主要受龚嘴、铜街子、瀑布沟、紫坪铺水库明显的拦沙作用影响。

富顺站输沙量分别在 1966 年、1984 年和 2012 年出现明显跳跃。秩和检验、游程检验结果表明，一级跳跃点 1984 年，次级跳跃点 1966 年和 2012 年均显著存在，说明富顺站输沙量出现三个明显的跳跃过程。其输沙量大幅度减少。其中，1984 年一级跳跃的跳跃幅度很大，输沙量减少幅度达到了 65.08%（径流量减小幅度为 14.67%），而 1966 年次级跳跃点输沙量跳跃幅度为 31.58%（径流量跳跃幅度为 16.48%）。因此，1984 年后沱江流域输沙量发生了质的变化，且主要受径流量减小和水利工程拦沙等因素的影响。2012 年后有一大幅度增沙过程，主要是径流量明显偏大所致。

嘉陵江北碚站 1954～2015 年共 62 年输沙量序列计算结果表明，1984 年为最优一级分割点，1980 年和 1993 年为次级分割点。秩和检验、游程检验结果表明，1984 年一级跳跃点和 1993 年次级跳跃点显著存在，但 1980 年跳跃点不显著。这说明 1981～1984 年北碚站输沙量出现增加主要是由于大水影响，不能代表输沙量增加趋势；北碚站输沙量在 1984 年和 1993 年均出现明显的下降过程，其输沙量大幅度减小。其中，北碚站 1984 年一级跳跃的跳跃幅度很大，输沙量减小幅度达到了 73.06%（径流量减小幅度为 14.63%），而 1980 年和 1993 年两个次级跳跃点输沙量跳跃幅度则分别为 51.48% 和 60.66%（径流量跳跃幅度分别为 35.93% 和 10.98%）。由此可以说明，嘉陵江 1981～1984 年连续出现大水大沙年，其年均输沙量达到 2.198 亿 t。但自 1985 年开始，输沙量平均值仅为 0.417 亿 t，最大值仅为 1.01 亿 t（1987 年），小于 1954～1984 年输沙量平均值。应当说明的是，1998 年为大水年，其输沙量达到 0.990 亿 t（相应径流量为 709.0 亿 m^3），2005 年也为大水年，其径流量为 809.8 亿 m^3，较 1998 年偏大 14.22%，但其输沙量仅为 0.423 亿 t，则较 1998 年偏小 57.27%。因此，1985 年后嘉陵江流域输沙量发生了质的变化，特别是 1993 年后流域输沙量变化非常明显（1998 年后表现更为显著）。此外，嘉陵江干流武胜站、渠江罗渡溪站和涪江小河坝站输沙量时间序列的跳跃性分析结果表明，武胜站输沙量跳跃变化规律与北碚站一致，说明嘉陵江干流武胜以上区域是流域泥沙的主要来源；渠江 1988 年后输沙量明显减小，主要是径流减小、水库拦沙与水保措施减沙等共同作用的结果；涪江 1981～1984 年出现沙量高值期，主要是由于此期间径流量大且降水中心位于主要产沙区，但 1985 年、1999 年后出现两个明显的减沙过程，则是径流减小与水利工程拦沙、水保措施减沙等共同作用的结果。

武隆站 1951～2015 年共 65 年输沙量序列计算结果表明，1984 年为一级跳跃点，1966 年、2003 年为次级跳跃点。秩和检验、游程检验结果表明，三个跳跃点均显著存在，说明武隆站 1967～1984 年输沙量明显增加，1984 年后输沙量出现明显下降，2003 年后输沙量出现较明显的下降过程（主要是由于径流量减小）。武隆站 1984 年一级跳跃的跳跃幅度很大，输沙量减小幅度达到了 59.38%（径流量减小幅度仅为 6.92%），而 1966 年和 2003 年两个次级跳跃点输沙量跳跃幅度则分别为 51.79% 和 76.76%（径流量跳跃幅度分别为 11.70% 和 13.28%）。由此可见，1951～1984 年，武隆站 1967～1984 年出现输沙量高值期，其年均输沙量为 0.381 亿 t，较 1951～1966 年增大 51.79%。自 1985 年开始，虽武隆站年输沙量最大值为 0.317 亿 t（1998 年），但其输沙量平均值仅为 0.130 亿 t，小于 1951～1984 年输沙量平均值。而 1980 年后乌江渡电站建成蓄水后，1980～1983 年年均拦沙量为 1670 万 t，其间乌江渡电站坝下游由于下泄清水冲刷，乌江渡电站至武隆区间干流河道冲刷泥沙量为 1680 万 t，基本上抵消了乌江渡电站拦沙对武隆站的减沙作用，1985 年后河道冲刷粗化，冲刷已基本停止。这也说明从 1985 年开始，乌江渡电站拦沙对武隆站输沙量减少有显著影响。由此可见，1985 年后乌江流域输沙量发生了质的变化，2003 年后输沙量减小表现更为显著。

综上所述，岷江在 1993 年出现明显的减沙过程，主要与龚嘴、铜街子、瀑布沟和紫坪铺等大型水库拦沙有关。沱江在 1966 年、1984 年出现两个明显的减沙过程，主要与径流量减小和水利工程拦沙有关；2012 年后沙量增大，则主要与径流量偏大有关。嘉陵江在 1984 年和 1993 年出现两个明显的减沙过程，其主要与 1983 年后径流量减小、水利工程拦沙与水保措施减沙等因素有关。乌江武隆站在 1967～1984 年输沙量明显增加，主要受径流量增大影响，乌江渡电站拦沙对其影响不大；但在 1984 年、2003 年后输沙量明显减小，则主要受水库拦沙作用影响（1984 年后乌江渡坝下游河道冲刷已基本停止，电站拦沙对武隆站输沙量减少有显著影响）。

4.6　长江上游水沙变化趋势检验

4.6.1　滑动平均法

对于金沙江屏山站、嘉陵江北碚站、岷江高场站、沱江富顺站以及长江干流寸滩站、乌江武隆站、宜昌站的径流量和输沙量分别取 11 年和 7 年进行滑动平均。①金沙江屏山站径流量无明显变化趋势，输沙量在 1984 年后呈增大趋势，2000 年后减少趋势明显；②石鼓站径流量无明显变化趋势，输沙量在 1980 年后呈增大趋势，2004 年后又略微减少；③攀枝花站径流量略呈增大趋势，输沙量在 2004 年之前表现为明显增大趋势，但 2004 年后减小趋势明显；④白鹤滩站径流量无明显变化趋势，输沙量与攀枝花站变化趋势类似，2004 年之前呈明显增加趋势，而 2004 年之后又明显减少；⑤岷江高场站径流量略呈减少趋势，输沙量在 20 世纪 60 年代和 80 年代出现两个高值期，但 1991 年后输沙量减少趋势较为明显；⑥富顺站径流量略呈减少趋势，但 1985 年后输沙量减少趋势明显；⑦嘉陵江北碚站 1991 年后径流量减少趋势明显，1984 年后输沙量减少趋势明显；⑧武胜站 1991 年后径流量减少趋势明显，1984 年后输沙量减少趋势明显；⑨罗渡溪站径流量无明显变化趋势，1984 年后输沙量减少趋势明显；⑩小河坝站径流量减少趋势明显，输沙量略呈减少趋势；⑪寸滩站径流量无明显变化趋势，但 1991 年后输沙量减少趋势明显；⑫武隆站径流量无明显变化趋势，但 1984 年后输沙量表现为明显减少趋势；⑬宜昌站径流量无明显变化趋势，1991 年后输沙量减少趋势明显。

4.6.2　线性趋势的回归检验

若时间序列变化趋于线性，可用简单线性模型表示：$R = a_0 + aT + \varepsilon$。其中，$a_0$、$a$ 为线性模型参数；T 为时间；ε 为服从正态分布的独立随机变量。

按最小二乘法原理，统计量 $t = a / S_n$ 服从自由度为 $N–2$ 的 t 分布，其中，

$$S_n^2 = \frac{\sum_{i=1}^{N}(R_i-\overline{R})^2 - a\sum_{i=1}^{N}(t_i-\overline{t})^2}{(N-2)\sum_{i=1}^{N}(t_i-\overline{t})^2} \tag{4.5}$$

取显著水平 $\alpha = 0.05$，相应临界值 $t_{0.025} = 1.684$。如果 t 值大于 $t_{0.025}$ 值，则表明变量随时间变化趋势明显，反之亦然。

另外，也可以通过 F 检验：

$$F = (N-2)\frac{U}{Q} > F_{0.95}(1, N-2) \tag{4.6}$$

式中，$U = a^2 \cdot \sum_{i=1}^{N}(t_i-\overline{t})^2$；$Q = \sum_{i=1}^{N}(R_i-\overline{R})^2 - U$。

4.6.3　Spearman 秩次相关检验

分析序列与时间 t 的相关关系，以 M_i 代表年径流量（或输沙量）序列的秩次，以 T_i 代表时间序列的秩次，按下式计算两者的相关关系 r：

$$r = 1 - \frac{6\sum_{i=1}^{n}(M_i-T_i)^2}{N^3-N} \tag{4.7}$$

式中，N 为序列长度（即年数）。显然秩次 M_i 与时序 T_i 相近时，秩次相关关系 r 大，趋势显著。由 $\alpha = 0.05$ 得到临界值 $c = u_{0.975} / \sqrt{N-1}$，其中，$u_{0.975} = 1.96$。若 $|r| > c$，即可认为 M_i 变化趋势明显。另外，当 $0.8c \leqslant |r| \leqslant 1.0c$ 时，可认为变化趋势较为明显；当 $0.6c < |r| < 0.8c$ 时，则认为变化趋势不太明显；当 $|r| \leqslant 0.6c$ 时，则认为变化趋势不明显。

4.6.4　Mann-Kendall 秩相关检验法

利用趋势分析，可判断时间序列中是否具有上升或是下降的趋势，也可采用曼-肯德尔（Mann-Kendall）秩相关检验法。其基本原理是：对于时间序列 x_1，x_2，$\cdots$，x_N，先确定其对偶值，记为 P，即当 $x_i < x_j$，且 $i < j$ 时出现的次数；若序列按顺序前进的值全部大于前一个值，即具有上升趋势，则 $P = (N-1) + (N-2) + \cdots + 1 = (N-1)N/2$；若序列倒过来，即为下降趋势，则 $P = 0$。因此，对于无趋势的序列 $E(P) = N(N-1)/4$；$P < E(P)$ 时，表示序列可能是有下降趋势的；$P > E(P)$ 时，序列可能是上升趋势。此检验采用统计量：

$$U = \frac{\tau}{[\text{Var}(\tau)]^{1/2}} \tag{4.8}$$

式中，$\tau = \frac{4P}{N(N-1)} - 1$；$\text{Var}(\tau) = \frac{2(2N+5)}{9N(N-1)}$。

当 N 增加时，U 很快收敛于标准化正态分布。设置信水平 $\alpha = 0.01$，查正态分布表得临界值 $U_{0.01/2} = 2.576$；设置信水平 $\alpha = 0.05$，查正态分布表得临界值 $U_{0.05/2} = 1.96$。

根据上述三种趋势预测方法分别对石鼓、攀枝花、白鹤滩、屏山、高场、富顺、北碚、寸滩、武隆、三峡入库（寸滩＋武隆）和宜昌等长江上游干支流主要控制站的水沙变化趋势进行预测分析，分析结果见表 4.36。由表可见，在 0.05 显著水平下，除岷江和沱江以及长江干流寸滩和宜昌站径流有显著减少趋势外，其他各站均无明显变化趋势；除金沙江石鼓、攀枝花、白鹤滩站输沙量变化趋势不明显外，岷江高场站、沱江富顺站、嘉陵江北碚站、乌江武隆站、长江干流寸滩站以及三峡入库（寸滩＋武隆站）、宜昌站输沙量均呈显著减少趋势。

表 4.36　长江上游主要控制站水沙变化趋势预测结果统计（显著水平 0.05）

| 站名 | 统计年数/年 | 年径流量 | | | | 年输沙量 | | | | 综合分析结论 |
		滑动平均法	线性趋势回归检验	Spearman秩次相关检验	Mann-Kendall秩相关检验	滑动平均法	线性趋势回归检验	Spearman秩次相关检验	Mann-Kendall秩相关检验	
石鼓	58	不显著	不显著	不显著	无显著减小	不显著	不显著	不显著	无显著增大	年径流量、输沙量均无显著变化趋势
攀枝花	50	不显著	不显著	不显著	无显著增大	较显著	不显著	不显著	无显著增大	年径流量、输沙量均无显著变化趋势，但2003年后输沙量减小趋势明显
白鹤滩	58	不显著	不显著	不显著	无显著减小	较显著	不显著	不显著	无显著减小	年径流量、输沙量均无显著变化趋势，但2003年后输沙量减小趋势明显
屏山	62	不显著	不显著	不显著	无显著减小	显著	显著	显著	显著减小	年径流量无显著变化趋势，但输沙量减小趋势显著
高场	66	较显著	显著	显著	显著减小	显著	显著	显著	显著减小	年径流量、输沙量均为显著减小趋势
富顺	65	较显著	显著	显著	显著减小	显著	显著	显著	显著减小	年径流量、输沙量均为显著减小趋势
北碚	62	较显著	不显著	不显著	无显著减小	显著	显著	显著	显著减小	年径流量无显著变化趋势，但输沙量减小趋势显著
寸滩	63	不显著	显著	显著	显著减小	显著	显著	显著	显著减小	年径流量、输沙量均为显著减小趋势
武隆	65	不显著	不显著	不显著	无显著减小	显著	显著	显著	显著减小	年径流量无显著变化趋势，但输沙量减小趋势显著
寸滩＋武隆	63	不显著	显著	显著	显著减小	显著	显著	显著	显著减小	年径流量、输沙量均为显著减小趋势
宜昌	66	不显著	显著	较显著	显著减小	显著	显著	显著	显著减小	年径流量、输沙量均为显著减小趋势

4.7　小　　结

1989 年后，长江上游地区开展大规模的水土保持综合治理，同时修建了大量的水库，改变了流域侵蚀产沙的下垫面条件，有效拦减了入河泥沙。同时，流域降水偏少。降水、水土保持和水库拦沙等因素的共同作用，造成上游来沙量显著减少，输沙规律发生了新的变化。本章针对以往研究分散、不系统的情况，收集了上游 100 余个水文站 1950～2015 年的年、月径流量、输沙量和悬沙级配实测资料，基于水文泥沙信息分析管理系统平台和数据挖掘技术，采用长系列水文泥沙观测资料统计分析与有序聚类分析法、里和海哈林法、费希尔最优分割法、Spearman 秩次相关检验法、Mann-Kendall 秩相关检验法等统计理论分析相结合的方法，较为全面、系统地研究了近年来长江上游泥沙变异规律，得出以下主要结论。

（1）长江上游水沙不平衡和异源现象突出。长江上游可划分为三个重点产沙区：金沙江石鼓站以上的少沙清水区，其来水来沙量分别占宜昌站的 9.7% 和 5.5%；石鼓至屏山区间（不含雅砻江流域）的多沙粗沙区，区间来沙量为 1.84 亿 t，占宜昌站的 39.2%；屏山至宜昌区间的多沙细沙区，区间来沙量为 2.20 亿 t，占宜昌站的 46.8%。

（2）长江上游水量的 80% 来自金沙江、岷江、嘉陵江和乌江，76.8% 的沙量则来自金沙江和嘉陵江。与 1990 年前相比，长江上游径流量地区组成无明显变化，但输沙量地区组成发生显著变化，金沙江、岷江和嘉陵江占宜昌站输沙量的比重分别为 77.9%、11.1%、10.8%。长江上游水沙呈丰、枯相间的周期性变化。1991 年后水利工程拦沙导致水沙关系发生系统变化，三峡入库输沙量也发生突变，在入库径流量减少 112 亿 m^3/a（减幅 3%）的情况下，输沙量减少 1.59 亿 t/a（减幅 32.3%），粒径也有所变细，寸滩中值粒径由 0.017mm 变细为 0.012mm。

（3）与 1950～1990 年相比，1990 年后长江上游各水系中除金沙江、嘉陵江和乌江输沙地区组成变化明显外，其他各支流尚未见明显变化。径流量变化除金沙江、乌江水量增大外，其他均表现为减少，以嘉陵江最为显著；输沙量则除金沙江略有增加外均明显减少。长江上游径流量减少主要集中在汛期后的 9～11 月，与水库汛期后开始蓄水有关。输沙量减小则主要集中在主汛期，减沙量占全年减沙量的 2/3 以上。

（4）长江三峡水库以上的输沙量变化趋势分析表明，除石鼓、攀枝花、白鹤滩站输沙量变化趋势不明显外，金沙江屏山站、岷江高场站、沱江富顺站、嘉陵江北碚站、乌江武隆站、长江干流寸滩站以及三峡入库（寸滩+武隆站）输沙量变化趋势均明显。

第5章　长江上游输沙量变化影响因素

输沙量变化取决于其影响因素的变化。影响流域输沙量变化及地区分布的因素不外乎三个方面：气候变化、下垫面因素及人类活动。下垫面因素包括流域地质地貌条件、植被、土壤等因素，人类活动主要包括毁林开荒、过度放牧、水土保持、天然林保护、退耕还林还草、水电工程建设、居民点建设等活动，其中，水土保持、水库拦沙对流域输沙量变化的影响程度很大。相对来讲，在同一区域，下垫面因素除植被在较短时间尺度内是比较固定的，但会受人类活动的影响而发生较小的变化外，水沙变化主要受气候变化与人类活动的影响。而在不同区域，下垫面条件对输沙量的地区分布具有重要影响。

5.1　流域侵蚀产沙的地质地貌条件

长江流域地势西高东低，形成三级阶梯。青南川西高原、横断山区和陇南川滇山地为第一级阶梯，海拔一般为 3500~5000m。云贵高原、秦巴山地、四川盆地和鄂黔山地为第二级阶梯，海拔一般为 500~2000m。淮阳低山丘陵、长江中下游平原和江南低山丘陵组成第三级阶梯，除部分山峰海拔接近或超过 1000m 外，一般在 500m 以下。

流域新构造运动以在板块运动推挤作用下的面状隆起和掀斜活动、断块和断裂的差异活动和地震活动等为主要特征。流域内地震活动主要受新构造运动的强烈程度及区域性活动断裂带的控制，中强震以上地震的方向性、成带性明显。区域地壳稳定性不均一，其总体特点是：西部大幅度强烈上升，活动断裂及地震活动强烈；中部中等幅度隆起，活动断裂和地震活动微弱；东部差异升降，活动断裂和地震活动稍强。自有地震记录以来，长江流域发生 6 级以上地震 120 余次，90%以上分布在西部的甘孜—康定、滇西、安宁河、小江、武都、松潘、马边—昭通等地震带，地震基本烈度在 7 度以上，其中安宁河、小江、甘孜—康定地震带及丽江附近等地区大于 9 度；中、东部除个别地区地震基本烈度为 7~9 度外，大部分地区的地震基本烈度小于 7 度。

长江流域侵蚀产沙强度的地区分布与流域地质地貌条件密切相关，高侵蚀产沙区与断裂活动带的分布基本一致。高强度产沙区往往伴随强烈的滑坡、泥石流。长江流域泥石流、滑坡的分布也与地质地貌环境密切相关，降水则是激发因素。长江流域西部处于我国地势第一级阶梯与第二级阶梯的过渡地带，新构造运动活跃、断裂发育、岩层破碎、山高坡陡，崩塌、滑坡、泥石流发育，河源地带尚有土体冻融灾害；中部处于第二级阶梯与第三级阶梯的过渡地带，滑坡、崩塌发育，地面塌陷也有较强发育；而东部地区主要处于第三级阶梯，主要为城市地面沉降、河湖崩岸、地面塌陷等。

金沙江流域特殊的自然环境，是其水土大量流失的先决条件。金沙江流域起伏变化巨大的地形及其破碎丰富的岩石、碎屑，孕育了可大量流失的松散物质，在较大重力分力及暴雨促发动力的作用下，以滑坡、泥石流、崩塌等方式，汇入流域干、支流（柴宗新和范建容，2001）。从河段上看，金沙江巴塘以上河段，河流泥沙主要来自高山寒冻风化物和谷坡的崩塌、滑坡作用的产物，多年平均年输沙量（统计至 2004 年）仅为 1500 万 t，含沙量为 $0.54kg/m^3$。巴塘至石鼓河段河流泥沙主要来自高、中山的陡坡部分，石鼓站年输沙量增加到 2440 万 t，含沙量为 $0.57kg/m^3$。雅砻江口至屏山河段，含沙量沿程递增，攀枝花站多年平均含沙量为 $0.92kg/m^3$，华弹站为 $1.39kg/m^3$，屏山站达 $1.73kg/m^3$，攀枝花至华弹区间为 $7.88kg/m^3$，华弹至屏山区间为 $4.39kg/m^3$。攀枝花至华弹和华弹至屏山区间的输沙模数远大于攀枝花以上区域，其最小值也大于石鼓以上的最大值，攀枝花—华弹区间含沙量是石鼓以上区域的 13.8 倍。攀枝花至华弹区间（不含雅砻江）径流量最大的年份为 1991 年，径流量 271.5 亿 m^3，对应的输沙量 20700 万 t，相应平均含沙量 $7.64kg/m^3$，输沙模数 $4850t/(km^2·a)$；径流量最小的年份为 1982 年，径流量 44.00 亿 m^3，对应的输沙量 5630 万 t，相应平均含沙量 $12.79kg/m^3$，输沙模数 $1320t/(km^2·a)$。巴塘以上最大年径流量对应的输沙量 0.203 亿 t，相应平均含沙量 $0.61kg/m^3$，输沙模数 $129t/(km^2·a)$，最小年径流量对应的输沙量 0.025 亿 t，相应平均含沙量 $0.140kg/m^3$，输沙模数 $13t/(km^2·a)$。攀枝花至华弹区间最小年径流量对应的输沙量比巴塘以上最大年径流量对应的输沙量多 0.342 亿 t，输沙模数是巴塘以上最大年径流量的约 11 倍。总体上看，金沙江流域不同区域来沙的差异略大于同一区域不同年份因降水变化而产生的差异。因此，地质构造和地层岩性是影响流域产沙最重要的原因之一。攀枝花至华弹区间，汇入了云贵高原中部和四川西南部的一些多沙支流，如龙川江、小江、牛栏江等。岩层破碎是流域侵蚀产沙最为重要的影响因素，由于岩层破碎，表土疏松，崩塌、滑坡、泥石流发育，地质构造及岩性对流域侵蚀起主要控制作用。金沙江河流基本上受构造控制，沿断裂带发育，产沙的重点区域也沿断裂带分布。从雅砻江与金沙江汇口处往南至龙街，金沙江沿绿叶江断裂带发育，由上游的东西流向，折转向南流。龙街以东，金沙江又折向东流，大致与东西向的隐伏构造相符合。巧家附近，金沙江受小江断裂控制，又折向北流。牛栏江与金沙江汇口以上，金沙江又沿莲峰—巧家断裂发育，折向东北流。金沙江下段的支流大多也沿断裂带发育，如北岸的黑水河沿则木河断裂带发育，南岸的小江沿小江断裂带发育，雅砻江下游、龙川江沿绿叶江断裂带发育等。攀枝花以下区域沿断裂带宽 3～5km 内裂隙、节理发育，岩层破碎，抗侵蚀力差；同时，沿断裂带地震活跃，又加速了岩层的破碎和崩解，崩塌、滑坡等重力侵蚀强度大，进而为水蚀和泥石流侵蚀提供了大量松散固体物质。这使得金沙江下段干流及其支流崩塌、滑坡、泥石流分布密集，侵蚀强烈，产沙量大。河流沿断裂带发育使在断裂带内侵蚀产生的泥沙更容易进入河道，增加流域的来沙量。

　　金沙江流域下段位于我国地势第一级阶梯向第二级阶梯过渡的地带，地貌格局复杂多样，地势变化明显呈现由东南向西北急剧升高的趋势，地貌特点表现为山高、谷深、坡陡。受降水、植被分布及地壳差异性运动的影响，流域上、中下游，河谷断面不同高度的区域侵蚀类型及侵蚀强度都存在很大的差异。从平面分布上看，一般流域的源头和上游地区为广阔的高原面，海拔较高，地形高差小，侵蚀切割程度较低，自然植被极为丰富，有的地方有茂密的原始森林及广阔的天然牧场，人类活动影响不大，年均侵蚀模数在 $2500t/(km^2·a)$ 以下。这些区域主要分布在北部、西北部，海拔高，有广阔的高原面，为风蚀、冻融侵蚀的大面积分布提供了地貌基础；冰冻时间长而融解时间短，冷季长达 8～9 个月，即使在融解季节，日温差也可达 16～20℃，为冻融侵蚀提供有利的气候条件，土壤侵蚀以风力侵蚀、冻融侵蚀为主。典型的区域为金沙江上游和雅砻江中上游及安宁河上游，其他支流源头及上游区域侵蚀强度较轻微。此外，金沙江流域还存在大量断陷盆地，构成相对封闭的区域，对流域来沙量基本没有影响。金沙江流域南部、东南部的高山峡谷区，相对高差达 1000～3000m，山坡陡峭，坡度≥25°的土地面积达 60%，少数地区更达 80%，斜坡物质稳定性差，在重力、水力作用下易于形成水土流失。侵蚀模数为 2500～5000t/(km²·a)，为中度流失区。中度流失区土壤侵蚀模数为 2500～5000t/(km²·a)，主要分布在源头地形较平缓的高原盆地和中下游受强烈造山运动影响、河流强烈下切、地形破碎的山地丘陵占有较大比重的陡坡荒地，水土流失严重的牛栏江、普渡河、龙川江、横江等支流。金沙江下段攀枝花以下干流区位于青藏高原、云贵高原向四川盆地过渡的横断山区，以深切高山峡谷地形为主，岭谷高差达 4000m，植被覆盖率低，地震活动频繁，岩层破碎，重力侵蚀集中，强度大，侵蚀模数在 5000～10000t/(km²·a)，属强度侵蚀区。重力侵蚀在金沙江流域断裂构造带上分布密集，如鲜水河、安宁河、元谋—绿叶江、小江等断裂带即是崩塌、滑坡、泥石流密集分布区，崩塌、滑坡、泥石流等重力侵蚀灾害强度大。典型区域为攀枝花以下干流、雅砻江下游、安宁河下游和小江流域。从垂直分布上看，受地形的影响，金沙江河谷年降水量垂直分带明显，金沙江流域植被分布也呈现明显的垂直分带现象。以小江附近区域为例：海拔 1600m 以下的河谷为少雨带，为典型的干热河谷稀树草丛带，植被覆盖率很低，侵蚀类型多样，以崩塌、滑坡等重力侵蚀为主，侵蚀强度大，在下游河床及出口处则为泥沙强烈淤积的场所；海拔 1600～2800m 的山地是多雨带，为山地常绿阔叶林与针叶林带，植物种类丰富，群落类型复杂，植被覆盖率较高，以沟道侵蚀为主，伴随崩塌和滑坡，侵蚀强烈；海拔 2800～3300m 的山地为亚高山针叶林带，为最大暴雨带，此高程也是多数泥石流的形成区，崩塌、滑坡和泥石流发育，侵蚀强烈；海拔 3000～4000m 的山地为高山灌丛草甸带，植被为耐旱的矮小灌丛和草本，植被覆盖率较高，腐殖质层保存较好，以坡面侵蚀及小型沟道侵蚀为主，侵蚀量不大；海拔 4000m 以上为寒温带灌丛及高山流石滩，以风蚀和冻融侵蚀为主，细颗粒物质很少，侵蚀量很小。

岷江流域强产沙区[输沙模数大于 1000t/(km²·a)]主要分布于岷江下游、大渡河石棉至沙坪段、青衣江多营坪以上干流段。强产沙区面积不到岷江流域总面积的 10%，产沙量却达到岷江总沙量的 49%。这一重点产沙区也位于我国地势第一级阶梯向第二级阶梯过渡的干热河谷区。岷江流域崩塌、滑坡主要分布在海拔 200m 以上的山体，斜坡的相对高差提供了良好的破坏空间。千枚岩、碳质千枚岩强风化，杂乱无层理，表层已呈细粒状，是产生滑坡最多、发生频率最高的地层。岷江上游地区崩塌、滑坡除受到自然营力（如降水、重力卸荷）控制外，还受到特殊破坏动力作用（如人为破坏、地震）。在相同的环境条件下，受特殊破坏动力作用的斜坡发生崩塌、滑坡的概率远大于自然状态下的斜坡，尤其是新发生的崩塌、滑坡大多与人为活动有关（开挖坡脚）。

沱江流域地处四川盆地，主体为我国地势第二级阶梯，流域高差较小。上游汉王场以上为山地，活动性断层较发育，涪江上游处于龙门山断裂带，流域侵蚀产沙较强烈。中、下游处于构造变动微弱的四川台地，除龙泉山、富顺地区外，其余地区地质构造简单，断裂不甚发育，基岩为坚硬半坚硬岩石，大部分地区属低震区，地形为低丘宽谷（带坝），其丘陵地貌面积占沱江流域总面积的 61.5%。地势平缓，海拔多为 200～750m，出露地层多为侏罗纪、白垩纪的红色岩系（紫色砂页岩，少量的页岩和灰岩），侵蚀量相对较小。因地质、地貌及岩性差异造成沱江流域水土流失的差异较小，其对水沙变化的影响很小。

嘉陵江主体位于我国地势第二级阶梯，虽然流域地形高差小，但其上游地区处于黄土覆盖区，地表抗侵蚀能力弱，水土流失严重。区域内岩层破碎，地表风化强烈，在重力作用下极易引起下滑，形成崩塌和滑坡，在暴雨的激发下，多伴随大面积的泥石流发生。嘉陵江上游地区（西汉水和白龙江）为长江上游的重点水土流失区，年均侵蚀量达 8361 万 t，占嘉陵江流域总侵蚀量的 21%，下垫面条件决定了流域产沙特性。崩塌、滑坡产生的碎屑物质及软弱表层遭面蚀后产生的物质，为泥石流的发育提供了充足的固体物质来源。在暴雨或水动力条件充足时，大气降水迅速转化为地表径流，冲刷地表，带走大量的土壤和泥沙，形成规模较大的泥石流，其冲蚀作用又将引起新的崩塌、滑坡，加剧水土流失。据统计，白龙江和西汉水流域内泥石流面积 1.17 万 km²，占流域总面积的 30%，泥石流沟6260 条。其中，白龙江中游和西汉水中上游就有 5700 余条，平均分布密度 2～3 条/km，局部地段达到 6～8 条/km，年侵蚀模数达到 5000～15000t/(km²·a)，局部达 35000t/(km²·a)。由于地质地貌条件的巨大差异，嘉陵江流域水沙异源、不平衡现象十分突出，沙量主要来自四个地区：武胜站以上地区多年平均沙量占北碚站的 48.7%；渠江和涪江沙量分别占北碚站的 20.6% 和 13.8%；三江汇合区（指由干流武胜站、渠江罗渡溪站、涪江小河坝站和干流北碚站组成的一个相对封闭区域）占北碚站的 17.0%。

乌江流域大部分处于云贵高原东北部向湘西丘陵过渡的斜坡带，处于我国地貌的第三级阶梯，以山地为主。上游在高原以下，大部分是高、中山地，至乌江中游的上段，流域内以中山为主；中游下段至下游沿河县，流域内近河谷两侧为低山或丘陵，沿河县以下，大部分属重庆市境内，地势起伏较平缓，涪陵一带属于四川盆地的周边丘陵区。由于各地质时期地壳大面积间歇性抬升，乌江流域地貌具有明显的层状发育特点。流域内出露地层，除白垩纪外，其余各纪地层均有分布，以二叠纪、三叠纪、寒武纪、志留纪地层为最广。自流域分水岭向河谷，可依次分为大娄山期地面、山盆期地面、乌江期峡谷。乌江河谷下切剧烈，呈"V"字形，仅局部河段才有由砂、页岩构成的宽谷。流域强产沙区[输沙模数大于 1000t/(km²·a)]主要分布于乌江上游六冲河、三岔河地区，沙量则主要来自乌江渡以上的云贵高原地区和思南—武隆区间的武陵山，其输沙量分别占武隆站的 36.3% 和 57.0%，乌江渡—思南区间属于高原主体部分，地形高差小，来沙量较小。

三峡库区在地势上处于我国第二级阶梯，坝址位于第二级阶梯的东部边缘地带。三峡库区在地质构造上处于大巴山断褶带、川东褶皱带和川鄂湘黔隆起带三大构造单元交汇处，地形以山地、高原为主，海拔多为 500～1500m，西连华蓥山地及四川盆地，东接江汉平原。大地构造位于扬子地块鄂西—渝东断褶带，处于大巴山弧形构造带与八面山弧形构造带的接合部，第二级阶梯与第三级阶梯的过渡地带。长江三峡地区的地质构造较为复杂，距今 18 亿年前的元古宙到距今百万年前的新生代之间的各个地质时代的地层均有分布，且发育较为完整，出露比较齐全。北部地层主要出露震旦系至下古生代石灰岩，南部地层主要由震旦系、二叠系与三叠系板页岩、石灰岩组成。西部庙河至新滩段二叠系老地层连续出露,以页岩、黏土岩、砂岩及含煤层组成。第四系岩层主要是风化残积与多种成因的松散碎屑堆积,在三峡河谷底部以冲积为主,有少量第四系堆积已由泥钙质胶结成岩。三峡库区不同成因的第四纪堆积分布比较分散。三峡库区的断层数目和种类较多,且多为正断层,逆断层仅局部出现,并有一些深大断层。断裂主要位于奉节以东的峡谷区,如阳日断裂、雾渡河断裂、仙女山断裂、九湾溪断裂、新华断裂、牛口断裂、天阳坪断裂等。在奉节西南主要有齐岳山断裂。三峡库区地震活动较弱,历史上曾发生过 6 级以上地震的震中均在库区范围以外。5～6 级地震主要分布在齐岳山断裂带南段黔江、咸丰等地。受第四纪冰川活动的影响,在恩施、黔江及神农架等地区有一些冰川遗迹和古冰川作用形成的地貌。由于该地区地质构造复杂,岩石断裂发育,加之山高坡陡,地形崎岖,暴雨较多,崩塌、滑坡、泥石流等地质灾害的发生比较频繁。

5.2　滑坡泥石流侵蚀产沙

根据长江水利委员会 2004 年调查,长江上游水土保持重点防治区涉及的云南、贵州、四川、甘肃、陕西、湖北、重庆七个省(直辖市)202 个县(市、区)体积在 1 万 m^3 以上、危及 1 户居民以上的滑坡有 13641 处,其中体积在 10 万 m^3 以上的滑坡有 6802 处;流域面积在 1km^2、危及 1 户居民以上的泥石流沟有 3186 条,流域面积在 5km^2 以上的泥石流沟有 1491 条。

5.2.1　滑坡调查

长江流域滑坡以金沙江流域和三峡区间最为典型。

1. 金沙江流域滑坡调查

原国土资源部地质遥感中心采用 1991 年、1992 年航摄的 1:6 万彩色红外航片,并使用 1991 年、1992 年的 TM 资料及 1992 年、1993 年的 JERS-1 资料对金沙江下段干流河谷攀枝花宜宾段长约 786km,两岸各 15km,面积约 22000km^2,位于 101°30′～104°38′E,25°40′～28°46′N 的地区进行了调查。遥感调查结果表明(王治华,1999),金沙江下段长约 786km,两岸各 15km 范围内共有大于 100 万 m^3(遥感调查所指的滑坡均大于此规模)的大型滑坡 400 处,估算堆积物体积 300 亿 m^3,即平均每 1.97km 河段有一处大型滑坡,谷坡平均滑坡变形模数为 $1.4×10^6 m^3/km^2$。调查区共有大于 100 万 m^3 的崩塌 119 处,崩塌堆积物共约 3.4 亿 m^3,仅占金沙江下段滑坡、崩塌松散堆积总量的 1.1%。"规模巨大"是金沙江下段滑坡的主要特征,滑坡平均体积达 7500 万 m^3。滑坡是金沙江下段最主要的产沙方式之一。在这些通过遥感解译出来的滑坡中,体积为 10^6～$10^7 m^3$ 的滑坡数量占总数的 43%,但其体积之和仅占总体积的 3.0%左右;体积在 10^7～$10^8 m^3$ 的滑坡数量最多,185 处,占总数的 46.3%,其体积占总体积的 19.9%;体积大于 $10^8 m^3$ 的滑坡数量虽仅占总数的 10.7%,但其体积却占总体积的 77.0%,即体积大于 $10^7 m^3$ 的滑坡数量占总数的 57%,其体积之和占本区滑坡总体积的 96.9%。这些特点说明,金沙江下段河谷以规模巨大的滑坡为主,大量体积在 $10^7 m^3$ 以下的滑坡占本区滑坡总体积的比重很小。

　　长江水利委员会 2004 年在攀枝花至宜宾区间对 57 处滑坡进行了详查，1279 处滑坡进行了普查。详查的滑坡体后缘高程为 380～2900m，平均高程为 1558m，平均体积为 3780 万 m³，小于通过遥感解译的滑坡体体积。在详查的滑坡中，中型滑坡 10 处，占总数的 17.5%，体积 527 万 m³，占总体积的 0.24%；大型滑坡 35 处，占总数的 61.4%，体积 13441 万 m³，占总体积的 6.24%；巨型滑坡 12 处，占总数的 21.1%，体积 201415 万 m³，占总体积的 93.51%，与通过遥感调查的滑坡规模分布较一致。调查的最大滑坡是会东县可河乡大村的大村滑坡，滑体平均长 3000m，平均宽 5000m，平均厚 100m，体积达 15 亿 m³，最后一次活动时间为 1999 年 2 月。普查的滑坡体总体积为 29.29 亿 m³，平均每个滑坡体的体积为 229 万 m³。在普查的滑坡中，小型滑坡 518 处，占总数的 40.50%，体积 1843 万 m³，占总体积的 0.63%；中型滑坡 449 处，占总数的 35.11%，体积 15989 万 m³，占总体积的 5.46%；大型滑坡 259 处，占总数的 20.25%，体积 70387 万 m³，占总体积的 24.03%；巨型滑坡 53 处，占总数的 4.14%，体积 204698 万 m³，占滑坡总体积的 69.89%。

　　从滑坡分布看，特大型、超特大型滑坡集中分布于西部不同构造体系交叉复合部位、活动断裂带两侧山间盆地沿山体强烈上升一侧、深切峡谷两岸多级阶地的凸形坡、山麓平台的折坡陡坝地带；中小型滑坡集中分布于中、东部，西南部褶皱山地丘陵近背斜轴部和平坝、盆地边缘及第四系松散堆积区。根据遥感解译的结果，按滑坡分布密度、规模、危害程度及其活动状况，将金沙江下段干流区滑坡分为四个级别的发育区。在支流区，四川的安宁河流域、雅砻江下游，云南的龙川江流域、小江流域是滑坡的较强和强烈发育区。金沙江的滑坡主要沿河谷分布，这些沿河谷分布的滑坡的滑坡体大多直接进入河道，对产沙的影响最大。金沙江干流下段滑坡分布的特征主要体现在三个方面：①分布不均匀，首尾段数量少，规模小；②中段数量多，规模大；③大部分滑坡、崩塌分布在支流沿岸。调查表明，滑坡、崩塌分布在 400～3200m 高程，其中 97%分布在 500～2500m 高程，与金沙江下段河谷的多雨区、少植被的裸岩区分布高程一致。滑坡类型多、数量大、规模巨、分布广而不均、活动性较强。本河谷滑坡的活动方式复杂多样，可以说是自然界滑坡活动大全，从拉裂牵引到推移，从高速剧冲到蠕动变形，从整体滑移到碎屑流应有尽有。实际上，一些滑坡是多种活动方式的组合，在不同部位、不同阶段有不同的活动方式及运动速度。危害严重、对环境影响较大的滑坡活动方式主要有崩滑、高速剧冲式滑坡、滑坡-碎屑流或崩滑-碎屑流三种。

　　根据遥感解译结果，夏金梧（1995）对金沙江下段发育的 558 个滑坡做了频率统计，将滑坡的发育分为以下三个时间段：

　　（1）1900 年以前为历史古滑坡期，由于其发生时间长，滑坡发育频率为 20%左右，属于较大的频率范围。

　　（2）1900～1960 年为区内滑坡发育的宁静期，滑坡发生的频率在 1%左右。

　　（3）1960 年至今为区内滑坡发生的活跃期，滑坡发育频率逐步增加，可能与近年来本区正处于地震活动期有关。特别是近 15 年来，本区滑坡急剧活动，并有进一步加剧的趋势。

　　由于金沙江下段河谷的强烈侵蚀环境及人类不合理经济活动等，遥感解译的调查区约有 70%的滑坡都在局部的不同程度地活动，某些滑坡也可能再次整体滑动。占总数约 20%的滑坡首次滑动时能量释放不充分，而处于长期活动状态。

2. 三峡库区滑坡调查

1）滑坡区域分布特征

三峡库区山高坡陡、地质构造复杂、岩层裂隙发育、岩石破碎、暴雨较多，再加上乱砍滥伐、乱开矿、取石和修路等人为因素影响，滑坡、崩塌、泥石流等发生较为频繁，其中以崩塌、滑坡为主，泥石流不是很发育。长江三峡地区历史上就是地质灾害多发区，有史记载以来，三峡地区发生滑坡、岩崩、泥石流等地质灾害点共有 2 万多处（陈飞，2007）。

"七五"与"八五"期间，地质矿产部、水利部、国土资源部及库区当地政府分别对三峡库区的崩塌、滑坡进行了调查。原地质矿产部地质环境管理司主持的国家重大科技攻关项目"长江三峡工程重大地质与地震问题研究"等，查出库区干、支流两岸体积大于 1 万 m³ 以上的崩塌、滑坡和正在发育的危岩变形体共 428 个，总体积达到 276576.19 万 m³。其中，干流为 302 个，总体积为 131552.19 万 m³；支流为 126 个，总体积为 145024 万 m³。支流崩滑体数量较干流少很多，但体积反略高于干流，其原因是支流调查精度相对比较低，偏重于中小型（1 万～100 万 m³）、大型（100 万～1000 万 m³）以上崩塌、滑坡的调查，小型崩塌、滑坡遗漏较多。25 个巨大型（>1 亿 m³）、特大型（0.1 亿～1 亿 m³）崩塌和滑坡，多属岩质顺层崩塌和滑坡。

1991～1999 年长江水利委员会在水库淹没处理调查中，进一步调查了崩塌、滑坡的发育情况，于 2000 年 11 月编制了《长江三峡工程库区淹没处理及移民安置崩滑体处理总体规划报告》，列出前缘在高程 175m 以下的崩塌、滑坡（含上述"七五"与"八五"期间调查过的崩塌、滑坡）1302 处，总体积 33.34 亿 m³。其中，体积大于 500 万 m³ 的崩塌、滑坡共有 127 处，干流 73 处，支流 54 处，主要分布在万州以下库段。

2000～2001 年 6 月，国土资源部组织进行三峡库区 20 个县（区）地质灾害调查，查出所辖范围内地质灾害点 5382 处，以崩塌、滑坡为主，其中滑坡 3891 处，崩塌（含危岩）617 处，不稳定斜坡 668 处，泥石流沟 85 处，地面塌陷 88 处，地裂缝 33 条。2001 年 8～9 月，三峡库区 20 个县（市、区）政府分三次上报所辖区内地质灾害情况，合计崩塌、滑坡 6746 处（总体积 87.7495 亿 m³），还有泥石流沟 105 条，地面塌陷 79 处，地裂缝 47 条。这一结果包含了前期调查的 3852 处崩塌、滑坡点，新增 1364 处。这些崩塌、滑坡包含了整个库区范围，若只考虑库区范围内（干支流第一斜坡高程 600m 以下，面积 15000km²）的崩塌、滑坡有 1188 处，其中体积大于 100 万 m³ 的有 217 处。

兴山县 1998 年对境内主要滑坡进行了普查，共计调查滑坡 118 处，在这些调查的滑坡体中，前后缘相对高差最大的 500m，最小的 10m，体积最大的 960 万 m³，最小的 0.04 万 m³，斜坡坡度为 35°～60°，滑床岩性多为灰岩、页岩和砂岩，滑坡体体积达 7589.6 万 m³。这些滑坡体表层松散，一遇暴雨洪水，很容易进入河道。

三峡地区以滑坡和岩崩为主，泥石流较少。就历史时期三峡地区的情况看，也是如此，岩崩、滑坡占到了绝大多数，泥石流的比例较小。在坚硬岩石中大中型崩塌发育；在泥岩及互层中不论大中小型崩塌或滑坡均很发育；在松散堆积层中，滑坡较多且以小型为主。

　　三峡库区地方政府部门的调查显示，三峡库区 20 个区县中，绝大部分属于滑坡等地质灾害高危地带。从历史上发生的崩塌、滑坡看，库区各县发生的次数差别较大。根据统计到的 71 次灾害，发生在渝中区 6 次、涪陵 3 次、石柱 1 次、忠县 2 次、垫江 1 次、万州 4 次、开县 8 次、奉节 6 次、云阳 12 次、巫溪 3 次、巴东 3 次、宜昌 4 次、秭归 15 次、兴山 3 次（钱璐和王勇，2011）。

　　万州以东地区崩塌、滑坡密度较大，主要分布在云阳、开县、奉节、巴东、秭归等区县。从历史上看，这一地区山地地质灾害的次数占到了整个三峡地区的 62%。历史时期的重灾区也是现今山地地质灾害的多发区，山地地质灾害在空间分布上具有继承性。秭归新滩就是一处历史悠久的岩崩滑坡区，自汉代以来，发生大型岩崩滑坡不下 10 次，并多次造成堵江和人畜伤亡，近年来，新滩滑坡又有复活迹象，对三峡江段产生了巨大威胁。根据史料记载，新滩分别在公元 100 年、377 年、1026 年左右、1542 年、1558 年、1609 年发生过严重的岩崩滑坡灾害，通过对其长时段监测可以看到，两次崩滑流灾害发生的时间间隔有明显缩短的趋势，1985 年 6 月新滩镇发生的滑坡，更是使得具有千年历史的古镇新滩毁于一旦。此外，秭归楚王城滑坡、云阳鸡扒子滑坡、黄官漕滑坡等也是具有代表性的大型古滑崩体，并出现了新的活动迹象（钱璐和王勇，2011）。

　　三峡区间崩塌、滑坡灾害的时空分布很不均匀，受气候条件影响，随降水丰枯变化发生强弱交替周期性变化，且主要分布在云阳至秭归一线。云阳至秭归一线灾害频发主要是因为，该地区在地质构造上为川东褶皱带、川鄂湘黔隆起褶皱带、淮阳山字形西翼反射弧、大巴山弧形褶皱带四大构造体系交汇复合的部位（刘新民和李娜，1991）。再加上长江河谷深切，水系发达，河流水网剧烈切割，这些为山地地质灾害的发生创造了地貌条件，一旦遇上暴雨天气或地震灾害，极易发生崩滑流灾害。当然暴雨、地震只是灾害的触发因素，关键还是要看是否存在崩滑流灾害发生的地质环境基础，显然无论地形地貌还是岩性结构，云阳至秭归一带的沿江地区都是易发生山地地质灾害的区域。

　　岩层和构造及其与河谷的组合关系是控制滑坡和崩塌发育的基础条件（郭希哲等，2007）。地震往往引发崩塌、滑坡灾害，但并非所有的地震都会造成崩滑流现象。研究表明，在地震烈度Ⅷ度以下的地震影响区内，崩塌、滑坡、泥石流并不一定发生，而在地震烈度Ⅷ度范围内，发生滑坡或泥石流的概率为 92%，当地震烈度到达Ⅸ度以上时，则必定有滑坡、泥石流相伴而生（刘传正，2007）。也就是说，只有当地震烈度达到一定等级时，才会造成次生灾害。

　　小型滑坡受公路影响较大，往往沿公路分布较多。修建公路，一方面产生弃土，其在重力或水流作用下进入水库；另一方面扰动山体，使靠山一侧的松散堆积体失去支撑，易发生崩塌滑坡。有的路段虽采取了防护措施，但仍不能阻止这类重力侵蚀的发生。2013 年 4 月和 2014 年 8~9 月，长江水利委员会水文局对三峡区间滑坡情况进行了粗略的调查，所调查的大、中型滑坡均在前人的调查范围内。2014 年 8~9 月调查期间，适逢三峡区间发生大暴雨，暴雨冲垮公路上方的土体，发生大量的崩塌和滑坡，在沿渡河、香溪河、九湾溪等支流崩塌滑坡密集的地方，沿公路平均每 100m 就有一处滑坡、崩塌，这些滑坡、崩塌体积均较小，其体积多在几立方米至数百立方米，上万立方米的较少。这些崩塌、滑坡大多沿公路靠坡一侧发育，是公路修建使原始状态的坡体失去支撑，在暴雨作用下新发生的。每逢暴雨，这样的滑坡总会源源不断地产生，且规模小，数量大。从2014年8～9月的查勘结果看，暴雨期间崩塌、滑坡主要沿公路分布，其他区域发生的崩塌、滑坡较少。而在沿公路靠山侧，特别是有泥岩、页岩等软弱岩层及第四纪松散堆积体分布的区域，崩塌、滑坡很发育。有的公路虽然修建了挡土墙，但其作用往往有限，其上方的松散堆积体同样会发生崩滑，甚至连挡土墙一并摧毁。

由于水库蓄泄造成的负荷差异，滑坡沿三峡库岸分布的特征也比较明显（郭希哲等，2007）。三峡水库蓄水过程中，库岸所处的水文地质条件发生了较大的改变，原先的自然平衡条件被破坏，岸坡表层岩土体一般结构较松散，加之蓄水后的波浪淘刷，易产生浸泡崩解、剥离，从而引起岸坡稳定性的变化，产生滑坡和塌岸。山地地质灾害与雨型密切相关，暴雨触发灾害的概率大，密度也大；绵绵细雨触发灾害的概率小，密度也较小。尤其是当三峡水库蓄水至175m时，水位最高将比蓄水前提升100多米，对库区地质结构产生重大影响。加上三峡水库每年都要经历反季节的175～145m水位涨落，初期将引发新生型滑坡、塌岸和部分老滑体的复活以及新老滑坡入江的涌浪等灾害。三峡水库蓄水后，重庆市地方政府部门对库区的统计显示，三峡蓄水引发多处崩塌险，受试验性蓄水及退水影响，重庆库区巫山、巫溪、奉节、云阳、开县、万州等14区县发生166处地质灾害灾（险）情。崩滑体总体积约6024万m³，塌岸长度约14520m，影响人数11535人，影响房屋面积28.98万m²，已造成土地损失约2380亩。值得注意的是，166处灾（险）情点中，新生突发性灾（险）情点达到121处。三峡水库库岸145～175m高程的库岸消落带岸坡可以称为块石活动带，其大体可分为如下三种情况。

（1）即使是裸露的砂岩、黏土岩或碳酸盐岩，也有风化破裂的岩块高悬在陡崖上，可称为"危岩"。有的碳酸盐岩陡壁上还挂有钙华堆积，有的类似于所谓"牛肝马肺"那样的悬挂钙华，还有的为顺节理裂隙、层理裂隙等破坏而要坠落的岩块。

（2）本是古滑坡或倒石堆堆积的岸坡坡段，如秭归新滩滑坡、云阳鸡扒子滑坡以及秭归链子崖危岩陡崖下的倒石堆堆积等，它们大多堆叠在海拔145～175m，甚至更高的岸坡坡段上，库岸消落带正好在该崩塌滑坡堆积体的中腰段上。

（3）本是以前崩塌、滑坡的后壁或岩块碎屑向下崩落滑移的过渡段，也就是说，古滑坡或倒石堆堆积位在该库岸消落带以下，以后库岸消落带以上仍会有岩块碎屑的崩滑下落，部分崩滑下落的岩块碎屑有可能就落在库岸消落带位置，该库岸消落带有可能成为以后崩滑活动的岩块碎屑堆积岸坡段。

三峡水库库岸消落带以前的地貌动力作用是在基岩风化剥蚀的基础上以重力作用为主，成为库岸消落带之后，岸坡上的动力作用就发生了重大变化：一是库水的浸泡导致岩块间及岩块与基岩间的摩擦阻力大大减小，使岩块在浸泡的风化黏土层之上发生蠕动或滑移；二是库水位的下降使库岸岩块及岩层减荷，特别容易发生崩滑；三是库水位下降导致库岸消落带地下水渗出并产生侵蚀作用，或在库岸消落带上形成碎屑流；四是库岸消落带堆积层特别是与库水位上涨有关的细颗粒沉积层，于库水位下降之后产生龟裂及小规模的崩塌；五是船行波及风浪的冲蚀作用。在此动力作用下，三峡水库库岸消落带的地貌过程有以下两种。

（1）岩块崩落、滑移和岩块在黏土层上的蠕动。库岸水位的周期性升降和河流的持续深切形成了岸坡陡崖带，由于卸荷作用和陡崖岩体产生回弹效应形成卸荷裂隙带，同时由于风化、地下水等的作用，岸坡基底泥岩或泥质砂岩软硬夹层被风化、软化、崩解，形成风化穴和软弱基座，在上覆岩体自重等外荷载作用下发生压缩流变及临空方向的剪切流变，坡体上缘基底部位产生部分张裂隙，陡倾角裂隙带进一步拉张，逐渐形成危岩体。水库水位上升时，岩体物理力学性质发生变化，在水库静水压力、浮托力和动水压力等作用下，岩体底部的潜在滑动面浸水后被软化、泥化，孔隙压力增大，抗剪强度降低，从而导致岩块的滑移或蠕动；库水位下降时，水的冲刷作用和减荷拉裂作用，使岩块所受到的浮托力迅速减小，岩块体所受到的抗滑阻力也迅速减小，从而引起岩块的崩塌。岩体在水体压力差及温差的反复变化条件下加速风化、破碎，伴随崩塌、滑坡，直接进入库区。2003～2004 年库水位上升到 135～139m 后，岩块的崩落、滑移和蠕动过程几乎随处可见，135～139m 高程范围内均有松散堆积物，在无树木生长的情况下，均已发生小规模的崩塌，崩塌后壁高为几十厘米到几米。

（2）古滑坡或倒石堆的错落和滑移。库水位上升后，古滑坡地下水的水位也随之上升，从而增加了对古滑坡的浮托作用，降低了古滑坡的抗滑力。再者，由于地下水和库水的长期浸泡，滑带土被软化、泥化，滑带也由非饱和状态变为饱和状态，基质吸力丧失，抗剪强度大大降低，库水位骤然下降产生的超孔隙水压力又增加了滑坡的重量。此外，水库风浪和船行波对消落带产生的冲蚀作用，改变了消落带的形态，加快了滑坡的渐进破坏，从而诱发古滑坡的复活。滑坡的错落过程在重庆市万州区古滑坡前缘表现得特别明显，如四方牌 276 号滑坡前缘 142～140m 高程范围内，已有 5 级错落，相对错落的垂直距离为几厘米到几十厘米，厚度 30～50cm；发生在秭归树坪上的古滑坡已基本稳定数百年，在库水位上升到 139m 的情况下，又整体向下滑移了几米。

2）滑坡崩塌对流域产沙的影响

三峡区间地貌类型较为复杂，以山地为主，软弱岩层分布较广，易发生崩塌、滑坡、泥石流等重力侵蚀，流域泥沙主要集中在大的暴雨洪水期间，这与洪水期间伴随大量的崩塌、滑坡、泥石流等重力侵蚀密切相关。对于崩塌、滑坡、泥石流等重力侵蚀产沙，水土保持措施效果并不明显。位于不同地貌部位的崩塌滑坡对流域产沙量有不同的影响，一般可有三种情况：一是位于库区两岸的滑坡，其滑坡体直接进入库区；二是位于支流两岸的滑坡，滑坡体直接进入支流或通过人工清理直接进入支流，然后随水流进入库区；三是位于流域坡面的滑坡，在坡面水流的作用下，随坡面流或沟道水流进入主河道或库区。

位于库区干流两岸的滑坡规模大，且数量较多，如黄土坡、黄蜡石、新滩、链子崖、千将坪等滑坡。黄蜡石滑坡、新滩滑坡及新滩南岸链子崖危岩体并列为三峡水库区靠近坝址的三大不稳定岸坡地段。

位于支流两岸的滑坡，其平均体积较干流的小，但数量多。滑坡体前缘直接进入河道，在后期河道水流的冲蚀下，被带入库区。2003 年高阳镇昭君村田坎堡发生一处滑坡，滑坡体体积约 200 万 m³。该滑坡体岩性为松散的页岩、泥岩及少量砾岩，滑坡体及周围植被很好，但并不能阻止滑坡的发生。该滑坡体阻断了河流，当上游地区发生洪水时，进入河道的泥沙被水流输送到下游河道，细颗粒部分随水流进入库区，而且滑坡体的组成物质更为松散，易于发生坡面侵蚀。从野外考察的结果看，进入河道的泥沙约占整个滑坡体体积的 10%。

位于公路靠山一侧的崩滑体，因阻断交通，清理时直接将堆积体倾倒入河道内，细颗粒部分随水流进入库区。这种崩滑体规模小，一般几立方米到几百立方米，但数量众多，且很多为新发生，不在前期调查的崩塌滑坡统计范围内。

位于流域坡面的滑坡数量多，分布面积较广，崩滑体以中小型为主，堆积体总量不大。这部分崩滑体发生崩滑后，其堆积体堆积于坡面，在后期水流侵蚀作用下，细颗粒物质随水流进入河道。位于公路靠山一侧的堆积体，在人工清理或人工机械清理时，将堆积体移到靠河一侧，堆积于坡面，土体变得松散，后期更易发生侵蚀。暴雨期间，崩滑体刚发生崩滑时，也有部分细颗粒物质被水流带走，进入河道。

根据以上调查结果，三峡库区崩塌、滑坡 6746 处，总体积 87.7495 亿 m³，其中，干、支流两岸体积大于 1 万 m³ 以上的崩塌、滑坡和正在发育的危岩变形体有 428 个。滑坡分布受地形、地表物质组成及降水强度变化的影响较大，东部地区滑坡比西部地区发育。三峡区间泥沙主要集中在大暴雨洪水期间，与洪水期间伴随大量的崩塌、滑坡、泥石流等重力侵蚀密切相关。滑坡在三峡库区分布较广泛，危害严重。据 1991 年水利部长江勘测技术研究所调查，库区内有可能造成严重危害，大于 10 万 m³ 的滑坡、危岩体有 1120 处，其中，大于 100 万 m³ 的崩滑体有 32 处，大于 5000 万 m³ 的有 7 处，大多数处于不稳定状态；有泥石流沟 271 条，89%的泥石流分布于云阳至秭归之间的长江两岸，与滑坡、崩塌密集区相吻合。滑坡、泥石流产沙是三峡库区泥沙的重要来源。

5.2.2 泥石流调查

1. 金沙江泥石流规模与数量调查

长江上游泥石流以金沙江流域最为典型。金沙江下段泥石流数量多、分布广、规模大、灾害严重。根据遥感调查结果，调查区共有流域面积大于 0.2km²、堆积扇面积大于 0.01km² 的一级支流沟谷型泥石流沟 438 条，干流平均每 1.8km 有一条泥石流沟。泥石流沟流域面积差别很大，但占总数 80%的泥石流沟流域面积在 1~50km²，其中以 1~5km² 的最多，占 37.4%。

根据遥感解译结果（王治华，1999），金沙江下段一级支流的黏性、稀性、过渡性泥石流沟分别为 299 条、50 条、89 条。黏性泥石流沟条数占总数的 68%，稀性泥石流沟仅占 11%。调查区内，初步估算最大一次泥石流可能冲出物总量大于 50 万 m³ 的特大规模泥石流沟 16 条；可能冲出物在 10 万~50 万 m³ 的大规模泥石流沟 136 条；可能冲出物在 1 万~10 万 m³ 的中等规模泥石流沟 183 条；可能冲出物小于 1 万 m³ 的小规模泥石流沟 103 条。

长江水利委员会 2004 年前后在金沙江河谷详查泥石流沟 27 条，它们分布在雷波、金阳、宁南、会东、会理、巧家等地。泥石流面积 1.5~64km²，平均 17km²，平均主沟长 9km，沟床平均宽度 32m，堆积扇平均面积 3 万 m²，堆积扇平均体积 56 万 m³，总体积 1391 万 m³，还有大量泥沙被带入干流河道。其中，13 条无治理措施，即使有排导、拦挡等治理措施，泥石流仍会每年暴发一次至数次。图 5.1 为小江支流小白泥沟泥石流冲积扇。

图 5.1　小江支流小白泥沟泥石流冲积扇

普查的泥石流沟共 491 条，总面积 8926km^2。按详查结果推算，普查的泥石流沟堆积体总体积可达 29406 万 m^3。其中，雅砻江流域泥石流沟 166 条，最大面积 398km^2，最小面积 0.05km^2，平均面积 20.82km^2；攀枝花以上泥石流沟 8 条，最大面积 32.6km^2，最小面积 2.0km^2，平均面积 4.08km^2；攀枝花至华弹泥石流沟 31 条，最大面积 131.68km^2，最小面积 2.3km^2，平均面积 25.77km^2；华弹至屏山四川部分泥石流沟 112 条，最大面积 157.86km^2，最小面积 0.17km^2，平均面积 6.65km^2，云南部分泥石流沟 78 条，最大面积 448.5km^2，最小面积 1km^2，平均面积 38.85km^2；屏山至宜宾泥石流沟 96 条，最大面积 159km^2，最小面积 1km^2，平均面积 8.99km^2。这些泥石流沟大多为近年仍在活动的泥石流沟。2003 年暴发的泥石流沟至少达 166 条，面积达 2000 余平方千米，有的泥石流沟多次暴发，按详查的比例算，泥石流堆积扇体积可达 6000 余万立方米。攀枝花至华弹区间云南部分是泥石流发育的重点地区，但有大量规模巨大的泥石流沟没有统计资料。

2. 金沙江泥石流活动分区

金沙江流域泥石流主要沿干流河谷分布（夏金梧，1995）。上段奔子栏—石鼓区间，下段攀枝花—雷波；支流主要分布在安宁河谷、雅砻江下游河谷、龙川江下游、小江及黑水河河谷。在攀枝花以下地区，首段攀枝花市及尾段宜宾市基本无大的泥石流分布（不含小规模矿山泥石流），攀枝花市以下突然增多，密集分布。总体上看，大致以金阳为界，分为上、下两段，上段泥石流较多，500km 江段分布 438 处（包括支沟及坡面泥石流），平均每 1.1km 一处；下段 286km 江段有 113 处，平均每 2.5km 一处。小江口—巧家县及雅砻江口—尘河口是泥石流分布最密集段，分别达到每 0.42km 和 0.8km 一条。黑水河—小江断裂带是泥石流分布最密集的地区。

金沙江现代泥石流堆积扇分布在泥石流沟沟口，现以流域的后缘高程表示泥石流流域

的分布高程，本区泥石流流域分布在海拔 500～4000m，与本区山岭高程分布一致。约有
24%的泥石流分布在海拔 2500m 以上，处于降水丰富、物理风化强烈的环境。

　　根据泥石流的发育及活动程度，将金沙江下段干流分为以下五个区（夏金梧，1995；
程尊兰等，2000；唐川和朱静，2003）。

　　（1）泥石流极强活动区：普渡河口以东至黑水河口的金沙江地区，主要包括云南小江
流域、巧家地区。近南北向的小江断裂带纵贯全区，泥石流十分发育，而且活动性极强，
坡面侵蚀也十分剧烈。云南小江流域，不足 90km 长的江段，发育 107 条沟谷型泥石流沟，
平均密度达 1.2 条/km，最大密度为 12.4 条/km。每年暴发泥石流数次以上的沟谷约 15 条，
沿岸滑坡、崩塌比比皆是，蒋家沟、大白泥沟、小白泥沟及老干沟等均发育于该区，是我
国典型的山地灾害发育地带。巧家一带的金沙江干流两岸，泥石流也极为发育，仅巧家县
附近，就分布有四条大规模活动性泥石流沟。

　　（2）泥石流强活动区：黑水河口至金阳对坪的金沙江段地区，包括四川宁南地区以及
昭觉河，泥石流发育而且具强活动性，坡面侵蚀也较强。例如，宁南的黑水河及宁南县城
附近，泥石流十分活跃，输沙模数为 1299t/(km^2·a)；昭觉河泥石流为凉山之最，输沙模数
为 1859t/(km^2·a)，平均为 1579t/(km^2·a)。

　　（3）泥石流中度活动区：金阳对坪至雷波马脖子沟口以西的金沙江下段地区和元谋牛
街至普渡河口以东的金沙江地区，泥石流较发育，且具一定活动性，坡面侵蚀普遍，如龙
川江的输沙模数为 683t/(km^2·a)，美姑河的输沙模数为 623t/(km^2·a)，鲹鱼河的输沙模数为
919t/(km^2·a)，平均输沙模数为 745t/(km^2·a)。

　　（4）泥石流弱活动区：雷波西苏河口至桧溪地区和攀枝花至牛街地区，地质灾害发育
程度不同，且活动性差异很大，前者地质灾害不发育，而后者地质灾害十分发育，但水动
力条件差，泥沙活动弱。

　　（5）泥石流极弱活动区：桧溪至宜宾地区，泥石流零星分布，以滑坡为主，小型崩塌
发育，为沟床起动型泥石流创造了物质条件，但活动性极弱。

3. 金沙江泥石流的发育阶段

　　根据泥石流的沟谷形态、堆积扇特征所表现的泥石流所处的不同发育时期，可将金沙
江下段泥石流分为四个发育阶段：发展期、活跃期、衰退期和停歇期。本区泥石流各发育
阶段的数量分布说明金沙江下段泥石流活动历史久远，目前正处于活跃期，新的泥石流沟
还在大量发展。据云南省地理研究所的研究，云南泥石流有明显的 30 年和 60 年左右的长
周期，8～14 年的短周期。其活跃的高峰期分别在 19 世纪 70 年代至 90 年代初、20 世纪
50～60 年代中期及 80 年代中期。近 50 年来泥石流活动周期变短，活动的区域性和广泛
性明显增大。金沙江下段泥石流也有类似的变化规律，这主要与气候变化有关。

　　以上调查并不完全，还有许多区域未进行调查，有的区域做了调查但未收集到资料。在所
调查的区域中，有许多小型滑坡和泥石流没有纳入调查范围。据杨子生的研究，金沙江流域仅
云南部分就有滑坡 2241 处，泥石流 1109 处，可将其划分为三个滑坡泥石流灾害区、九个滑坡
泥石流灾害亚区。云南滑坡泥石流灾害最严重的地区在普渡河口以下高原峡谷区。

5.2.3　滑坡、泥石流对流域产沙量的影响

以金沙江流域为例，分析滑坡、泥石流对流域产沙的影响。

程尊兰等（2000）得出泥石流活动性与侵蚀输沙模数的关系如下：

$$W_S = K^{1+S} \tag{5.1}$$

式中，W_S 为不同泥石流活动区的输沙模数，$t/(km^2 \cdot a)$；K 为输沙模数基数；S 为地区泥石流活动性系数。

泥石流极弱活动区（$S = 0.1$），输沙模数在 $230t/(km^2 \cdot a)$ 左右；

泥石流弱活动区（$S = 0.2$），输沙模数在 $400t/(km^2 \cdot a)$ 左右；

泥石流中度活动区（$S = 0.3 \sim 0.4$），输沙模数在 $600 \sim 1000t/(km^2 \cdot a)$；

泥石流强度活动区（$S = 0.5$），输沙模数在 $1700t/(km^2 \cdot a)$ 左右；

泥石流极强活动区（$S = 0.6$），输沙模数在 $2800t/(km^2 \cdot a)$ 左右。

根据上述数据，利用指数函数 $W_S = a \cdot e^{bS}$ 进行拟合（a，b 为拟合系数），其关系见图 5.2。从图中可以看出，地区泥石流活动性系数与地区输沙模数呈极好的指数变化关系，表明泥石流的活动程度对流域侵蚀状况具有极其重要的影响。

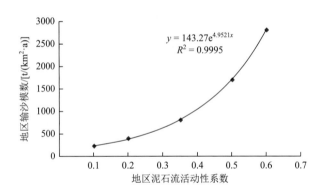

图 5.2　金沙江流域输沙模数与泥石流活动性系数的关系

金沙江流域滑坡、泥石流发育，侵蚀量大。金沙江下段及其支流，下切侵蚀强烈，地势高低悬殊，加之断裂发育，岩层十分破碎，又位于东南季风和西南季风交汇带，多暴雨，雨强大，因而滑坡（含崩塌）广泛分布，且发生频率高，侵蚀量大。一次崩塌、滑坡，进入江河的土石可达数十万立方米，甚至上亿立方米。泥石流沟的侵蚀模数每平方千米每年可达数万吨至数十万吨。这些土石进入江河，在河道停留一段时间后，最终都要被江水带入下游。另据调查，位于金沙江下段右岸的攀西地区，面积 $67524km^2$，有流域面积 $0.2km^2$ 以上的泥石流沟 1548 条，体积大于 10 万 m^3 的滑坡 1336 处，还有不计其数的小型崩塌、滑坡无法调查。

滑坡体体积巨大，滑坡体下滑后大部分成为松散堆积体，这些松散堆积体一部分停留于原地，另一部分在径流或重力作用下进入河道。暴雨型滑坡进入河道的泥沙比例大，当

滑坡与泥石流发生时，进入河道的泥沙量大。根据蒋家沟的情况，泥石流的土源补充约64%来源于滑坡。长江水利委员会调查的滑坡体1336处，总体积约50.8亿 m³，平均每个滑坡体的体积达380万 m³。2003年发生的滑坡248处，滑坡体体积约6.65亿 m³。滑坡体进入河道的比例远小于修建公路的泥沙的弃流比，若这些滑坡体有5%以各种方式（含泥石流）进入河道，则2003年攀枝花以下流域所统计的滑坡的产沙量约为3000万 m³，约合4000万 t（容重取 1.3t/m³）。

成昆铁路建成以后，沿线的泥石流沟均相继修建了"V"形排导槽，排泄泥石流。排导槽修建以前，部分泥石流堆积于沟口的扇形地上，修建后，泥石流全部泄入主河。据调查，这是云南龙川江20世纪70年代以来沙量增加的一个重要原因。2003年金沙江攀枝花以下流域暴发的泥石流沟至少达166条，面积达2000余平方千米，有的泥石流沟多次暴发，按详查的比例算，泥石流堆积扇体积可达6000余万立方米。参照金沙江流域泥沙输移比 0.3～0.4，因泥石流产沙粒径较粗，按30%进入河道计，则2003年有1800万 m³泥沙进入河道，约合2300万 t（容重取 1.3t/m³）。金沙江流域产沙最强烈的地区位于攀枝花至巧家的云南部分，而这一部分未收集到调查资料。按照小江的情况，这一区间泥石流产沙量可能不会少于3000万 t。

由于缺乏观测资料，这里按照蒋家沟的情况来估算滑坡、泥石流产沙情况，则泥石流产沙量 60%～70%来源于滑坡产生的泥沙，2003年金沙江攀枝花至屏山区间（含雅砻江）滑坡、泥石流产沙量为6000万～7000万 t，该区间 2003年来沙量10600万 t，则在该区间滑坡、泥石流产沙占流域来沙量的 60%～70%。

滑坡、泥石流等重力侵蚀产沙是长江上游重要的侵蚀产沙类型，其特点是集中连片、突发性强。金沙江流域侵蚀产沙以这类重力侵蚀为主。滑坡、泥石流活动对流域侵蚀产沙的影响更多地体现在侵蚀产沙的地域分布特征方面，滑坡、泥石流发育的区域侵蚀产沙量大，产沙期集中。滑坡、泥石流活动对不同时段产沙量差异的影响，主要与降水等诱发因素的变化有关，暴雨活动强度大，则滑坡、泥石流发育，流域产沙强度大。

5.3　降水变化

长江上游地区分属两个大的气候区，即西部高原气候区和高原东面的亚热带季风气候区，既受东南季风的影响，又受西南季风的影响。西部高原耸立在长江上游的西部，削弱了西风环流对上游地区的影响；秦岭横卧在长江上游北部，阻挡了北方冷空气的南下。季风气候对长江上游降水的影响有一定程度的削弱，且在空间分布上差异较大。

长江上游地区降水量的年内变化与大气环流的季节变化直接相关。长江上游各地雨季起讫和持续时间不一，一般 4～6月由东南向西北先后开始，8～10月又从西北向东南先后结束，东南部雨季比西北部雨季长。5月，上游乌江流域受季风的影响，降水明显增多，但上游北岸还受西风带环流控制。6月，西太平洋副热带高压脊线北抬加强，西南季风稍有加强，长江中下游盛行西南气流，进入梅雨期，上游干流区间及乌江流域6月降水比5月增多。7月，环流形势发生了明显的变化，西风环流经过青藏高原的南北分支现象消失，西太平洋副热带高压脊线第一次北跳，从 6 月的 20°N 北跳到了 25°N，印度低压发展强盛，华南地区盛行东南季风，其他大部分地区受强劲的西南季风控制，雨带由长江中下游北移到长江上游，上游除乌江流域外，月雨量明显增加；乌江流域受东南季风控制，在对流层中低层，易出现冷平流、减温减湿和正变高，暴雨过程显著减少，乌江流域 7 月降水比 6 月少。8 月，西太平洋副热带高压脊线发生第二次北跳，从 7 月的 25°N 北跳到 30°N 附近，且西伸控制乌江、嘉陵江东部及上游干流下段，降水主要发生在金沙江、岷沱江及嘉陵江上游一带。9 月，西风带环流势力加强，西太平洋副热带高压脊线明显南退至 25°N，印度低压势力大减，除嘉陵江中东部及汉江中上游处在南北气流汇合处，降水量增加外，上游大部分地区受西风带偏北气流影响，降水量普遍减少。10 月以后，上游逐步被西风带环流所控制，西太平洋副热带高压脊线南退至 20°N 以南，印度低压消失，雨季随之自西向东结束。

5.3.1　降水空间分布

长江流域降水受水汽来源及地形等方面的综合影响，年降水量的地区分布很不均匀。总的趋势是东南向西北递减，山区多于平原，迎风坡多于背风坡。江源地区因地势高，水汽少，年降水量不足 400mm；流域大部分地区年降水量为 800～1600mm；年降水量大于 1600mm 的地区主要分布在四川盆地西部边缘、大巴山，年降水量超过 2000mm 的地区范围较小，均分布在山区，四川盆地西部峨眉山年降水量在 2000mm 以上，荥经县金山站多年平均降水量 2518mm（45 年系列）。长江上游降水高值中心有多处，其中年降水量超过 1000mm 的多雨区有两个，是长江流域著名的暴雨区（张有芷，1989）：

（1）川西多雨区。四川盆地西部边缘，大巴山南麓一带降水量最多，年平均降水量 1400mm 以上，其中川西岷江支流青衣江附近降水量最多，出现 2000mm 闭合圈，中心在雅安西南荥经县金山站，多达 2590mm，为全流域之冠，年雨日超过 200d。俗有"西蜀天漏"之称的雅安一年雨日达 264d，为我国雨日最多的地区。

（2）川东多雨区。嘉陵江支流渠江和长江三峡地区降水量最多，年降水量超过 1000mm，中心达 1200mm 以上。

按照降水量的多少划分地带性，超过 1600mm 为多雨带，800～1600mm 为湿润带，400～800mm 为半湿润带（过渡带），200～400mm 为半干旱带，200mm 以下为干旱带。长江上游各水资源二级区 1951～2013 年年平均降水量为 818～1077mm，就五个水资源二级区降水情况看，除金沙江石鼓以上降水量小于 800mm 属于半湿润带外，其余四个水资源二级区多年平均降水量为 800～1600mm，属于湿润带。

金沙江石鼓以上位于第一级阶梯——青藏高原的腹部，海拔 3500～4500m，气候干燥，年降水量从江源的不足 250mm 到石鼓附近的 1000mm 左右，大部分地区降水量小于 800mm，属于半湿润、半干旱带。源头降水量小于 400mm 的半干旱地区约 7 万 km²，占本区面积的 32%，是长江流域降水最少的地区。金沙江石鼓以下地处青藏高原东部，多年平均降水量为 800～1400mm，属于湿润带；雅砻江上游降水较少，为 600～700m；下游小金河南面有 600mm 低值区；石鼓以下支流普渡河、小江附近降水量较大，为 1200～1600mm。

金沙江流域降水量的总体分布是自西北向东南递增，接近源头的楚玛尔河多年平均降水量为 239mm，出口处宜宾站多年平均降水量为 1154.9mm（增加了 3.83 倍）。但由于地形、地势及天气系统等因素的差别，降水量地区差别大、地形影响明显。干流岗拖、雅砻江甘孜以北地区，地处青藏高原，地势高，降水少，多年平均降水量 240～550mm，其中距河源最近的楚玛尔河站多年平均降水量仅 253mm，为本流域乃至整个长江流域多年平均降水量最小的地区。岗拖以南至奔子栏、雅砻江甘孜以南至洼里区间，多年平均降水量 350～750mm。因位于横断山区，暖湿气团受高山阻隔作用不同，在本地区形成了一个高值区和一个低值区。高值区位于雅砻江乾宁附近，多年平均降水量 900mm，低值区位于金沙江得荣附近，多年平均降水量约 325mm。奔子栏、洼里以下地区，降水量出现五个高值区和四个低值区。一个高值区为安宁河德昌以下，雅砻江仁里、大河、跃进以下，金沙江金棉以下—雅砻江口的左岸部分地区。区内有三个高值中心，其多年平均降水量分别为：1290mm（木耳坪）、1560mm（大坪子）、1495mm（锦川）。第二个高值区为安宁河上游支流昭觉河和比尔河上游，中心在安宁河上游的团结附近，多年平均年降水量 1550mm。第三个高值区为金沙江雷波、永善以下，中心罗汉坪多年平均降水量 1470mm。第四个高值区为普渡河禄劝以上及其东部附近地区，中心在大冲河，多年平均降水量为 1380mm。第五个高值区为以礼河流域，中心在海子，多年平均降水量为 1530mm。四个低值区分别为：桑园河流域，中心宾川的多年平均降水量为 586mm；龙川江的元谋、多克一带，中心元谋多年平均降水量 614mm；巧家至东川一带，中心蒙姑多年平均降水量 569mm；五莲峰附近的昭通、菁口塘一带，中心昭通多年平均降水量为 730mm。

金沙江流域降水受地形影响较明显。山谷地势较低的地方降水量较少，山岭上地势较高的地方降水量较多。例如，间距不远的东川、汤丹、落雪三站的地面高程从低到高各相差 1000m，地势最低的东川多年平均降水量仅 688mm，地势居中的汤丹，多年平均降水量 836mm，地势最高的落雪多年平均降水量达 1170mm。又如，位于干旱河谷的得荣多年平均降水量 325mm，位于山岭上、水平距离仅 40 余千米的德钦，多年平均降水量 661mm。金沙江干旱河谷区是降水低值区。长江水利委员会所属的干流 12 个雨量站大多处于干旱河谷区，也是产沙最强烈的地区。干流 12 个雨量站多年平均降水量为 666.9mm（1956～2004 年），其中，巴塘至石鼓 549.5mm，石鼓至攀枝花 679.9mm，攀枝花至华弹 680.9mm，华弹至屏山 731mm，横江（二）站 885.8mm，降水量由东向西减小的趋势很明显。

岷沱江区内有降水量大于 1600mm 的湿润多雨带和降水量介于 400～800mm 的半湿润带。大渡河上游地区多年平均降水量不到 700mm，沱江中下游处于四川盆地底部，约 1000mm，盆地西南部多年平均降水量最大，在 2000mm 以上，雅安附近的金山站为全长江降水量之冠。

嘉陵江大部分属于四川盆地底部，降水量相对不大，全区多年平均降水量为 934.4mm，占流域降水量比重（7.7%）小于占流域面积比重（8.9%），相对比较干旱。上游支流白龙江多年平均降水量比较少，约 600mm，顺河流南偏西有递增趋势。渠江涪江上游受地形影响，有部分降水量大于 1200mm 的地区。

乌江区降水较丰沛，但雨强较小，有"天无三日晴"之说，全区多年平均降水量达 1150.7mm，区内各地降水变化不大，大部分为 1000～1200mm，只有局部地区大于 1200mm。

5.3.2　降水年际变化

本次研究中降水量系列为 1951～2013 年，共计 63 年。其中 1956～2000 年系列源自《长江流域水资源综合规划》，2001～2013 年系列源自《长江流域及西南诸河水资源公报》；对于 1951～1955 年系列，首先建立 1956～2013 年长江水利委员会水文局降水量系列与《长江流域水资源综合规划》及《长江流域及西南诸河水资源公报》中降水量系列的相关关系，其次根据相关关系由长江水利委员会水文局数据推算 1951～1955 年降水量系列，以保持与《长江流域水资源综合规划》及《长江流域及西南诸河水资源公报》中降水量系列的一致性。长江上游（三峡以上流域）1951～2013 年面平均降水量变化过程见图 5.3，不同时期面平均降水量柱状图见图 5.4。

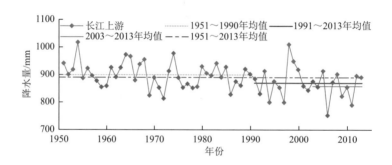

图 5.3　长江上游 1951～2013 年面平均降水量变化过程图

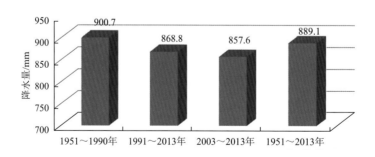

图 5.4　不同时期长江上游面平均降水量柱状图

长江上游 1951～2013 年年降水量序列基本在 750～1050mm 变化，最大为 1954 年的 1017.7mm，最小为 2006 年的 753.2mm，极值比为 1.35，变差系数 C_V 为 0.06，年际变化不大。由图 5.3 可知，较三峡工程初设阶段同步系列 1951～1990 年，1951～2013 年平均年降水量偏少 11.6mm，1991～2013 年平均年降水量偏少 31.9mm，2003～2013 年平均年降水量偏少 43.1mm。较 1951～2013 年，1991～2013 年平均年降水量偏少 20.3mm，2003～2013 年平均年降水量偏少 31.5mm。可见，三峡以上流域近 23 年来降水量呈减少趋势。

为分析长江上游分年代降水量空间分布特征及变化规律，将长江上游划分为金沙江、岷沱江、嘉陵江、宜宾至宜昌区间、乌江共五个区，长江上游各区 1951～2013 年年降水量及其滑动平均过程线见图 5.5，不同年代平均降水量变化比较见表 5.1。

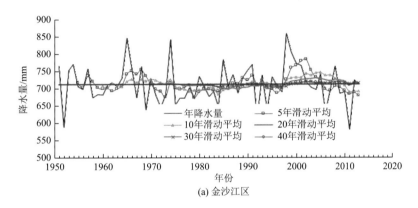

(a) 金沙江区

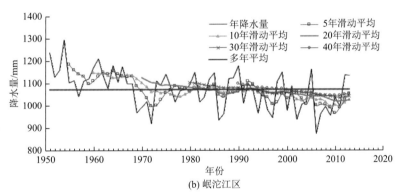

(b) 岷沱江区

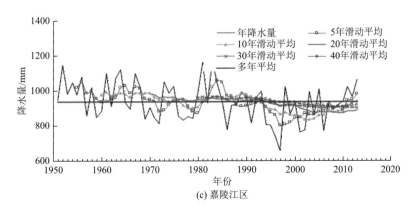

(c) 嘉陵江区

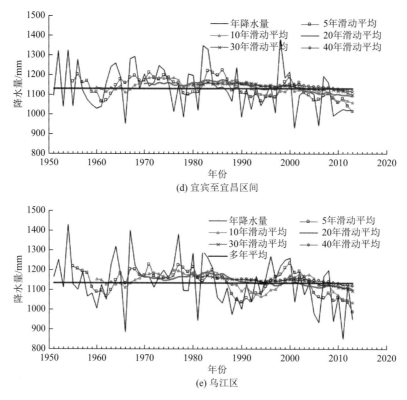

图 5.5　长江上游各区年降水量及其滑动平均过程线

表 5.1　长江上游各分区不同年代平均降水量变化比较表

时段	降水量/mm					
	金沙江	岷沱江	嘉陵江	宜宾至宜昌	乌江	长江上游
1950～1959 年	710.5	1147.1	989.2	1149.0	1170.1	913.5
1960～1969 年	722.5	1122.8	986.8	1156.8	1160.1	914.8
1970～1979 年	695.3	1052.6	901.2	1148.9	1175.5	876.8
1980～1989 年	710.5	1071.5	983.7	1175.0	1124.3	898.7
1990～1999 年	730.6	1059.1	863.4	1114.2	1147.8	882.8
2000～2009 年	717.3	999.4	886.1	1087.5	1092.9	862.5
1951～2013 年均值	712.1	1074.4	938.2	1130.9	1135.4	889.1
1951～1990 年均值	710.8	1099.3	964.6	1153.3	1153.3	900.7
与 1951～1990 年平均值比较/%						
1950～1959 年	−0.04	4.3	2.6	−0.4	1.5	1.4
1960～1969 年	1.6	2.1	2.3	0.3	0.6	1.6
1970～1979 年	−2.2	−4.2	−6.6	−0.4	1.9	−2.7
1980～1989 年	−0.04	−2.5	2.0	1.9	−2.5	−0.2
1990～1999 年	2.8	−3.7	−10.5	−3.4	−0.5	−2.0
2000～2009 年	0.9	−9.1	−8.1	−5.7	−5.2	−4.2

　　从图 5.5 可以看出，长江上游不同区域降水量变化存在一定差异。整个长江上游和金沙江流域、宜宾至宜昌区间降水量无明显的增减变化，而岷沱江、嘉陵江、乌江流域降水量略减小。由表 5.1 可以看出，1951～2013 年，岷沱江、乌江、宜宾至宜昌区间降水量较大，多年平均降水量在 1000mm 以上；金沙江多年平均降水量最小，为 712.1mm；嘉陵江多年平均降水量 938.2mm。与 1951～1990 年均值相比，1960～1969 年长江上游及其各分区多年平均降水量均更大，说明这一时期降水偏丰；除乌江区，1970～1979 年长江上游及其余各分区降水量均偏少，长江上游基本处于枯水期；1980～1989 年，金沙江、长江上游多年平均降水量基本与其 1951～1990 年平均值持平，嘉陵江、宜宾至宜昌分别偏多 2% 左右，而岷沱江、乌江分别偏少 2.5% 左右；除金沙江区，1990～1999 年、2000～2009 年，长江上游及其余各分区降水量均偏少，长江上游整体上处于枯水期。

　　长江上游及其各分区不同时段平均年降水量变化和分布分别见表 5.2 和图 5.6。与 1951～1990 年多年平均降水量相比，1991～2013 年岷沱江、嘉陵江、宜宾至宜昌、乌江降水量均偏少，偏少幅度分别为 6.2%、7.5%、5.3%、4.2%，金沙江基本不变，整个长江上游偏少 3.5%；2003～2013 年长江上游及其各分区降水量均偏少，偏少幅度为 2.1%～9.9%，偏少幅度居前三位的是乌江、宜宾至宜昌、岷沱江，分别偏少 9.9%、7.7%、6.6%，整个长江上游偏少 4.8%。

表 5.2　长江上游及其各分区不同时段平均年降水量变化表

项目	金沙江	岷沱江	嘉陵江	宜宾至宜昌	乌江	长江上游
①1951～1990 年/mm	710.8	1099.3	964.6	1153.3	1153.3	900.7
②1991～2013 年/mm	714.4	1031.2	892.3	1091.9	1104.3	868.8
③2003～2013 年/mm	692.9	1027.0	944.2	1064.8	1039.0	857.6
②与①差/%	0.5	−6.2	−7.5	−5.3	−4.2	−3.5
③与①差/%	−2.5	−6.6	−2.1	−7.7	−9.9	−4.8

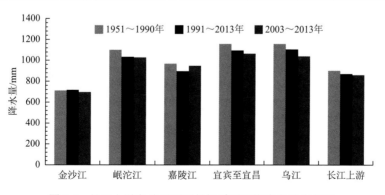

图 5.6　长江上游各分区不同长短系列平均降水量分布图

　　由以上分析可知，1991～2013 年，三峡以上流域降水量明显偏少，三峡工程蓄水运行以来的十余年偏少更为显著。1991～2013 年，降水量偏少较多的区域主要是嘉陵江、岷沱江、宜宾至宜昌区。

5.3.3　降水年内分配

长江上游不同时段月平均降水量对比情况见图 5.7。可以看出，长江上游降水量年内分配基本呈正态分布，降水主要集中在 5～10 月，6 月、7 月、8 月、9 月 4 个月平均降水量均大于 120mm，以 7 月最大，前后逐月递减；1 月、2 月、12 月 3 个月平均降水量较小，月平均降水量均不足 15mm。

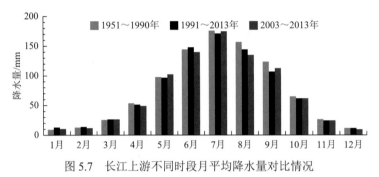

图 5.7　长江上游不同时段月平均降水量对比情况

长江上游及其各分区不同时段平均降水量年内分配见表 5.3，年内分配变化对比见表 5.4 及图 5.8 和图 5.9。

表 5.3　长江上游及其各分区不同时段平均降水量年内分配表

区域	时段	类别	年内分配												全年
			1 月	2 月	3 月	4 月	5 月	6 月	7 月	8 月	9 月	10 月	11 月	12 月	
金沙江	1951～1990 年	降水量/mm	4.7	7.4	11.6	25	60	134.8	152.1	136.7	107.1	52.4	13.9	5.2	710.9
		年内分配/%	0.66	1.04	1.63	3.52	8.44	18.96	21.40	19.23	15.07	7.37	1.96	0.73	100.0
	1991～2013 年	降水量/mm	8	6.7	13.3	25.3	65.3	137.4	160.2	133.9	99	47.8	12.7	4.8	714.4
		年内分配/%	1.12	0.94	1.86	3.54	9.14	19.23	22.42	18.74	13.86	6.69	1.78	0.67	100.0
	2003～2013 年	降水量/mm	7.1	4.5	12	28.1	66.6	132.9	157.6	119.2	98.3	50.8	11	4.7	692.8
		年内分配/%	1.02	0.65	1.73	4.06	9.61	19.18	22.75	17.21	14.19	7.33	1.59	0.68	100.0
岷沱江	1951～1990 年	降水量/mm	10.5	17.5	32.9	65.5	111.9	155	231.8	221.5	147.5	67.2	27.2	10.7	1099.2
		年内分配/%	0.96	1.59	2.99	5.96	10.18	14.10	21.09	20.15	13.42	6.11	2.47	0.97	100.0
	1991～2013 年	降水量/mm	12.6	17.6	35.6	70.4	110.8	162.2	200.4	197.6	131.9	58.8	21.6	11.6	1031.1
		年内分配/%	1.22	1.71	3.45	6.83	10.75	15.73	19.44	19.16	12.79	5.70	2.09	1.13	100.0
	2003～2013 年	降水量/mm	11.8	16.1	40.6	70.8	119.5	155.6	207.2	180	130.2	63.7	21.4	10.2	1027.1
		年内分配/%	1.15	1.57	3.95	6.89	11.63	15.15	20.17	17.53	12.68	6.20	2.08	0.99	100.0
嘉陵江	1951～1990 年	降水量/mm	9.8	11.5	29.2	65.6	104.1	126.3	198.3	159.9	147.3	71.2	30.2	11.3	964.7
		年内分配/%	1.02	1.19	3.03	6.80	10.79	13.09	20.56	16.58	15.27	7.38	3.13	1.17	100.0
	1991～2013 年	降水量/mm	12.5	15.4	28.5	56.8	98.1	134.2	179.4	143	112.2	64.6	30.9	16.7	892.3
		年内分配/%	1.40	1.73	3.19	6.37	10.99	15.04	20.11	16.03	12.57	7.24	3.46	1.87	100.0
	2003～2013 年	降水量/mm	9.4	14.6	29.1	56	119.8	124.2	212.4	152.3	123.6	62.8	29.8	10.2	944.2
		年内分配/%	1.00	1.55	3.08	5.93	12.69	13.15	22.50	16.13	13.09	6.65	3.16	1.08	100.0

续表

区域	时段	类别	1月	2月	3月	4月	5月	6月	7月	8月	9月	10月	11月	12月	年
宜宾至宜昌	1951~1990年	降水量/mm	18.7	22.9	44.6	87.5	156.9	169.1	191.5	158.2	139.3	94.8	46.8	22.9	1153.2
		年内分配/%	1.62	1.99	3.87	7.59	13.61	14.66	16.61	13.72	12.08	8.22	4.06	1.99	100.0
	1991~2013年	降水量/mm	17.4	23.7	46	92.4	142.3	173.6	177.1	154.3	111.8	89	45.7	18.8	1092.1
		年内分配/%	1.59	2.17	4.21	8.46	13.03	15.90	16.22	14.13	10.24	8.15	4.18	1.72	100.0
	2003~2013年	降水量/mm	14.3	22.4	45.6	89.2	142.6	164.1	172.1	141.3	125.6	79.8	50.5	17.4	1064.9
		年内分配/%	1.34	2.10	4.28	8.38	13.39	15.41	16.16	13.27	11.79	7.49	4.74	1.63	100.0
乌江	1951~1990年	降水量/mm	18.9	21.4	41.7	99.7	174.2	201.2	165	148.1	117.3	94.5	50.1	21.2	1153.3
		年内分配/%	1.64	1.86	3.62	8.64	15.10	17.45	14.31	12.84	10.17	8.19	4.34	1.84	100.0
	1991~2013年	降水量/mm	21.4	25	42.1	96.6	161.1	191.1	179.8	135.2	90.3	97.5	44.5	19.7	1104.3
		年内分配/%	1.94	2.26	3.81	8.75	14.59	17.31	16.28	12.24	8.18	8.83	4.03	1.78	100.0
	2003~2013年	降水量/mm	17.4	22.5	40.5	98.7	160.5	169.7	158.9	116.9	96.7	90.5	44.8	22.2	1039.3
		年内分配/%	1.67	2.16	3.90	9.50	15.44	16.33	15.29	11.25	9.30	8.71	4.31	2.14	100.0
长江上游	1951~1990年	降水量/mm	9.7	12.9	25	53.1	97.7	144.8	175.8	156.8	123.6	64.6	25.8	10.8	900.6
		年内分配/%	1.08	1.43	2.78	5.90	10.85	16.08	19.52	17.41	13.72	7.17	2.86	1.20	100.0
	1991~2013年	降水量/mm	13	14	26.1	50.6	97.1	147.6	170.4	144.6	107.4	62.3	24.6	11.2	868.9
		年内分配/%	1.50	1.61	3.00	5.82	11.18	16.99	19.61	16.64	12.36	7.17	2.83	1.29	100.0
	2003~2013年	降水量/mm	10	12	25.9	49.1	102	140	174.5	135.1	113	62.1	24.1	9.8	857.6
		年内分配/%	1.17	1.40	3.02	5.73	11.89	16.32	20.35	15.75	13.18	7.24	2.81	1.14	100.0

注：年内分配为四舍五入结果。

表 5.4　长江上游及其各分区不同时段平均降水量年内分配变化表　　（单位：%）

时段	区域	1月	2月	3月	4月	5月	6月	7月	8月	9月	10月	11月	12月
1991~2013年较1951~1990年年内分配变化	金沙江	0.46	−0.10	0.23	0.02	0.70	0.27	1.03	−0.49	−1.21	−0.68	−0.18	−0.06
	岷沱江	0.27	0.11	0.46	0.87	0.57	1.63	−1.65	−0.99	−0.63	−0.41	−0.38	0.15
	嘉陵江	0.39	0.53	0.17	−0.43	0.20	1.95	−0.45	−0.55	−2.69	−0.14	0.33	0.70
	宜宾至宜昌	−0.03	0.18	0.34	0.87	−0.58	1.23	−0.39	0.41	−1.84	−0.07	0.13	−0.26
	乌江	0.30	0.41	0.20	0.10	−0.52	−0.14	1.98	−0.60	−1.99	0.64	−0.31	−0.05
	长江上游	0.42	0.18	0.23	−0.07	0.33	0.91	0.09	−0.77	−1.36	0.00	−0.03	0.09
2003~2013年较1951~1990年年内分配变化	金沙江	0.36	−0.39	0.10	0.54	1.17	0.22	1.35	−2.02	−0.88	−0.04	−0.37	−0.05
	岷沱江	0.19	−0.02	0.96	0.93	1.45	1.05	−0.91	−2.63	−0.74	0.09	−0.39	0.02
	嘉陵江	−0.02	0.35	0.06	−0.87	1.90	0.06	1.94	−0.45	−2.18	−0.73	0.03	−0.09
	宜宾至宜昌	−0.28	0.12	0.41	0.79	−0.21	0.75	−0.44	−0.45	−0.28	−0.73	0.68	−0.35
	乌江	0.04	0.31	0.28	0.85	0.34	−1.12	0.98	−1.59	−0.87	0.51	−0.03	0.30
	长江上游	0.09	−0.03	0.24	−0.17	1.05	0.25	0.83	−1.66	−0.55	0.07	−0.05	−0.06

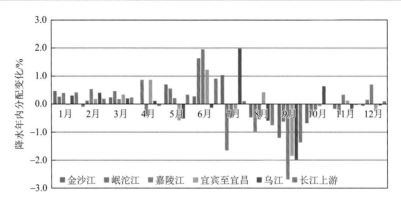

图 5.8 长江上游及其各分区 1991～2013 年较 1951～1990 年平均降水量年内分配变化图

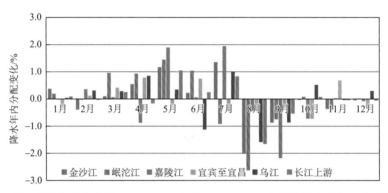

图 5.9 长江上游及其各分区 2003～2013 年较 1951～1990 年平均降水量年内分配变化图

较 1951～1990 年平均降水量年内分配，1991～2013 年长江上游及其各分区 9 月降水量占年降水量百分比均减小，减幅为 0.63～2.69 个百分点，其中长江上游减少 1.36 个百分点；对于 10 月降水量占年降水量比例，长江上游不变，金沙江减少 0.68 个百分点，乌江增加 0.64 个百分点，岷沱江、嘉陵江、宜宾至宜昌区间减少幅度在 0.5 个百分点以内；对于 11 月降水量占年降水量比例，长江上游及其各分区变化不大，变幅在 0.5 个百分点以内；对于 1 月降水量占年降水量比例，除宜宾至宜昌减小外，长江上游及其余各分区均增加，增幅为 0.27～0.46 个百分点；对于 2 月降水量占年降水量比例，除金沙江减少 0.1 个百分点外，长江上游及其余分区均增加，增幅为 0.11～0.53 个百分点；对于 3 月降水量占年降水量比例，长江上游及其各分区均增加，增幅为 0.17～0.46 个百分点。

较 1951～1990 年平均降水量年内分配，2003～2013 年长江上游及其各分区 8 月、9 月降水量占年降水量百分比均减小，减幅分别为 0.45～2.63 个百分点、0.28～2.18 个百分点，其中长江上游分别减少 1.66 个百分点、0.55 个百分点；对于 10 月降水量占年降水量比例，金沙江、岷沱江、长江上游基本不变，嘉陵江、宜宾至宜昌均减少 0.73 个百分点，乌江增加 0.51 个百分点；对于 11 月降水量占年降水量比例，金沙江、岷沱江均减少约 0.4 个百分点，嘉陵江、乌江、长江上游基本不变，宜宾至宜昌增加 0.68 个百分点；对于 12 月、1 月、2 月降水量占年降水量比例，长江上游及其各分区变化均不大，变幅均在 0.5 个百分点以内；长江上游及其各分区 3 月降水量占年降水量比例均增加，增幅为 0.06～0.96 个百分点。

5.3.4　降水时空演变规律

选取长江上游及其水资源二级分区进行降水趋势和周期性研究,趋势分析采用滑动平均法、Mann-Kendall 非参数检验（以下简称"M-K 检验"）、Kendall 检验、Spearman 检验和线性回归检验五种方法；周期性分析采用小波分析法和周期图法两种方法。

以上统计分析方法在水文、气象时间序列分析中较为常见,不再赘述。

1. 趋势性变化特征分析

1）滑动平均趋势分析

金沙江区 1951～2013 年多年平均年降水量为 712.1mm,年降水量及其滑动平均过程见图 5.5（a）。从图中可以看出，金沙江区域年降水量 1990 年以后的 23 年中，1998 年以前基本呈上升趋势，其中 1998 年降水量达 858.3mm，为 1951～2013 年序列的最大值；1998 年以后基本呈下降趋势，其中 2011 年降水量为 580.1mm，为 1951～2013 年序列的最小值。从整个序列滑动平均过程可以看出，63 年序列呈现缓慢增加趋势。

岷沱江区 1951～2013 年多年平均年降水量为 1074.4mm,年降水量及其滑动平均过程见图 5.5（b）。岷沱江区年降水量序列 1990 年以后的 23 年，基本呈下降趋势；2006 年、2002 年、1997 年年降水量分别为 878.5mm、939.1mm、947.3mm，分别为 1951～2013 年序列的倒数第一、第四、第五位（倒数第二、第三位分别为 1972 年 921mm、1986 年 935.2mm）；1991～2013 年的 23 年间，共有八年降水量大于多年平均值，其余 15 年降水量均小于多年平均值。

嘉陵江区 1951～2013 年多年平均年降水量为 938.2mm,年降水量滑动平均过程见图 5.5（c）。对于嘉陵江区 1951～2013 年年降水量序列，1983～1997 年降水量基本呈下降趋势，1997 年以后降水量基本呈增加趋势。1990 年以来的 23 年中，1997 年年降水量为 685.5mm，为 63 年序列的最小值，1998～2013 年平均年降水量为 921.2mm，接近于 63 年序列均值 938.2mm。

宜宾至宜昌区间 1951～2013 年多年平均年降水量为 1130.9mm,年降水量滑动平均过程见图 5.5（d）。宜宾至宜昌区间 1951～2013 年降水量系列，呈现出丰枯交替的现象；1991～2013 年的 23 年序列降水量均值为 1091.9mm，1991～1998 年基本呈上升趋势，其均值为 1121.3mm，1999～2013 年基本呈下降趋势，其均值 1076.2mm，但均接近 63 年序列均值 1130.9mm。

乌江区 1951～2013 年多年平均年降水量为 1135.4mm,年降水量滑动平均过程见图5.5（e）。乌江区 1951～2013 年年降水量序列中，1954～1960 年基本呈下降趋势，1961～1967 年基本呈上升趋势，1968～1976 基本在均值附近波动，1977～1988 年基本呈下降趋势，1989～2000 年基本呈上升趋势，2000 年以来基本呈下降趋势，出现丰枯交替的现象；1990 年以来的 23 年、1991～2000 年、2001～2013 年降水量均值分别为 1104.3mm、1173.6mm、1050.9mm，均接近 63 年序列均值 1135.4mm。

长江上游 1951～2013 年多年平均年降水量为 889.1mm，年降水量过程见图 5.6。长江上游 1951～2013 年年降水量序列中，1955～1990 年降水量基本在 63 年均值附近波动；1991～2013 年的 23 年序列，1991～1992 年、1994～1997 年降水量均低于 63 年序列均值 889.1mm，1998 年出现 63 年序列第二大年降水量 1011.5mm 后（63 年序列最大降水量为 1954 年的 1017.7mm），序列基本呈下降趋势；在 63 年序列中，年降水量倒数四位的年份均在 1991～2013 年，分别为 2006 年 753.2mm、2011 年 790.5mm、1994 年 800.2mm 和 1997 年 801.3mm。

2）数理统计检验

采用长江上游及其分区 1951～2013 年年降水量系列，在显著性水平 $\alpha = 0.05$ 下，$U_{\alpha/2} = 1.96$，$t_{\alpha/2}(63-2) = 2.000$，长江上游及其各分区年降水量变化趋势检验成果结表 5.5。

表 5.5　长江上游及其各分区年降水量变化趋势检验结果（1951～2013 年）

区域	M-K 检验	Kendall 检验	Spearman 检验	LRT 检验
金沙江	0.07	0.05	−0.5	−0.11
岷沱江	−3.53*	−3.54*	3.7*	−4.14*
嘉陵江	−1.87	−1.88	1.94	−2.22*
宜宾至宜昌	−2.34*	−2.35*	2.45*	−2.21*
乌江	−2.08*	−2.08*	2.02*	−2.46*
长江上游	−2.75*	−2.76*	3.07*	−2.94*

注：*表示在显著性水平 $\alpha = 0.05$ 下上升或者下降趋势显著，下同。

从表 5.5 可以看出，各种统计检验方法结果基本一致。20 世纪 50 年代以来，除金沙江区域年降水量序列基本没有变化趋势外，长江上游及其余各分区年降水序列均呈现出下降的变化趋势，在显著性水平 $\alpha = 0.05$ 下，岷沱江、宜宾至宜昌、乌江以及长江上游年降水量序列下降趋势显著。同时，嘉陵江年降水量序列 M-K 检验、Kendall 检验、Spearman 检验统计量已接近其显著性水平 $\alpha = 0.05$ 的门限值，LRT 检验结果显示其减小趋势显著，可以认为嘉陵江年降水量序列减少趋势较显著。长江上游及其各分区 1951～2013 年年降水量序列 M-K 检验统计变化见图 5.10。

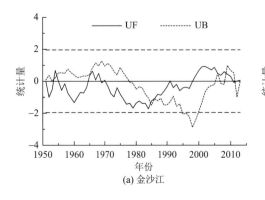

(a) 金沙江

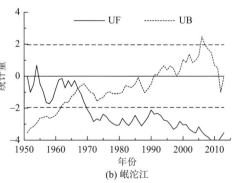

(b) 岷沱江

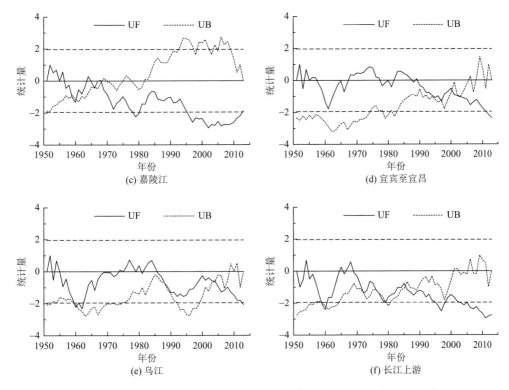

图 5.10　长江上游及其各分区 1951～2013 年年降水量序列 M-K 检验统计变化图

图 5.10 中，UF_k 为标准正态分布，给定显著性水平 α，若 $|UF_k| > U_{a/2}$，则表明序列存在明显的趋势变化，将时间序列 x 按逆序排列，再按照上式计算，同时使 $UB_k = -UF_k$。其中，$k = n + 1 - k(k = 1, 2, \cdots, n)$。通过分析统计序列 UF 和 UB_k 可以进一步分析序列 x 的趋势变化，而且可以明确突变的时间，指出突变的区域。若 UF 值大于 0，则表明序列呈上升趋势；小于 0 则表明呈下降趋势；当它们超过临界直线时，表明上升或下降趋势显著。如果 UF 和 UB 这两条曲线出现交点，且交点在临界直线之间，那么，交点对应的时刻就是突变开始的时刻（吴喜之和王兆军，1996）。由图 5.10 可以看出，岷沱江区年降水量序列突变点出现在 1991 年，序列至 1971～1974 年、1977～1983 年、1996～2013 年下降趋势显著；嘉陵江区序列至 1959～2013 年呈下降趋势，其中序列至 1972 年、1976～1989 年、1991～2004 年、2006～2013 年下降趋势显著；长江上游 1957 年以来一直呈下降趋势，其中序列至 1960～1963 年、1978～1982 年、1988 年、1992～1999 年、2011～2013 年下降趋势显著。

2. 周期性变化特征分析

通过数理统计方法对长江上游年降水量序列进行周期分析，估算序列周期长度。采用小波分析和周期图法识别研究序列的周期成分。

1）小波分析法

将长江上游年降水量序列（1951～2013 年）进行标准化处理后，分别计算出 Morlet

小波变换系数的模平方和实部。然后以 b 为横坐标、a 为纵坐标作 $W_f(a,b)$ 的二维等值线图，称为小波变换系数图。

年降水量序列标准化：

$$y_i = \frac{x_i - \overline{x}}{\sigma} \tag{5.2}$$

式中，x_i 为年降水量序列；$\overline{x}$ 为年降水量序列均值；σ 为年降水量序列标准差；y_i 为标准化年降水量序列。

（1）小波变换系数的实部。小波变换系数的实部包含给定时间和尺度下，相对于其他时间和尺度，信号的强度和位相两方面的信息。小波变换系数的实部为正时表示降水量偏多，为负时表示降水量偏少，为零时对应着突变点。图 5.11 为长江上游 1951～2013 年年降水量序列 Morlet 小波变换系数实部时频图。从图中可以发现年降水量呈明显的年际变化，存在 8～10 年、15～18 年两类尺度的周期性变化规律。其中，15～18 年时间尺度在 1965～2013 年表现明显，其中心时间尺度在 17 年左右，正负位相交替出现；8～10 年时间尺度在 1975～2013 年明显，在其他时段则表现得不是很明显，其中心时间尺度在 9 年左右。

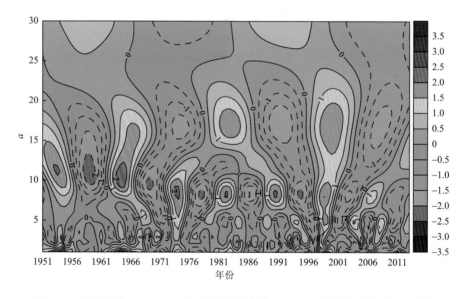

图 5.11　长江上游 1951～2013 年年降水量序列 Morlet 小波变换系数实部时频图

a 为小波变换系数

（2）小波变换系数的模平方。小波变换系数的模平方相当于小波能量谱，可从中分析出不同周期的振荡能量。模平方越大，其对应时段和尺度的周期性越显著。图 5.12 为长江上游 1951～2013 年年降水量序列 Morlet 小波变换系数模平方时频图。

从图 5.13 可以看出，它们的年际尺度（小于 10 年）和年代际尺度（大于 10 年）特征十分明显。其中，15～18 年时间尺度变化较强，主要发生在 1965～2013 年，振荡中心在 2000 年左右；8～10 年时间尺度变化较强，主要发生在 1980～2013 年，振荡中心在 1993 年左右；其余均较弱。

（3）小波方差分析。从以上分析可知长江上游年降水量序列存在几个周期范围，其中有一个周期是主周期，可通过小波方差来确定。将时间域上关于 a 的所有小波变换系数的平方进行积分，即为小波方差。计算公式为

$$\text{Var}(a) = \int_{-\infty}^{+\infty} |W_f(a,b)|^2 \text{d}b \qquad (5.3)$$

式中，$\text{Var}(a)$ 为小波方差。

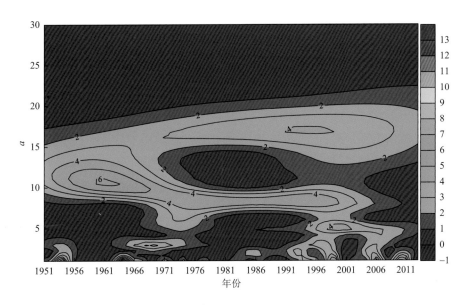

图 5.12　长江上游 1951～2013 年年降水量序列 Morlet 小波变换系数模平方时频图

通过小波方差图，可以确定一个水文序列中存在的主要时间尺度，即主周期。长江上游 1951～2013 年年降水量序列小波方差图见图 5.13。图 5.13 中主要有两个峰值，分别对应 9 年、17 年的时间尺度，第一峰值是 9 年，说明 9 年左右的周期振荡最强，为长江上游年降水量的第一周期，即主周期；第二周期为 17 年。

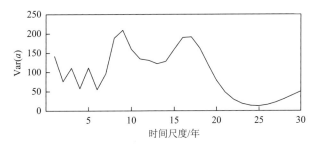

图 5.13　长江上游 1951～2013 年年降水量序列小波方差图

（4）基于小波方法分析长江上游年降水量的变化趋势。小波系数为正时是丰水期，为负时是枯水期。根据长江上游 1951～2013 年降水量序列小波变化系数实部和模平方时频、小波方差分析可知，该序列具有约 9 年、17 年尺度的周期特征。长江上游年降水量序列9 年和 17 年尺度小波系数变化趋势见图 5.14。

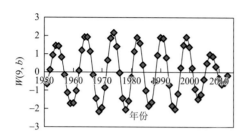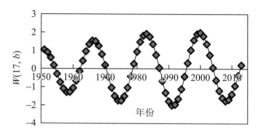

图 5.14　长江上游年降水量序列 9 年和 17 年尺度小波系数变化趋势

从 9 年、17 年时间尺度来看，20 世纪 50 年代以来，长江上游年降水量经历了将近7 个或 4 个丰水期—枯水期的循环阶段。根据 9 年和 17 年尺度的小波系数变化趋势，初步预计长江上游年降水量可能于 2015 年左右由偏枯期转为偏丰期，但是这仅是依据过去 63 年实测降水量序列本身的发展变化进行的预估，未来降水量才会受气候变化等因素影响，其未来具体如何变化及趋势如何需要专门进行分析研究。

2）周期图法

长江上游年降水量序列周期图见图 5.15。从中可以看出序列中包含贡献较大的谐波的个数，并根据其计算得出所对应的周期。根据周期图和 Fisher 检验，长江上游年降水量序列的周期长度在 15 年左右，与小波分析法得到的 17 年主周期长度非常接近。

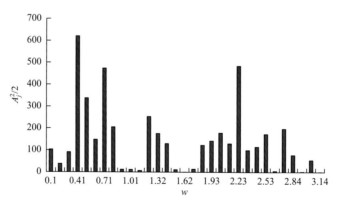

图 5.15　长江上游年降水量序列周期图

w 为采样频率；$A_j^2/2$ 为谐波个数

3）滑动平均分析

长江上游 1951～2013 年年降水量序列 9 年与 17 年滑动平均变化见图 5.16。从图可以看出，长江上游年降水量 63 年序列 9 年、17 年滑动过程均表现出一定的周期性特征，9 年周期性表现得较强。

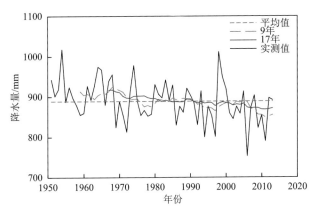

图 5.16　长江上游 1951～2013 年年降水量序列 9 年与 17 年滑动平均变化图

5.4　水土保持减沙

5.4.1　长江上游水土保持概况

1. 长江上游水土流失概况

据 1985 年长江上游各省区市统计，长江上游水土流失面积 35.2 万 km²，占上游总面积的 35%，占全流域水土流失面积的 62.6%，年土壤侵蚀量 15.68 亿 t，占全流域年土壤侵蚀总量的 70.1%。长江上游水土流失主要集中在金沙江下游，嘉陵江、沱江流域，乌江上游及三峡库区。分支流统计面积以金沙江 13.59 万 km² 最大，其次依次为嘉陵江、岷江。流失面积占总面积比重，以嘉陵江、沱江的 58% 左右为最大，其次为长江上游干流区间。分支流计算以金沙江 4.66 亿 t 最大，占上游水土流失区侵蚀量的 33%，嘉陵江次之，为 3.80 亿 t，占 27%（向治安和周刚炎，1993）。

长江上游水土流失重点区域包括金沙江下游及毕节地区、陕南及陇南地区、嘉陵江中下游地区和三峡库区四大片，土地总面积 35.1 万 km²，与长江流域暴雨区相重合，形成严重的水土流失。例如，甘肃陇南地区为我国四大泥石流区之一，总面积 27915km²，水土流失面积 15984km²，每年向长江输送泥沙 5483 万 t。境内白龙江中游地区为长江上游主要产沙区之一，剧烈侵蚀面积 693km²，侵蚀模数 10000～35000t/(km²·a)，强度侵蚀区面积 2101km²，侵蚀模数 4300～10000t/(km²·a)，有泥石流沟 1000 多条，危害严重的 300 多条。其中，三峡库区 19 个县（市）土地面积共 21667km²，水土流失面积 15947km²，而强度流失面积达 30% 以上。"四大片"的水土流失面积为 18.9 万 km²，占土地总面积的 53.8%，占长江上游总面积的 18.9%，但年均土壤侵蚀量为 8.8 亿 t，占长江上游年均土壤侵蚀总量的 58%，占全流域的 1/3 强。"四大片"的坡耕地近 550 万 hm²（其中陡坡耕地约占 1/3），仅占其总面积的 15.6%，而年均侵蚀量高达 3.8 亿 t，占"四大片"年均侵蚀量的 43.5%。可见"四大片"特别是坡耕地是长江上游主要侵蚀泥沙来源。

2. "长治"工程及"天保"工程治理情况

鉴于长江上游水土流失的严重性及其巨大影响，1988 年，国务院批准将长江上游列为全国水土保持重点防治区，1989 年国家启动了"长治"工程，在长江上游水土流失最严重的金沙江下游及毕节地区、嘉陵江上游的陇南和陕南地区、嘉陵江中下游、三峡库区四片首批实施重点防治，总面积 35.10 万 km²，其中水土流失面积 18.92 万 km²。"长治"一期工程涉及长江上游云、贵、川等六省市共 61 个县（市、区），169 条小流域，总土地面积 3.17 万 km²，竣工验收 1.7 万 km²，为期五年。1990 年，"长治"二期工程启动，涉及长江上游云、贵、川等六省市共 78 个县（市、区），502 条小流域，治理面积 9998km²，为期五年。1994 年，"长治"三期工程启动，涉及长江上游云、贵、川等七省市共 114 个县（市、区），开展 1354 条小流域的治理工作，治理水土流失面积 2.76 万 km²，为期五年。1997 年，"长治"四期工程启动，为期四年。第四期"长治"工程坚持开发性治理，加大植被建设和封禁治理的力度。四期工程共完成治理水土流失面积 5595km²，达到了小流域综合治理竣工验收标准。1999 年，"长治"工程五期开始，在云南、贵州、甘肃、四川、重庆、湖北、陕西、河南 8 个省（直辖市）的 118 个县（市、区）组织实施，2003 年完工，为期五年，共治理水土流失面积 1.42 万 km²。2001 年，"长治"工程六期开始，2005 年完工。

"长治"工程主要通过土地利用结构的调整，因地制宜地配置各项水土保持措施，实施以小流域为单元的山水田林路综合治理开发，改善生态环境和农业生产条件。"长治"工程采取的主要技术措施为工程措施，包括坡面工程和沟道工程；植物措施，包括造林、种草和保土种植措施。"长治"工程实施 20 年来，防治范围不断扩大，治理进度逐步加快。年治理水土流失面积由最初的不足 3000 余平方千米，增大到 7000 余平方千米，重点防治县由最初的 61 个扩展到 185 个。根据长江水利委员会水土保持局和《长江年鉴》提供的资料，截至 2005 年，"长治"工程已完成长江上游地区水土流失治理面积 6 万多平方千米，人工造林 600 多万公顷，长江流域水土流失最严重的"四大片"已治理 1/3[①]，植被覆盖度明显提高，生态环境有效改善，水土流失减轻，拦沙蓄水能力有所提高，从整体上扭转了长江流域水土流失加剧和生态环境恶化的趋势[②]。

1996 年 10 月，国务院副总理朱镕基视察四川攀西地区，对森林保护作出重要指示。

1998 年 6 月，朱镕基总理批示，要求四川抓紧实施天然林资源保护工程，早试点，提供经验；同时，国家林业局批复同意四川天然林保护工程方案。1998 年特大洪灾后，国家又实施长江上游天然林资源保护工程（简称"天保"工程）和退耕还林还草工程，即对坡度在 25°以上的坡耕地全部要求退耕还林。从 1998 年 9 月 1 日起，四川省甘孜、阿坝、凉山三州，攀枝花、乐山、雅安三市，停止天然林商品性采伐，实施天然林资源保护工程。工程区有 60 多个县（市），总面积 33.3 万 km²，占四川省面积的 68.7%、长江上游地区面积的 31.96%。

长江中上游天然林保护体系建设，主要是加强长江中上游及其发源地周围和主要山脉核心地带现有天然林资源的保护，积极营造水源涵养林和水土保持林，以涵养和改善长江中上游的水文状况，减缓地表径流，护岸固坡，防止水土流失，是三峡水利枢纽工程等水利设施的天然蓄水库。该体系建设的重点是保护好三峡库区及其上游的原始林和生态脆弱

---

① 长江水利网. 2006. 长江上游水土流失最严重"四大片"已治理 1/3..8.31. http://www.cjw.com.cn/news/detail/20060831/68874.asp.

② 长江水利委员会水土保持局. 2004. 长江水土保持工作简报（2004 年第 17 期）. http://10.100.83.46/shuitu/Article_Show.asp?ArticleID = 194.

地区的天然林资源，同时加强营造林工程建设，增加林草植被，以减轻水土流失、泥沙淤积对水利工程的危害和威胁，充分发挥三峡水利枢纽工程等水利设施的长期效能。

长江上游水土保持工作虽然取得较大进展，不少地区的水土流失恶化趋势初步得到遏制，水土流失面积开始出现减少趋势，但长期以来，水土流失随人口增长和不合理的土地开发经营活动日渐加剧，陡坡开荒、滥伐林木、过度樵薪、超载放牧，对土地资源进行掠夺性的经营活动，进一步导致流域丘陵山区大规模的植被破坏和坡地垦殖，局部水土流失也有所加剧。例如，20 世纪 50 年代贵州省水土流失面积仅为 2.5 万 km^2，占总面积的 14.2%，而 1987 年卫星遥感调查，水土流失面积已发展到 7.67 万 km^2，占总面积的 43.5%。1990 年以来，通过加强预防和治理，水土流失发展的势头得到一定的控制并有所减少，但由于存在边治理边破坏的现象，一方面列入重点治理区域的水土流失面积大幅度减少，另一方面非重点治理区水土流失面积却在不断增加，以致总体上水土流失面积减少的幅度不大。据 1999 年的卫星遥感调查结果，贵州省水土流失面积为 7.329 万 km^2，占土地面积的 41.6%，年土壤侵蚀量 2.52 亿 t，侵蚀模数 $1432t/(km^2 \cdot a)$。

据不完全统计，长江上中游地区 20 世纪 90 年代每年人为造成的水土流失面积在 $1200km^2$ 左右，新增水土流失量约 1.2 亿 t。这类水土流失往往面积不大，但分布集中，强度极大，危害严重。因此，资源开发和生产建设所造成的人为水土流失不容忽视，水土流失不仅淤积了湖泊水库，还会导致洪涝灾害。进入 20 世纪 90 年代，长江流域的局部水灾年年发生，除 1997 年外，1994 年、1995 年、1996 年和 1998 年都发生了较严重水灾，直接经济损失分别高达 200 亿元、590 亿元、700 亿元和 2600 亿元。这些数据从另一个侧面反映了水土流失现象总体上有加重的趋向。

3. 2006～2015 年水土保持项目

（1）云贵鄂渝水土保持世界银行贷款/欧盟赠款项目。云贵鄂渝水土保持世界银行贷款/欧盟赠款项目实施范围涉及云南、贵州、重庆和湖北四省（直辖市）的 33 个县（市、区）。2006～2012 年，完成水土流失治理面积 0.2 万 km^2，其中，基本农田 $7777hm^2$，营造水土保持林 $21232hm^2$，种植经果林 $35115hm^2$，种草 $2558hm^2$，实施保土耕作措施 $53816hm^2$，实施封禁治理措施 $102027hm^2$，小型水利水保工程 37694 处。分省（直辖市）完成情况，云南 $504.8km^2$，贵州 $1787.9km^2$，重庆 $522.6km^2$，湖北 $409.9km^2$。

（2）国家农业综合开发水土保持项目。国家农业综合开发水土保持项目实施范围涉及云南、贵州、四川、重庆、湖南和江西六省（直辖市）。2006～2015 年，完成水土流失治理面积 1.0 万 km^2。其中，坡耕地改造 $26376hm^2$，营造水土保持林 $121009hm^2$，种植经果林 $90969hm^2$，种草 $4358hm^2$，实施封禁治理措施 $502207hm^2$，实施保土耕作措施 $288731hm^2$，小型水利水保工程 45042 处。分省（直辖市）完成情况，云南 $54km^2$，贵州 $36km^2$，四川 $14656km^2$，重庆 $2274km^2$。

（3）坡耕地水土流失综合治理试点工程。坡耕地水土流失综合治理试点工程实施范围涉及 12 省（自治区、直辖市）的 125 个县（市、区）。2009～2015 年，完成坡耕地改造 $1042.6km^2$，并配套建设了 54331 处小型水利水保工程。分省（自治区、直辖市）完成情况，云南 $28.6km^2$，贵州 $1103.6km^2$，四川 $191.4km^2$，重庆 $86.9km^2$，甘肃 $75.2km^2$，陕西 $55.2km^2$，湖北 $134.2km^2$。

（4）国家水土保持重点建设工程。国家水土保持重点建设工程实施范围涉及贵州、四川、重庆、湖北、湖南、江西、安徽和广西八省（自治区、直辖市）的 109 个县（市、区）。2006～2015 年，完成水土流失治理面积 0.9km²。其中，坡耕地改造 8891hm²，营造水土保持林 156152hm²，种植经果林 71808hm²，种草 7874hm²，实施封禁治理措施 559853hm²，实施保土耕作措施 73789hm²，小型水利水保工程 27500 处。分省（自治区、直辖市）完成情况，贵州 1472km²，四川 1069km²，重庆 358km²，湖北 649km²。

（5）中央预算内水利投资水土保持项目。中央预算内水利投资水土保持项目实施范围涉及西藏、青海、云南、贵州、四川、重庆、甘肃、湖北、湖南、江西、安徽、江苏和广西 13 省（自治区、直辖市）。2010～2015 年，完成水土流失治理面积 1.7km²。其中，坡耕地改造 58635hm²，营造水土保持林 175043hm²，种植经果林 122735hm²，种草 20988hm²，实施封禁治理措施 996882hm²，实施保土耕作措施 276325hm²，建设小型蓄水工程 71388 处。分省（自治区、直辖市）完成情况，西藏 20km²，青海 83km²，云南 1323km²，贵州 11542km²，四川 12281km²，重庆 1706km²，甘肃 936km²，湖北 5958km²。

4. 水土保持规划

2012 年，国务院以国函〔2012〕220 号文批复了《长江流域综合规划（2012—2030 年）》，规划范围涉及长江干流的青海、四川、西藏、云南、重庆、湖北、湖南、江西、安徽、江苏、上海 11 个省（自治区、直辖市）和长江支流的甘肃、陕西、贵州、河南、浙江、广西、广东、福建 8 个省（自治区），其中对水土保持专章进行了修编。根据规划，长江流域到 2020 年规划治理水土流失面积 21.2 万 km²，完成 40% 的治理任务。到 2030 年规划治理水土流失面积 39.8 万 km²，完成 75% 的治理任务。

2010 年，水利部以水规计〔2010〕311 号文批复了《三峡库区水土保持规划》。规划范围包括重庆、湖北两省（直辖市）24 个县（区），土地总面积 6.9 万 km²。规划 2010～2030 年完成三峡库区水土流失综合治理面积 3.3 万 km²，生态环境显著改善，水源涵养能力得到提高。

5.4.2　金沙江流域

本书将水土保持措施分为植被工程、改土工程、拦挡工程三类。野外考察期间重点考察了凉山州所属地区的金沙江干热河谷地带。

1. 植被工程

这里的植被及防护工程包括天然林资源保护工程、水保林、植树、种草、封禁治理、经果林等工程。

在天然林保护方面，1998 年 9 月 2 日，处于金沙江下段和雅砻江地区的凉山州率先启动了天然林资源保护工程，累计减少森林面积消耗 600 万 m³ 以上。至 2002 年年底，全州共计营造生态公益林 739.2 万亩。2000～2010 年累计完成生态公益林建设面积 808.6 万亩，全州森林覆盖率由 28.2% 提高到 37.2%。云南省天然林资源保护工程也相继开展，全省有 13 个地、州、市的 66 个县、17 个国有重点森工局被纳入了"天保"工程实施范围，总面积 36039 万亩，占全省土地总面积的 60.98%。

金沙江攀枝花以下地区很多地方都实施了天然林资源保护工程。天然林保护区一般位于各级河流及沟道的源头区域，降水较为丰富，在地貌类型上一般位于高原顶面，地面切割程度相对较小，人类活动的影响也较小。天然林在未被破坏的情况下，植被覆盖度高，林下灌丛、草被及枯枝落叶层保存较好，水土流失轻微，但林内有坡耕地的地方水土流失仍较严重。安宁河与雅砻江干流分水岭的山顶高原面，森林生长良好，其间也有耕地，若保护得当，水土流失不严重。进行天然林保护和封禁治理，防止人为破坏，一方面可以有效防止新的水土流失区产生；另一方面，在封禁治理区，林下灌丛及一年生草本植物可以大量繁殖，其枯枝落叶在没有人为破坏的情况下在林下累积，形成乔、灌、草、腐多层防护体系，使原先有水土流失的区域的流失程度减轻。金沙江流域大部分地区（除干旱河谷区和高寒山区）降水相对较丰富，能满足乔、灌、草等各层生长的水分需求，各层植物生长较快。在流域海拔较高（雪线以下）的高原面，天然林保护区的保护工程已经起到了减轻水土流失的作用。天然林资源保护区多位于流域的上游地区坡面，海拔相对较高，在受保护的区域，水土流失程度很轻，但有的地方混杂有坡耕地，也会产生水土流失，由于植被的阻挡，大部分泥沙进入不了河道。在金沙江干热河谷地区，气候干旱，降水稀少，水分不能满足大量乔木生长的需要，但可满足草被及少量乔木和灌木的生长。这些地区由于长年的水土流失，坡面几乎为裸岩，天然林较少，但保护工程可以使坡面的草丛生长，在一定程度上减轻坡面水土流失，拦挡坡面风化崩落物进入河流。

在实施天然林保护的大部分地区，原先的水土流失并不十分严重。这一工程的重要意义还在于防止新的水土流失区产生。在天然植被还未得到完全保护的上游地区，人为破坏还很严重，攀枝花以上地区来沙量呈增长的趋势可能就与天然林继续被破坏有关。考察中发现，在植被遭破坏的地区，土地有荒漠化发展的趋势，在宁蒗地区表现较突出。被砍伐的天然林再经过放牧，若不加以保护，水土流失也会加剧。在金阳县，树木砍伐后的荒坡与远处的森林形成鲜明的对比，这些荒地若继续遭受破坏，不加以治理，会产生新的水土流失。

在实施"长治"工程封禁治理区，从野外考察的情况看，原先水土流失均较严重，经过十余年的治理，植被得到不同程度的恢复，新栽种的植被已长出，治理区内森林覆盖率及总体植被覆盖度大幅度提高，林下灌丛、草被得到恢复，生长状态良好，枯枝落叶层保存较好，能在一定程度上阻止坡面及沟道源头的水土流失。

在海拔较低的干热河谷区，由于水分不足，水保林树木不会长得太大，很多都会枯死，但草被能生长，若枯枝落叶层得到保护，也能起到保持水土的作用。如果草被及枯枝落叶层得不到有效保护，或治理区内有坡耕地，也不能有效防止水土流失。

在金沙江流域实施"长治"工程治理的地区，种植了大量经果林。经果林一般位于山坡或坡脚，一般与坡改梯工程相结合。经果林由于需要除草施肥，林下草被和枯枝落叶层得不到有效保护，其阻止土壤侵蚀的作用不及水保林，特别是对强度较大的沟道侵蚀，经果林的作用较小。但经果林林下土地一般都经过了平整，有的还有地梗，使林下的侵蚀减轻，还能拦截部分坡面泥沙。

2. 改土工程

这里的改土工程主要指坡改梯工程。坡改梯是"长治"工程的重要内容，一般由政府出资、当地农民出工，实行手工操作，有的县如会理县也采用机械操作。坡改梯一方面使原来的坡地变为水平地，在水平地内不易发生土壤侵蚀，减沙效果好，水平梯地一般有经过压实的梯梗，起到拦沙作用；另一方面，坡改梯破坏了原有的植被根系，使原先较为密实的土体变得松散，不同级梯地之间，很容易被强降水及产生的坡面径流破坏，梯梗一旦被破坏，就会在径流作用下形成沟道，从而加大侵蚀。图 5.17 为雷波县小流域坡改梯过程。原始坡面草被生长很好，枯草和草被根系保存较好，地表土层结实，在不被破坏的情况下，草被本身具有较好地防止水土流失的作用。经过坡改梯后，防止土壤侵蚀的草被及根系被去除，原先压实的土体被翻松，这一阶段的抗侵蚀能力最弱。随后用人工将梯梗加固、压实，完成后便成为裸露的梯地。在最初的几年，梯梗防止水土流失的能力很有限，一遇高强度降水，在强大的径流作用下，很快会被冲垮，比原始坡面抗侵蚀的能力还差。在有条件的地方，利用石块做梯坎，拦沙减蚀效果很理想（图 5.18）。图 5.19 为坡改梯完成后种植农作物情况。经过多年的耕作，梯梗更结实，拦沙减蚀的作用比初期明显增强。

图 5.17　雷波县小流域坡改梯过程

图 5.18　雷波县坡改梯（石质梯坎）　　　　图 5.19　坡改梯完成后种植农作物情况

这种坡改梯在短期内水保效益还较差，甚至比原先的荒坡更容易发生侵蚀，在坡改梯的最初几年，水土流失的强度是增大的，这也是金沙江流域 1991～2000 年系列输沙量增大的原因之一。以后几年内水土流失强度虽然会减小，但可能仍比自然状态下的荒坡要大。坡改梯的拦沙减蚀作用远不及封禁治理，但可以在一定程度上防止土壤养分流失。坡改梯可以提高土壤质地，提高单位面积土地的粮食产量，一方面减少农民对农业劳动时间的投入，解放大量劳动力投入其他工作；另一方面，解决农民的吃饭问题，使毁林开荒等破坏活动得到遏制，使条件较差的坡耕地可以实施退耕还林还草，保障封禁治理的成果，实现生态自然修复，从而达到保持水土的目的。

3. 拦挡工程

拦挡工程主要包括堰塘、谷坊、拦沙坝、蓄水池、排灌水渠、水平沟、沉沙函等拦截坡面、沟谷泥沙及泥石流等的工程。拦挡工程一方面可以拦截部分泥沙，另一方面可以拦截或引导径流，减小坡面或沟谷的径流侵蚀。虽然单个堰塘、谷坊、拦沙坝、蓄水池、沉沙函等的拦沙量较小，但这些拦沙工程数量大，拦沙总量也较大，有的堰塘经多次清淤处理，拦沙作用得以延续。

拦沙工程结合坡面封禁、水保林建设等，能起到较好的水土保持作用。根据宁南县水利局提供的资料，银厂沟小流域为"长治"工程二期治理小流域，实施坡改梯 0.35 万亩，经果林 0.59 万亩，水土保持林 0.61 万亩，种草 0.66 万亩，封禁管育 0.6 万亩，保土耕作 0.33 万亩，修建堰塘 10 座，谷坊 15 座，拦沙坝 7 座，蓄水池 250 口，排灌沟渠 80km，沉沙函 300 口。银厂沟小流域拦挡工程发挥了较大的作用，图 5.20 为银厂沟沟口的谷坊，周围及上游地区为水保林，出口以下为泥石流堆积体。经过治理，泥石流得到控制，近 15 年来未发生泥石流，泥石流冲积扇已开辟为梯田。

云南巧家白泥沟流域泥石流暴发频繁，规模大。1753 年暴发的一次泥石流，冲毁了整个巧家老县城。经过治理，沿流域修建了多级拦沙坝（图 5.21 为 0 号坝），一方面防止沟道继续下切，另一方面拦截上游来沙。泥石流沟下游修建了排导槽，上游实行封禁治理，泥石流暴发频率和规模明显减小，原先的泥石流冲积扇已开辟为面积达 87 亩（1 亩≈666.67m^2）的农田。

图 5.20　银厂沟沟口的谷坊

图 5.21　巧家白泥沟泥石流拦挡工程

5.4.3　岷沱江流域

　　岷江和沱江流域地理位置紧邻，下垫面条件较为相似，且通过都江堰水利工程实现了水系连通，两个流域有径流和泥沙的交换。岷沱江流域不是"长治"工程的重点治理区域，但地方水土保持工作仍有开展。自20世纪80年代后，对植被的破坏转为对植被的保护，流域生态环境有所好转，坡面侵蚀强度减轻。根据长江水利委员会2009年水土流失遥感监测数据，岷江流域水土流失面积6.0万km²，占岷江流域土地总面积的44.1%。

　　植被覆盖变化的影响实际上也包含在人类活动影响因素中。黄礼隆和唐光（2000）以小流域为单元，采用分层研究，以坡面、小集水区、小流域为观测系统，层层控制的研究方法，研究了川中丘陵区防护林体系在不同区域范围的蓄水保土功能。该研究以定位观测研究为主，辅以半定位观测研究与调查相结合。该研究区域区内自然条件相差较小，包含沱江中、下游流域在内。这里采用其研究成果对沱江中下游植被对流域侵蚀产沙的影响加以说明。川中丘陵区森林覆被率（1980年统计）为2.3%，防护林营建后预计达20%～30%。这些地区的森林多分布在地楞、地坎，且残存疏林比例大。

　　研究表明，不同森林覆盖率土壤侵蚀差异明显。塘库测淤资料分析表明，森林覆被率与土壤侵蚀量呈负相关。不同森林生长时期的土壤侵蚀差异明显。从沱江简阳市清水河试验小流域连续六年雨季泥沙观测统计（表5.6）看出，成林的保土效果明显优于幼林，幼林又明显优于荒草坡。

表5.6　森林不同时期雨季产沙量统计表（黄礼隆和唐光，2000）

年份	5～9月降水量/mm	荒草坡/(t/km²)	桤柏幼林/(t/km²)	墨柏幼林/(t/km²)	栎柏幼林/(t/km²)	柏木成林/(t/km²)
1989	501.6	29.40	6.70	14.70	25.17	9.44
1990	689.7	214.00	110.26	107.50	31.11	20.00
1991	592.9	45.42	8.99	35.63	32.18	2.74
1992	756.2	42.91	1.91	12.91	36.18	21.42
1993	794.8	37.81	2.39	23.41	43.90	37.93
1994	477.0	4.86	0.60	4.60	16.58	14.80
平均	635.4	61.58	21.83	29.20	17.67	17.62

　　森林不仅能改善土壤结构状况，增加土壤团聚体，而且能提高林地土壤肥力，增强林地微生物活性，从而增加土壤抗蚀性。不同森林类型，土壤侵蚀差异明显。以简阳市清水河试验小流域造林后第一年为例，在降水量为689.7mm时，除桤柏＋马桑林的产沙量小于对照外，其余都高于对照（表5.7），这是造林整地之故；造林后第四年，各林分基本郁闭，在降水量为779.2mm时，各林分减沙效果显著，其排序为：墨柏＋桤柏混交林＞桤柏＋马桑林＞墨柏纯林＞藏柏＋马桑林＞对照（串叶松香草）。流域产沙量随森林覆被率的增加而减少。在川中丘陵区，防护林体系建成后，流域内的土壤侵蚀面积减少25%～40%，土壤侵蚀模数减少43.9%～54.0%。

表 5.7　不同类型造林初期的产沙情况对比（黄礼隆和唐光，2000）

年份	造林后第一年			造林后第四年			减沙率/%
	5~9 月降水量/mm	产生径流的降水量/mm	5~9 月产沙量/(t/km²)	5~9 月降水量/mm	产生径流的降水量/mm	5~9 月产沙量/(t/km²)	
墨柏+桤柏混交林	589.7	563.2	110.26	779.2	297.5	2.39	97.58
藏柏+马桑林	689.7	527.9	176.25	779.2	246.9	30.56	82.66
桤柏+马桑林	689.7	362.7	47.92	779.2	273.2	1.58	96.70
墨柏纯林	689.7	585.3	107.58	779.2	328.1	23.39	84.31
对照	689.7	569.3	68.90	779.2	316.1	33.38	51.55

沱江上游主源绵远河主要在德阳市，地貌格局为五丘三坝二分山，丘陵和山区水土资源过度开发利用，加上山区蕴藏有丰富的磷矿和石灰矿，乱采滥伐，造成水土流失加剧和生态环境恶化。据 1999 年遥感普查，德阳全市水土流失面积 1930km²，占辖区面积的32.3%，占辖区山、丘区面积的 47.6%。根据长江水利委员会 2010 年水土流失遥感监测数据，沱江流域水土流失面积 1.1 万 km²，占沱江流域土地总面积的 41.7%。

沱江中、下游衔接处位于成都市金堂县，县内有程度不同的水土流失面积 90.22 万亩，其中，中度流失 29.60 万亩，轻度流失 11.67 万亩，极强度流失 48.95 万亩。水土流失加剧的原因：一是林木砍伐过度，森林覆盖率显著下降，1949 年森林覆盖率为 18%，到1970 年降到 10.24%；二是栽砍失调；三是无计划开垦种植。

沱江中、下游处于四川盆地低山丘陵区，为低丘宽谷（带坝）石灰性紫色土景观，内江地区占了大部分面积，包括乐至、安岳全境、简阳、资阳、资中、内江市的遂宁组和蓬莱镇组地层范围的 289 个乡，田土比为 1∶2。该地区主要为农区，复垦指数高，森林覆盖率低，地表破碎、水土流失严重。尤其是四川坡耕地 327 万 hm² 中，坡度大于 25°的有 77 万 hm²，占耕地总面积的 11%，远高于全国 4%的水平。该区域主要的生态问题是水土流失。

沱江流域水土保持治理工作开展较早，主要涉及德阳、成都、内江和自贡等市。据不完全统计，1991~2005 年，岷沱江流域水土保持治理面积 2585km²，2006~2015 年55433.4km²。

5.4.4　嘉陵江流域

嘉陵江流域是长江各大支流中水土流失[指侵蚀模数＞500t/(km²·a)的面积，下同]比较严重的地区，水土流失主要分布在西汉水、白龙江、嘉陵江中游上段以及渠江流域。嘉陵江水土流失类型以水力侵蚀为主，其次为重力侵蚀。水力侵蚀的主要形式是面蚀，主要发生在坡耕地、疏幼林地以及荒山荒坡，面广量大，危害严重；重力侵蚀多发生在西汉水、白龙江流域，主要有泻溜、滑坡和崩塌等几种形式，部分地区时有泥石流发生，其具有突发性，破坏性极大。

据 1988 年全国遥感普查结果，嘉陵江流域内 76 个县（市、区）无明显水土流失面积为 76036.67km^2，占流域总面积的 47.86%，主要分布在白龙江上游和四川盆地；水土流失面积为 8.283 万 km^2，占流域总面积的 52.14%，土壤侵蚀总量为 3.66 亿 t/a，侵蚀模数为 4419t/(km^2·a)。其中，①轻度流失面积 3.2962 万 km^2，占水土流失面积的 39.79%，分布在四川盆周东北、西北部山区，地貌以中山深切割为主，山岭褶皱剧烈，岩层倾角大，地形受其限制，坡度陡。山上以次生林和残次林为主，低山区下部多已开垦为耕地。由于多暴雨、耕作粗放，坡耕地及荒山水土流失严重。局部地区时有滑坡、泥石流发生。②中度流失面积 1.6878 万 km^2，占水土流失面积的 20.38%，分布在四川盆地丘陵区、川东平行岭谷区。其中，四川盆地丘陵区地面起伏不大，出露岩层主要是侏罗纪、白垩纪紫色砂岩、页岩层，自然条件优越，人口密集，密度在 500 人/km^2 以上，垦殖率高，坡耕地为水土流失的主要地类。川东平行岭谷区地质构造简单，为四川台地、川东平行褶皱带，背斜为山，向斜为谷。地层出露以中生界地层面积最大。该区顺层坡缓，农田密集，逆层坡陡，多为荒山峭壁。③强度流失面积 2.4423 万 km^2，占水土流失面积的 29.49%，主要分布在嘉陵江上游的西汉水和白龙江中下游，位于我国第一级阶梯向第二级阶梯的过渡带上，地质构造复杂，断裂多，地震频繁，切割剧烈，山高坡陡，坡积物和黄土层厚，山崩、滑坡、泥石流时有发生。除西汉水一带为西北黄土高原延伸部分以外，其余为土石山区。④极强度流失面积为 0.7689 万 km^2，占水土流失面积的 9.28%。⑤剧烈流失面积 0.0878 万 km^2，占水土流失面积的 1.06%。

从 1989 年起，嘉陵江中下游和陇南陕南地区被列为"长治"工程重点防治区之一，流域内 76 个县（市、区）中先后有 50 个县（市、区）开展了水土保持重点治理。根据 1999 年全国第二次水土流失遥感调查（采用 1995~1996 年 TM 卫片）资料，嘉陵江流域水土流失面积 7.9445 万 km^2，占土地总面积的 49.65%。其中，轻度流失面积 2.7468 万 km^2，占流失面积 34.58%；中度流失面积 3.6741 万 km^2，占流失面积 46.25%；强度流失面积 1.3059 万 km^2，占流失面积 16.44%；极强度流失面积 0.1855 万 km^2，占流失面积 2.33%；剧烈流失面积 0.0322 万 km^2，占流失面积 0.40%。平均年土壤侵蚀量 3.03 亿 t，平均侵蚀模数 3813t/(km^2·a)。与 1988 年遥感普查资料相比，流域年侵蚀量减少 6300 万 t，减幅 17.2%，水土流失面积也减少 4.09%，其中，强度、极强度和剧烈水土流失面积分别减少 46.53%、75.87% 和 63.33%，中度水土流失面积则增加 117.69%（表 5.8）。

表 5.8　嘉陵江流域水土流失对比

水土流失类型	面积/万 km^2		相差		占水土流失总面积/%	
	第一次普查	第二次普查	面积/万 km^2	百分比/%	第一次普查	第二次普查
轻度	3.2962	2.7468	−0.5494	−16.67	39.79	34.58
中度	1.6878	3.6741	1.9863	117.69	20.38	46.25
强度	2.4423	1.3059	−1.1364	−46.53	29.49	16.44
极强度	0.7689	0.1855	−0.5834	−75.87	9.28	2.33
剧烈	0.0878	0.0322	−0.0556	−63.33	1.06	0.40
合计	8.2830	7.9445	−0.3385	−4.09	100	100

5.4.5　乌江流域

乌江上游的毕节市是乌江流域水土流失较为严重的地区,其水土保持综合治理工作也主要集中在此,是"长治"工程的重点治理区域。毕节市位于贵州省西北部,西与云南省接壤,北同四川省相连,下辖七星关区、大方县、黔西县、金沙县、织金县、纳雍县、赫章县和威宁彝族回族苗族自治县。

毕节市内长江流域面积为 25455km²。地势西高东低,西部海拔多在 1800m 以上,中部海拔为 1400~1800m,东部海拔一般在 1400m 以下。境内岩溶地貌与侵蚀地貌交错出现,93%的辖区面积为山地,喀斯特面积占辖区面积的 23.3%,山峦重叠,河流纵横,地貌类型多样,致使地面零星破碎,相对高差大。

受地理位置和地形、地貌的影响,河流空间分布明显,区内河流均属山区雨源性河流,洪水陡涨陡落,洪枯水量变化大,洪水期的径流量占全年径流量的 62%。多数河流上游地区较开阔,中游地区束放相间、水流湍急,下游河谷深切。

毕节市自 1989 年列入"长治"工程以来,其中毕节、大方、威宁和赫章四县列入一期治理工程(1989~1993 年),治理面积 330.63 万亩(2204.2km²),其中,坡改梯 22.90 万亩,水土保持林 115.51 万亩(经果林 40.52 万亩),以林代草 28.12 万亩,封禁 77.05 万亩,保土耕作措施面积 87.05 万亩。水土流失面积由 1988 年的 3016.93km² 减少至 1993 年的 2107.94km²,减幅 30%,强度以上的水土流失面积则由 1128.23km² 减少至 493.69km²,减幅 56%,土壤侵蚀量也由 1988 年的 1679 万 t/a 减小至 1993 年的 460 万 t/a,年均减蚀量 1219 万 t/a,减蚀率达到 73%。

5.4.6　三峡水库区间

1. 三峡库区水土保持情况

三峡库区位于我国地势第二级阶梯向第三级阶梯的过渡带上,山地、丘陵比例高,坡陡沟深,地形破碎,海拔落差大(超过 2000m),坡度陡,坡度大于 25°的面积占库区总面积的 21.1%。三峡库区辖区面积约 5.6 万 km²,耕地面积 221 万 hm²,林地面积 246 万 hm²。根据 1988 年三峡库区部分县(区)的卫星遥感照片解译统计,三峡库区水土流失面积 36400km²,占库区总面积的 65%,地表侵蚀物质量 1.558 亿 t,平均侵蚀模数 2918t/(km²·a)。其中,在 24367km² 侵蚀较为强烈的土地上,土壤侵蚀面积 14175km²,占 58.2%,年均土壤侵蚀总量 8178 万 t,平均侵蚀模数 5770t/(km²·a)。侵蚀面积中,强度以上侵蚀面积占 55.5%,土壤侵蚀量占侵蚀总量的 75.6%(杨艳生和史德明,1993)。根据 2009 年水土流失遥感监测数据,三峡库区水土流失面积 2.7 万 km²,占库区土地总面积 48.2%,与 2000 年相比,减少 2196km²。

由于自然和人为原因,长江流域上中游山丘区水土流失加剧,生态环境恶化,水土流失面积和年均土壤侵蚀量均居全国七大流域的首位,成为我国仅次于黄土高原地区的另一个水土流失敏感区,为我国生态环境保护的重点区域。1988 年,国务院将长江上游列为全国水土保持重点防治区，1989 年，"长治"工程开始实施。实施范围涉及云南、贵州、四川、甘肃、陕西、湖北、重庆、河南、湖南、江西 10 个省（直辖市）的 208 个县（市、区），截至 2005 年，实施治理的小流域 5000 条，完成水土流失治理面积 8.7 万 km^2。其中，完成坡耕地改造 68.1 万 hm^2，营造水土保持林 241.6 万 hm^2，种植经果林 101.1 万 hm^2，种草 33.6 万 hm^2，实施封禁治理 272.7 万 hm^2，实施保土耕作措施 153.1 万 hm^2。截至 2009 年，"长治"工程实施范围由上游"四大片"的 7 省（直辖市）61 个县（市、区）有序扩大到以上游为重点、上中游协调推进的 10 省（直辖市）214 个县（市、区），实施了七期重点治理工程，累计实施治理小流域 5445 条，完成水土流失治理面积 10 万 km^2。经过 20 年的连续治理，长江流域水土流失面积减少了 15%，各项水土保持措施每年减少的土壤侵蚀量达 1.92 亿 t，三峡库区水土流失面积以年均 1% 的速度递减，嘉陵江流域水土流失面积已由治理前的 58% 下降到 39%。

三峡库区是"长治"工程的重点治理区域，从第一期开始直到第七期，都进行了重点治理。另外，库区还大规模地实施了封禁治理和天然林资源保护工程。据统计，1989～1996 年三峡库区共完成治理土壤侵蚀面积 9129.84km^2，治理程度达到 25.1%（长江水利委员会水文局，1998b）。1989～2004 年三峡库区水土流失重点防治工作累计治理水土流失面积 1.77 万 km^2，其中，兴建基本农田 208 万亩，营造经济林果 288 万亩。

2005 年后，在"长治"工程之后，三峡库区又相继开展中央预算内重点流域治理水土保持项目、国家农业综合开发水土保持项目、坡耕地水土流失综合治理试点工程等水土保持工程，水土流失治理面积进一步增加。2006 年水利部将重庆开县、巫溪县、云阳县、奉节县、巫山县、万州区、忠县、石柱土家族自治县、丰都县、长寿区、涪陵区、武隆区、重庆市主城区、江津区及湖北秭归、兴山、巴东等县（区）列入国家级重点治理区。

据《重庆市水土保持公报》，2005 年全市水土流失面积为 4 万 km^2（三峡库区 2.17 万 km^2），比 1995 年的 5.2 万 km^2 减少了 1.2 万 km^2，减少了 23.08%；2014 年度累计治理水土流失面积 1620km^2，2014 年有水土流失面积 3.08 万 km^2，较 2005 年减少了 0.92 万 km^2，其中，三峡库区重庆段水土流失面积为 1.99 万 km^2，流失比例较 2005 年降低 8.29%，2005～2014 年治理水土流失面积 0.18 万 km^2。

据《湖北省水土保持公报》，1988 年湖北省第一次遥感水土流失普查数据显示水土流失面积为 68483km^2，2006 年第三次遥感水土流失普查数据显示为 55873km^2。自 1989 年实施"长治"工程以来，湖北省共实施"长治"工程六期，项目区建设范围涉及三峡库区、丹江口水库水源区和大别山南麓诸水系三个类型区，包括宜昌、黄冈、十堰、恩施 4 个市（州）的 15 个县（市、区）的 411 条小流域，累计治理水土流失面积 6708km^2，截至 2015 年12 月 31 日，湖北省水土流失面积为 36903.02km^2，水土保持措施保存面积 57224.13km^2，近 20 年来水土流失面积减少了 12610km^2，实施区水土流失治理率达到 86.91%。在湖北省的治理项目中，三峡库区是重点。兴山县进行了"长治"工程五期综合治理，共治理小流域 50 条，遥感普查结果表明，截至 2006 年，兴山县水土流失面积为 577.83km^2，比 1988 年下降 55.72%。

库区各级水利行政主管部门对开发建设项目水土保持方案进行审批，确定水土流失防治责任范围，督促开发建设单位投入水土流失防治资金到位，开展水土保持执法活动，对开发建设项目的水土保持责任落实情况进行了检查,在很大程度上遏制了新的水土流失区域的产生。

2. 典型小流域水土保持减沙作用

长江水利委员会长江科学院以鹤鸣观小流域为例,计算了坡面通过水保措施综合治理后的拦洪减沙效益（表 5.9）。从径流模数看,Ⅰ号、Ⅱ号沟分别由治理前的 20.52 万 m³/(km²·a)、31.24 万 m³/(km²·a)降至前期治理的 16.30 万 m³/(km²·a)、28.41 万 m³/(km²·a),后期治理后进一步降为 8.12 万 m³/(km²·a)、6.85 万 m³/(km²·a),比治理前分别减少 60.43%、78.07%,比前期治理减少 50.18%、75.89%。

表 5.9　鹤鸣观小流域滞洪减沙效益分析表

阶段	Ⅰ号沟		Ⅱ号沟		备注
	径流模数/[万 m³/(km²·a)]	输沙模数/[t/(km²·a)]	径流模数/[万 m³/(km²·a)]	输沙模数/[t/(km²·a)]	
治理前	20.52	2015.5	31.24	2369.8	1985 年值
前期治理	16.30	593.7	28.41	1393.2	1987～1990 年值
后期治理	8.12	224.0	6.85	177.0	1991～1995 年值

从输沙模数看,Ⅰ号、Ⅱ号沟分别由治理前的 2015.1t/(km²·a)、2369.8t/(km²·a)降至前期治理的 593.7t/(km²·a)、1393.2t/(km²·a),后期治理后进一步降为 224.0t/(km²·a)、177.0t/(km²·a),比治理前分别减少 88.89%、92.53%、比前期治理减少 62.27%、87.30%。

3. 水土保持减沙作用

王鹏程（2007）根据 1999 年森林资源二类清查资料和样地调查,分析了三峡库区森林植被类型及地区分布。结果表明,三峡库区森林植被总面积为 272.39 万 hm²,森林覆盖率达到 46.96%。森林分布呈现"东高西低"的空间特征。各森林类型叶面积指数主要集中在 2～10,叶面积指数较高的森林植被主要集中在湖北省西部及重庆市东部县（市）,呈现"东高西低"的空间分布格局。随着"长治"工程和天然林资源保护工程的进一步实施,三峡库区的植被覆盖率进一步增加。从遥感解译结果和野外考察的情况看,植被覆盖率有进一步的提高,有的地方达 80%以上,但"东高西低"的格局并未改变,并且植被覆盖率沿高程分布也有很大的差异,一般高程较高的沟道及河流的源头区植被覆盖率较高,河谷区植被覆盖率较低。

植被对于拦截流域降水、减轻土壤侵蚀具有重要作用。根据王鹏程（2007）的分析结果,三峡库区森林植被层平均每年截留降水量为 394.9mm,占平均面雨量（1250mm）的 31.6%,年水源涵养总量为 107.6 亿 m³,加上枯落物及土壤入渗,总计年涵养水源量为 300.0 亿 m³。"长治"工程不仅有效提高了流域植被覆盖率,坡改梯、小型水利工程等措施也能大幅度减小流域侵蚀量。图 5.22 为巴东县茶店子店子坪石漠化治理成果,图 5.23 为巴东县溪丘湾水土保持小流域茶园梯田。这些样板工程对水土流失治理的效果较好,特别是对坡面侵蚀的抑制作用较强,但三峡库区坡改梯的比例还很小,需要进一步加大力度。

图 5.22　巴东县茶店子店子坪石漠化治理成果　　图 5.23　巴东县溪丘湾水土保持小流域茶园梯田

5.5　水　库　拦　沙

5.5.1　长江上游地区水电开发概况

长江流域已建水库 5.2 万座，占全国水库总量的 53%，水库总库容 3600 亿 m³、总防洪库容 770 亿 m³，已形成以三峡为核心的世界规模最大的巨型水库群，在流域防洪、生态保护、供水、发电、航运等方面发挥了巨大作用。水库按规模可分为大、中、小型水库，其中库容大于 10 亿 m³ 的为大（一）型，库容 1 亿～10 亿 m³ 的为大（二）型，库容 0.1 亿～1 亿 m³ 的为中型，库容 100 万～1000 万 m³ 的为小（一）型，库容 10 万～100 万 m³ 的为小（二）型，小于 10 万 m³ 的则称为池塘。

据调查统计，截至 2011 年长江上游地区共修建水库 14732 座（含三峡水库，含在建），总库容约 1760.5 亿 m³。其中，大型水库 99 座，总库容约 1449.9 亿 m³，占总库容的 82.4%；中型水库 475 座，总库容约 220.3 亿 m³，占总库容的 12.5%；小型水库约 14158 座，总库容约 90.2 亿 m³，占总库容的 5.1%（表 5.10）。

表 5.10　长江上游地区已建水库群分类统计（截至 2011 年）

水系	大型		中型		小型		合计	
	数量/座	总库容/万 m³	数量/座	总库容/万 m³	数量/座	总库容/万 m³	数量/座	总库容/万 m³
金沙江	15	2714505	99	204226	2362	149483	2476	3068214
雅砻江	7	1577804	9	43852	175	14270	191	1635926
岷江	19	1274220	41	974361	801	69721	861	2318302
沱江	2	37830	37	97012	1508	121987	1547	256829
乌江	21	2393250	77	243234	1324	116576	1422	2753060
嘉陵江	25	1702979	125	414823	4990	244570	5140	2362372
宜宾至宜昌	10	4798694	87	225684	2998	185583	3095	5209961
总计	99	14499282	475	2203192	14158	902190	14732	17604664

　　已建水库按其投入运行年代统计见图 5.24 和表 5.11。由表可知，1990 年前以 20 世纪
70 年代兴建投入运行的库容最大，库容达 74.45 亿 m³。就各年代的总库容而言，50 年代
与 60 年代总库容数量级相当，库容组成结构也相似，主要是中、小型水库库容占主导；
70 年代与 80 年代总库容数量级相当，但库容组成结构差别很大，70 年代总库容仍以中、
小型水库库容为主，而 80 年代则以大型水库库容为主。大型水库库容在 80 年代增长较大，
总库容超过 50～70 年代所建大型水库库容的总和。随着 1991～2011 年长江上游地区一些
大型骨干水库的逐步建成，长江上游地区水库库容组成结构发生了较大改变，大型水库库
容占据了主导地位，尤其是 2005 年以后，长江上游大型水库的库容占总库容的比例达
95.4%。长江上游地区不同时段已建水库库容统计见图 5.25 和表 5.12。

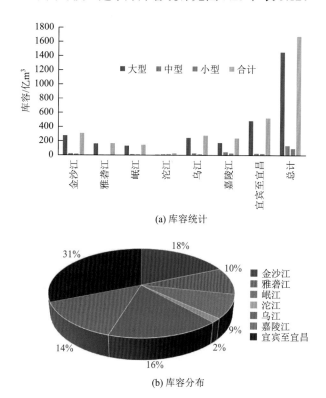

(a) 库容统计

(b) 库容分布

图 5.24　1950～2011 年长江上游地区已建水库库容统计及分布

表 5.11　长江上游地区水库群分年代统计表（截至 2011 年）

时段	大型		中型		小型		水库群合计	
	数量/座	总库容/亿 m³	数量/座	总库容/亿 m³	数量/座	总库容/亿 m³	数量/座	总库容/亿 m³
1950～1959 年	2	12.21	43	10.15	2734	14.29	2779	36.65
1960～1969 年	3	16.49	30	6.93	1990	12.17	2023	35.59
1970～1979 年	4	14.83	85	21.55	6532	38.07	6621	74.45
1980～1989 年	6	49.68	49	9.97	1574	11.56	1629	71.21
1950～1990 年	15	93.21	212	50.04	12914	76.57	13141	219.82

续表

时段	大型		中型		小型		水库群合计	
	数量/座	总库容/亿 m³	数量/座	总库容/亿 m³	数量/座	总库容/亿 m³	数量/座	总库容/亿 m³
1991~2005 年	28	221.18	103	33.90	868	7.05	999	262.13
2006~2011 年	56	1135.54	160	48.69	376	6.60	592	1190.83
1950~2011 年	99	1449.93	475	132.63	14158	90.22	14732	1672.78

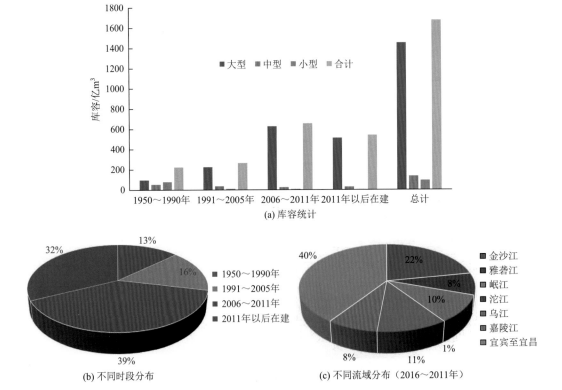

(a) 库容统计

(b) 不同时段分布

(c) 不同流域分布（2016~2011年）

图 5.25　长江上游地区不同时段已建水库库容统计及分布

表 5.12　长江上游地区水库群分时段分布统计（截至 2011 年）

区间	时段	大型		中型		小型		水库群合计	
		数量/座	总库容/亿 m³	数量/座	总库容/亿 m³	数量/座	总库容/亿 m³	数量/座	总库容/亿 m³
雅砻江	1950~1990 年	0	0	137	1.00	1	0.19	138	1.19
	1991~2005 年	2	64.58	25	0.26	2	0.69	29	65.53
	2006~2011 年	5	93.20	6	3.51	13	0.18	24	96.89
	1950~2011 年	7	157.78	168	4.77	16	1.06	191	163.61
金沙江（含雅砻江）	1950~1990 年	2	7.07	184	11.02	1952	11.75	2138	29.84
	1991~2005 年	6	78.26	44	3.82	313	2.54	363	84.62
	2006~2011 年	14	343.90	39	10.36	113	1.72	166	355.98
	1950~2011 年	22	429.23	267	25.18	2378	16.01	2667	470.44

续表

区间	时段	大型		中型		小型		水库群合计	
		数量/座	总库容/亿 m³	数量/座	总库容/亿 m³	数量/座	总库容/亿 m³	数量/座	总库容/亿 m³
岷江	1950~1990 年	2	7.34	19	3.43	715	5.54	736	16.31
	1991~2005 年	1	2.60	9	2.37	49	0.67	59	5.64
	2006~2011 年	16	117.49	13	3.95	37	0.76	66	122.20
	1950~2011 年	19	127.43	41	9.75	801	6.97	861	144.15
沱江	1950~1990 年	1	2.29	27	6.93	1481	11.82	1509	21.04
	1991~2005 年	0	0	5	1.58	22	0.32	27	1.90
	2006~2011 年	1	1.50	4	0.90	5	0.06	10	2.46
	1950~2011 年	2	3.78	36	9.42	1508	12.20	1546	25.40
嘉陵江	1950~1990 年	4	22.94	64	17.85	4688	22.42	4756	63.21
	1991~2005 年	9	55.47	26	12.37	231	1.10	266	68.94
	2006~2011 年	12	91.89	35	11.27	71	0.94	118	104.10
	1950~2011 年	25	170.30	125	41.49	4990	24.46	5140	236.25
乌江	1950~1990 年	3	32.74	21	4.59	1110	8.54	1134	45.87
	1991~2005 年	8	78.43	25	9.06	132	1.22	165	88.71
	2006~2011 年	10	128.16	31	10.68	82	1.90	123	140.74
	1950~2011 年	21	239.33	77	24.33	1324	11.66	1422	275.32
三峡区间	1950~1990 年	3	29.5	32	6.76	2832	15.70	2867	51.96
	1991~2005 年	4	6.42	17	4.29	98	1.63	119	12.34
	2006~2011 年	3	452.61	38	11.52	68	1.23	109	465.36
	1950~2011 年	10	488.53	87	22.57	2998	18.56	3095	529.66

1950~1990 年，长江上游地区已建成各类水库 13141 座，总库容约 219.82 亿 m³，大型水库 15 座（含 1981 年蓄水的葛洲坝水库枢纽，库容 15.8 亿 m³），总库容 93.21 亿 m³；中型水库 212 座，总库容 50.04 亿 m³；小型水库 12914 座，总库容 76.57 亿 m³。

1991~2005 年长江流域新建水库主要集中在金沙江、嘉陵江和乌江流域，且以大中型水库为主。长江上游新建水库 999 座（不含三峡水库，175m 蓄水位下总库容为 393 亿 m³，2003 年 6 月至 2006 年 9 月三峡水库 135~139m 围堰发电期，在 139m 蓄水位下库容为 142.4 亿 m³），总库容 262.13 亿 m³（不含三峡水库）。其中，大型水库 28 座，总库容 221.18 亿 m³；中型水库 103 座，总库容 33.90 亿 m³；小型水库 868 座，总库容约 7.05 亿 m³。

2006~2011 年长江流域新建水库主要集中在金沙江、嘉陵江和乌江流域，且以大型水库为主。该时段长江上游新建水库 592 座，总库容 1190.83 亿 m³。其中，大型水库 56 座，总库容 1135.54 亿 m³；中型水库 160 座，总库容 48.69 亿 m³；小型水库 376 座，总库容约 6.6 亿 m³。

金沙江流域 1950~2011 年（屏山以上地区）已建大、中、小型水库 2667 座，总库容 470.44 亿 m³。其中，大型水库 22 座，库容 429.23 亿 m³；中型水库 267 座，库容 25.18 亿 m³；小型水库 2378 座，库容 16.01 亿 m³。

岷江流域 1950~2011 年已建大、中、小型水库 861 座，总库容 144.15 亿 m³。其中，大型水库 19 座，库容 127.43 亿 m³；中型水库 41 座，库容 9.75 亿 m³；小型水库 801 座，库容 6.97 亿 m³。

沱江流域 1950～2011 年已建大、中、小型水库 1546 座，总库容 25.40 亿 m³。其中，大型水库 2 座，库容 3.78 亿 m³；中型水库 36 座，库容 9.42 亿 m³；小型水库 1508 座，库容 12.20 亿 m³。

嘉陵江流域 1950～2011 年（不完全统计）已建大、中、小型水库 5140 座，总库容 236.25 亿 m³。其中，大型水库 25 座，库容 170.30 亿 m³；中型水库 125 座，库容 41.49 亿 m³；小型水库 4990 座，库容 24.46 亿 m³。

乌江是长江南岸最大的支流，集中落差 2143m，水能资源开发条件十分优越，是国家规划的 12 个水电基地之一。乌江流域 1950～2011 年已建大、中、小型水库 1422 座，总库容 275.32 亿 m³。其中，大型水库 21 座，库容 239.33 亿 m³；中型水库 77 座，库容 24.33 亿 m³；小型水库 1324 座，库容 11.66 亿 m³。

长江三峡区间（指寸滩、武隆至宜昌区间）1950～2011 年已建大、中、小型水库 3095 座（不完全统计），总库容 529.66 亿 m³。其中，大型水库 10 座（含大洪河、狮子滩、葛洲坝和三峡），库容 488.53 亿 m³；中型水库 87 座，库容 22.57 亿 m³；小型水库 2998 座，库容 18.56 亿 m³。其中，1950～1990 年，建成水库 2867 座，总库容 51.96 亿 m³；大型水库 3 座（大洪河水库库容 3.43 亿 m³，狮子滩水库库容 10.27 亿 m³，葛洲坝水库库容 15.8 亿 m³），总库容 29.5 亿 m³；中型水库 32 座，总库容 6.76 亿 m³；小型水库 2832 座，总库容 15.70 亿 m³。1991～2005 年，建成大型水库 4 座（主要位于支流），总库容为 6.42 亿 m³；建成中型水库 17 座（主要位于支流），总库容为 4.29 亿 m³。2006～2011 年，建成大型水库 3 座，总库容为 452.61 亿 m³（包括三峡水库库容 450.40 亿 m³）；建成中型水库 38 座，总库容为 11.52 亿 m³；建成小型水库 68 座，总库容为 1.23 亿 m³。

图 5.26 为 1956～2016 年长江上游水库库容累计变化图，从中可以看出，1980 年以前，长江上游水库群的建设以中小型水库为主，其库容占总库容的 65%，大型水库仅占 35%，

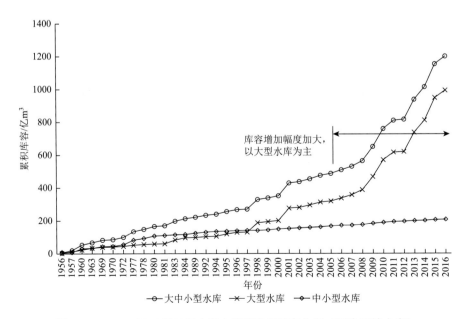

图 5.26　1956～2016 年长江上游水库库容累计变化图（不含三峡水库）

1980 年以来,长江上游水库的建设则以大型水库为主,1980～2011 年大型水库的库容占总建设库容的 90%,尤其是 2005 年以来,大型水库的库容占 2005～2011 年内总建设库容的比例高达 96.5%。因此,本书以大中型水库拦沙作用调查为主,尽量考虑水库所在位置、库容大小、类型、用途以及调度运行方式等方面的代表性,小型水库则沿用 1994 年淤积调查成果。

5.5.2　水库拦沙估算方法

水库拦沙淤积量的多少,主要与水库所在流域位置、库容大小、类型用途以及调度运行方式等因素有关(Probst and Suchet,1992)。水库所在流域位置决定着水库库区流域产流产沙特性、入库水沙条件、水库集水面积大小、水库上游有无其他水利工程拦沙等;水库的库容大小、类型、用途包括水库是大型、中型还是小型,是拦沙水库、发电水库还是引水闸蓄、灌溉水库等;水库的调度运行包括水库运行时间的长短,以及运行时间内的变化过程。影响水库泥沙淤积的因素很多,如河流的来水来沙状况、水库的地形地貌特点、库区植被覆盖条件、水库运行管理方式等。而这些因素又是相互影响的,因此要通过对所有影响因素的分析来确定泥沙淤积量,目前是很难办到的(涂苏昭,1993)。

在已有成果的基础上,主要根据本书收集的近 14000 座水库的淤积资料、流域的侵蚀模数、产沙量等估算长江上游水库的拦沙量。但长江上游流域约 105 万 km² 的面积,水库情况可能会有较大的差异,并且同一支流上的梯级水库之间又会有相互影响,所以要估算整个长江上游流域内水库的拦沙量比较困难。

从现有水库的淤积资料出发,采用由"点"推"面"的方法,估算上游地区已建大、中、小型水库的平均年淤积率及年拦沙量。对长江上游地区水库拦沙量的估算,分为大型、中型、小(一)型和小(二)型水库。大型、中型、小(一)型水库均采用淤积率经验模式法(平均拦沙效应系数法)先估算出水库的年淤积率,然后根据总库容估算水库的年淤积量;小(二)型水库采用平均淤积率法估算其年淤积率,然后根据其总库容估算年淤积量,进而分析水库群的拦沙效应及对流域泥沙输出的影响。

水利工程对其控制面积以上区域产沙量的拦截作用大小可以用下式表示:

$$\bar{K} = \bar{W}_r / \bar{W}_F \tag{5.4}$$

$$\bar{W}_r = \rho_s \bar{R} V \tag{5.5}$$

$$\bar{R} = \bar{W}_r / \rho_s V \tag{5.6}$$

$$\bar{W}_F = GF \tag{5.7}$$

则

$$\bar{K} = \rho_s \bar{R} V / GF \tag{5.8}$$

$$\bar{R} = \bar{K} GF / \rho_s V \tag{5.9}$$

式中,$\bar{K}$ 为水利工程拦沙效应系数(即拦沙率,$0 < \bar{K} < 1$);$\bar{W}_r$ 为工程年均拦沙(淤积)量;$\bar{W}_F$ 为工程集水区域的年产沙量;V、F、$\bar{R}$ 分别为工程的库容、集水面积、年淤积率;ρ_s 为泥沙淤积干容重;G 为工程集水区域的侵蚀模数。

式（5.8）即为确定水利工程平均拦沙效应系数的公式，式（5.9）即为水利工程的淤积率公式。

从上述可以看出，要计算水库的淤积率，首先要计算出水库的拦沙效应系数 $\bar{K}$，在有实测泥沙淤积资料的地方，根据部分水库的泥沙淤积资料，可以通过式（5.4）求出。或根据部分水库的泥沙淤积资料，通过式（5.6）计算其年淤积率，然后把其年淤积率、库容、集水面积、泥沙干容重以及水库集水区域的侵蚀模数代入式（5.8），计算出这些水库的拦沙效应系数 $\bar{K}$，再把 $\bar{K}$ 代入式（5.9），建立水库的淤积率公式，作为水库年淤积率的经验公式。本书的泥沙干容重 ρ_s：除乌江流域水库泥沙干容重根据乌江渡水库实测资料取 $1.156t/m^3$ 外，其余取 $1.30t/m^3$。

水库建成后，库区水位壅高，水深加大，水流流速降低，河流带入水库的泥沙会淤积下来，逐渐减少水库库容。水库拦沙后，不仅改变了流域输沙条件，大大减小流域输沙量；而且由于水库下泄清水，引起坝下游河床沿程出现不同程度的冲刷和自动调整，在一定程度上增大了流域出口的输沙量。已有研究表明，水库拦沙对流域出口的减沙作用系数：

$$\alpha = \frac{水库拦沙量 - 区间河床冲刷调整量}{水库拦沙量}$$

与水库距河口距离的大小呈负指数关系递减。

5.5.3　典型水库淤积拦沙作用调查

1. 金沙江流域

1）金沙江中游梯级水电工程

根据《金沙江中游河段水电规划报告》，金沙江中游河段梯级开发方案为"一库八级"方案，即龙盘（正常蓄水位 1950m，下同）—两家人（1810m）—梨园（1620m）—阿海（1504m）—金安桥（1410m）—龙开口（1297m）—鲁地拉（1221m）—观音岩（1132m）。共利用天然落差 966m，装机容量 20580MW，保证出力 9425.9MW，年发电量 883.22 亿 kW·h。目前，除龙盘、两家人未动工外，其他六个梯级均已建成运行（图 5.27），主要技术经济指标见表 5.13。

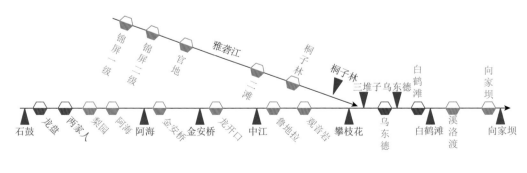

图 5.27　金沙江中下游干流及雅砻江干流水电开发情况概要图

表 5.13　金沙江中游干流梯级已建水电站主要指标

项目	梨园	阿海	金安桥	龙开口	鲁地拉①	观音岩②
坝址以上流域面积/万 km²	22.00	23.54	23.74	24.00	24.73	25.65
多年平均径流量/亿 m³	448	511	517.2	533.3	551	592.9
正常蓄水位/m	1618	1504	1418	1298	1223	1134
死水位/m	1605	1492	1398	1290	1216	1122
汛限水位/m	1605	1493.3	1410③	1289	1212	1122.3/1128.8
总库容/亿 m³	7.27	8.06	9.13	5.07	17.18	20.72
调节库容/亿 m³	1.73	2.38	3.46	1.13	3.85	3.83
死库容/亿 m³	5.54	5.68	5.01	3.94	12.55	16.89
防洪库容/亿 m³	1.73	2.15	1.58	1.26	5.64	5.42/2.53
装机容量/MW	2400	2000	2400	1800	2160	3000
调节性能	日	日	周	日	周	周
额定水头/m	106	77	111	67	80	104
单机额定流量/(m³/s)	630	571.9	605	604.2	506	645
额定满发流量/(m³/s)	2520	2859.5	2420	3021	3036	3225
建设情况	2014 年 11 月蓄水；2015 年 11 月建成投产	2012 年 12 月首机发电；2014 年 5 月建成投产	2010 年蓄水；2012 年建成投产	2012 年 11 月蓄水；2014 年 1 月建成投产	2013 年 5 月蓄水；2015 年建成投产	2014 年 10 月蓄水；2015 年建成投产

注：①鲁地拉库容曲线经测量复核后较设计值偏大，预留防洪库容及汛限水位均未有变化，表中为复核值。②观音岩防洪库容的预留期分为两个阶段，7 月初至 8 月初汛限水位为 1122.3m，8 月初至 9 月为 1128.8m。③金安桥 7 月原设置汛限水位 1411m，经复核后预留防洪库容达不到设计要求，改为 1410m 才能达到预留防洪库容的需求。

金沙江上游控制站石鼓站水沙年际呈波动变化，且无明显趋势性变化（图 4.9），多年平均径流量和输沙量分别为 421 亿 m³ 和 2540 万 t；金沙江中游六个梯级自 2010 年相继建成和运行后［梨园（2014 年 11 月）、阿海（2011 年 12 月）、金安桥（2010 年 11 月）、龙开口（2012 年 11 月）、鲁地拉（2013 年 5 月）、观音岩（2014 年 10 月）］，攀枝花站径流量变化不大，但输沙量大幅度减小，2011~2016 年，攀枝花站年平均径流量和输沙量分别为 530 亿 m³ 和 887 万 t，较多年均值分别偏小 7%和 83%。

金沙江中游石鼓站和攀枝花站分别位于梨园水电站上游 114km 和观音岩水电站下游约 40km 处，两站所控制的流域面积分别为 21.41 万 km² 和 25.92 万 km²，区间支流来沙观测数据较少，随着金沙江中游梯级水电站的陆续建成运行，区间来沙也将有较大部分拦截在库内。为估算金沙江中游梨园、阿海、金安桥、龙开口、鲁地拉和观音岩建库后的拦沙量，依据石鼓站和攀枝花站 1971~2010 年的年输沙量和控制流域面积，估算石鼓和攀枝花未控区间年均输沙模数为 583 万 t/(km²·a)。初步估算，2011~2016 年石鼓和攀枝花未控区间年均输沙量为 2638 万 t，2011~2016 年石鼓和攀枝花站的年均输沙量分别为 2663 万 t 和 887 万 t，因此，2011~2016 年金沙江中游六级水库的年均拦沙量约为 4414 万 t，金沙江中游六个大型水库的年均拦沙率为 0.83，水库淤积率为 0.50%。

2）金沙江下游梯级水电工程

金沙江下游干流在建和已建有乌东德、白鹤滩、溪洛渡和向家坝四座水电站，总装机容量相当于两座三峡电站。金沙江下游梯级水电站的设计总装机容量约 4000 万 kW，年均总发电量 1850 多亿 kW·h，水库总库容约 410 多亿 m³，其中总调节库容 204 亿 m³。金沙江下游梯级电站基本情况见表 5.14。

表 5.14　金沙江下游梯级电站基本情况

电站名称	乌东德	白鹤滩	溪洛渡	向家坝
距宜宾距离/km	570	390	190	33
控制流域面积/万 km²	40.61	43.03	45.44	45.88
设计洪水标准/年	1000	1000	1000	500
设计洪水位/m	979.38	827.83	600.7	380
校核洪水标准/年	5000	10000	10000	5000
校核洪水位/m	986.17	832.34	607.94	381.86
正常蓄水位/m	975	825	600	380
死水位/m	945	765	540	370
防洪限制水位/m	952	785	560	370
总库容/亿 m³	74.08	206.27	126.7	51.63
正常蓄水位以下库容/亿 m³	58.63	190.06	115.7	49.77
调节库容/亿 m³	30.2	104.36	64.60	9.03
防洪库容/亿 m³	24.4	75	46.5	9.03
调节性能	季	年	不完全年调节	季调节
装机容量/MW	10200	16000	13860	6400
年发电量/(亿 kW·h)	389.3	641	571.2	307.5
坝型	混凝土双曲拱坝	混凝土双曲变厚拱坝	混凝土双曲拱坝	混凝土重力坝
坝顶高程/m	988	834	610	384
最大坝高/m	265	284	278	162
地震基本烈度/度	Ⅶ	Ⅶ	Ⅶ	Ⅶ
设计抗震烈度/度	Ⅷ	Ⅷ	Ⅷ	Ⅷ
建设情况	在建	在建	已建	已建

（1）乌东德水电站。乌东德水电站位于四川会东县和云南禄劝县交界的金沙江河道上，坝址位于乌东德峡谷，是金沙江水电基地下游河段四大世界级巨型水电站——乌东德水电站、白鹤滩水电站、溪洛渡水电站和向家坝水电站的第一梯级，上距金沙江中游最下游梯级——观音岩水电站 203km，下距白鹤滩水电站约 180km，控制流域面积 40.61 万 km²。坝址处多年平均（白鹤滩站 1958～2015 年）径流量为 1250 亿 m³，6～11 月径流量占年径流量的 81.2%，8 月径流最为丰沛，占年径流的 18.9%；2 月和 3 月为年内最枯时段，月径流量分别占年径流

量的 2.4%和 2.5%。攀枝花市至白鹤滩水文站区间是金沙江产沙的主要河段之一，区间输沙量占金沙江总量（向家坝站输沙量）的 36.4%，多年平均输沙模数约 1896t/(km²·a)（不含雅砻江）。乌东德水电站库区集水面积较大的支流左岸有雅砻江、普隆河、鲹鱼河，右岸有龙川江、勐果河。

（2）白鹤滩水电站。白鹤滩水电站位于金沙江下游四川省宁南县和云南省巧家县境内，距巧家县城 45km，上接乌东德梯级，距离乌东德水电站约 180km，下邻溪洛渡梯级，距离溪洛渡水电站约 200km，控制流域面积 43.03 万 km²。库区径流、泥沙计算以华弹站为依据站，其水文泥沙主要特征与上游的乌东德库区相同。正常蓄水位下，白鹤滩库区库尾距金沙江干流龙街水位站约 64km，乌东德水电站开工建设后，乌东德坝址至白鹤滩坝址为白鹤滩库区河段。库区集水面积超过 1000km² 的一级支流有四条，其中左岸有黑水河，河口距白鹤滩坝址约 33km，右岸的普渡河、小江、以礼河河口分别距白鹤滩坝址约 143km、93km、57km。

（3）溪洛渡水电站。溪洛渡水电站位于四川省雷波县和云南省永善县境内金沙江干流上，下距宜宾 190km，是金沙江下游河段四个梯级电站的第三级，电站坝址处控制流域面积 45.44 万 km²。溪洛渡水库干流库区从溪洛渡坝址至白鹤滩坝址，该区域水系发达，支流较多。右岸有牛栏江等支流汇入；左岸有西苏角河、美姑河、金阳河、西溪河、尼姑河等支流汇入。水库为河道型水库，库区主要支流西溪河、牛栏江、美姑河河口分别距坝址约 171.1km、146.2km、37.6km。溪洛渡工程 2003 年开始筹建，2005 年年底主体工程开工，2007 年 11 月工程截流，2013 年 5 月开始初期蓄水，2015 年竣工投产。

（4）向家坝水电站。向家坝水电站位于四川省宜宾县和云南省水富县交界的金沙江峡谷出口处，下距宜宾市 33km，是金沙江下游河段四个梯级水电站的最后一级。坝址控制流域面积 45.88 万 km²，占金沙江流域面积的 97%，控制了金沙江的主要暴雨区和产沙区。工程筹建期从 2004 年 7 月始至 2005 年 12 月，2006 年正式开工，2008 年工程截流，2012 年 10 月初期蓄水，2015 年建设完工。

向家坝、溪洛渡水电站分别于 2012 年 10 月 10 日、2013 年 5 月 4 日蓄水运行，2012～2016 年，受向家坝、溪洛渡水电站蓄水影响，金沙江下游输沙量大幅减少，向家坝站年径流量、年输沙量分别为 1286 亿 m³、175 万 t，较 2012 年以前均值（1954～2012 年年均径流量和年均输沙量分别为 1443 亿 m³ 和 2.36 亿 t）分别偏小 11%和 99%。

3）雅砻江流域

雅砻江干流除 1998 年建成的二滩水电站以外，2010 年以来锦屏二级、锦屏一级、官地及桐子林水电站也相继运行。

（1）二滩电站水库。二滩水电站位于四川省西南部的雅砻江下游，坝址距雅砻江与金沙江的交汇口 33km，是雅砻江梯级开发的第一个水电站。电站于 1998 年 5 月蓄水，1999 年 12 月全部建成。水库控制流域面积 11.64 万 km²，正常蓄水位 1200m，总库容 58.0 亿 m³，调节库容 33.7 亿 m³，属季调节水库。

二滩上游干流的控制水文站为泸宁站，泸宁至大坝区间仅鳡鱼河一条较大的支流汇入，鳡鱼河流域面积 3040km²。区间为山区河道，无大的拦沙工程，悬移质输沙处于不饱和状态，可以认为上游泸宁站所来泥沙均到达二滩库区。二滩下游的控制水文站为小得石水文站，水库运行后小得石站数据为水库下泄沙量数据，不能反映上游来沙情况。

小得石站上游 1998~2004 年的来沙量可以根据小得石和泸宁两站的输沙量关系估算。图 5.28 为泸宁站和小得石站 1997 年以前的输沙量变化过程，小得石和泸宁站输沙量都有增加的趋势，但小得石站沙量的增幅大于泸宁站的增幅，小得石站 1961~1997 年年均输沙量为 3140 万 t，1998~2004 年年均输沙量仅为 425 万 t，减幅达 86.5%。1961~1997 年泸宁到小得石区间多年平均来沙为 1150 万 t，占小得石以上流域来沙量的 36%，是雅砻江流域的重点产沙区之一，该区间来沙量呈增加的趋势。1961~1997 年，小得石站与泸宁站输沙量有较好的相关关系（图 5.29），其关系式可表示为

$$y = 1.3821x + 384.63, \quad R^2 = 0.8877 \tag{5.10}$$

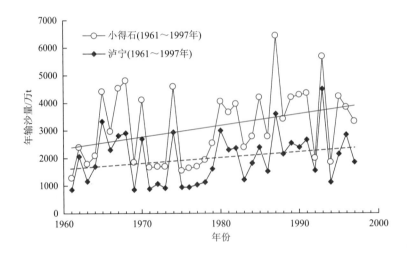

图 5.28 泸宁站和小得石站输沙量变化过程

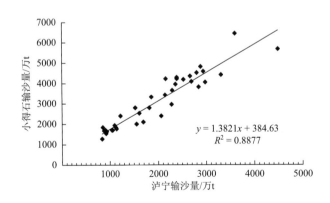

图 5.29 泸宁—小得石站输沙量相关关系图

1998~2004 年该区间的来沙量系列可以利用式（5.10）推算，其结果见表 5.15（泸—小区间 3）。考虑二滩水库拦沙的极大和极小情况，表 5.15 中淤积量 1 为泸宁站与小得石站输沙量之差，由于没有考虑泸宁—小得石区间的来沙，这一结果明显偏小；淤积量 2 显示泸宁—小得石区间的来沙量为 1150 万 t，由于雅砻江输沙量呈增加的趋势，1997 年

以后的系列明显大于 1997 年以前的系列，这一结果也偏小；淤积量 3 系考虑了泸宁—小得石区间来沙，其来沙量按式（5.10）计算，由于二滩库区实施了水土保持工程，建立了二滩森林公园，该区间的来沙量可能有所减小，泸宁至二滩区间的来沙量可能小于计算值，因此这一结果可能偏大。二滩拦沙量可能在淤积量 2 与淤积量 3 之间。以上计算结果没有考虑二滩大坝到小得石区间的来沙量，由于二滩大坝到小得石区间面积仅占小得石到泸宁区间面积的 1.1%，二滩大坝下游河道进行了护底处理，河道冲刷量小，因而可以认为小得石站的输沙量等于大坝所在地的输沙量。

表 5.15　二滩库区悬移质泥沙淤积量估算表　　　　　（单位：万 t）

年份	泸宁	小得石	泸一小区间 2	泸一小区间 3	淤积量 1	淤积量 2	淤积量 3
1998	7490	1600	1150	3250	5890	7040	9140
1999	6400	350	1150	2830	6050	7200	8880
2000	4200	240	1150	1990	3960	5110	5950
2001	3850	280	1150	1860	3570	4720	5430
2002	2460	160	1150	1330	2300	3450	3630
2003	4610	163	1150	2150	4450	5600	6590
2004	2350	179	1150	1284	2170	3320	3460
平均	4480	425	1150	2100	4060	5210	6150
2001~2004 年平均	3320	196	1150	1650	3120	4270	4780

从表 5.15 可以看出，1998~2004 年，不考虑泸宁—小得石区间来沙情况，二滩年均拦沙量在 4000 万 t 以上，考虑泸宁—小得石区间来沙情况，二滩年均拦沙量应超过 5000 万 t，年均淤积率大于 0.66%，5000 万~6000 万 t，大大超过成都勘测设计研究院设计成果预测的年均 2400 万 t。1998 年雅砻江流域来沙量很大，泸宁站输沙量为 7490 万 t，泸宁—小得石区间来沙量可能会超过 2000 万 t，水库拦沙量至少应大于 7000 万 t，为 7000 万~9000 万 t。2001~2004 年，上游来沙量减小，二滩水库拦沙量也相应减小，年均拦沙量 4000 万~5000 万 t。

二滩电站上游泸宁站 1961~1997 年年均输沙量为 2000 万 t，但 1998~2000 年其年均输沙量为 6030 万 t，特别是在 1998 年，其输沙量达到 7490 万 t。因此，1961~1997 年泸宁至小得石区间多年平均来沙量为 1150 万 t，占小得石以上流域来沙量的 36%，是雅砻江流域的重点产沙区之一。在假设泸宁至小得石区间年均输沙量为 1150 万 t 的条件下，1998~2004 年二滩电站年均入库沙量则为 5630 万 t，因此二滩电站年均拦沙量为 5200 万 t；2008~2009 年年均拦沙量则为 3140 万 t。

如根据 1961~1997 年小得石站与泸宁站年输沙量相关关系（图 5.30）估算，1998~2004 年泸宁至小得石区间年均输沙量为 2100 万 t，1998 年区间来沙量为 3250 万 t。因此 1998~2004 年二滩电站年均入库沙量为 6580 万 t，年均拦沙量 6150 万 t；2008~2009 年年均拦沙量则为 4092 万 t。

此外，1998～2004 年二滩电站年均拦沙量 5210 万～6150 万 t（平均约 5680 万 t），总拦沙量为 36400 万～43100 万 t。按此推算，电站 2005 年拦沙量 5680 万 t，1998～2005 年总拦沙量为 45400 万 t。平摊至 1991～2005 年，年均拦沙量为 3030 万 t。

2001 年以来，二滩水库几乎没有泥沙下泄，上游所来泥沙约有 95%淤积在库区，二滩水库的拦沙比例非常大。随着雅砻江流域水土保持治理、退耕还林等措施的实施以及上游电站的陆续修建，二滩水库的淤积速率将减小。上游水库陆续修建后，二滩水库仅拦截库区约 2000 万 t 的泥沙，年均拦沙会大幅度减少。

（2）锦屏一级电站水库。锦屏一级水电站坝址以上流域面积 10.3 万 km²，占雅砻江流域面积的 75.4%。坝址处多年平均流量为 1220m³/s，多年平均径流量 385 亿 m³。锦屏一级水电站是以发电为主，兼有防洪、拦沙等作用的巨型水电工程。水库正常蓄水位 1880m，死水位 1800m，总库容 77.6 亿 m³，调节库容 49.1 亿 m³，属年调节水库。电站于 2013 年 7 月初期蓄水，于 2014 年 7 月全面投产。

据观测统计，泸宁站 1959～2012 年的年均径流量和年均输沙量分别为 433 亿 m³ 和 2380 万 t，2013～2016 年年均径流量和年均输沙量分别为 144 亿 m³ 和 366 万 t，较 1959～2012 年年均径流和年均输沙量分别减小 67%和 85%。锦屏一级水电站的建成运行，很大程度上阻断了水库上游泥沙向下游河道的输移。

据调查，雅砻江洼里至小得石区间是雅砻江流域的主要产沙区，锦屏一级水电站坝址即位于此区间。据统计，坝址多年平均悬移质年输沙量为 2120 万 t，推移质年输沙量 74.7 万 t。锦屏一级水电站正常蓄水位以下库容 77.65 亿 m³，死库容 28.5 亿 m³。水库运行 20 年，可拦截全部的推移质和 81.2%的悬移质，即年均拦截悬移质沙量为 1720 万 t、推移质沙量 75 万 t。随着雅砻江下游锦屏一级水电站等水库的陆续建成，二滩水库的入库沙量会大幅减少，拦沙量也会随之减少。

4）其他主要水库

（1）安宁河大桥水库。安宁河大桥水库位于四川省凉山彝族自治州冕宁县境内。大桥水库坝址控制流域面积 796km²，水库总库容 6.58 亿 m³，为年调节水库。电站总装机 90MW。工程于 1999 年 6 月 19 日蓄水，2000 年 6 月 28 日首台机组并网发电。

根据其下游安宁桥水文站 1959～1994 年资料统计，水库年均入库悬移质输沙量为 56.8 万 t，1999～2005 年拦沙量为 400 万 t。

（2）以礼河梯级电站。以礼河发源于云南省东北部会泽县，于巧家县蒙姑镇注入金沙江，全长 122km，流域面积 2588km²，总落差 2000 余米。其梯级电站情况见表 5.16。

表 5.16 以礼河梯级电站基本情况表

项目	一级	二级	三级	四级
电站名称	毛家村	水槽子	盐水沟	小江
开发方式	坝后式	坝后式	引水式	引水式
水库正常蓄水位/m	2227	2100	2017.5	1383
总库容/万 m³	55300	958	18	375

项目	一级	二级	三级	四级
调节性能	多年	周	日	日
设计水头/m	58	77.5	589	589
装机容量/(1000kW)	1.6	1.8	14.4	14.4
建成时间	1971 年	1958 年	1966 年	1970 年
控制流域面积/km²	868	—	—	—
水库面积/km²	21.6	—	—	—

毛家村水库为以礼河梯级电站的调节水库，控制流域面积 868km²，多年平均流量 15.9m³/s，设计洪水流量 1700m³/s，设计正常蓄水位 2227m，水库面积 21.6km²，总库容 5.53 亿 m³，兴利库容 4.70 亿 m³，防洪库容 0.56 亿 m³，1966 年开始蓄水。

根据查文光（1998）的调查，毛家村库区内开荒种地等诸多原因，导致库区内植被减少，水土流失加剧，1966～1988 年，水库淤积泥沙 8280 万 m³，其库容减小为 4.702 亿 m³，年均淤积泥沙 360 万 m³。1989～1997 年毛家村水库淤积泥沙 624 万 m³，平均每年淤积泥沙 69.3 万 m³。

根据水槽子水库淤积资料（张振秋和杜国翰，1984），1958～1988 年水库共淤积泥沙 861 万 m³，年均淤积 27.8 万 m³。其中，1958～1966 年水库淤积泥沙 524 万 m³，年均淤积量 58.2 万 m³，1967～1980 年年均淤积量 21.4 万 m³，1981～1986 年年均淤积量为 9.50 万 m³。水库于 1988～1997 年进行了清淤，清淤量为 292 万 m³，库容也由 97 万 m³ 增大至 259 万 m³，因此，1989～1997 年库区淤积泥沙 130 万 m³，平均每年淤积 14.4 万 m³。

由上可知，1958～1997 年毛家村、水槽子两水库淤积总量为 9920 万 m³，年均淤积量为 248 万 m³。其中，1989～1997 年年均淤积量为 83.7 万 m³，据此估算 1998～2005 年水库淤积量约为 1260 万 m³。

（3）渔洞水库。渔洞水库位于金沙江流域的二级支流居乐河上，下游称为洒渔河，流经横江汇入金沙江，距昭通市昭阳区 23km，是一座以灌溉为主，综合利用的大（二）型水利工程。水库总库容 3.64 亿 m³，坝高 87m。工程于 1992 年 11 月动工，1997 年 6 月大坝工程完工，同年实现坝后电站第一台机组投入运行。2000 年 12 月正式通过竣工验收。渔洞水库多年平均流量 11.6m³/s，实测最大流量 423m³/s（1654 年 8 月 24 日），实测最小流量 0.48m³/s（1958 年 5 月 10 日），调查历史最大流量 922m³/s（1856 年），多年平均含沙量 3.09kg/m³，多年平均输沙量 113 万 t。水库建成后，其基本拦截了全部来沙，下泄基本为清水，年均拦沙量为 113 万 t。

（4）金乐水库。金乐水库位于云南省曲靖市会泽县金乐乡，牛栏江支流乐业河上，控制流域面积 75.3km²，为中型水库，总库容 1600 万 m³，该水库 1958 年 1 月动工修建，1983 年 9 月建成。据调查，水库年均淤积量 4.81 万 m³，1958～1984 年共淤积了 130 万 m³，按照这个比例，从建库到 2004 年共淤积了 226 万 m³。

2. 岷沱江流域

1）龚嘴水库

龚嘴水库入库泥沙以悬移质为主，另有一定数量的推移质泥沙。1971～1986 年，累计入库泥沙 48370 万 t，水库累计淤积泥沙 28600 万 t，年均淤积泥沙约 1787.5 万 t（约合1467 万 m³），年拦沙淤积率（水库年淤积泥沙体积与水库总库容的比值）为 4.1%。并且龚嘴水库排沙比逐年增大，至 1987 年排沙比已达到 94.5%，说明水库已基本淤积平衡。20 世纪 90 年代以来，龚嘴水库只能勉强进行径流发电，完全失去了调节能力。

龚嘴水库拦沙对坝下游河道输沙量减少的影响较为明显。坝下游铜街子水文站年均输沙量由建库前（1958～1966 年）的 3511 万 t 减少至建库后（1972～1987 年）的 1685 万 t，岷江出口控制站高场站的输沙量也由建库前的 5643 万 t 减少至建库后的 4265 万 t。但当龚嘴水库于 1987 年淤积平衡后，水库拦沙量很小，高场站输沙量基本恢复至建库前水平，1994 年年底铜街子水库建成蓄水后，高场站输沙量则又有所减小（表 5.17）。

表 5.17　岷江高场站各时段水沙统计

时段	年均径流量/亿 m³	年均输沙量/万 t	含沙量/(kg/m³)
1954～1971 年	891	5640	0.633
1972～1987 年	845	4270	0.505
1988～1994 年	891	5860	0.657
1995～2005 年	824	3560	0.432
1954～2005 年	863	4810	0.557

2）铜街子水库

铜街子水库于 1994 年年底建成蓄水，为典型的河道型水库，水库最大水面宽 900m，平均库面宽 300m，回水末端与龚嘴水库尾水衔接。水库来水来沙均受上游龚嘴水库运行的控制，由于龚嘴水库悬沙淤积已基本平衡，因此入库泥沙受龚嘴水库排沙影响在时段分配上较为集中，5～10 月径流量和输沙量分别占全年的 75% 和 99.5% 左右，6～9 月径流量和输沙量分别占全年的 57% 和 95% 左右。

1994～2000 年铜街子水库淤积泥沙约 1.092 亿 m³，占原始库容的 51.7%。其中，死库容内淤积泥沙 1.077 亿 m³，且悬移质泥沙淤积逐渐向三角洲淤积转化。从泥沙淤积分布看，泥沙主要淤积在坝上游 20km 的库段内，淤积量占总淤积量的 94% 左右，且以主槽淤积为主。

3）黑龙滩水库

黑龙滩水库于 1971 年建成，位于仁寿县境内岷江支流鲫江河上游，控制流域集水面积 185km²，多年平均径流总量 0.79 亿 m³，水库以灌溉为主，兼有供水、防洪、旅游、发电等，总库容 3.6 亿 m³，死库容 0.64 亿 m³。

水库入库泥沙主要由库区流域来沙和东风渠来沙两部分组成，库区流域年入库泥沙44.7 万 m³，东风渠入库泥沙 1.44 万 m³，两者合计入库泥沙 46.14 万 m³，入库泥沙几乎全部被拦淤在库内。1972～1990 年，水库累计淤积泥沙约 876.7 万 m³，占死库容的 13.7%，年拦沙淤积率 0.13%。据此估算，水库还将在相当长时间内发挥拦沙作用。

4）紫坪铺水库

紫坪铺水库位于四川省成都市西北的岷江上游，是一座以灌溉和供水为主，兼有发电、防洪、环境保护、旅游等综合效益的水利工程，是都江堰灌区的调节水源工程。紫坪铺水库正常蓄水位 877m，总库容 11.12 亿 m³，其中死库容 2.24 亿 m³，具有不完全年调节能力。

根据《四川岷江紫坪铺水利枢纽工程运行调度专题研究报告》，紫坪铺水库多年平均悬移质输沙量为 738 万 t，水库运行 50 年内（50 年以上达到冲淤平衡）平均排沙率为 15%，据此估算该水电站的年均拦沙量为 627 万 t。

5）瀑布沟水电站

20 世纪 70 年代和 90 年代，在大渡河流域下游分别建成了龚嘴水电站和铜街子水电站。21 世纪初，在中游又建成了瀑布沟水电站和深溪沟水电站。其中，瀑布沟水电站是大渡河中游控制性水库，水库正常蓄水位 850.00m，总库容 53.32 亿 m³，防洪库容 7.27 亿 m³，调节库容 38.94 亿 m³。水库于 2008 年建成，2010 年完成蓄水，达到正常蓄水位。水库具有季调节能力，设有拦沙库容，可有效拦截上游和中游大部分泥沙。在瀑布沟水库投运前，大量泥沙到达龚嘴和铜街子水库，形成严重淤积。截至 2009 年，龚嘴水库总淤积量为 25000 万 m³，占水库原始库容的 66.95%；铜街子水库淤积总量为 13200 万 m³，占水库原始库容的 62.44%。瀑布沟水库蓄水后，其坝址以上入库的全部推移质及大部分悬移质均被拦蓄在水库内，天然情况下瀑布沟水电站坝址处多年平均悬移质输沙量为 3170 万 t。据调查，瀑布沟水库蓄水运行后的 20 年内，年均拦沙量为 0.216 亿 m³，约合 0.25 亿 t。

此外，根据岷江出口控制站高场站历年的水沙变化过程，统计得出，1950～1990 年、1991～2005 年、2006～2010 年、2011～2016 年高场站年均径流量变化不大，分别为 878 亿 m³、828 亿 m³、733 亿 m³、786 亿 m³，输沙量则分别为 5260 万 t、3688 万 t、2328 万 t、1427 万 t，相对于 1990 年以前，近年来输沙量减幅达 73%，主要是水库蓄水拦沙的影响所致。

6）三岔水库

三岔水库是以灌溉为主的综合利用大型水库，位于简阳市沱江支流绛溪河上游。坝址控制流域面积 161.25km²，水库总库容 2.25 亿 m³，死库容 0.2 亿 m³。水库于 1975 年 3 月开工，1976 年开始蓄水，1977 年 4 月建成。水库来水来沙分流域来水来沙和南干渠来水来沙两部分，年入库泥沙 23.95 万 m³，入库泥沙几乎全部淤积在库内。1978～1987 年，水库累计淤积量约 239.5 万 m³，年拦沙淤积率为 0.11%。

7）玉滩水库

玉滩水库位于重庆市大足区境内，沱江下游支流濑溪河中、上游交界处，控制面积 865km²，总投资达 15 亿元，灌溉面积为 32.84 万亩，是重庆市境内的一座大（二）型水库。玉滩水库工程的主要任务是农业灌溉及城乡供水。水库正常蓄水位 351.60m，总库容 1.496 亿 m³，于 2011 年实现下闸蓄水。根据不同水平年的泥沙淤积成果，水库淤积 10 年、20 年、30 年、40 年和 50 年，库区淤积泥沙量分别为 428 万 t、856 万 t、1284 万 t、1712 万 t 和 2140 万 t。

3. 嘉陵江流域

1）东西关枢纽水库

东西关枢纽是嘉陵江渠化工程的第 13 级梯级，位于广安市武胜县境内。工程于 1995 年 10 月蓄水发电，2000 年 6 月全面竣工。枢纽正常蓄水位 248.5m，闸前最大水深 18.5m，水库长约 53.0km，库区水面宽 200～800m，平均宽度约为 500m，水库平面形状呈带状，为河道型水库。库区泥沙纵向呈三角洲形。

1997 年 6 月和 2000 年 12 月库区地形测量表明，水库淤积泥沙 0.1332 亿 m³。另外，泥沙冲淤计算结果表明，东西关枢纽将在 2006 年左右基本达到淤积平衡，其最大拦沙量可达 2700 万 m³ 左右。

2）碧口水库

碧口水库控制流域面积 26000km²，总库容为 5.21 亿 m³，死库容 2.29 亿 m³。水库为河道型季调节水库。

根据 1975～1998 年资料分析，碧口水库共淤积泥沙 2.76 亿 m³，年平均淤积量 1212.8 万 m³，总库容已损失 54%。其中，1975～1996 年库内淤积泥沙 2.64 亿 m³（1980～1996 年入库总沙量为 4.006 亿 t，但该水库采用低水位运行和异重流排沙，各泄水建筑物共排出沙量 1.27 亿 t，排沙比达到 31.75%，年均拦蓄沙量为 1610 万 t）。

3）宝珠寺水库

宝珠寺水库位于四川省广元市三堆镇，距上游碧口水电站 87km，是嘉陵江水系白龙江干流的第二个梯级水电站，以发电为主，兼有灌溉、防洪等功能。

水库控制流域面积 2.8 万 km²，占全流域的 89%；水库正常高水位 588m，死库容 7.60 亿 m³，水库装机容量 70 万 kW，具有不完全年调节能力。该水库属河道型水库，水面较宽，水深较大，其拦截了白龙江碧口以下的绝大部分泥沙（包括碧口水库下泄泥沙）。电站于 1996 年 10 月下闸蓄水。

根据 1995 年 7 月至 2001 年 4 月库区地形资料分析，宝珠寺水库年均入库沙量为 2370 万 t，1997～2000 年共计入库沙量为 9480 万 t（约 7580 万 m³），水库淤积量为 7120 万 m³，年均淤积量为 1780 万 m³，且大部分淤积在白龙江库区内。宝珠寺水库泥沙淤积计算表明，当宝珠寺水库运行 50 年时，库区泥沙淤积量将达到 7.49 亿 m³。

4）亭子口水利枢纽工程

亭子口水利枢纽工程位于四川省广元市苍溪县境内，距苍溪县城 15km，是嘉陵江干流开发中唯一的控制性工程，也是 2009 年西部大开发新开工 18 项重点工程中唯一的水利工程，是以防洪、灌溉及城乡供水、发电为主，兼顾航运，并具有拦沙减淤等功能的综合利用工程，正常蓄水位 458m，总库容 41.16 亿 m³，改善嘉陵江上游航运，拦截来自嘉陵江的泥沙 0.61 亿 t，是减轻重庆港区和三峡库区泥沙淤积的重要控制工程。建成后可为三峡水库库尾的重庆港每年减少输沙量 6100 万 t，占嘉陵江总输沙量的 45%。2013 年 6 月中旬完成初期蓄水 438m 目标，2014 年建成投产。根据水库泥沙淤积预测，亭子口水库运行 20 年后的泥沙淤积量为 5.28 亿 m³，即年均拦沙 0.264 亿 t，经拦沙后，出库泥沙仅为悬移质中的细颗粒泥沙。

5）草街水利枢纽

工程位于嘉陵江江口以上 68km 处的合川区草街镇，是以航运为主，兼有发电、拦沙减淤、灌溉等的水资源利用工程，是 2005 年西部十大工程之一。草街航电枢纽，正常蓄水位 203m，总库容 22.12 亿 m³，调节库容 0.65 亿 m³。

当入库流量小于 6000m³/s 时，闸前水位维持 203m 运行，进行日调节，库内河道正常通行，电站正常发电；当入库流量为 6000~10000m³/s 时，泄洪冲沙闸部分开启泄洪冲沙，闸前水位维持 202m 运行；当入库流量为 10000~15000m³/s 时，加大下泄，闸前水位维持在 200m 运行；当入库流量大于 15000m³/s 时，枢纽敞泄排沙，泄洪冲沙闸逐步全闸开启泄洪冲沙，河道停航，电站逐步停机。

为估算草街水利枢纽的拦沙情况，依据 1957~2016 年嘉陵江北碚、武胜、渠江罗渡溪、涪江小河坝四站的历年水沙资料以及武胜站、罗渡溪站、小河坝站至北碚站之间的区间来沙量进行计算。依据 1957~2011 年武胜站、罗渡溪站、小河坝站和北碚站的年输沙量和控制流域面积，估算出武胜站、罗渡溪站、小河坝站至北碚站之间未控区间的年均来沙量为 1580 万 t。因此，草街水利枢纽 2011 年建成以来，年均拦沙量为 1630 万 t。

据已有研究成果，碧口水库 1975~1987 年年均拦沙量为 1458.49 万 m³，1991~1996 年年均拦沙量为 1212.8 万 m³；宝珠寺水库库容较大，1997~2003 年年均淤积泥沙 1781 万 m³，两水库联合运行后，致使白龙江三磊坝站输沙量锐减。嘉陵江中下游干流上已修建的航电枢纽，其拦沙作用也较为明显，如东西关枢纽年均淤积泥沙约 490 万 t，年淤积率为 2.3%，当枢纽运行 9 年后拦沙达到 3500 万 t（约 2700 万 m³）时淤积平衡。按此估算，亭子口—草街区间已建航电枢纽运行 10 年可拦蓄泥沙 7000 万 t（约 5380 万 m³）以上。

4. 乌江流域

1）普定水电站

普定水电站于 1994 年蓄水，1995 年第一台机组发电。工程建成后，基本拦截了三岔河中上游的全部来沙量。根据其上游阳长水文站资料统计分析，其年均拦沙量在 250 万 t 左右。

2）洪家渡水电站

洪家渡水电站于 2004 年 4 月蓄水。工程建成后，基本拦截了六冲河的全部来沙量。蓄水前，洪家渡水电站 1959~2003 年多年平均输沙量为 611 万 t，蓄水后其下泄沙量大幅度减小，2004 年实测输沙量仅为 11 万 t，说明其 2004~2005 年年均拦沙量在 600 万 t 左右。

3）东风电站

东风电站于 1994 年 4 月蓄水，其下游约 5km 处有鸭池河水文站。根据该水文站实测资料分析，东风电站蓄水拦沙前，1957~1993 年年均径流量和年均输沙量分别为 104.2 亿 m³ 和 1350 万 t，蓄水后 1994~2004 年则分别为 106.2 亿 m³ 和 28.3 万 t，水量变化不大，但沙量减幅达到 98%。由此可见，东风电站建成后，1994~2004 年其年均拦沙量为 1320 万 t 左右。

4）乌江渡电站

乌江渡电站采用乌江渡水文站 1951～1972 年多年平均输沙量 1530 万 t，多年平均含沙量 0.982kg/m³，泥沙颗粒由中细砂组成进行设计。

乌江渡电站 1971～1978 年年平均入库悬移质输沙量为 1968 万 t，推移质输沙量为 295 万 t，总输沙量约为 2300 万 t，为原设计值的 1.5 倍。

根据乌江渡库区 1973 年、1974 年以及 1983 年、1984 年和 1985 年实测断面、地形资料分析统计，1980～1985 年库区淤积泥沙约 1.2 亿 m³，占总库容的 5.7%。同时，根据实测资料统计，1972～1988 年，水库总淤积量为 1.79 亿 m³（合 2.07 亿 t，按库区泥沙实测干容重 1.156t/m³ 计算），这主要是由于 1972～1979 年电站围堰挡水期间，库区泥沙存在一定淤积，其淤积量为 680 万 m³。因此，1986～1988 年总拦沙量为 0.522 亿 m³，年均拦沙量为 1740 万 m³。

乌江渡电站建成后，其拦沙作用显著，如 1962～1966 年乌江渡水文站和江界河水文站年均输沙量分别为 1030 万 t 和 1230 万 t，乌江渡电站建成后，1980～1984 年两站年均输沙量分别减小为 126 万 t 和 272 万 t（乌江渡电站建成后，乌江渡水文站即由其上游迁至电站下游约 2km 处），其减幅分别为 88% 和 78%；如 1980 年位于电站上游的鸭池河水文站实测输沙量为 1880 万 t，而乌江渡实测出库泥沙近 374 万 t，可见仅 1980 年电站拦沙就在 1500 万 t 以上。

东风电站 1993 年开始蓄水后，乌江渡入库沙量大幅度减少，其上游鸭池河水文站 1994～2004 年年均输沙量仅为 28.3 万 t，其拦沙量也大幅度减少，乌江渡水文站 1994～2004 年年均输沙量仅为 16 万 t 左右，年均拦沙仅 13 万 t（11 万 m³）左右。

因此初步估算，1972～2005 年水库共计拦蓄泥沙 1.79 亿 m³（1972～1988 年）+ 0.174 亿 m³/a×5a（1989～1993 年）+ 0.0011 亿 m³/a×12a（1994～2005 年）= 2.673 亿 m³，合 3.09 亿 t。

根据初步分析计算，并考虑 1993 年上游东风水库拦沙作用的影响，乌江渡水库运行 75 年达到淤积平衡，其最终淤积量为 4.9 亿 m³。

同时根据贵州省水资源公报，2000～2004 年，普定、引子渡、洪家渡、东风、乌江渡等大型水库泥沙淤积量分别为 1470 万 t、1350 万 t、1670 万 t、1110 万 t、1190 万 t，年均淤积量为 1360 万 t。

5）构皮滩水电站

构皮滩水电站位于余庆县境内，是乌江流域梯级的最大水电站，以发电为主，兼顾航运和防洪。电站正常蓄水位 630m，总库容 64.55 亿 m³，属年调节水库。2009 年首台机组发电，2011 年完成建设。

设计运行规则：5～8 月为汛期，5 月控制水库水位为 621～622m，不超过 622m；6～7 月水库水位控制在 626.24m 运行，8 月水库水位控制在 628.12m 运行，9 月开始蓄水，9 月上旬末可蓄水至正常蓄水位 630m，之后尽量维持水库在高水位运行，在供水期水库水位逐渐消落。

6）思林水电站

思林水电站是乌江水电基地的第八级电站，上游为构皮滩水电站，下游是沙沱水电站。

思林水电站正常蓄水位 440m，总库容 16.54 亿 m³，属日周调节水库。电站额定水头 64m，装机 105 万 kW，多年平均发电量 40.64 亿 kW·h。2009 年全部机组发电。

7）沙沱水电站

沙沱水电站位于贵州省东北部沿河土家族自治县境内，距乌江汇入长江口 250.5km，是乌江流域梯级规划中的第九级，乌江干流开发选定方案中的第七个梯级，坝址控制流域面积 54508km²。电站正常蓄水位 365m，水库总库容 9.21 亿 m³，为日调节水库，以发电为主，兼顾航运、防洪及灌溉等任务。电站于 2013 年 4 月下闸蓄水，5 月第一台机组投产。

8）彭水水电站

彭水水电站位于乌江干流下游，是乌江水电基地的 12 级开发中的第 10 个梯级，其上游为沙沱水电站，下游为乌江银盘水电站，电站坝址以上流域面积 69000km²，占乌江流域总面积的 78.5%，坝址多年平均流量 1300m³/s，年径流量 410 亿 m³。正常蓄水位 293m，总库容 14.65 亿 m³，属于季调节水库。首台机组于 2007 年 10 月投产发电，2009 年电站全部建成投产。

2007 年以来，乌江下游梯级水电站陆续建成运行，根据乌江渡站、思林站、沙沱站、龚滩站泥沙资料，推得乌江渡—思林、思林—沙沱和沙沱—彭水的区间来沙量分别为 300 万 t、370 万 t 和 600 万 t，再根据已有拦沙率计算结果，得到构皮滩水库、思林水库、沙沱水库和彭水水库四座水库的年均拦沙量分别为 273 万 t、97.5 万 t、97.3 万 t 和 460 万 t。

5. 三峡水库区间

1）葛洲坝水利枢纽

葛洲坝水利枢纽工程位于湖北省宜昌市三峡出口南津关下游约 3km 处，水库库容约为 15.8 亿 m³。工程于 1970 年 12 月动工，1974 年 10 月主体工程正式施工。整个工程分为两期：一期工程于 1981 年完工，实现了大江截流、蓄水、通航和二江电站第一台机组发电；二期工程于 1982 年开始，1988 年年底整个葛洲坝水利枢纽工程完工。

葛洲坝水库回水长度 110～180km。根据库区实测固定断面和泥沙淤积观测资料分析，1981～1998 年，库区共淤积泥沙 1.01 亿 m³，1998～2003 年 3 月库区淤积泥沙约 0.545 亿 m³，库区实测平均干容重为 0.958t/m³，因此，1981～2003 年葛洲坝库区淤积泥沙 1.49 亿 t。三峡工程蓄水运行后，两坝间河段则处于持续的冲刷状态，2003～2015 年河段共计冲刷 4360 万 m³，其中主槽冲刷 3920 万 m³，占总冲刷量的 90%。

2）三峡水库

三峡工程地处湖北省宜昌市三斗坪，在已建的葛洲坝水利枢纽上游约 40km 处。三峡工程是治理和开发长江的骨干性工程，水库正常蓄水位 175m，防洪限制水位 145m，总库容 393 亿 m³，防洪库容 221.5 亿 m³，对长江中游防洪具有显著作用；水电站装机容量 1820 万 kW，改善库区航道约 600km。

三峡工程于 1993 年开工，1997 年大江截流，2003 年 6 月进入围堰蓄水期，坝前水位汛期按 135m、枯季按 139m 运行；2006 年汛后初期蓄水后，坝前水位汛期按 144m、枯季按 156m 运行；自 2008 年汛末以来，三峡工程进入 175m 试验性蓄水期。

基于输沙平衡原理计算得到，2003 年 6 月至 2015 年 12 月三峡入库悬移质泥沙 21.15 亿 t，出库（黄陵庙站）悬移质泥沙 5.11 亿 t（表 5.18），不考虑三峡库区区间来沙（下同），水库淤积泥沙 16.0 亿 t，年均淤积泥沙约 1.28 亿 t，仅为论证阶段（数学模型采用 1961~1970 系列年预测成果）的 40%左右，水库排沙比为 24.2%，水库淤积主要集中在清溪场以下的常年回水区，其淤积量为 14.86 亿 t，占总淤积量的 92.9%；朱沱—寸滩、寸滩—清溪场库段分别淤积泥沙 0.370 亿 t、0.811 亿 t，分别占总淤积量的 2.3%、5.1%。

表 5.18　三峡水库进出库泥沙与水库淤积量

年份	三峡水库坝前平均水位（汛期 5~10 月）/m	入库		出库（黄陵庙）		水库淤积量/亿 t
		水量	沙量	水量	沙量	
		/亿 m³	/亿 t	/亿 m³	/亿 t	
2003（6~12 月）	135.23	3254	2.08	3386	0.840	1.24
2004	136.58	3898	1.66	4126	0.637	1.02
2005	136.43	4297	2.54	4590	1.03	1.51
2006	138.67	2790	1.02	2842	0.089	0.932
2007	146.44	3649	2.20	3987	0.509	1.70
2008	148.06	3877	2.18	4182	0.322	1.86
2009	154.46	3464	1.83	3817	0.36	1.47
2010	156.37	3722	2.29	4034	0.328	1.96
2011	154.52	3015	1.02	3391	0.069	0.948
2012	158.17	4166	2.19	4642	0.453	1.74
2013	155.73	3346	1.27	3694	0.328	0.942
2014	156.36	3820	0.554	4436	0.105	0.449
2015	154.87	3358	0.320	3816	0.043	0.278
总计	—	46656	21.15	50943	5.11	16.0

三峡水库属于典型的河道型水库，库区干流长 660 余千米，最宽处达 2000m，库区平均水面宽 1000m。三峡入库泥沙主要集中在汛期，水库排沙比与入库水沙条件、水库蓄水位等密切相关。由于三峡水库采用"蓄清排浑"的运行方式，水库汛期降低水位运行，有助于将大部分泥沙排出库外，提高水库排沙效率，减少水库淤积。但随着汛期坝前平均水位的抬高，水库排沙效果有所减弱（图 5.30）。特别是在洪峰期间，库区水流流速较大，水流挟沙能力强，进入水库的泥沙大部分能输移到坝前，且洪峰持续时间越长，水库排沙比就越大。根据监测资料分析，在入库流量大于 30000m³/s时，水库排沙比都在 50%以上，2003 年、2004 年和 2005 年洪水期水库平均排沙比分别为 54%、81%和 55%。

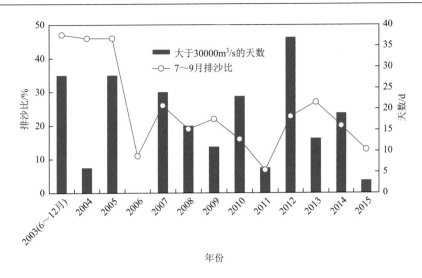

图 5.30 2003~2015 年三峡水库主汛期排沙比与入库流量大于 30000m³/s 天数变化

从三峡库区泥沙淤积形态看，2003 年 3 月至 2015 年 10 月三峡库区江津至大坝河段累计淤积泥沙 14.521 亿 m³，其中，变动回水区（江津至涪陵段）累计冲刷泥沙 0.536 亿 m³；常年回水区淤积量为 15.057 亿 m³。大坝至铜锣峡河段累计淤积泥沙 14.915 亿 m³，其中，淤积在 145m 水面线以下水库库容内的泥沙有 14.612 亿 m³，占总淤积量的 98.0%；淤积在 145m 水面线以上河床的泥沙为 0.303 亿 m³。此外，库区淤积量的 93.9%集中在宽谷段，且以主槽淤积为主，深泓最大淤高 64.0m（位于坝上游 5.6km 的 S34 断面，淤后高程为35.0m）；窄深段淤积相对较少或略有冲刷。

三峡水库蓄水后，入库泥沙大部分被拦截在库内，坝下游各主要控制站输沙量大幅度减小，三峡水库蓄水前，坝下游宜昌、汉口、大通站多年平均输沙量分别为 4.92 亿 t、3.98 亿 t、4.27 亿 t。三峡水库蓄水后，各站输沙量沿程减小，幅度为 67%~91%，且减幅沿程递减。

5.5.4 长江上游水库拦沙作用分析

水库调度对径流的年内过程有一定的调节作用，相比之下，水库调度对长江中下游泥沙过程的影响要大得多。以三峡为代表的长江上游梯级水库群拦截了输入长江中下游江湖系统的泥沙量（图 5.31），使得长江中下游江湖系统当前处于前所未有的少沙状态，2003~2015 年进入长江中下游江湖系统的沙量仅 0.675 亿 t/a。

1. 1956~1990 年

1956~1990 年长江上游地区建成各类水库 11931 座，总库容约 205 亿 m³。其中，大型水库 13 座（含 1981 年蓄水的葛洲坝水库枢纽，库容 15.8 亿 m³），总库容约 97.5 亿 m³；中型水库 165 座，总库容约 39.6 亿 m³；小型水库 11753 座，总库容约 67.9 亿 m³。三峡水库上游（寸滩以上地区和乌江流域）1956～1990 年总库容约 189.2 亿 m^3，大型水库 12 座，总库容约 81.7 亿 m^3。

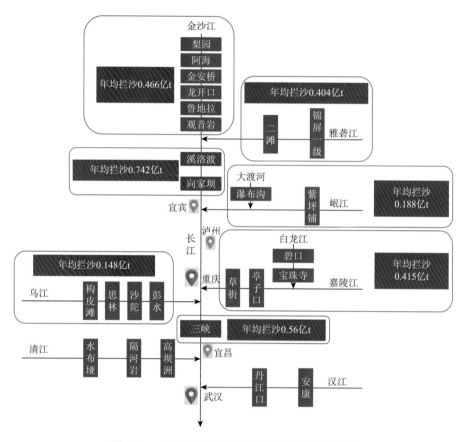

图 5.31　长江上游干支流梯级水库群拦沙效应图

1990～1994 年，水利部长江水利委员会水文测验研究所对 1956～1989 年长江上游金沙江、岷沱江、嘉陵江和乌江等支流流域水库群对三峡水库的拦沙作用进行了较为深入的分析研究。研究表明，上游水库群年均拦沙淤积量为 1.8 亿 t，减少三峡入库沙量 1500 万～1990 万 t。

许全喜（2007）认为 1956～1990 年三峡上游水库年均拦沙量 5890 万 t，长江上游干流区间（主要是三峡区间）1956～1990 年拦沙量为 2.66 亿 m^3，年均拦沙量 760 万 m^3。可以初步认为，1990 年以前长江三峡以上干支流水库年均拦沙量约 6650 万 t。

2. 1991～2015 年

1991 年以来长江上游又陆续修建了大量的水库，且主要集中在金沙江、嘉陵江和乌江流域，以大中型水库为主。随着上游地区一些大型骨干水库的逐步建成，长江上游地区的库容组成结构发生较大改变，大型水库库容占据了长江上游水库群库容的主导地位。水库拦沙是导致 1990 年以来三峡入库沙量大幅度减小的主要原因。本书以长江上游 21 座大中型水库为对象，分析其 1990～2015 年的拦沙作用，主要包括金沙江中下游的梨园、阿海、金安桥、龙开口、鲁地拉、观音岩、溪洛渡、向家坝；雅砻江的锦屏一级、二滩；岷江的紫坪铺、大渡河的瀑布沟；白龙江的碧口和宝珠寺；嘉陵江的亭子口和草街；乌江的构皮滩、思林、沙坨和彭水；控制长江中游入口的三峡水库。长江中游支流梯级水库 1991 年之后入库沙量极少，拦沙效应不明显。按照水库建设运行时间，将 1991～2015 年水库拦沙效应分为 1991～2002 年、2003～2009 年和 2010～2015 年三个阶段。其中，1991～2002 年主要考虑雅砻江、岷江、嘉陵江、乌江梯级水库拦沙效应；2003～2009 年在 1991～2002 年的基础上考虑三峡水库的拦沙效应；2010～2015 年在 2003～2009 年的基础上考虑金沙江中游、下游水库的拦沙效应。具体分析如下。

（1）1991～2002 年。金沙江（主要是雅砻江的二滩）水库拦沙对屏山站的减沙量为 0.189 亿 t/a；岷江水库拦沙对高场站的减沙量为 0.188 亿 t/a；白龙江及嘉陵江干流水库拦沙对北碚站的减沙量为 0.415 亿 t/a；乌江梯级水库拦沙对武隆站的减沙量为 0.148 亿 t/a。初步估计，这一时期长江上游主要控制型水库的减沙量为 0.94 亿 t/a。

（2）2003～2009 年。长江上游各大支流的梯级水库继续运行，拦沙效应未发生大的改变，雅砻江二滩电站年均拦沙量约为 0.404 亿 t；新增的三峡水库入库悬移质泥沙 13.5 亿 t，出库（黄陵庙站）悬移质泥沙 3.79 亿 t，不考虑三峡库区区间来沙（下同），水库淤积泥沙 9.71 亿 t，水库排沙比为 28.0%，减沙量约 1.39 亿 t/a。综合 1991～2002 年其他支流水库减沙量的估算值，这一阶段，上游梯级水库综合减沙量约 2.65 亿 t/a。

（3）2010～2015 年。2010～2012 年三峡水库入库悬移质泥沙 5.50 亿 t，出库泥沙 0.824 亿 t，水库拦截泥沙约 1.56 亿 t/a；2013～2015 年水库入库悬移质泥沙约 2.14 亿 t，出库泥沙 0.477 亿 t，水库拦截泥沙约 0.55 亿 t/a；以攀枝花站为基准，统计 2010～2015 年金沙江中游梯级水库拦截泥沙约 0.466 亿 t/a；2012 年 10 月至 2015 年 12 月（溪洛渡入库泥沙量自 2013 年 5 月起算），金沙江下游溪洛渡、向家坝水库入库总沙量为 2.35 亿 t，出库总沙量为 0.120 万 t，两库泥沙淤积总量为 2.23 亿 t，水库拦沙量约 0.744 亿 t/a。

综上所述，现状条件下，长江上游主要控制型水库（21 座）的综合减沙量约为 2.92 亿 t/a，加上其他未纳入考量范围的水库，以及长江中游、两湖流域继续发挥拦沙作用的水库，长江中游河湖系统每年因水库拦沙造成的沙量来源减少量超过 3 亿 t，考虑 2003～2015 年江湖系统年均输入总沙量相较于 1991～2002 年的减幅，水库拦沙量占沙量总偏少量的 8 成以上。

5.6　小　　结

本章从长江上游侵蚀产沙的地质地貌条件出发，全面调研和筛查了影响河道输沙量的影响因子，包括滑坡和泥石流、降水、水土保持及水库等，阐明了这些因子自身的变化特点，主要结论如下。

（1）滑坡、泥石流等重力侵蚀是长江上游主要的产沙方式，对流域产沙量的地区分布有重要影响。攀枝花至宜宾区间的滑坡体后缘高程为 380～2900m，平均高程为 1558m，滑坡体总体积 21.5 亿 m^3，平均体积为 3780 万 m^3，小于通过遥感解译的滑坡体体积。三峡库区前缘在高程 175m 以下的崩塌、滑坡 1302 处，总体积 33.34 亿 m³。初步估算泥石流产沙量 60%～70%来源于滑坡产生的泥沙，则 2003 年金沙江攀枝花至屏山区间（含雅砻江）滑坡、泥石流产沙量 6000 万～7000 万 t，该区间 2003 年来沙量 10600 万 t，则在该区间滑坡、泥石流产沙量占流域来沙量的 60%～70%。

（2）长江上游降水量大小、落区以及暴雨范围和强度是影响流域输沙量大小的主要因素，在金沙江中下游地区和嘉陵江表现最为突出。对于位于长江重点产沙区的金沙江中下游和嘉陵江而言，流域降水量大小、落区以及暴雨范围和强度对来沙量的影响是主要的、直接的。长江上游降水量 1957 年以来一直呈下降趋势，其中序列至 1960～1963 年、1978～1982 年、1988 年、1992～1999 年、2011～2013 年下降趋势显著。长江上游降水量序列具有约 9 年、17 年尺度的周期性特征。

（3）长江上游土壤侵蚀以水力侵蚀为主，局部地区重力侵蚀和混合侵蚀剧烈。水土流失是水沙输移的来源，水土流失主要来自坡耕地，主要类型为水蚀，尤其是面蚀；特殊的地理气候条件和人类活动是水土流失加剧的重要原因，植被破坏造成了大量的水土流失。防治水土流失是防治水沙灾害的根本措施。1989～2005 年，长江上游"四大片"累计治理面积 6.63 万 km²，占其水土流失总面积（35.2 万 km²）的 18.8%。其中，金沙江流域累计治理面积 1.23 万 km²，嘉陵江流域"长治"工程累计治理面积 3.27 万 km²，乌江上游毕节地区治理面积 0.363 万 km²，三峡库区治理面积 1.77km²。

（4）1956～1990 年长江上游地区建成各类水库 11931 座，总库容约 205 亿 m³。1956～1990 年三峡上游水库年均拦沙量约 6650 万 t。现状条件下长江上游主要控制型水库（21 座）的综合减沙量约为 2.92 亿 t/a。

第6章 长江上游输沙量变化贡献率定量分割

6.1 金沙江流域

6.1.1 降水与径流变化影响

1. 降水对输沙量变化影响的分析方法

受降水强度及落区、地质地貌、植被及人类活动等因素的影响，长江上游降水-输沙关系复杂，一般呈非线性函数关系，且降水量的代表性受气象站网的分布影响较大，很多情况下降水-输沙关系拟合曲线的相关性较差，但降水-径流的相关性较好。在降水资料不完整的情况下，也可以近似地以径流量代替降水量分析降水变化对输沙量变化的影响。对于评估降水量（径流量）的变化对流域输沙量的影响可以采用经验关系模型法。如图 6.1 中拟合关系线 1 代表未受人类活动（包括水土保持、兴建水利工程等）因素影响的时期（基准期），流域出口控制站的年水沙关系；拟合关系线 2 代表受人类活动影响的时期（治理期），流域出口控制站的年水沙关系。拟合关系线 1 和 2 的差值代表在不同的径流（降水）条件下，人类活动对水沙关系的影响。

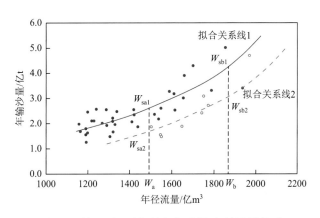

图 6.1 某站不同时期的年径流量-年输沙量关系

W_a、W_b 分别为基准期和治理期的平均径流量；$W_{sa实}$、$W_{sb实}$ 分别为基准期和治理期的平均输沙量；$W_{sb实}$ 则是径流量变化和人类活动共同作用的结果。

W_{sa1}、W_{sa2} 为对应于 W_a 分别根据拟合关系线 1、2 得到的计算值；W_{sb1}、W_{sb2} 为对应于 W_b 分别根据拟合关系线 1、2 得到的计算值；W_{sb1} 则为治理期只受降水影响的产沙量；W_{sb2} 为 W_{sb1} 降水条件下，治理期受水利水保措施等人类活动影响的产沙量。

因此，治理期的径流条件下（W_b），人类活动对流域输沙量的影响为

$$\Delta W_{sb人} = W_{sb1} - W_{sb2} \tag{6.1}$$

考虑在同等人类活动影响水平下，径流量不同对输沙量变化的影响，治理期由径流量变化（$W_b - W_a$）带来的输沙量变化值为

$$\Delta W_{sb径} = W_{sb1} - W_{sa1} \tag{6.2}$$

由于水沙关系模型均根据实测水沙资料，利用最小二乘法原理并考虑模型的连续性，定出相应的经验关系模型表达式（综合关系曲线），因此需对该模型进行合理性检验。采用《水文资料整编规范》（SL 247—2012）中的"水位-流量关系曲线检验"方法，对本书所建立的水沙经验关系曲线（模型）进行合理性检验，其检验方法包括符号检验、偏离数值检验两种。

1）符号检验方法

检验所定关系曲线两侧测点均衡分布的合理性。其计算公式如下：

$$u = \frac{|k - np| - 0.5*}{\sqrt{npq}} = \frac{|k - 0.5n| - 0.5}{0.5\sqrt{n}} \tag{6.3}$$

式中，u 为统计量；n 为测点总数；k 为正号或负号个数；p、q 分别为正号、负号概率，各取 0.5；*为连续改正数（离散型转换为连续型）。

其检验判别方法为：分别统计测点偏离曲线的正、负号个数，若偏离值为 0，则作为正、负号测点各半分配。按照式（6.3）计算得到的 u 值与一定显著水平 α 下的临界值 $u_{1-\alpha/2}$ 比较，当 u 小于 $u_{1-\alpha/2}$ 时认为合理，即接受检验；否则拒绝原假设。

2）偏离数值检验方法

检验测点偏离拟合关系曲线（模型）的平均偏离情况，即拟合关系模型是否能较好地反映其变化趋势。按照下式分别计算 t 值和 $S_{\bar{p}}$ 值，并将 t 值与在显著性水平 α 下的临界值 $t_{1-\alpha/2}$ 比较，当 $|t| < t_{1-\alpha/2}$ 时认为合理，即接受检验；否则拒绝原假设。

$$t = \frac{\bar{p}}{S_{\bar{p}}} \tag{6.4}$$

$$S_{\bar{p}} = \frac{S}{\sqrt{n}} = \sqrt{\frac{\sum_{i=1}^{n} (p_i - \bar{p})^2}{n(n-1)}} \tag{6.5}$$

式中，t 为统计量；$\bar{p}$ 为平均相对偏离值；$S_{\bar{p}}$ 为 $\bar{p}$ 的标准差；S 为 p 的标准差；n 为测点总数；p_i 为测点与关系曲线的相对偏离值，$p_i = \dfrac{Q_{si实} - Q_{si计}}{Q_{si实}}$。

本书建立的水沙关系经验模型均已通过符号检验和偏离数值检验。金沙江流域输沙量不仅受降水量大小的影响，也受降水强度及落区、地质地貌、植被及人类活动等因素的影

响。因此，降水变化对输沙量的影响研究包括两个方面的内容：降水量（径流量）大小对
输沙量的影响；降水强度、落区特别是暴雨特性变化对输沙量的影响。

2. 径流量变化对输沙量的影响

根据屏山站资料统计，与 1954～1990 年相比，1991～2005 年汛期和主汛期水量分别
增加 80.5 亿 m³ 和 84.7 亿 m³，分别占总增水量的 75.2% 和 79.2%，且汛期流量大，输沙能
力强，因此其对输沙量的影响更为明显。表 6.1 建立了攀枝花站、华弹站、屏山站以及攀
枝花—屏山区间、攀枝花—小得石—屏山区间年、汛期和主汛期水沙关系经验模型。通过
这些经验模型可以分析各站、区间径流量变化对输沙量变化的影响。

表 6.1　金沙江各站（区间）径流量-输沙量关系经验模型（基准期）

水文站或区间		模型关系式	相关系数
攀枝花站	年	$W_{s\text{攀}} = 1.48 \times 10^{-8} \times W_{\text{攀}}^3 - 1.927 \times 10^{-5} \times W_{\text{攀}}^2 + 0.00932 \times W_{\text{攀}} - 1.321$	0.937
	汛期	$W_{s\text{汛攀}} = 0.06672 \times W_{\text{汛攀}}^2 - 38.6429 \times W_{\text{汛攀}} + 8452.4$	0.927
	主汛期	$W_{s\text{主汛攀}} = 0.80003 \times W_{\text{主汛攀}}^{1.47632}$	0.867
攀枝花—屏山区间	年	$W_{s\text{攀}-\text{屏}} = 6.37 \times 10^{-8} \times W_{\text{攀}-\text{屏}}^3 - 1.647 \times 10^{-4} \times W_{\text{攀}-\text{屏}}^2 + 0.14367 \times W_{\text{攀}-\text{屏}} - 40.3075$	0.929
	汛期	$W_{\text{汛攀}-\text{屏}} = -0.16139 \times W_{\text{汛攀}-\text{屏}}^2 + 230.1679 \times W_{\text{汛攀}-\text{屏}} - 59496.3$	0.447
	主汛期	$W_{s\text{主汛攀}-\text{屏}} = 0.8497 \times W_{\text{主汛攀}-\text{屏}}^{1.5986}$	0.887
攀枝花—小得石—屏山区间	年	$W_{s\text{攀}-\text{小}-\text{屏}} = 1.8257 \times 10^{-5} \times W_{\text{攀}-\text{小}-\text{屏}}^2 - 5.801 \times 10^{-3} \times W_{\text{攀}-\text{小}-\text{屏}} + 1.3653$	0.929
	汛期	$W_{\text{汛攀}-\text{小}-\text{屏}} = 0.2373 \times W_{\text{汛攀}-\text{小}-\text{屏}}^2 - 52.0416 \times W_{\text{汛攀}-\text{小}-\text{屏}} + 12289.2$	0.922
	主汛期	$W_{s\text{主汛攀}-\text{小}-\text{屏}} = 0.002981 \times W_{\text{主汛攀}-\text{小}-\text{屏}}^3 - 0.6425 \times W_{\text{主汛攀}-\text{小}-\text{屏}}^2 + 84.1510 \times W_{\text{汛攀}-\text{小}-\text{屏}} + 4000.9$	0.930
华弹站	年	$W_{s\text{华}} = (-2.16 \times 10^{-8}) \times W_{\text{华}}^3 - 8.577 \times 10^{-5} \times W_{\text{华}}^2 - 0.1097 \times W_{\text{华}} + 46.837 \quad (W_{\text{华}} < 1500 \text{亿m}^3)$	0.795
	汛期	$W_{\text{汛华}} = 0.0157 \times W_{\text{汛华}}^2 - 8.3814 \times W_{\text{汛华}} + 8958.5$	0.766
	主汛期	$W_{\text{主汛华}} = 0.02483 \times W_{\text{主汛华}}^2 - 11.1238 \times W_{\text{主汛华}} + 8602.9$	0.746
屏山站	年	$W_{s\text{屏}} = (-1.09 \times 10^{-8}) \times W_{\text{屏}}^3 + 5.128 \times 10^{-5} \times W_{\text{屏}}^2 - 0.0763 \times W_{\text{屏}} + 38.516 \quad (W_{\text{屏}} < 1500 \text{亿m}^3)$	0.796
	汛期	$W_{s\text{屏}} = 0.0331 \times W_{\text{汛屏}}^2 - 44.375 \times W_{\text{屏}} + 30879$	0.843
	主汛期	$W_{\text{主汛屏}} = 0.045278 \times W_{\text{主汛屏}}^2 - 36.3712 \times W_{\text{主汛屏}} + 19292.1$	0.831

注：$W_{\text{攀}}$、$W_{\text{汛攀}}$、$W_{\text{主汛攀}}$ 分别为攀枝花站年、汛期和主汛期径流量，亿 m³；$W_{s\text{攀}}$ 为攀枝花站年输沙量，亿 t；$W_{s\text{汛攀}}$、$W_{s\text{主汛攀}}$
分别为攀枝花站汛期、主汛期输沙量，万 t；其他类似。

金沙江 1991~2005 年水沙量增加主要集中在攀枝花以上地区,其水量增加 65.7 亿 m³,占屏山站增水量的 78.2%,沙量增加 2140 万 t。攀枝花以上地区水沙相关关系较好,分别建立 1966~1990 年(基准期)、汛期(5~10 月)和主汛期(7~9 月)径流量-输沙量经验关系模型(表 6.1 和图 6.2)。

由 1966~1990 年径流量-输沙量经验关系模型计算得到攀枝花站 1991~2005 年(治理期)年、汛期和主汛期的平均输沙量关系,结果见表 6.2。由表可知,攀枝花以上地区年、汛期和主汛期径流量均增加,利用年、汛期和主汛期径流系列计算的输沙量分别增大 1230 万 t、1270 万 t 和 930 万 t,平均为 1143 万 t,占屏山站实测总增沙量的 98.3%。同时可以看出,1991 年后攀枝花站实测增沙量为 2140 万 t,由此可以说明随着国家西部大开发战略的实施,攀枝花以上地区公路、铁路等基础建设力度不断增大,加剧了局部地区的水土流失,且水库保持工程刚实施,减沙效益来不及发挥,导致沙量增加 1000 万 t 以上。

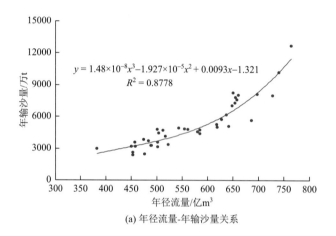

(a) 年径流量-年输沙量关系

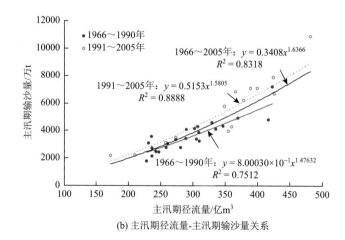

(b) 主汛期径流量-主汛期输沙量关系

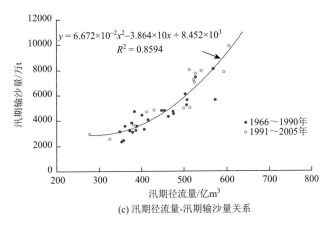

(c) 汛期径流量-汛期输沙量关系

图 6.2　攀枝花站径流量-输沙量关系

表 6.2　攀枝花站年、汛期、主汛期输沙量计算与实测对比

时段	年			汛期（5~10 月）			主汛期（7~9 月）		
	径流量/ 亿 m³	输沙量实 测值/万 t	输沙量计 算值/万 t	径流量/ 亿 m³	输沙量实 测值/万 t	输沙量计 算值/万 t	径流量/ 亿 m³	输沙量实 测值/万 t	输沙量计 算值/万 t
1966~1990 年	543.5	4430	4290	432.1	4400	4210	293.1	3610	3510
1991~1997 年	527.2	4980	4060	414.2	4890	3890	240.1	3480	2610
1998~2005 年	680.8	7960	7640	552.3	7760	7460	318.2	5330	3960
1991~2005 年	609.1	6570	5520	487.9	6420	5480	343.5	5490	4440

华弹站 1958~1990 年年、汛期和主汛期系列水沙经验关系式见表 6.1 和图 6.3。由图可知，1991~2005 年与 1958~1990 年相比，华弹站汛期和主汛期水沙关系均未发生明显变化。但 1991~1997 年沙量明显偏大，这主要是区间工程建设增沙所致；1998~2005 年沙量则明显偏小，主要由二滩水库拦沙、水保措施减沙作用增强以及工程建设增沙受到遏制等方面的综合影响所致。华弹站年、汛期和主汛期输沙量计算与实测对比见表 6.3。

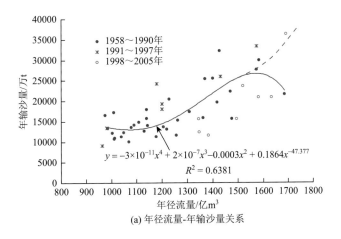

(a) 年径流量-年输沙量关系

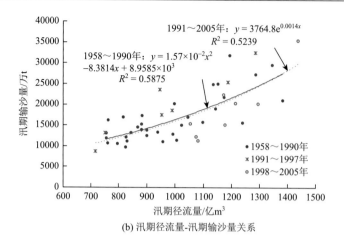

(b) 汛期径流量-汛期输沙量关系

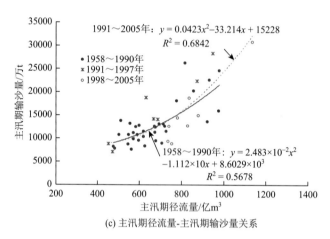

(c) 主汛期径流量-主汛期输沙量关系

图 6.3　华弹站径流量-输沙量关系变化

由表可知，1991～1997 年华弹站虽年径流量减小 6 亿 m^3（减幅 0.5%），导致年沙量减小 190 万 t，但主汛期水量增加 6.3 亿 m^3，沙量增大 140 万 t（对应实测沙量增加 3420 万 t，这与此期间暴雨强度和落区有关）。1998～2005 年华弹站年水量较 1958～1990 年增大 22.4%，相应沙量增大约 10140 万 t（实测增沙量为 2780 万 t），其中汛期增沙量为 5300 万 t，占总增沙量的 52.3%。总体来看，1991～2005 年华弹站年均径流量增加 144 亿 m^3，汛期和主汛期径流量分别增加 106.9 亿 m^3 和 92.0 亿 m^3，分别占总增水量的 74.2% 和 63.9%。年、汛期、主汛期增沙量分别为 5310 万 t、2580 万 t 和 2240 万 t（平均为 3380 万 t）。

表 6.3　华弹站年、汛期、主汛期输沙量计算与实测对比

时段	年			汛期（5～10 月）			主汛期（7～9 月）		
	径流量/亿 m^3	输沙量实测值/万 t	输沙量计算值/万 t	径流量/亿 m^3	输沙量实测值/万 t	输沙量计算值/万 t	径流量/亿 m^3	输沙量实测值/万 t	输沙量计算值/万 t
1958～1990 年	1225	16760	14860	982.5	16400	15910	669.9	12760	12300
1991～1997 年	1219	20410	14670	976.1	19840	15760	676.2	16180	12440

续表

时段	年			汛期（5～10 月）			主汛期（7～9 月）		
	径流量/亿 m³	输沙量实测值/万 t	输沙量计算值/万 t	径流量/亿 m³	输沙量实测值/万 t	输沙量计算值/万 t	径流量/亿 m³	输沙量实测值/万 t	输沙量计算值/万 t
1998～2005 年	1500	19540	25000	1188.5	18920	21210	836.9	15220	16680
1991～2005 年	1369	19950	20170	1089.4	19350	18490	761.9	15660	14540

屏山站 1954～1990 年年、汛期和主汛期水沙经验关系式见表 6.1 和图 6.4。年、汛期和主汛期系列模型计算的输沙量结果见表 6.4。由表可见，屏山站 1991～2005 年年径流量增加 84 亿 m³ 导致年输沙量增加 3210 万 t，其中，汛期和主汛期径流量分别增加 80.5 亿 m³ 和 84.7 亿 m³，年输沙量分别增加 2600 万 t 和 3020 万 t。三者平均值约为 2940 万 t。

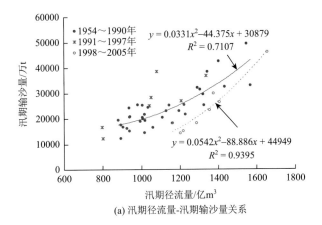

(a) 汛期径流量-汛期输沙量关系

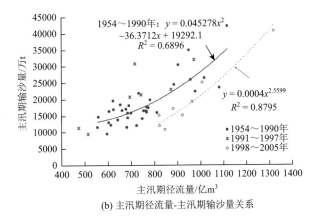

(b) 主汛期径流量-主汛期输沙量关系

图 6.4　屏山站径流量-输沙量关系变化

表 6.4　屏山站年、汛期、主汛期输沙量计算与实测对比

时段	年			汛期（5~10月）			主汛期（7~9月）		
	径流量/亿 m³	输沙量实测值/万 t	输沙量计算值/万 t	径流量/亿 m³	输沙量实测值/万 t	输沙量计算值/万 t	径流量/亿 m³	输沙量实测值/万 t	输沙量计算值/万 t
1954~1990 年	1437	24630	23650	1117.4	23880	22670	753.3	18550	17590
1991~1997 年	1333	27040	20580	1044.5	26320	20680	712.5	21160	16360
1998~2005 年	1686	24680	33400	1332.2	23850	30570	947.9	19340	25500
1991~2005 年	1521	25780	26860	1197.9	25000	25270	838.0	20190	20610

　　攀枝花—屏山区间 1966~1990 年年、汛期和主汛期水沙经验关系式见表 6.1 和图 6.5。计算结果见表 6.5。由表可见，1991~2005 年攀枝花—屏山区间年、汛期和主汛期径流量分别较 1966~1990 年增加 58.7 亿 m³、39.9 亿 m³ 和 50.8 亿 m³，攀枝花—屏山区间年水量增加引起的增沙量为 1050 万 t，但主汛期水量增加引起的增沙量为 2740 万 t。由表 6.5 可知，本区间水量变化对输沙量的影响可分为两个阶段：1991~1997 年区间年来水量减小 47.6 亿 m³，相应减沙量为 910 万 t，但实测沙量增加 1770 万 t，主汛期水量减小 18.6 亿 m³，

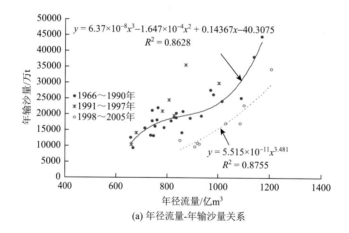

(a) 年径流量-年输沙量关系

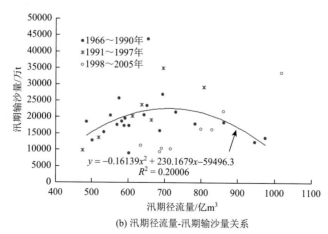

(b) 汛期径流量-汛期输沙量关系

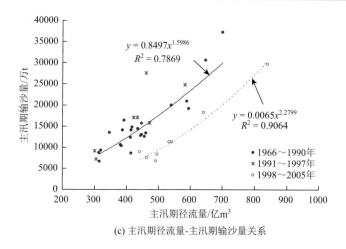

（c）主汛期径流量-主汛期输沙量关系

图 6.5　攀枝花—屏山区间年径流量-年输沙量关系变化

相应减沙量为 960 万 t，但实测沙量增加 1800 万 t；1998～2005 年区间年来水量增加 151.8 亿 m³，相应增沙量为 4370 万 t，但实测沙量却减小 3570 万 t，主汛期水量增加 111.6 亿 m³，相应增沙量为 6250 万 t，但实测沙量减小 2370 万 t。这说明此区间输沙量不仅受水量变化的影响，暴雨落区及强度对输沙量的影响也非常明显。

表 6.5　攀枝花—屏山区间年、汛期、主汛期输沙量计算与实测对比

时段	年			汛期（5～10 月）			主汛期（7～9 月）		
	径流量/ 亿 m³	输沙量实 测值/万 t	输沙量计 算值/万 t	径流量/ 亿 m³	输沙量实 测值/万 t	输沙量计 算值/万 t	径流量/ 亿 m³	输沙量实 测值/万 t	输沙量计 算值/万 t
1966～1990 年	853.3	20290	19270	670.2	20080	22270	443.7	15130	14490
1991～1997 年	805.7	22060	18360	630.2	21430	21460	425.1	16930	13530
1998～2005 年	1005.1	16720	23640	780.0	16090	21850	555.3	12760	20740
1991～2005 年	912.0	19210	20320	710.1	18580	22570	494.5	14710	17230

　　雅砻江下游的二滩电站于 1998 年 5 月蓄水后，对金沙江攀枝花以下河段水沙特性产生了一定影响。据调查，二滩电站 1998～2004 年年均拦沙约 5680 万 t，特别是 1998 年拦沙达 8090 万 t。因此，需研究攀枝花—小得石—屏山区间汛期和主汛期水沙关系变化。由于缺乏小得石站 1991～2004 年主汛期和汛期径流量和输沙量资料，故根据小得石站 1961～1990 年主汛期和汛期水沙量与年水沙量关系式对 1991～2004 年的资料进行插补。同时，考虑二滩电站蓄水拦沙的影响，本书分还原二滩电站拦沙作用和实测资料两种情况分别对攀枝花—小得石—屏山区间汛期和主汛期水沙关系进行研究。

　　金沙江攀枝花—小得石—屏山区间基准期（1966～1990 年）年、汛期和主汛期水沙经验关系式见表 6.1 和图 6.6，计算结果见表 6.6。由表可见，1991～1997 年区间由于年径流量减小导致年输沙量减少 2370 万 t，汛期年输沙量减小 2400 万 t；1998～2004 年，

区间由于年径流量增大导致年输沙量增大 4390 万 t, 汛期增大 1860 万 t。因此, 1991～2004 年攀枝花—小得石—屏山区间径流量增大而引起年输沙量增加: (4390×7–2370×7)/14≈1010 万 t。

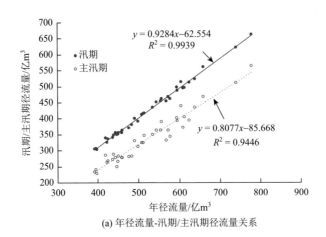

(a) 年径流量-汛期/主汛期径流量关系

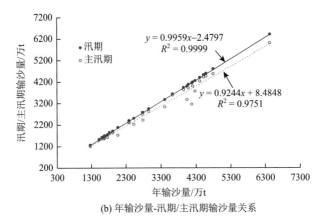

(b) 年输沙量-汛期/主汛期输沙量关系

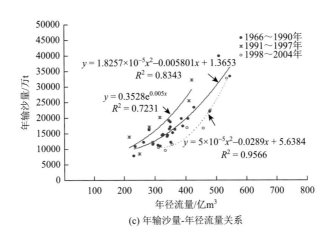

(c) 年输沙量-年径流量关系

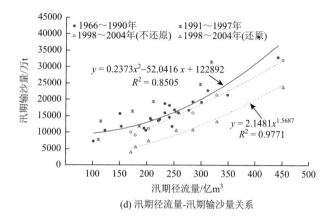

(d) 汛期径流量-汛期输沙量关系

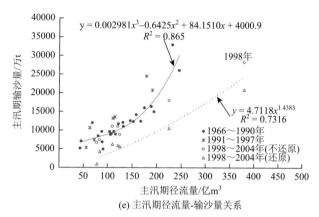

(e) 主汛期径流量-输沙量关系

图 6.6　攀枝花—小得石—屏山区间年、汛期、主汛期径流量-输沙量关系

表 6.6　攀枝花—小得石—屏山区间年、汛期、主汛期输沙量计算与实测对比

时段	年			汛期（5~10 月）			主汛期（7~9 月）		
	径流量/亿 m³	输沙量实测值/万 t	输沙量计算值/万 t	径流量/亿 m³	输沙量实测值/万 t	输沙量计算值/万 t	径流量/亿 m³	输沙量实测值/万 t	输沙量计算值/万 t
1966~1990 年	355.4	17120	16240	270.3	16870	15560	129.5	12140	10600
1991~1997 年	312.4	18470	13870	234.8	17860	13160	112.3	13600	9570
1998~2004 年	411.9	17140	20630	293.1	16490 (10840)	17420	160.6	12980 (7730)	13290
1991~2004 年	362.2	17800 (20830)	16680	263.9	17180 (14350)	15090	136.4	13290 (10670)	11090

注：括号中数据为考虑二滩电站拦沙作用还原。

　　若直接利用金沙江流域平均降水量 $P_{金}$（mm）与屏山站年输沙量 $W_{s屏}$（万 t）的相关关系估算降水变化对输沙量的影响，其关系式为

$$W_{s屏} = 5.73 \times 10^{-7} \times P_{金}^3 - 1.5956 \times 10^{-3} \times P_{金}^2 + 1.4814 \times P_{金} - 456.215 \quad R^2 = 0.5255 \quad （6.6）$$

其相关关系见图 6.7。由式（6.6）计算得到水土保持治理后金沙江流域 1954~1990 年和

1991～2004 年平均降水量 933.1mm 和 958.5mm 对应的输沙量分别为 2.32 亿 t 和 2.34 亿 t，实测平均输沙量分别为 2.44 亿 t 和 2.63 亿 t。考虑由于关系式本身带来的误差，1991～2004 年计算的输沙量分别修正为：2.34×2.44/2.32 = 2.46 亿 t。因此，金沙江流域降水量大小对屏山站输沙量无明显影响（有可能是对雨量站未进行区域划分所致），但水利工程和水土保持措施等引起减沙 1600 万 t 左右。

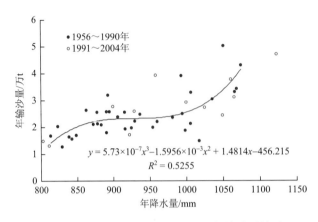

图 6.7　金沙江流域降水量-屏山站年输沙量关系

　　综上所述，1991～2004 年与 1990 年前相比，金沙江流域（屏山站）由于径流量增加 84 亿 m³（增幅 5.8%）引起增沙量为 2380 万～2710 万 t（平均 2540 万 t）。其中，攀枝花以上地区水量增加 65.7 亿 m³，占屏山站增水量的 61.4%，增沙量为 1140 万 t；攀枝花—屏山区间增沙量为 1400 万 t，雅砻江流域（小得石站）径流量虽增加了 36.4 亿 m³，但由于二滩水库的拦沙作用，1991～2005 年年均沙量减少了 1030 万 t。此外，攀枝花—屏山区间来沙量不仅受径流量大小影响，而且受暴雨落区及强度的影响。

3. 落区变化对输沙量的影响

　　金沙江降水的落区、范围和强度对流域来沙的影响很大，当暴雨中心在主要产沙区域，或者主要产沙区发生大面积集中性降水时，流域沙量特大。1974 年华弹、屏山站年径流量与其多年平均径流量的比值分别为 1.25 和 1.27，但两站 1974 年年输沙量与多年平均输沙量的比值分别为 1.67 和 2.00，华弹—屏山区间年输沙量达 2.03 亿 t，按面积比算，华弹—屏山区间年输沙模数达 9250t/(km²·a)，远远大于其他年份。该年金沙江下游段降水偏大，华弹—屏山区间支流黑水河、以礼河、美姑河上游支流均为降水高值中心，降水中心多在高产沙区。黑水河竹寿站年降水高达 1709.2mm，黑水河宁南站年输沙量 608 万 t，为 1983 年以前的第一位，若与 1960～2000 年多年平均输沙量比较，1974 年输沙量为多年平均输沙量的 1.30 倍。1974 年美姑河美姑站年输沙量 323 万 t，是多年平均输沙量的 1.7 倍。

　　由表 6.7 看出，在 1954～1982 年和 1983～1992 年两个时段，屏山站多年平均径流量基本相等，但多年平均输沙量增加 3000 万 t，增幅约 12.6%。20 世纪 80 年代后金沙江屏山以上从直门达到屏山沿程输沙量都有偏大现象，根据金沙江主要支流雅砻江、安宁河、龙川江、鲹鱼河、黑水河、昭觉河、美姑河、横江的资料分析，20 世纪 80 年代后输沙量增加趋势明显（图 6.8）。20 世纪 80 年代后金沙江流域水土流失有加重趋势，其主要原因是基本建设规模迅猛扩大，筑路、建厂、修水库、开渠、采矿等人类活动对环境的影响加剧，村民自发的陡坡开荒、乱砍滥伐、乱采矿产资源等危害更大，使大片水源林和植被被破坏，大地抗灾能力减弱，加之环境管理及保护措施未能及时跟上，因此，一遇暴雨，致使泥沙流失加重。

表 6.7　金沙江屏山站年输沙量变化统计

时段	起止年份	年数/年	多年平均		
			径流量/亿 m³	输沙量/亿 t	输沙变化量/亿 t
1	1954~1982 年	29	1428	2.38	
2	1983~1992 年	10	1427	2.68	＋0.30
3	1993~1997 年	5	1311	2.77	＋0.09
4	1998~2005 年	8	1686	2.47	－0.30

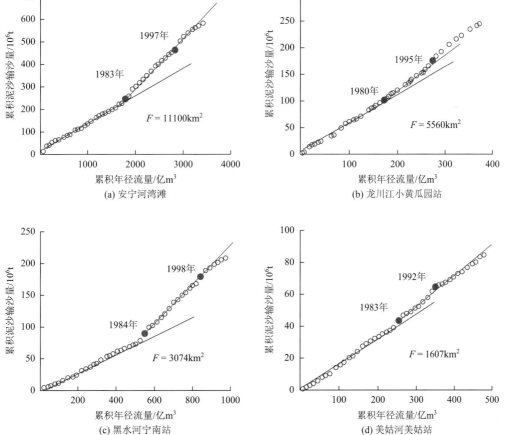

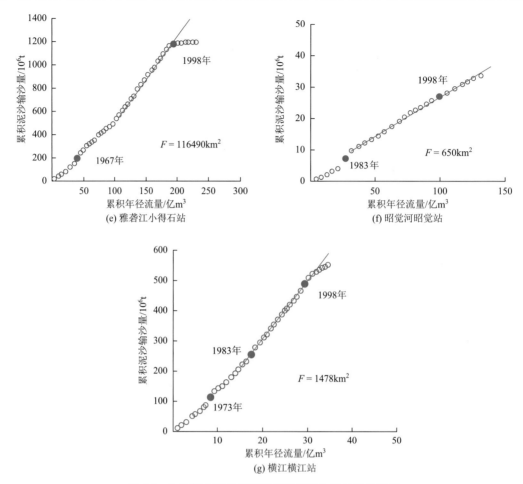

图 6.8　金沙江主要支流累积年径流量与输沙量关系图

金沙江攀枝花—屏山区间各站年、汛期（5～10 月）和主汛期（7～9 月）径流量和输沙量在各区间的分配情况见表 6.8～表 6.10。

表 6.8　金沙江干流汛期和主汛期水沙量统计

测站或区间	汛期（5～10 月）				主汛期（7～9 月）			
	1990 年前		1991～2005 年		1990 年前		1991～2005 年	
	径流量/亿 m³	输沙量/亿 t	径流量/亿 m³	输沙量/亿 t	径流量/亿 m³	输沙量/亿 t	径流量/亿 m³	输沙量/亿 t
攀枝花	432.1	0.440	487.9	0.642	293.1	0.361	343.5	0.549
小得石	399.9	0.315	447.4	0.200	314.3	0.294	358.0	0.187
攀—小—华区间	150.5	0.885	154.1	1.093	62.5	0.621	60.4	0.830
华弹	982.5	1.640	1089.4	1.935	669.9	1.276	761.9	1.566
华—屏区间	134.9	0.749	108.5	0.565	83.4	0.579	76.1	0.453
攀—小—屏区间	285.4	1.634	262.6	1.658	145.9	1.200	136.5	1.283
屏山	1117.4	2.389	1197.9	2.500	753.3	1.855	838	2.019

注：攀—小—华区间指攀枝花—小得石—华弹区间；华—屏区间指华弹—屏山区间；攀—小—屏区间指攀枝花—小得石—屏山区间。

表 6.9 金沙江干流及主要支流各年代水沙统计

河流	站名	流域面积/km²	1960~1969 年			1970~1979 年			1980~1989 年			1990~1999 年			2000~2005 年			1990~2005 年		
			径流量/亿m³	输沙量/万t	含沙量/(kg/m³)	径流量/亿m³	输沙量/万t	含沙量/(kg/m³)	径流量/亿m³	输沙量/万t	含沙量/(kg/m³)	径流量/亿m³	输沙量/万t	含沙量/(kg/m³)	径流量/亿m³	输沙量/万t	含沙量/(kg/m³)	径流量/亿m³	输沙量/万t	含沙量/(kg/m³)
金沙江	石鼓	214184	448	2570	0.57	380	1650	0.43	421	2560	0.61	430	2750	0.64	470	3680	0.78	445	3100	0.70
	攀枝花	259177	547	4650	0.85	527	3860	0.73	550	4740	0.86	574	6200	1.08	672	7120	1.06	611	6540	1.08
	华弹	425948	1311	17100	1.30	1150	14700	1.27	1210	18900	1.57	1322	22500	1.70	1465	16100	1.10	1375	20100	1.46
	屏山	458592	1501	24400	1.62	1332	22100	1.66	1410	25700	1.82	1471	29800	2.02	1627	19900	1.22	1529	26100	1.70
雅砻江	小得石	116490	554	2892	0.52	477.3	2301	0.48	502.3	3783	0.75	535.5	3138	0.59	588.8	204	0.03	553.2	2160	0.39
安宁河	湾滩	11100	74.5	961	1.29	70.3	834	1.18	72.9	1518	2.08	77.4	1715	2.22	78.7	1226	1.56	77.8	1552	2.00
龙川江	小黄瓜园	5560	9.0	364	4.06	7.8	415	5.32	5.7	400	6.99	9.4	762	8.11	12.6	721	5.73	10.3	750	7.28
黑水河	宁南	3074	22.2	253	1.14	20.4	317	1.55	20.6	543	2.63	21.8	688	3.15	20.5	406	1.98	21.4	594	2.78
昭觉河	昭觉	650	4.6	61	1.33	4.4	54	1.25	4.9	146	2.99	4.8	123	2.54	5.1	109	2.14	4.9	118	2.40
美姑河	美姑	1607	10.5	158	1.51	10.9	188	1.73	10.6	201	1.90	10.3	190	1.85	11.6	207	1.79	10.7	196	1.83
横江	横江	14781	98.6	1090	1.11	89.1	1371	1.54	85.4	1597	1.87	77.0	1547	2.01	72.7	718	0.99	75.4	1236	1.64

表 6.10　典型年份流域各区间径流量、输沙量分配表

年份	石鼓				石—攀				雅砻江				攀—华（不含雅砻江）				华—屏				屏山			
	径流量/亿 m³		输沙量/亿 t		径流量/亿 m³		输沙量/亿 t		径流量/亿 m³		输沙量/亿 t		径流量/亿 m³		输沙量/亿 t		径流量/亿 m³		输沙量/亿 t		径流量/亿 m³		输沙量/亿 t	
	年	主汛期	年	主汛期	年	主汛期	年	主汛期	年	主汛期	年	主汛期	年	主汛期	年	主汛期	年	主汛期	年	主汛期	年	主汛期	年	主汛期
1967	360	181	0.136	0.115	116	56	0.110	0.100	398	228	0.453	0.441	129	20	0.511	0.119	188	71	0.580	0.363	1191	556	1.79	1.14
1974	503	350	0.294	0.280	183	130	0.270	0.247	768	543	0.633	0.609	129	114	1.780	1.670	272	158	2.030	1.890	1855	1295	5.010	4.700
1975	410	259	0.200	0.190	113	65	0.137	0.120	495	305	0.204	0.191	52	33	0.456	0.404	122	42	0.264	0.214	1192	704	1.260	1.120
1990	472	278	0.196	0.173	165	103	0.423	0.370	696	425	0.614	0.519	138	72	0.987	0.769	183	101	0.798	0.670	1654	979	3.020	2.500
1991	500	335	0.347	0.334	155	102	0.438	0.404	684	—	0.658	—	234	—	1.900	—	85	32	0.441	0.412	1658	1081	3.780	3.420
1996	424	264	0.196	0.177	119	81	0.297	0.270	560	—	0.472	—	99	—	0.837	—	123	67	0.778	0.725	1325	838	2.580	2.350
1997	367	225	0.159	0.150	117	76	0.213	0.193	519	—	0.459	—	178	—	1.580	—	176	98	1.500	1.280	1357	842	3.910	3.410
1998	532	352	0.624	0.583	232	177	0.648	0.586	779	—	0.562	—	149	—	1.790	—	279	194	1.070	1.020	1971	1428	4.699	4.392
2000	510	332	0.456	0.422	231	162	0.560	0.485	705	486	0.195	0.188	187	77	0.866	0.740	139	104	0.645	0.594	1772	1161	2.720	2.430
2001	428	277	0.319	0.300	227	142	0.413	0.367	691	430	0.166	0.156	235	109	1.180	0.960	161	108	0.348	0.289	1742	1066	2.430	2.070
2002	417	271	0.328	0.309	232	159	0.377	0.355	518	324	0.066	0.062	179	101	0.788	0.641	157	90	0.308	0.285	1503	945	1.870	1.650
2003	457	310	0.329	0.306	162	106	0.174	0.154	666	448	0.105	0.096	64	28	0.629	0.581	199	113	0.324	0.272	1547	1004	1.560	1.410
2004	463	301	0.235	0.218	179	113	0.277	0.251	628	367	0.128	0.109	115	65	0.512	0.450	168	96	0.330	0.267	1552	940	1.480	1.300
平均	450	291	0.278	0.260	171	113	0.325	0.292	630	416	0.355	0.241	146	75	1.110	0.777	162	92	0.707	0.627	1560	987	2.690	2.400
2001~2004	441	290	0.303	0.283	200	130	0.310	0.282	626	392	0.116	0.106	148	76	0.777	0.658	171	102	0.328	0.278	1586	989	1.835	1.608

由表 6.8～表 6.10 可知，1990 年前后降水落区总体未发生明显变化。由表 6.10 可知，当降水落区集中在攀枝花至屏山区间时，金沙江流域输沙量较大。如 1967 年和 1975 年径流量相当，地表植被差异不大，人类活动的影响也较接近，但 1967 年输沙量较 1975 年多 5300 万 t，主要是 1967 年攀枝花至屏山区间降水（径流）量明显大于 1975 年所致。1967 年攀枝花至屏山区间来水量 200 亿 m³，占屏山站的 26.6%，来沙量 1.09 亿 t，占屏山站的 61%；1975 年攀枝花至屏山区间来水量 94 亿 m³，占屏山站的 7.9%，来沙量 0.720 亿 t，占屏山站的 57%。1990 年与 1991 年金沙江径流量也基本相当，但 1991 年输沙量较 1990 年多 7600 万 t，主要是由于 1990 年降水区主要集中在攀枝花至华弹区间（不含雅砻江），其来沙量占屏山站的 50.2%。1996 年和 1997 年，年、主汛期径流量均基本相当（1997 年偏大 2.4%），但 1997 年输沙量较 1996 年多 1.33 亿 t（偏大 51.6%），主要是由于 1997 年降水主要集中在攀枝花—屏山区间（不含雅砻江）。1997 年区间来水来量和来沙量分别为 364 亿 m³ 和 3.08 亿 t，分别占屏山的 26.8% 和 78.8%，1996 年区间来水量和来沙量仅为 222 亿 m³ 和 1.615 亿 t。2003 年、2004 年与 2002 年比较，人类活动、地表植被、水库拦沙、水土保持效益等条件均较接近，主汛期径流量占全年的比例也相近，径流量略增加，但来沙量减小 3000 万 t 左右，这也与降水落区有一定关系，2003 年和 2004 年降水落区主要在攀枝花以上区域。

4. 暴雨特性变化对输沙量的影响

暴雨天数对输沙量的影响。暴雨是影响输沙量年内年际变化、地区分布和水沙关系的主要气候因子，流域输沙量集中在 7～9 月这个特点完全是暴雨年内分配集中所致。如 1981～1985 年与 1975～1980 年相比，金沙江攀枝花至屏山区间沙量明显偏大（表 6.11），与区间 1981～1985 年暴雨日数增多，而 1975～1980 年暴雨日数减少直接有关。

表 6.11　金沙江攀枝花—屏山区间大、小沙期水沙与历年水沙变化统计

类别	年径流量		年输沙量	
	数值/亿 m³	增幅/%	数值/万 t	增幅/%
多年均值	893	—	19770	—
1981～1985 年大沙期年均值	820	−8.2	21450	+ 8.5
1975～1980 年小沙期年均值	796	−2.9	15400	−28.2

沈浒英和杨文发（2007）根据金沙江下段 61 个气象站暴雨资料分析，1991～2000 年金沙江攀枝花—屏山区间年均暴雨日数有所增多。例如，攀枝花站 1991～2000 年平均年暴雨日数有 4.3d，而 1960～1990 年平均暴雨日数只有 0.2d，1991～2000 年比 1960～1990 年平均暴雨日数增加 4.1d；安宁河下游的米易站 1991～2000 年比 1960～1990 年平均暴雨日数增加 2.4d（1991～2000 年平均年暴雨日数 6.7d，1960～1990 年平均暴雨日数 4.3d）；雅砻江下游的盐边站和金沙江干流的金阳站（位于攀枝花站下游，华弹—溪洛渡

区间）1991～2000 年比 1960～1990 年平均暴雨日数各增加 1.2d；宁南站和沐川站平均暴雨日数各增加 1.0d。

2001～2004 年与 1991～2000 年相比，米易站年均暴雨日数减少 2.9d，宁南站、盐边站均减少 2.0d，德昌站（安宁河下游）减少 1.9d，攀枝花站减少 1.8d，巧家站减少 1.7d，普格站（华弹—溪洛渡区间）减少 1.3d，会泽站、东川站（龙街—华弹区间）分别减少 1.1d、0.9d，鹤庆站（石鼓—金江街区间）减少 0.9d。

1991～2000 年与 1960～1990 年相比暴雨日数增加最多的 10 个站点及 1991～2000 年与 2001～2004 年相比暴雨日数减少最多的 10 个站点排序见表 6.12。1960～1990 年、1991～2000 年、2001～2004 年金沙江下段不同时期年平均暴雨日数前十位排序见表 6.13。

表 6.12 不同时期暴雨日数增减列表　　　　　　　（单位：d）

序号	1991～2000 年与 1960～1990 年比较		2001～2004 年与 1991～2000 年比较	
	站名	增加暴雨日数（t_2-t_1）	站名	减少暴雨日数（t_2-t_3）
1	攀枝花	4.1	米易	2.9
2	米易	2.4	宁南	2.0
3	盐边	1.2	盐边	2.0
4	金阳	1.2	德昌	1.9
5	宁南	1.0	攀枝花	1.8
6	沐川	1.0	巧家	1.7
7	牟定	0.9	昆明	1.7
8	昆明	0.9	普格	1.3
9	西昌	0.8	会泽	1.1
10	普格	0.8	鹤庆	0.9

注：t_1 表示 1960～1990 年平均暴雨日数；t_2 表示 1991～2000 年平均暴雨日数；t_3 表示 2001～2004 年平均暴雨日数。

表 6.13 金沙江下段不同时期年平均暴雨日数前十位排序表　　　　（单位：d）

序号	1960～1990 年		1991～2000 年		2001～2004 年	
	站名	暴雨日数	站名	暴雨日数	站名	暴雨日数
1	沐川	4.8	米易	6.7	沐川	5.8
2	宜宾	4.5	沐川	5.8	马边	4.8
3	米易	4.3	会理	4.6	会理	4.5
4	会理	4.0	盐边	4.5	喜得	3.8
5	马边	3.9	宜宾	4.4	宜宾	3.8
6	盐边	3.3	攀枝花	4.3	米易	3.8
7	华坪	3.3	普格	3.5	华坪	3.5
8	盐津	2.9	宁南	3.5	楚雄	3.5
9	德昌	2.8	德昌	3.4	西昌	3.3
10	普格	2.7	西昌	3.2	冕宁	3.0

　　苏布达等（2006）根据长江上游 69 个气象站 1961～2004 年的资料分析发现，1991～2004 年金沙江水系中下段年极端降水量增大约 50mm，强降水日数平均增加 3.2d。

　　金沙江下段暴雨日数统计分析表明，1991～2000 年金沙江输沙量增大与攀枝花—屏山区间年均暴雨日数增加有关，而 2001～2004 年输沙量减小则与攀枝花—屏山区间暴雨日数减少密切相关。

5. 暴雨强度对输沙量变化的影响

　　金沙江流域下段来沙以滑坡、泥石流等重力侵蚀产沙为主，而泥石流、滑坡的发生，往往是某一场日暴雨过程的激发作用所致。在相对较小的区域内，降水是否落在滑坡和泥石流沟所在流域，对其来沙结果有很大的影响，暴雨强度及落区在小范围内的变化也对流域来沙量的变化具有重要影响。

　　根据 1960～2004 年金沙江下段各站最大日雨量（24h）资料统计，最大日暴雨量为 275mm（宜宾站，1984 年 7 月 6 日）。1991～2000 年与 1960～1990 年相比，最大日暴雨量增加的区域主要位于金沙江下段的东北部地区，华弹以上地区最大日暴雨量则有所减少。同时根据金沙江干流下段金江街、龙街、三堆子、华弹、屏山等站降水资料分析，其最大日暴雨量分别增大 7.4mm、0.4mm、4.0mm、1.1mm、10.4mm（表 6.14）。

表 6.14　金沙江要站各时期降水量统计表　　　　　（单位：mm）

测站	1960～1990 年			1991～2000 年			2001～2004 年			1991～2004 年		
	最大日	最大月	年均	最大日	最大月	年均	最大日	最大月	年均	最大日	最大月	年均
奔子栏	30.6	116.9	304.4	28.9	101.5	287.0	38.2	97.7	263.6	31.5	100.4	280.3
石鼓	50.6	225.6	744.7	49.9	258.3	792.2	43.5	218.4	788.6	48.0	246.9	791.2
金江街	49.6	187.0	570.8	57.0	224.0	633.3	53.7	188.8	657.7	56.0	214.0	640.2
龙街	56.6	181.5	607.5	57.0	211.7	623.1	52.5	155.0	648.8	55.7	195.5	630.4
三堆子	70.6	245.3	770.2	74.6	283.3	862.7	56.4	223.1	811.5	69.4	266.1	848.1
田坝	51.6	154.7	560.0	44.6	172.6	589.0	35.7	137.2	508.1	42.0	162.5	566.4
华弹	54.6	204.3	776.2	55.7	222.4	832.4	46.6	203.7	705.8	53.1	217.0	796.2
花坪子	46.3	179.7	627.8	42.7	178.9	653.0	45.1	165.8	602.5	43.4	175.1	638.6
屏山	86.7	286.4	967.5	97.1	234.8	861.9	90.6	284.6	985.4	95.2	249.0	897.2
横江	88.2	269.1	908.9	85.3	221.5	784.5	65.9	215.3	827.4	79.8	219.7	796.8

　　2001～2004 年与 1991～2000 年相比，金江街—龙街部分地区、雅砻江—安宁河部分地区最大日暴雨量有所增加，但金沙江下段的东北部地区则明显减小，雅砻江—安宁河下段暴雨量也明显减少。金沙江干流下段金江街、龙街、三堆子、华弹、屏山等站最大日暴雨量分别减小 3.3mm、4.5mm、18.2mm、9.1mm、6.5mm（表 6.14）。

　　综上所述，金沙江流域来沙量年际变化很大，主要随降水量和径流量的变化而变化，即使在相同的年降水量和年径流量条件下，年际间差别也很大（表 6.15）。重点产沙区与暴雨集中区的分布一致，在同一区域，降水量、落区、范围和强度对来沙的影响是主要的、直接的。1991～2005 年与 1990 年前相比，金沙江流域（屏山站）由于径流量增加 84 亿 m³（增幅为 5.8%），引起沙量增加 1200 万 t。其中，攀枝花以上地区径流量增加 66 亿 m³，沙量增加 2140 万 t，攀枝花—屏山区间径流量增加 18 亿 m³，沙量减少 1000 万 t。由于攀枝花站缺 1954～1965 年资料，与屏山站的资料统计年限不一致，可能导致表 6.15 所示的 1954～1990 年水沙均值误差较大。

表 6.15　攀枝花、屏山站及攀枝花—屏山区间各时期水沙统计表

统计时段	屏山站		攀枝花站		攀枝花—屏山区间	
	径流量/亿 m³	输沙量/亿 t	径流量/亿 m³	输沙量/亿 t	径流量/亿 m³	输沙量/亿 t
1954～1990 年	1437	2.46	543	0.443	894	2.02
1991～2000 年	1483	2.95	585	0.660	898	2.29
2001～2005 年	1598	1.84	658	0.650	940	1.19
1991～2005 年	1521	2.58	609	0.657	912	1.92

注：攀枝花站缺 1954～1965 年资料。

此外，攀枝花—屏山区间 61 个气象站点暴雨量统计分析结果表明，与 1990 年前相比，1991～2000 年区间年均暴雨日数明显增多是输沙量增加的重要原因；与 1991～2000 年相比，2001～2005 年区间暴雨日数明显减小、暴雨强度减弱是区间沙量大幅度减小的主要原因。

6.1.2　水土保持减沙

金沙江流域水土流失治理以小流域为单位，以坡面减蚀为主。例如，四川凉山州在 134 条小流域开展水土流失重点治理后，年坡面侵蚀量减少 396.10 万 t，平均每治理 1km² 水土流失减少土壤侵蚀 1443.36t。又如，云南省牟定县有家官河流域面积 16km²，耕地面积 395hm²，其中坡耕地 192.2hm²。经过六年小流域综合治理，完成治理水土流失面积 9.65km²，治理保存率达 69.64%，坡面土壤侵蚀减少 86.86%，减蚀效益显著（表 6.16）。再如，普渡河上的小河及甸尾河（流域面积分别为 394km² 和 120km²），1989 年后输沙量有较为明显的减少。

表 6.16　有家官河流域水土流失治理效益

年份	水土流失面积/km²	坡面土壤侵蚀/万 t	坡耕地/hm²	荒山荒坡/hm²	林草覆盖率/%	流失区土壤侵蚀模数/[t/(km²·a)]
1989	11.52	8.14	192.2	793.6	4.65	7065.97
1996	4.80	1.07	66.6	42.6	42.44	2229.17

除"长治"工程以小流域为单位进行水土流失综合治理外,自 1999 年开始在金沙江流域逐步开展陡坡耕地退耕工作,耕地和陡坡耕地主要集中于金沙江下游区域,陡坡耕地 27.25 万 hm², 陡坡耕地侵蚀模数为 19885.79t/(km²·a), 陡坡耕地侵蚀总量为 0.54 亿 t/a, 占下游流域坡面侵蚀量的 35.76%。但在金沙江流域其他大部分区域, 耕地和陡坡耕地数量不大, 如长江源头区, 水土流失面积占辖区面积的 67.02%, 而土地垦殖系数仅为 0.06%, 在这些区域陡坡耕地退耕对水土流失治理的效应不大。

1. 水保法

1) 攀枝花—华弹区间

从攀枝花—华弹区间的情况看,水土保持减蚀量与流域治理面积之间存在着较好的关系(图 6.9), 其关系可用下式表示:

$$y = 0.2526x + 8.092 \quad R^2 = 0.7617 \tag{6.7}$$

从表 6.17 来看, 该区间二期"长治"工程年均拦沙减蚀量约为 91 万 t, 三期约为 568 万 t, 四期约为 233 万 t, 一期、五期拦沙减蚀量参照二期、三期的量, 按式(6.7)计算, 则一期每年拦沙减蚀量 345 万 t, 五期 304 万 t, 一至三期完成后每年拦沙减蚀量 1236 万 t, 五期完成后每年的拦沙减蚀量约为 1540 万 t。由此可初步推算, 1989~2005 年区间累积减蚀量为 1.95 亿 t, 年均减蚀量为 1150 万 t, 2005 年水平减蚀量为 1590 万 t。

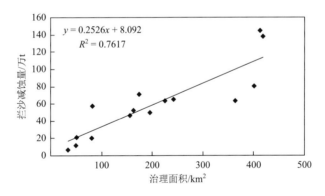

图 6.9　攀枝花—华弹区间拦沙减蚀量与治理面积的关系

表 6.17　攀枝花—华弹区间"长治"工程拦蓄泥沙情况表　　　　（单位：万 t）

期	县名	基本农田	植物措施	水利水保工程	保土耕作	合计
二期	元谋	1.24	4.76	0.04	0.72	6.76
	牟定	9.80	33.66	6.42	2.32	52.20
	姚安	1.50	9.26	0.96	0.22	11.94
	会理	2.92	11.37	5.00	0.95	20.24
三期	元谋	13.98	49.23	10.40	6.47	80.08
	牟定	7.00	117.00	3.23	10.60	137.83
	姚安	5.61	98.26	32.56	7.95	144.38

续表

期	县名	基本农田	植物措施	水利水保工程	保土耕作	合计
三期	永仁	5.97	42.81	0.528	0.70	50.008
	武定	24.40	31.40	8.30	6.60	70.7
	南华	4.45	16.18	0.15	—	20.78
	大姚	7.90	40.00	14.70	1.30	63.9
四期	富民	2.82	48.71	4.04	2.13	57.7
	晋宁	3.47	47.49	10.80	3.67	65.43
	会东	—	—	46.33	—	46.33
	会理	10.75	37.94	9.48	5.06	63.23

2）华弹—屏山区间

华弹—屏山区间"长治"工程二期拦沙减蚀量约 198 万 t（表 6.18），三期拦沙减蚀量约 672 万 t。照此比例计算，一期每年拦沙减蚀量 519 万 t，五期 161 万 t，一至三期完成后 1389 万 t，五期完成后每年的拦沙减蚀量约为 1550 万 t。由此初步推算，1989～2005 年区间累积减蚀量为 2.12 亿 t，年均减蚀量约为 1250 万 t，2005 年水平减蚀量为 1550 万 t。

表 6.18　华弹—屏山区间"长治"工程拦蓄泥沙情况表　　　　　（单位：万 t）

期	县名	基本农田	植物措施	水保工程	保土耕作	合计
二期	宁南	5.40	11.88	7.53	4.90	29.71
	金阳	0.98	3.41	0.84	3.18	8.41
	雷波	5.85	8.90	4.48	1.97	21.20
	永善	4.22	40.18	8.20	3.12	55.72
	绥江	8.03	18.29	1.50	4.33	32.15
	屏山	18.98	25.67	4.41	2.00	51.06
三期	宁南	0.66	5.13	2.02	0.26	8.07
	金阳	3.28	12.46	2.56	4.89	23.19
	雷波	20.33	73.40	12.42	6.77	112.92
	昭觉	14.40	66.00	3.63	9.14	93.17
	巧家	25.35	165.85	4.54	12.33	208.07
	永善	2.12	59.04	4.57	19.03	84.76
	绥江	17.70	51.90	50.60	21.50	141.70

3）横江流域

按照水保部门的统计（表 6.19），横江流域"长治"工程二期拦沙减蚀量 31 万 t，三期减蚀量 201 万 t。照此计算，一期每年拦沙减蚀量 280 万 t，五期 68 万 t，一至三期完成后 512 万 t，五期完成后每年的拦沙减蚀量约为 580 万 t。由此可初步推算，1989～2005 年区间累积减蚀量为 0.814 亿 t，年均减蚀量约为 479 万 t，2005 年水平减蚀量为 580 万 t。

表 6.19　横江流域"长治"工程拦蓄泥沙情况表　　　　　　（单位：万 t）

期	地区	基本农田	植物措施	水保工程	保土耕作	合计
二期	昭通市	7.38	8.35	0.0034	1.80	17.53
	彝良	1.93	6.50	1.88	2.72	13.03
三期	昭通市	16.77	46.22	11.48	15.87	90.34
	彝良	17.70	82.60	6.40	3.49	110.19

据初步统计，1989～2005 年金沙江流域水土保持总治理面积 1.23 万 km²，占水土流失面积（13.59 万 km²）的 9.1%，累计减蚀量为 4.884 亿 t，年均减蚀量为 2870 万 t，减蚀效益 4.8%（减蚀量/治理前侵蚀量）。其中，屏山以上地区累计减蚀量为 4.07 亿 t，年均减蚀量约为 2400 万 t，减蚀效益 4.3%。横江流域累计减蚀量为 8140 万 t，年均减蚀量约为 479 万 t，减蚀效益 12.6%。而根据刘邵权等（1999）的研究，1989～1996 年金沙江下游河谷区"长治"工程坡面减蚀量为 2130 万 t，与本书结果基本接近。

参考余剑如和史立人（1991）成果，金沙江下段攀枝花—屏山区间泥沙输移比取 0.61，横江流域泥沙输移比取 0.36，由此可以得出 1989～2005 年金沙江屏山以上地区"长治"工程对屏山站的年均减沙量为 2400×0.61≈1460 万 t；横江减沙量为 480×0.36≈170 万 t。

2. 水文法

水文法主要采用年水沙关系、年水沙量双累积关系等经验模型来分析水土保持措施的减沙量。考虑金沙江流域水土保持治理主要集中在攀枝花—屏山区间，因此通过建立攀枝花站、华弹站和屏山站以及攀枝花—小得石—屏山区间水沙经验关系式，分析水土保持措施减沙作用。

1）水沙相关关系

（1）攀枝花、华弹、屏山站。金沙江干流攀枝花、华弹、屏山站水土保持工程治理前（基准期）年、汛期、主汛期水沙经验关系式见表 6.1。

计算得到水土保持治理后攀枝花、华弹和屏山站 1991～1997 年输沙量计算值与实测值的差值分别为–920 万 t、–5740 万 t 和–6460 万 t（表 6.2～表 6.4），攀枝花—华弹区间增沙量为 5740–920 = 4820 万 t。根据雅砻江小得石站资料分析，1991～1997 年年均水量与 1958～1990 年相比变化不大，但沙量增大约 550 万 t。另据调查，1991～1997 年攀枝花—华弹区间工程建设年增沙约 4500 万 t，由此，攀枝花—华弹区间水土保持措施年均沙量为 4820–4500–550 = –230 万 t，即该区间水土保持减沙 230 万 t。

1998～2005 年，攀枝花、华弹和屏山站输沙量计算值与实测值的差值分别为–320 万 t、5460 万 t 和 8720 万 t。说明攀枝花—华弹区间减沙量为 5460 + 320 = 5780 万 t，主要为二滩电站拦沙所致，其年均拦沙量为 5680 万 t，年均减沙量为 5680×0.85≈4830 万 t，因此水保措施年均减沙量为 5780–4830 = 950 万 t；华弹—屏山区间减沙量为 8720–4510 = 4210 万 t。

1991～2005 年，攀枝花、华弹和屏山站计算年均输沙量分别为 5520 万 t、20170 万 t 和 26860 万 t，与实测值的差值分别为–1050 万 t、220 万 t 和 1080 万 t。由此可见，随着国家西部大开发战略的实施，攀枝花以上地区公路、铁路等基础设施建设力度不断增大，加剧了局部地区的水土流失，导致沙量增加 1050 万 t。因此，攀枝花—屏山区间总减沙量为 2130 万 t，其中，攀枝花—华弹区间减沙量为 1270 万 t（二滩电站 1991～2005 年拦沙引起屏山年均减沙 2570 万 t），如按攀枝花—华弹区间筑路、采矿等人类活动引起年增沙 4500 万 t，则 1991～2005 年攀枝花—华弹区间水土保持措施年均减沙量为 4500–2570–1270 = 660 万 t；华弹—屏山区间水土保持措施年均减沙量为 860 万 t。因此，攀枝花—屏山区间水土保持措施年均减沙量为 1520 万 t。

（2）攀枝花—屏山区间。金沙江攀枝花—屏山区间水土保持工程治理前（基准期）年、汛期和主汛期水沙经验关系式见表 6.1，计算结果见表 6.5。

区间受人类活动如水土保持治理、二滩水库拦沙以及其他增沙活动等影响，沙量减小 1110 万 t。如前所述，筑路、采矿等人类活动年均增沙量为 4500 万 t，二滩电站 1991～2005 年减沙量为 2570 万 t，则水土保持措施等年均减沙量为 4500 – 2570–1110 = 820 万 t。

攀枝花—屏山区间汛期和主汛期径流量-输沙量关系分析表明：1991～2005 年区间水土保持措施、水利工程拦沙以及其他人类活动等因素的综合作用引起攀枝花—屏山区间输沙量减少 2520 万～3990 万 t（平均为 3260 万 t）。扣除 1991～2005 年二滩电站年均减沙量 2570 万 t，则区间水保措施减沙约 690 万 t/a。

（3）攀枝花—小得石—屏山区间。金沙江攀枝花—小得石—屏山区间水土保持工程 1966～1990 年（基准期）年水沙经验关系（表 6.1）计算结果（表 6.6）表明，1991～1997 年攀枝花—小得石—屏山区间人类活动因素（主要包括"长治"工程减沙、开发建设弃土弃渣、局部水土流失加剧增沙等）增加沙量为 3850 万 t。由此可见，由于 1991～1997 年区间水土流失治理面积较小，虽有一定的减沙作用，但由于其他人类活动如筑路、采矿等加剧了水土流失，治理速度落后于破坏速度，使水土保持措施减沙效益不明显。

1998～2005 年，攀枝花—小得石—屏山区间水保措施等年均减沙量为 4610 万 t。

因此，根据各站年水沙关系模型估算，1991～2005 年水土保持措施年均减沙量为 740 万～1520 万 t（平均 1130 万 t）。

同时，根据攀枝花—小得石—屏山区间汛期和主汛期径流量-输沙量关系分析表明（表 6.1 和表 6.6），在考虑二滩电站拦沙还原的情况下，1991～2005 年区间水保措施减沙量为 420 万～740 万 t（平均为 580 万 t）；在不考虑二滩电站拦沙还原的情况下（二滩电站拦沙平摊至 1991～2005 年，年均拦沙量为 3030 万 t），1991～2005 年区间水土保持措施减沙量为 830 万～940 万 t（平均为 885 万 t）。因此，1991～2005 年区间水保措施减沙约 730 万 t/a。

综上所述，根据攀枝花、华弹、屏山站以及攀枝花—屏山区间、攀枝花—小得石—屏山区间汛期、主汛期水沙经验关系模型分析，1991～2005 年攀枝花—屏山区间水土保持措施年均减沙量为 690 万～730 万 t（平均 710 万 t）。

2）年水沙双累积关系

根据水利水保治理前（基准期）的双累积关系曲线，治理期在基准期的累积输沙量 $\sum W_{s计}$，与同期实测累积值 $\sum W_{s实}$ 之间的差值即为水利水保措施的总减沙量，$\left(\sum W_{s实} - \sum W_{s计}\right)/n$（$n$ 为治理期年数）则为年均减沙量。

从图 6.10 可以看出,在水土保持治理前后,金沙江干流各站水沙双累积关系曲线均发生一定变化。攀枝花、华弹、屏山站以及攀枝花—屏山区间和攀枝花—小得石—屏山区间治理前(基准期)年水沙双累积关系模型见表 6.20。

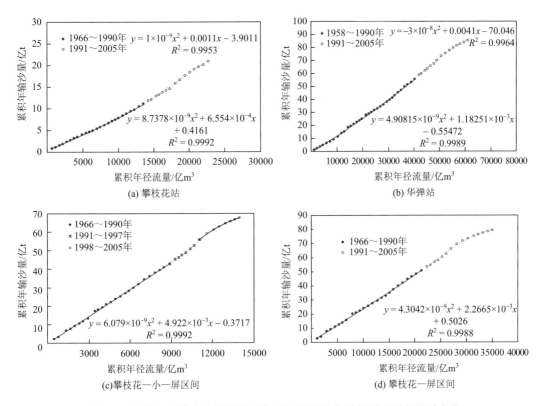

图 6.10　金沙江流域水土保持治理前后年径流量-年输沙量双累积关系变化

根据攀枝花站水沙双累积关系,1966~1990 年和 1991~2005 年年均输沙量分别为0.437 亿 t 和 0.592 亿 t,实测值分别为 0.443 亿 t 和 0.657 亿 t,因此攀枝花以上地区人类活动引起增沙约 0.065 亿 t。

华弹站 1966~1990 年和 1991~2005 年年均输沙量分别为 1.68 亿 t 和 2.30 亿 t,实测值分别为 1.68 亿 t 和 2.00 亿 t,则 1991~2005 年华弹站以上地区人类活动引起减沙为 0.300 亿 t,考虑攀枝花以上地区人类活动增沙 0.065 亿 t,则攀枝花—华弹区间总减沙量为 0.365 亿 t,考虑二滩电站年均减沙量为 0.257 亿 t,则水保措施年均减沙量为 0.108 亿 t。

屏山站 1954~1990 年和 1991~2005 年年均输沙量分别为 2.37 亿 t 和 2.69 亿 t,实测值分别为 2.46 亿 t 和 2.58 亿 t,则 1991~2005 年屏山以上地区水利水保措施等引起减沙为 0.11 亿 t,考虑二滩电站年均减沙 0.257 亿 t,屏山站 1991~2005 年沙量增加 0.147 亿 t,因此水保措施年均减沙效益在屏山站反映不出来。

攀枝花—屏山区间 1966~1990 年和 1991~2005 年年均输沙量分别为 2.03 亿 t 和 2.29 亿 t,

实测值分别为 2.03 亿 t 和 1.92 亿 t，则 1991～2005 年区间水利工程、水保措施等减沙 0.370 亿 t。扣除二滩电站 1991～2005 年年均减沙量 0.257 亿 t，则攀枝花—屏山区间水土保持措施年均减沙量为 0.113 亿 t。

　　攀枝花—小得石—屏山区间 1966～1990 年、1991～1997 年和 1998～2005 年年均输沙量分别为 1.72 亿 t、1.50 亿 t 和 1.97 亿 t，实测值分别为 1.71 亿 t、1.84 亿 t 和 1.713 亿 t。由此可见，1991～1997 年攀枝花—小得石—屏山区间人类活动增加沙量 3400 万 t。据调查，筑路、采矿等开发建设弃土弃渣年均增沙量为 4500 万 t，则水保措施年均减沙量为 1100 万 t。1998～2005 年减沙量约为 0.257 亿 t/a，主要为二滩水库拦沙。

　　因此，根据攀枝花、华弹、屏山站以及攀枝花—屏山区间、攀枝花—小得石—屏山区间汛期、主汛期水沙双累积经验关系模型分析，攀枝花—屏山区间水土保持措施年均减沙量平均为 1100 万 t。

表 6.20　金沙江各站（区间）年径流量-年输沙量双累积关系经验模型（基准期）

水文站或区间	模型关系式	相关系数
攀枝花站	$\sum W_{si\,攀} = 8.7378 \times 10^{-9} \times (\sum W_{i\,攀})^2 + 6.554 \times 10^{-4} \times \sum W_{i\,攀} + 0.4161$	0.9992
攀—屏区间	$\sum W_{si\,攀-屏} = 4.3042 \times 10^{-9} \times (\sum W_{i\,攀-屏})^2 + 2.2665 \times 10^{-3} \times \sum W_{i\,攀-屏} + 0.50259$	0.9994
攀—小—屏区间	$\sum W_{si\,攀-小-屏} = 6.079 \times 10^{-9} \times (\sum W_{i\,攀-小-屏})^2 + 4.922 \times 10^{-3} \times \sum W_{i\,攀-小-屏} - 0.3717$	0.9996
华弹站	$\sum W_{si\,华} = 4.90815 \times 10^{-9} \times (\sum W_{i\,华})^2 + 1.18251 \times 10^{-3} \times \sum W_{i\,华} - 0.55472$	0.9995
屏山站	$\sum W_{si\,屏} = 2.25337 \times 10^{-9} \times (\sum W_{i\,屏})^2 + 1.58641 \times 10^{-3} \times \sum W_{i\,屏} + 0.3320$	0.9997

注：$\sum W_i$ 为累积年径流量，亿 m^3；$\sum W_{si}$ 为累积年输沙量，亿 t。

3. 水土保持措施减沙作用

　　综合水保法和水文法分析成果，1991～2005 年金沙江流域屏山以上地区"长治"工程对屏山站的年均减沙量为 1000 万～1460 万 t（平均约 1200 万 t），减沙效益较小，仅为 4.9%。这主要是因为，1991～2005 年金沙江流域水土保持措施治理面积小，攀枝花—屏山区间累计治理面积仅 1.05 万 km^2，仅占流域水土流失面积（13.59 万 km^2）的 7.7%，占坡面水土流失面积（22.38 万 km^2）的 4.7%，且以坡面治理为主，虽对减小坡面侵蚀有一定作用，但对于攀枝花—屏山区间以泥石流、滑坡等重力侵蚀为主的产沙形式而言，其减沙效益还不明显；加之本区间降水量偏大且暴雨出现天数多，也使得水土保持坡面防治措施减沙作用不明显。

6.1.3　水库拦沙影响

　　"七五"期间，1994 年长江水利委员会水文局对长江上游各类水库的年淤积率进行了分析，大型水库为 0.023%～4.110%（平均为 0.65%）；中型水库为 0.018%～2.440%（平均为 0.39%）；小（一）型水库为 0.024%～9.910%，小（二）型水库为 0.093%～5.800%（小型水库年淤积率平均为 0.9%）。

　　根据长江上游 1956～1987 年水库容积和年淤积量［不包括小（二）型水库和塘堰，见图 5.27］，从各年代变化看，20 世纪 70 年代修建的水库最多，库容增长最快。总的来看，长江上游水库的数量和库容不断增加，其拦沙作用明显增强，80 年代初水库淤积量已达 1.0 亿 m³/a（约 1.3 亿 t/a）。此外，长江上游塘、堰群的年拦沙量也占相当比重。据不完全统计，岷江、沱江和嘉陵江 1956～1987 年 50.6 万余处塘堰（总库容约 31 亿 m³）年拦沙量约为 5975 万 m³。

　　1991 年以来，长江上游水电开发力度加大，一大批大中型水库陆续建成，其拦沙作用也逐步增强。本书在四川省、云南省水库统计以及长江水利委员会水文局 1994 年长江上游水库泥沙淤积基本情况汇编以及实地调查资料的基础上，着重对 1956～2005 年历年大、中、小型水库群的时空分布及其淤积拦沙作用进行了全面系统的整理、统计分析，在研究过程中考虑了水库群库容的沿时变化以及因淤积导致的库容沿时损失。其中，1956～1990 年水库的淤积拦沙资料仍沿用已有成果，1991～2005 年新建水库淤积拦沙资料则主要结合水库淤积拦沙典型调查成果；当水库死库容淤满后，认为水库达到淤积平衡，其拦沙作用不计；对于 1991～2005 年新建小型水库的总淤积（拦沙）率假设与 1956～1990 年一致。金沙江流域大、中型水库累积拦沙量变化见图 6.11。

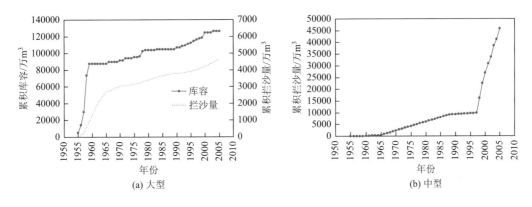

图 6.11　金沙江流域大、中型水库累积拦沙量变化

1. 1956～1990 年水库拦沙作用

　　1956～1990 年金沙江已建大、中、小型水库 1880 座，总库容 28.13 亿 m³。其中，大型水库 1 座（以礼河梯级电站），库容 5.53 亿 m³；中型水库 44 座，库容 10.4 亿 m³；小型水库 1835 座，库容 12.2 亿 m³。

　　根据水库淤积调查资料统计（张振秋和杜国翰，1984），以礼河梯级电站 1958～1990 年拦沙量约 9920 万 m³，占总库容的 17%，年均拦沙量约 300 万 m³，水库还将发挥一定的拦沙作用。

　　按金沙江年均淤积率 0.40% 计算，1956～1990 年中型水库拦沙量为 3590 万 m³，年均拦沙量为 103 万 m³。而据 44 座中型水库资料统计，其死库容之和为 3260 万 m³，仅占总库容的 3.1%，水库淤积平衡年限为 3～8 年，因此中型水库在 1990 年已达到淤积平衡。

金沙江 70 座小型水库淤积调查统计表明，小型水库死库容占总库容的比例一般在 6% 左右，水库淤积平衡年限一般为 3～5 年。小（一）型水库和小（二）型水库年淤积率分别为 0.68% 和 1.64%，据此推算，小型水库拦沙量为 7320 万 m³，总淤积率为 6%，年均拦沙量为 210 万 m³，1990 年基本达到淤积平衡。

综上可知，1956～1990 年金沙江水库群总拦沙量为 2.083 亿 m³，占总库容的 7.4%，年均拦沙量为 595 万 m³。水库拦沙以大型水库和小型水库为主，其拦沙量分别占总拦沙量的 47.6% 和 35.1%，中型水库则占 17.3%，且中小型水库均已达到淤积平衡。

2. 1991～2005 年水库拦沙作用

1991～2005 年流域新建水库 188 座，总库容 69.91 亿 m³。其中，大型水库 2 座，库容 65.99 亿 m³；中型水库 12 座，库容 2.28 亿 m³；小型水库 174 座，库容 1.64 亿 m³。

按总淤积率 6% 估算，1991～2005 年小型水库拦沙量为 984 万 m³，年均拦沙量 66 万 m³。

考虑库容大小的沿时变化，按水库平均年淤积率 0.40% 计算，1991～2005 年中型水库拦沙量为 1030 万 m³，年均拦沙量 69 万 m³。

1991～2005 年，大型水库拦沙量为 3.62 亿 m³，年均拦沙量为 2410 万 m³。其中，二滩水库拦沙量为 3.50 亿 m³，年均拦沙量为 2330 万 m³；以礼河梯级电站拦沙量 0.126 亿 m³，年均拦沙量为 84 万 m³。

因此，1991～2005 年水库总拦沙量为 3.85 亿 m³，年均淤积泥沙约 2570 万 m³，约合 3340 万 t。与 1956～1990 年相比，年均拦沙量增加 2570 – 595 = 1975 万 m³，约合 2570 万 t，主要是二滩电站拦沙所致。

3. 2006～2015 年水库拦沙作用

2006～2015 年金沙江流域新建水库 166 座，总库容 355.98 亿 m³。其中，大型水库 14 座，库容 343.9 亿 m³；中型水库 39 座，库容 10.36 亿 m³；小型水库 113 座，库容 1.72 亿 m³。

按年均淤积率 0.40% 估算，2006～2015 年小型水库拦沙量为 688 万 m³，年均拦沙量 69 万 m³。

考虑库容大小的沿时变化，按水库平均年淤积率 0.40% 计算，2006～2015 年中型水库拦沙量为 4140 万 m³，年均拦沙量 414 万 m³。

这一时段金沙江流域的大型水库主要分布在金沙江中下游及雅砻江流域。

（1）金沙江中游石鼓站和攀枝花站分别位于梨园水电站上游 114km 和观音岩水电站下游约 40km 处，两站所控制的流域面积分别为 21.41 万 km² 和 25.92 万 km²，区间支流来沙观测数据较少，随着金沙江中游梯级水电站的陆续建成运行，区间来沙也将有较大部分拦截在库内。为估算金沙江中游梨园、阿海、金安桥、龙开口、鲁地拉和观音岩建库后的拦沙量，依据石鼓站和攀枝花站 1971～2010 年的年输沙量和控制流域面积，估算石鼓和攀枝花未控区间的输沙模数为 583 万 t/(km²·a)。初步估算，2011～2016 年石鼓和攀枝花未控区间年均输沙量为 2638 万 t，2011～2016 年石鼓和攀枝花站的年均输沙量分别为 2660 万 t 和 887 万 t，因此，2011～2016 年金沙江中游六级水电站的年均拦沙量约为 4410 万 t。

（2）考虑金沙江下游区间来沙量较大，而区间支流来沙观测数据较少，区间来沙对梯级水库的淤积影响不可忽视。为估算溪洛渡水库、向家坝水库库区未控区间来沙量，依据 2008～2011 年金沙江下游干流华弹站、屏山站，以及支流黑水河宁南站、美姑河美姑站、西宁河欧家村站、中都河龙山村站的年输沙量和控制流域面积，估算出华弹—屏山未控区间的输沙模数为 985t/(km²·a)。初步估算，2013～2014 年华弹—溪洛渡未控区间年均输沙量约为 2340 万 t，2015 年之后白鹤滩—溪洛渡未控区间年输沙量约为 2210 万 t，2013～2016 年溪洛渡—向家坝未控区间年均输沙量约为 332 万 t。因此，2013～2016 年，考虑未控区间来沙量后，溪洛渡、向家坝两库总拦沙量为 4210 万 t，年均拦沙量为 10500 万 t，其中，溪洛渡拦沙量为 40000 万 t，年均拦沙量 10000 万 t；向家坝拦沙量为 2070 万 t，年均拦沙量为 517 万 t。

（3）根据泸宁站历年的水沙资料，1961～1997 年、1998～2013 年和 2014～2016 年年均径流量分别为 425 亿 m³、448 亿 m³ 和 143 亿 m³，对应的年均输沙量分别为 1990 万 t、3310 万 t、366 万 t，泸宁至小得石区间来沙量估算为 1150 万～2100 万 t，位于二滩水库下游的小得石站 1961～1997 年、1998～2013 年、2014～2016 年的年均输沙量为 314 万 t、268 万 t、109 万 t，据此估算二滩、锦屏一级等水库修建后，近年来年均综合拦沙量为 4190 万～5160 万 t。

综上所述，2006 年以来，金沙江流域大型水库的年均拦沙量为 1.02 亿 t，特别是 2011 年以来，随着金沙江中下游、雅砻江大型梯级水电站的蓄水运行，水库总年均拦沙量约为 1.93 亿 t。

6.1.4　减沙贡献率

1955～1990 年屏山站年均径流量 1437 亿 m³，年均输沙量 2.46 亿 t。根据上述对降水、水利工程拦沙以及水土保持措施减沙等方面的研究，对金沙江流域屏山站以上区域水沙变化影响因子的贡献率定量分割如下。

1991～2005 年年均径流量 1521 亿 m³，年均输沙量 2.58 亿 t，实测输沙量较 1955～1990 年前增加 0.12 亿 t，其中，降水/径流增加导致增沙 0.254 亿 t，水库拦沙 0.249 亿 t，水土保持减沙 0.121 亿 t，其他因素增沙 0.236 亿 t。

2006～2015 年屏山站年均径流量 1289 亿 m³，年均输沙量 0.929 亿 t，输沙量较 1955～1990 年减少 1.53 亿 t，其中，金沙江流域大型水库的年均拦沙量为 1.02 亿 t，约占减沙量的 66.7%；水土保持减沙与前期持平，约 0.12 亿 t，占减沙的 7.8%，降水减沙及其他因素减沙约 0.39 亿 t，约占减沙量的 25.5%。

2013 年以后，由于金沙江下游梯级电站的陆续蓄水运行，水库群拦沙率可以达到 90% 以上，水库拦沙占流域总减沙量的比例还会增加。2015 年，白鹤滩输沙量 0.86 亿 t，屏山站输沙量 0.006 亿 t，不考虑区间来沙量，溪洛渡和向家坝两库拦沙率 99.99%，接近 100%，即金沙江流域水库有能力拦截上游全部泥沙，降水减沙、水土保持减沙在数量上主要表现为水库淤积数量的减少。

6.2　岷　江　流　域

6.2.1　降水与径流变化影响

岷江流域降水季节变化明显，汛期暴雨频发，集中在 6～9 月，夏秋两季雨量可占全年的 80%以上。各地年降水量受地形影响相差较大，沿干流上游河谷松潘县至汶川段多年平均年降水量 400～700mm，自汶川县映秀湾以下至都江堰市，位于龙门山东南麓，是岷江干流的降水中心，多年平均年降水量达 1100～1600mm，岷江中、下游多年平均年降水量为 900～1300mm。岷江全流域实测年最大降水量为紫坪铺站的2434.8mm（1947 年）。

岷江流域内七个雨量站 1957～2003 年年降水量资料（图 6.12），1990 年前和 1991～2003 年流域年面平均降水量分别为 1053mm 和 985mm，流域年均降水量偏少 68mm，偏少幅度在 6%左右，与径流量偏少幅度基本相同。其中，青衣江和大渡河年均降水量分别偏少约 60mm 和 40mm，偏少幅度均在 4%左右；岷江干流区间年均降水量偏少约90mm，偏少幅度 9%。降水落区分布及强度在 1990 年前后无明显变化。姜彤等（2005）根据 1961～2000 年降水资料统计发现，岷江夏季降水量偏少 50～100mm。本书研究结果与之基本一致。

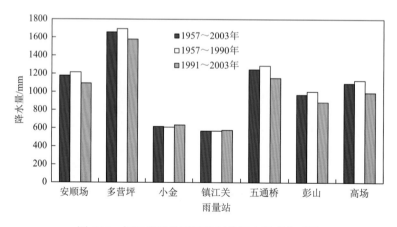

图 6.12　岷江流域各雨量站年均降水量变化对比

流域面上降水量减少导致水文控制测站天然来水来沙减少，高场水文站 1991～2005 年后年径流量减少 55 亿 m³（减幅 6.2%）。根据高场站多年平均含沙量资料初步分析，其减沙量约 300 万 t；同时从 1954～1993 年和 1994～2005 年年径流量-年输沙量关系（图 6.13）看，由径流量减少引起的减沙量约 400 万 t。近年来，岷江暴雨量也有所减小，对减沙也有一定影响。

因此，岷江流域由径流量减少引起的减沙量为 300 万～400 万 t（平均 350 万 t），约占高场站多年平均输沙量的 7.3%，占高场站总减沙量的 22.3%。

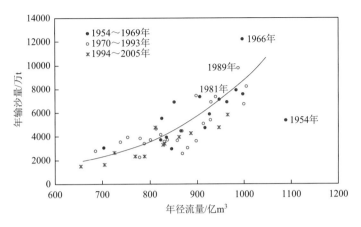

图6.13　岷江高场站年径流量-年输沙量关系图

6.2.2 水土保持减沙

岷江不是长江流域的重点产沙区，不是"长治"工程的重点实施区域，没有水土保持减沙的统计资料。但自20世纪80年代以来，流域植被破坏情况得到了根本遏制。除干热河谷区外，其他区域植被得到一定程度的恢复，流域坡面侵蚀减弱。

6.2.3 水库拦沙影响

1. 1956～1990年水库拦沙作用

1956～1990年岷江流域已建水库893座，总库容16.01亿m³。其中，大型水库2座（龚嘴水库和黑龙滩水库），总库容7.17亿m³；中型水库17座，总库容3.34亿m³；小（一）型水库118座，总库容3.29亿m³；小（二）型水库756座，总库容2.21亿m³。

根据已有大型水库拦沙调查资料，岷江流域中型水库和小型水库年淤积率分别按0.30%和0.67%计算得到的水库历年累积拦沙量变化过程见图6.14。1956～1990年岷江流域水库群总拦沙量为3.14亿m³（合4.08亿t），年均拦沙量为897万m³（约合1170万t）。水库拦沙以大型水库为主，小型水库次之，中型水库淤积量最小。其中，大型水库总库容7.17亿m³，拦沙量为2.29亿m³，占水库群总拦沙量的72.9%。其中龚嘴水库1987年已达到淤积平衡，其拦沙量为2.20亿m³，占水库群总拦沙量的70.1%；黑龙滩水库则由于入库沙量小（仅为46.1万m³）、库容大（死库容6400万m³），水库还未达到淤积平衡，在1990年后将继续发挥拦沙作用。中型水库总库容3.34亿m³，死库容为0.509亿m³，拦沙量为0.15亿m³，仅占水库群总拦沙量的4.8%，占中型水库死库容的29.5%，这说明中型水库还未达到淤积平衡，在1990年后会继续发挥拦沙作用。小型水库总库容5.60亿m³，死库容为0.75亿m³，由于小型水库多建在支流上或水系的末端，入库沙量较小。水库拦沙量为0.70亿m³（年均200万m³，约合260万t），占水库群总拦沙量的22.3%，总淤积率为12.5%，水库淤积基本平衡。

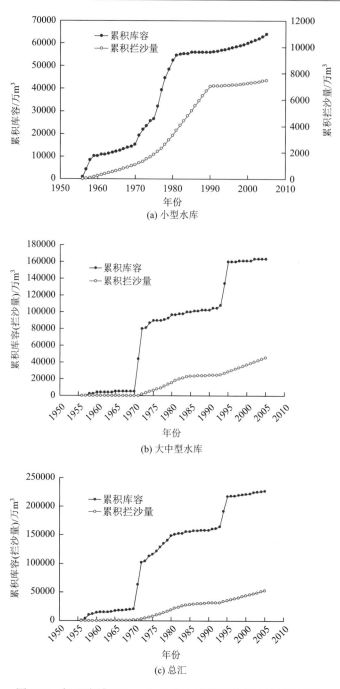

图 6.14　岷江流域 1956～2005 年水库库容和拦沙量累积变化

2. 1991～2005 年水库拦沙作用

　　1991～2005 年岷江流域新建水库 89 座，总库容 4.257 亿 m³。其中，大型水库 1 座（铜街子水库，位于大渡河），总库容为 2.60 亿 m³；中型水库 5 座，总库容为 0.887 亿 m³；小型水库 83 座，总库容为 0.77 亿 m³。

按总淤积率 12.5%估算，1991～2005 年小型水库拦沙量为 960 万 m³，年均拦沙量 64 万 m³。

考虑库容大小的沿时变化，按水库平均年淤积率 0.30%计算，1991～2005 年中型水库拦沙量为 1700 万 m³，年均 113 万 m³。

大型水库拦沙量为 1.94 亿 m³（铜街子水库 1994～2005 年拦沙量为 1.871 亿 m³，黑龙滩水库拦沙量为 0.069 亿 m³），年均 1293 万 m³。

因此，1991～2005 年水库总拦沙量为 2.21 亿 m³，年均淤积泥沙约 1471 万 m³，合 1910 万 t。其中，大型水库拦沙量占总拦沙量的 87.9%；中、小型水库分别占 7.7%、4.4%。

与 1956～1990 年相比，1991～2005 年年均拦沙量增加 1471–897 = 574 万 m³，约合 750 万 t。流域小型和大中型库容以及水库总库容与拦沙量累积变化见图 6.14。

3. 2006～2015 年水库拦沙作用

2006～2015 年岷江流域新建水库 66 座，总库容 122.21 亿 m³。其中，大型水库 16 座，总库容为 117.5 亿 m³；中型水库 13 座，总库容为 3.95 亿 m³；小型水库 37 座，总库容为 0.76 亿 m³。

按总淤积率 12.5%估算，2006～2015 年小型水库新增拦沙量为 633 万 m³，年均约 63 万 m³，约合 81.9 万 t。

考虑库容大小的沿时变化，按水库平均年淤积率 0.30%计算，2006～2015 年中型水库新增拦沙量为 1190 万 m³，年均约 119 万 m³，约合 155 万 t。

2006 年以来，岷江流域大型水库年均新增拦沙量为 2130 万 t。特别是 2010 年瀑布沟水电站蓄水运行以来，大型水电站的年均拦沙量增加至 3980 万 t，其中，瀑布沟水电站年均拦沙量约为 2500 万 t，则 2006～2015 年岷江大、中、小型水库合计拦沙量 2360 万 t。

6.2.4　减沙贡献率

1954～1990 年高场站年均径流量 875 亿 m³，年均输沙量 0.530 亿 t。根据上述对降水、水利工程拦沙以及水土保持措施减沙等方面的研究，对岷江高场站以上区域水沙变化影响因子的贡献率定量分割如下。

1991～2005 年高场站年均径流量 825 亿 m³，年均输沙量 0.369 亿 t，实测输沙量较 1954～1990 年减少 0.161 亿 t。其中，降水/径流减少导致减沙 0.035 亿 t，占减沙量的 21.7%；水库拦沙 0.075 亿 t，占减沙量的 46.6%；其他因素减沙 0.051 亿 t，占减沙量的 31.7%。

2006～2015 年高场站年均径流量 761 亿 m³，年均输沙量 0.191 亿 t，输沙量较 1954～1990 年减少 0.339 亿 t。其中，水库年均拦沙量 0.311 亿 t，约占减沙量的 91.7%，降水量大幅减少也是岷江流域输沙量减少的重要原因。

6.3　沱江流域

6.3.1　降水与径流变化影响

一般降水-输沙量关系及径流量-输沙量关系表现为幂数关系：$W_s = a \times P^b$ 及 $W_s = a \times R^b$。其中，W_s 为年输沙量；P 为年降水量；R 为年径流量；a 和 b 分别为系数和指数。

为定量分析沱江流域降水量及径流量变化对输沙量变化的影响，便于与长江上游的其他流域对比，本书分 1990 年前、1991～2000 年和 2001～2004 年三个系列，建立 1990 年前年降水量、径流量和输沙量的关系，利用这一关系推算 1991～2000 年和 2001～2004 年同降水和径流量条件下各区间的增/减沙量，分析同降水、径流量条件下各区间的水沙变化情况。在沱江流域，降水量-输沙量关系略好于径流量-输沙量关系，而长江上游其他流域均是径流量-输沙量关系好于降水量-输沙量关系。为与其他流域保持一致，本书也采用径流量-输沙量关系推求 1956～1990 年系列条件下由径流量/降水量变化引起的输沙量变化，其结果见表 6.20。其中，李家湾 1990 年前的计算输沙量与实测输沙量相差 10%，登瀛岩站相差 4%。李家湾 2001～2004 年径流量为富顺站加釜溪河自贡站的结果。

根据李家湾站多年平均输沙量资料初步分析，由表 6.21 可知，李家湾水文站 1991～2000 年较 1956～1990 年径流量减少 17.1 亿 m³（减幅 13.5%）。其实测减沙量 824 万 t，由径流量减少引起的减沙量 274 万 t，约占李家湾站总减沙量的 33%。2001～2004 年较 1956～1990 年径流量减少 29.99 亿 m³（减幅 23.7%），其实测减沙量约 939 万 t，由径流量减少引起的减沙量为 451 万 t，约占李家湾站总减沙量的 48%。

转换成 1991～2005 年数据（假设 2005 年也按 2001～2004 年的数据处理平均值），1991～2005 年较 1956～1990 年径流量减少 21.4 亿 m³（减幅 16.9%），实测减沙量约 860 万 t，由径流量减少引起的减沙量约 330 万 t，约占李家湾站总减沙量的 38.4%。

2006～2015 年李家湾实测径流量 115.3 亿 m³，输沙量 592.9 万 t，较 1956～1990 年减沙量约 557.1 万 t，由径流量减少引起的减沙量约 200 万 t，约占李家湾站总减沙量的 35.9%。

6.3.2　水土保持减沙

据黄礼隆和唐光（2000）的研究，生物措施与工程措施综合治理的小流域，流域产沙量可减少 54.5%，径流系数减少 11.9%。当森林覆盖率达 25%～35% 时，就可控制土壤流失量在允许流失量[500t/(km²·a)]范围内，能促进该区经济发展，生态环境处于良性循环中。据长江水利委员会水文局的调查，沱江流域修建了大量塘、堰，沱江流域至 20 世纪 80 年代末，修建的塘、堰拦沙量 640 万 m³，约合 830 万 t。

表 6.21　沱江流域不同时段径流量关系推算的输沙量

站名	实测径流量/亿 m³			实测输沙量/万 t			实测增（减）沙量/万 t		径流关系推算输沙量/万 t			径流增（减）沙量/万 t	
	1956~1990 年	1991~2000 年	2001~2004 年	1956~1990 年	1991~2000 年	2001~2004 年	1991~2000 年较1956~1990 年	2001~2004 年较1956~1990 年	1956~1990 年	1991~2000 年	2001~2004 年	1991~2000 年较1956~1990 年	2001~2004 年较1956~1990 年
登瀛岩	97.28	89.29	78.67	890	258	246	-632	-644	854	693	509	-161	-345
李家湾	126.4	109.3	96.41	1150	326	211	-824	-939	1034	760	583	-274	-451

　　李家湾站的径流量-输沙量双累积曲线的变化基本与内江地区实施水土保持的情况吻合。从水土保持实施的强度看，1958 年以前可归为自然侵蚀范畴，1958~1966 年，水土保持以坡改梯及整土为主，但实施的不稳定性和管理上出现问题，如单一措施多，成片集中治理少，破坏严重，成效甚微，造成水土流失面积和强度扩大，李家湾站输沙量持续增大；1966 年以后，继续实施改土工程，基本符合平、厚、固质量标准，1970 年后，又掀起改土高潮，反映在径流量-输沙量双累积曲线上，表现为李家湾站输沙量减少，若排除水库拦沙的影响，这一时期的输沙量仍大于自然状态下的输沙量。1964~1976 年，沱江上游地区的改田改土不管水系建设，植树造林不实行乔、灌、草结合，兴修水利不注重保护现有植被，开矿不确定开挖面，加之毁林开荒铲草皮积肥等措施，破坏了植被，使改田改土区输沙量大大高于自然状态下的输沙量。1981~1984 年，输沙量突然增加，与 1981 年流域特大暴雨的影响有关。水土保持措施抑制高强度暴雨侵蚀的作用有限，只在一定的降水强度范围内具有减沙作用，超过这样的降水强度，反而可能使流域侵蚀强度增加。

　　1982 年，国务院颁布《水土保持工作条例》，1991 年《中华人民共和国水土保持法》颁布，这是水土保持工作的转折点。沱江流域水土保持工作从 1982 年开始步入正轨，1984 年，绵阳地区成立水土保持办公室。1982 年以后，人们改变了单一的改土措施，大力植造水土保持林，以增加地表植被，减轻水土流失。在山顶上层土层瘠薄的地方，种植以杨槐为主的薪炭林，实行乔、灌、草相结合；在山腰土层较厚的区域，营造多品种混交林；在河岸、路旁、水库集雨区，植造防风固沙的防护林；在屋前屋后种植以竹果为主的经济林和风景林，并对 25°以上已开垦的坡地退耕还林，坚持把小流域和水库集雨区综合治理作为水土保持工作的重点。径流量-输沙量双累积曲线，表现为沱江全流域来沙量大幅度减小，水土保持起到了较大的减沙作用，但减沙的数量到底有多少，由于没有观测资料，无法做出估算。

　　根据雷孝章等（2003）的研究，川中丘陵区"长治"工程单项措施的减沙保土效果：坡改梯 61.5t/hm^2、经果林 51t/hm^2、封禁治理 12t/hm^2、保土耕作 25.5t/hm^2、小型水利水保工程 4.65t/hm^2。其中，小流域综合治理的效果较好。蟠龙河流域经过综合治理后，林草覆盖率由治理前的 7.31%增至 22.61%；年泥沙流失总量由治理前的 78.45 万 t 减至治理后的 14.23 万 t，减少 81.86%。沱江流域没有实施"长治"工程，从降水减水减沙、水库拦沙及河道淤积的情况看，水土保持对出口断面的减沙量可能在 300 万 t 左右。

　　综上所述，沱江流域 1991~2004 年较 1956~1990 年减沙量约 930 万 t，其中，降水/径流因素减少 450 万 t，占减沙量的 48.4%；水库拦沙 130 万 t，占减沙量的 14.0%；水土保持减沙 300 万 t，约占减沙量的 32.3%。2005 年的减沙量可以参照 1991~2004 年的情况。

6.3.3　水库拦沙影响

1. 1956~1990 年水库拦沙作用分析

　　截至 20 世纪 80 年代末，沱江流域已建成各类水库 1364 座，总库容 18.31 亿 m^3。根据水库淤积调查资料，中、小型水库年淤积率分别为 0.30%、0.67%。对 1956～1990 年历年沱江流域所建大、中、小型水库统计分析得到水库历年累积拦沙量变化情况（图 6.15），1956～1990 年水库群累积拦沙量为 1.58 亿 m³（合 2.06 亿 t），年均拦沙量为 450 万 m³（约合 590 万 t）。水库拦沙以小型水库为主，大、中型水库淤积量较小。

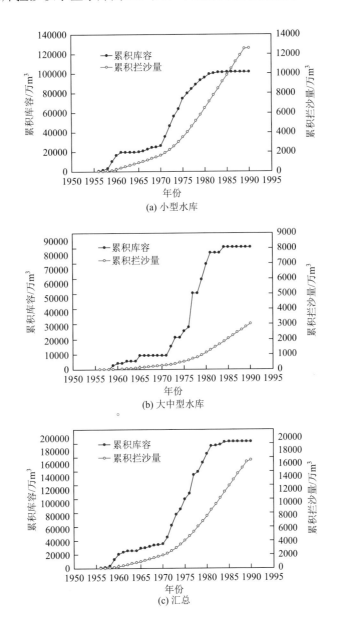

图 6.15　沱江流域水库 1956～1990 年库容和拦沙量累积变化

　　1956～1990 年沱江流域小型水库总库容 10.14 亿 m³，死库容为 1.26 亿 m³，这些水库多建在支流上或水系的末端，入库沙量较大。1956～1990 年小型水库拦沙量为 1.26 亿 m³，占总拦沙量的 79.7%，年均 360 万 m³（约合 470 万 t），总淤积率为 12.4%，小型水库已基本淤满。

1956～1990 年沱江流域大、中型水库总库容 8.17 亿 m³，拦沙量为 0.32 亿 m³，仅占总拦沙量的 20.3%。水库还未达到淤积平衡，在 1990 年后将继续发挥拦沙作用。

2. 1991～2005 年水库拦沙作用分析

1991～2005 年沱江新建水库 141 座，总库容 2.99 亿 m³。其中，中型水库 14 座，库容 1.80 亿 m³；小型水库 127 座，库容 1.19 亿 m³。1991～2005 年水库拦沙量为 0.468 亿 m³，年均拦沙量为 312 万 m³，约合 406 万 t。

按总淤积率 12.4% 估算，1991～2005 年小型水库拦沙量为 1480 万 m³，年均 99 万 m³。中型水库按年均淤积率 0.30% 估算，1991～2005 年拦沙量为 3200 万 m³，年均 213 万 m³。

综上所述，1956～2005 年沱江流域水库总拦沙量为 2.048 亿 m³，年均淤积泥沙约 410 万 m³，约合 533 万 t。

3. 2006～2015 年水库拦沙作用分析

2006～2015 年沱江新建水库 10 座，总库容 2.46 亿 m³。其中，大型水库 1 座，库容 1.5 亿 m³；中型水库 4 座，库容 0.90 亿 m³；小型水库 5 座，库容 0.06 亿 m³。

按总淤积率 12.4% 估算，2006～2015 年小型水库拦沙量为 50 万 m³，年均 5 万 m³，约合 6.5 万 t。

中型水库按年均淤积率 0.30% 估算，2006～2015 年拦沙量为 270 万 m³，年均 27 万 m³，约合 35 万 t。

2011 年以来，水库年均拦沙量为 43 万 t。

6.3.4　减沙贡献率

1955～1990 年富顺站年均径流量 126 亿 m³，年均输沙量 0.116 亿 t。根据上述对降水、水利工程拦沙以及水土保持措施减沙等方面的研究，对沱江富顺站以上区域水沙变化影响因子的贡献率定量分割如下。

1991～2005 年李家湾站年均径流量 105 亿 m³，年均输沙量 0.030 亿 t，较 1990 年前减少 0.086 亿 t，其中，降水/径流减少导致减沙 0.032 亿 t，占减沙量的 36.4%，水库拦沙 0.041 亿 t，占减沙量的 46.6%，其他因素（含水土保持等）减沙 0.015 亿 t，占减沙量的 17.0%。

2006～2015 年李家湾站年均径流量 115 亿 m³，年均输沙量 0.059 亿 t，较 1955～1990 年减少 0.057 亿 t。其中，降水/径流减少导致减沙 0.02 亿 t，占减沙量的 35.1%；沱江流域大中型水库较少，2006 年后仅增加一座大型水库，拦沙库容有限，水库拦沙与 1991～2005 年接近，水库拦沙量约增加 42 万 t，水库拦沙量约 0.045 亿 t，占减沙量的 78.9%；

水土保持减沙作用虽无统计数据，但其对坡面侵蚀仍有一定的抑制作用，同降水/径流量条件下，流域输沙量小于 1990 年前。

6.4　嘉陵江流域

6.4.1　降水与径流变化影响

1. 降水落区及强度对输沙量的影响

由于嘉陵江流域面积大、地质地貌条件较为复杂，降水落区、范围及强度对河流来沙的影响较大。表 6.22 为北碚站径流量、降水量接近而雨区不同，径流量接近、降水落区相同而雨强不同的情况对比。由表可见，降水中心位置不同可导致输沙量相差 4 倍多；面平均降水强度不同，输沙量可相差 1 倍。

根据西汉水谭家坝站以上 9538km^2 的流域面积，降水较为均匀的区域而言，月平均输沙量除与降水强度有关外，还与月降水量、面雨强度、暴雨天数和最大点雨量等因素有关，在月降水量和径流量接近的情况下，因月降水量或降水强度和暴雨日数、最大点雨量不同，月平均输沙率可相差 4~9 倍，月平均含沙量相差 4~6 倍。另外，降水强度对流域产沙和输沙的影响明显，如谭家坝站 1966 年的最大 5d 径流量仅为 1978 年的 1.7 倍，但 1966 年输沙过程中最大 5d 输沙量却是 1978 年的 2.4 倍，其原因是 1966 年最大 1d 面平均降水深是 1978 年的 2 倍（表 6.23）。

表 6.22　北碚站降水条件不同的洪水过程输沙量比较表

日期	径流量/亿 m^3	面平均降雨强度/(mm/d)	面平均降水量/mm	输沙量/万 t
1979 年 9 月 19~28 日	66.8	—	—	1290
1984 年 8 月 2~11 日	67.8	26.3	79.4	6830
1978 年 9 月 1~10 日	68.8	10.1	80.5	3630

表 6.23　西汉水谭家坝站水沙过程最大 5d 水沙量对比

时间	降水天数/d	过程降水量/mm	过程最大 1d 面平均降水深/mm	起涨流量/(m^3/s)	径流量/亿 m^3	输沙量/万 t
1966 年 7 月 22~26 日	2	38.5	51.3	34.1	0.886	2148
1978 年 7 月 21~25 日	2	34.6	25.6	36.6	0.534	891

1979 年 9 月 19~28 日和 1984 年 8 月 2~11 日两次洪水过程北碚以上面平均降水量和径流量都很接近，而降水中心位置不同，1984 年降水中心在主要产沙区，1979 年在非主要产沙区，两者的输沙量相差 4 倍多。1984 年 8 月 2~11 日和 1978 年 9 月 1~10 日，北碚站两次洪水过程径流量接近，由于面平均降水强度不同，输沙量可相差约 1 倍。

1981 年和 1983 年嘉陵江均为大水年,北碚年径流量分别为 1030 亿 m³ 和 1070 亿 m³,但输沙量相差较大,分别为 3.56 亿 t 和 1.82 亿 t(表 6.24),前者是后者的近 2 倍。这主要是 1983 年降水中心在渠江上游地区,如苟渡口站年降水量为 1556.3mm,较 1981 年偏多 79%,但中下游地区降水量则偏少,罗渡溪站年降水量为 971.4mm,较 1983 年偏少 10%。而 1981 年降水中心在嘉陵江上中游干流及涪江地区,如新店子站 1981 年降水量为 1937mm,较 1983 年偏多 42%,输沙量也达到 9100 万 t,偏大 1.95 倍;涪江上游射洪站 1981 年降水量达 1354.6mm,较 1983 年偏大 44%,涪江桥站输沙量达到 3370 万 t,较 1983 年偏大 4.7 倍。

表 6.24　北碚站 1981 年和 1983 年水沙地区组成对比

水文站	1981 年				1983 年			
	年径流量/亿 m³	占北碚/%	年输沙量/万 t	占北碚/%	年径流量/亿 m³	占北碚/%	年输沙量/万 t	占北碚/%
武胜	445	43.2	20300	57.0	375	35.0	7380	40.5
罗渡溪	294	28.5	3310	9.3	442	41.3	6690	36.8
小河坝	232	22.5	9180	25.8	167	15.6	2110	11.6
三江汇合区	59	5.7	2810	7.9	86	8.0	2020	11.1
北碚	1030	100	35600	100	1070	100	18200	100

另外,1981 年 7 月特大暴雨,导致其输沙量急剧增加。其特点是:雨量大、雨强高、历时长、范围广,7d 暴雨中心最大雨量为 489.6mm(嘉陵江上寺站),1d 暴雨(雨量大于 50mm)等雨深线面积达 13 万 km² 以上,笼罩嘉陵江、涪江、岷沱江等几条支流。嘉陵江主要产沙区部分地区暴雨强度也较大。洪水冲垮 15 座小型水库及大量塘堰等水利工程;涪江和嘉陵江中游大量围滩造田工程被冲,近百个区县共发生滑坡、泥石流 60000 多处。由于大面积的强侵蚀,7d 输沙模数竟达 500～2000t/(km²·a),为多年平均值的 52～210 倍。

1981 年 8 月暴雨中心和主雨区发生在嘉陵江主要产沙区。嘉陵江上游阳平关和略阳站 8 月降水量分别为 818mm 和 698mm,接近该两站的多年平均降水量。略阳站多年平均暴雨日数 1.4d,该年 8 月暴雨日近 8d。该月嘉陵江主要产沙区暴雨量之大和暴雨日数之多都是少见的,宝成铁路宝鸡至略阳段发生历史上罕见的泥石流灾害,在铁路沿线 214km 内暴发了数以万计的浅层滑坡、沟谷泥石流 118 条,坡面冲沟泥石流 104 处。

1981 年 7～8 月嘉陵江暴雨,北碚站水量为 544 亿 m³,占全年水量的 52.8%,输沙量高达 2.67 亿 t,占全年的 75%;而 1983 年降水主要集中在 8～9 月,其水量为 394 亿 m³,占全年水量的 36.8%,输沙量 1.02 亿 t,占全年的 56%。

通过比较嘉陵江 1981 年 7 月、1998 年 7 月和 2005 年 7 月三场典型暴雨的降水与输沙情况,分析降水落区、强度对输沙的影响,各典型暴雨中心、雨区范围及相应各站水沙量统计见表 6.25。由表可见,虽嘉陵江 1998 年 7 月暴雨强度大,但由于暴雨笼罩面积小,1d 暴雨雨区范围仅为 1981 年 7 月的 34%,其输沙量也仅为 1981 年 7 月的 23.7%;

而 2005 年 7 月暴雨主要发生在渠江上中游，暴雨中心 7d 降水量达到 448mm（历史最大值），但其 7d 降水 300mm 笼罩面积仅为 5116km²，输沙量也较小。

表 6.25　嘉陵江典型暴雨统计表

项目		1981 年 7 月	1998 年 7 月	2005 年 7 月
暴雨中心		嘉陵江上中游（上寺）	嘉陵江上中游（新民）	渠江上中游（碑庙）
7d 降水量/mm		489.6	634.5	448
3d 降水 300mm 笼罩面积/km²		2120	280	—
1d 暴雨笼罩面积/km²		137440	46740	—
7d 降水 300mm 笼罩面积/km²		—	—	5116
武胜站	降水量/mm	167.3	236.3	158
	水量/亿 m³	117	72	43
	沙量/万 t	6450	1300	643
罗渡溪	降水量/mm	258.9	281.7	286.5
	水量/亿 m³	70	86	80
	沙量/万 t	1100	1110	1340
小河坝	降水量/mm	300.5	176	146.5
	水量/亿 m³	75	26	40
	沙量/万 t	4710	82.5	761
北碚	降水量/mm	195.5	183.8	184.5
	水量/亿 m³	271	204	189
	沙量/万 t	11400	2700	2810

注：1981 年 7 月和 1998 年 7 月 1d 暴雨笼罩面积包括岷江、沱江、金沙江等水系部分。

1994～1997 年嘉陵江出现四个连续枯水年，径流量较多年平均减少 890m³/s，平均减幅为 40%。嘉陵江北碚站 1998 年 7～8 月径流量为 417 亿 m³，比 1954 年偏大 32%，而输沙量却为 0.879 亿 t，比 1954 年偏小 5%，这主要是由于 1998 年 7～8 月降水不在西汉水等主要产沙区。

2. 流域降水量变化对输沙量的影响

经分析嘉陵江流域内 20 个雨量站 1950～2003 年的降水资料，1990 年前后降水落区、分布和强度大小均未发生明显变化，但各站降水量均有所减少（图 6.16）。1950～1990 年和 1991～2003 年流域年面平均降水量分别为 944mm 和 828mm，流域年均降水量偏少116mm（偏少幅度 12%），与姜彤等（2005）得出的流域夏季降水量偏少 50～100mm 一致。其中，上游白龙江、西汉水地区年均降水量分别偏少约 100mm 和 70mm，偏少幅度均在 12% 左右；嘉陵江干流区间年均降水量偏少约 120mm，偏少幅度 12%；渠江和涪江地区年均降水量分别偏少 85mm 和 70mm，偏少幅度均在 7% 左右。

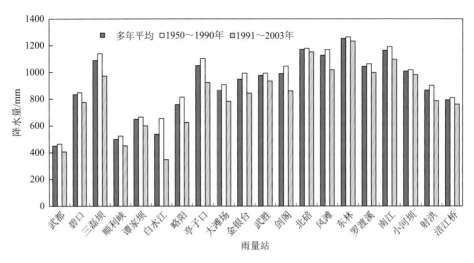

图 6.16　嘉陵江流域各雨量站年均降水量变化对比

应当说明的是，根据 1990 年前流域内 20 个水量站资料分析，嘉陵江流域径流系数约为 0.48，而以 1991～2003 年北碚站年均径流量 541 亿 m^3 来计算，径流系数则在 0.123 左右；如假定流域径流系数为 0.48，流域面降水量减少值应在 210mm 左右。因此，本书收集的雨量站数量偏少，代表性不足，不能完全反映流域内各地区降水的变化情况。

为定量嘉陵江流域降水量变化对输沙量减少的影响，本书通过径流量-输沙量关系进行分析，对比 1954～1990 年和 1991～2005 年北碚站各月平均流量和输沙率，北碚站径流量减小主要表现在汛期（5～10 月）平均流量出现较大幅度减少，其减幅为 22.6%；主汛期（7～9 月）平均流量减幅则为 26.9%（表 6.26）。由于北碚站 1991～2005 年较 1954～1990 年年均径流量减少了 143 亿 m^3，并且各月流量减少对输沙量减少的影响程度不同，因此可通过建立北碚站 1954～1990 年和 1991～2005 年的月均流量-输沙率关系来估算各月流量减少对输沙率减少的影响。

表 6.26　北碚站 1991 年前后各月平均流量和输沙率对比

月份	月均流量/(m³/s)			月均输沙率/(kg/s)		
	1954～1990 年	1991～2005 年	相差/%	1954～1990 年	1991～2005 年	相差/%
1 月	448	470	4.9	5.69	3.73	-34.4
2 月	378	379	0.3	4.03	2.89	-28.3
3 月	470	505	7.4	26.2	5.85	-77.7
4 月	1010	861	-14.8	408	33.5	-91.8
5 月	2040	1560	-23.5	2430	266	-89.1
6 月	2530	2520	-0.4	4440	1630	-63.3
7 月	5620	4240	-24.6	18800	4680	-75.1
8 月	4190	3670	-12.4	11800	4030	-65.8
9 月	5000	2900	-42.0	13200	2000	-84.8
10 月	2860	2310	-19.2	2790	662	-76.3

续表

月份	月均流量/(m³/s)			月均输沙率/(kg/s)		
	1954～1990 年	1991～2005 年	相差/%	1954～1990 年	1991～2005 年	相差/%
11 月	1260	1140	−9.5	204	167	−18.1
12 月	664	620	−6.6	16.9	7.27	−57.0
汛期	3710	2870	−22.6	8890	2220	−75.0
主汛期	4940	3610	−26.9	14600	3590	−75.4
年均	2220	1770	−20.3	4500	1130	−74.9

　　嘉陵江流域径流-输沙关系较为复杂,受上游降水量大小和分布以及嘉陵江干流和渠江、涪江水沙变化等因素的影响,北碚站月均水沙关系一般表现为幂数关系:$Q_{S月} = a \times Q_月^b$。其中,$Q_{S月}$ 为月均输沙率;$Q_月$ 为月均流量;a 和 b 则为拟合参数。

　　分别建立 1954～1990 年和 1991～2005 年北碚站月均流量-月均输沙率关系模型(图6.17)。为分析各月流量减少对沙量减少的影响,根据 1954～1990 年月均水沙关系,由 1991～2005 年各月平均流量值计算得到各月平均输沙率 Q_{Si}($i=1$～12)。另外,考虑径流还原的影响,在假设 1991～2005 年各月平均流量与 1954～1990 年各月平均流量基本相同的情况下,计算得到各月平均输沙率 Q'_{Si}($i=1$～12)。由此可以计算出各月流量减少引起输沙率的减少值:$\Delta Q_{Si} = Q'_{Si} - Q_{Si}$。据此初步计算,北碚站径流量减少引起北碚站减沙量约为4700万t。

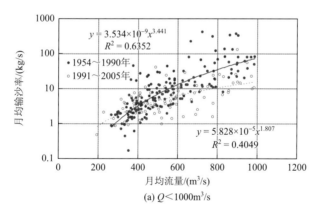

(a) $Q<1000\mathrm{m}^3/\mathrm{s}$

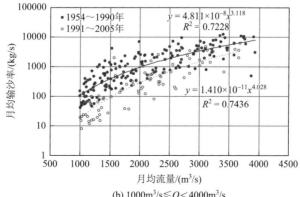

(b) $1000\mathrm{m}^3/\mathrm{s} \leqslant Q<4000\mathrm{m}^3/\mathrm{s}$

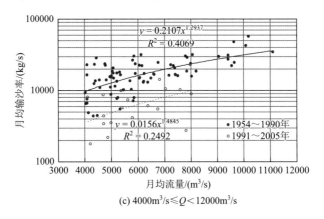

(c) 4000m³/s≤Q<12000m³/s

图 6.17　北碚站月均流量-月均输沙率关系

　　另外，根据北碚站年、汛期和主汛期径流量-输沙量关系模型，分别计算得到北碚站 1991～2005 年径流量减小而导致的减沙量分别为 4040 万 t、3960 万 t 和 3540 万 t。另外，根据武胜站、罗渡溪站和小河坝站年径流量-输沙量关系模型（图 6.18），计算得到嘉陵江干流水系、渠江和涪江由于径流量减小而分别减沙 2330 万 t、500 万 t 和 500 万 t；三江汇合区减沙量 710 万 t。

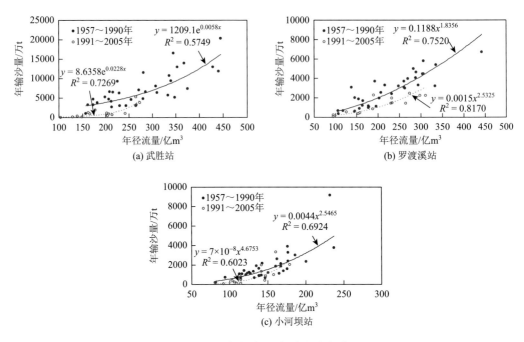

图 6.18　年径流量-年输沙量关系

　　综合各模型方法计算结果可知，嘉陵江流域径流量偏少引起北碚站输沙量减少 4060 万 t，分别占北碚站 1954～1990 年和多年平均输沙量的 28.5% 和 36.2%，占北碚站 1991～2005 年总减沙量的 38.2%。

另外,嘉陵江流域 1991~2000 年年均暴雨日数较 1961~1990 年有所减少,也对输沙量减小有一定影响。

由此可见,在嘉陵江流域内地质、地貌条件相对稳定的条件下,降水量的大小,暴雨落区、范围和强度对流域产输沙的影响是主要的、直接的;而降水的强度及其时空分布受多种随机因素的制约,因此嘉陵江流域输沙量也具有一定的随机性。

6.4.2　水土保持减沙

1. 水土保持分析法

嘉陵江流域水土保持措施减蚀作用较为明显。例如,嘉陵江上游的陕西省略阳县作为“长治”工程重点防治县,截至 2005 年,全县共治理水土流失面积 1095km²,全县生态环境较治理前有了明显好转,项目区年减少土壤流失 392 万 t,减蚀率达 80%,林草覆盖率达到 86.8%。嘉陵江上游陇南市礼县 1988~1996 年实施的“长治”工程共完成治理面积 1170.7km²,治理区域内每年可拦蓄径流 25993 万 m³,防止土壤流失 373 万 t,径流模数由 1988 年的 17.7 万 m³/(km²·a)下降至 1996 年的 11.6 万 m³/(km²·a),侵蚀模数也由治理前的 3975t/(km²·a)下降至 3086t/(km²·a),林草覆盖率由 1988 年的 19.9%提高至 1996 年的 55.3%。西汉水顺利峡流域水土保持因素对河川径流影响见表 6.27。

表 6.27　西汉水顺利峡流域水土保持因素对河川径流影响

测站	流域面积/km²	治理面积/km²	实测多年平均径流量/亿 m³			降水因素影响值/亿 m³	水土保持等因素影响	
			治理前	治理后	变化值		影响值/亿 m³	占治理前/%
顺利峡	3439	1102.7	3.558	2.519	−1.039	−0.627	−0.412	11.6

根据长江流域水土保持监测中心站和长江水利委员会水文局的研究,对嘉陵江各区单项措施的减蚀指标取值见表 6.28。

表 6.28　嘉陵江流域单项水保措施蓄水减蚀平均指标　　[单位：t/(hm²·a)]

分区	坡改梯	水土保持林	经果林	种草	封禁治理	保土耕作
Ⅰ区	54.6	33.1	41.3	15.8	8.3	13.7
Ⅱ区	55.5	33.5	41.9	21.3	8.4	18.1
Ⅲ区	54.6	33.1	41.3	15.8	8.3	13.7
Ⅳ区	47.3	28.6	35.8	18.2	7.2	15.4
Ⅴ区	52.5	31.0	39.0	19.8	7.8	16.8

利用水保法对嘉陵江流域水土保持措施减蚀作用的研究成果表明(表 6.29、表 6.30和图 6.19),1989~2003 年嘉陵江流域“长治”工程累计治理面积约 32677km²,占水土流失面积 92975km² 的 35.1%,各项水保措施共就地拦沙减蚀约 6.507 亿 t,年均减蚀量约为 4340 万 t。

其中，小型水利水保工程措施（塘堰、谷坊、拦沙坝、蓄水池和沉沙池）总减蚀量为
9380 万 t，年均减蚀量约为 626 万 t，占总减蚀量的 14.4%；林草措施（水保林、经果林、
种草、封禁治理）总减蚀量为 3.82 亿 t，年均减蚀量约为 2550 万 t，占总减蚀量 58.8%；
坡改梯总减蚀量为 1.05 亿 t，年均减蚀量为 696 万 t，占总减蚀量 16.1%；保土耕作措施
总减蚀量为 0.699 亿 t，年均减蚀量为 466 万 t，占总减蚀量 10.7%。

表 6.29　嘉陵江流域 1989～2003 年水土保持林草措施统计表

时段	治理面积/减蚀量	坡改梯	水土保持林	经果林	种草	封禁治理	保土耕作	合计
1989～1996 年	治理面积/hm²	168600	455800	212400	81300	505100	422100	1845300
	年均减蚀量/万 t	448	742	402	75	219	396	2282
	1996 年水平减蚀量/万 t	787	1432	789	105	399	596	4108
1997～2003 年	治理面积/hm²	115076	379257	224540	52845	395545	255100	1422363
	年均减蚀量/万 t	980	1910	1275	91	540	545	5341
	2003 年水平减蚀量/万 t	1049	2270	1523	72	617	462	5993
1989～2003 年	治理面积/hm²	283676	835057	436940	134145	900645	677200	3267663
	年均减蚀量/万 t	696	1287	809	82	369	466	3709

表 6.30　嘉陵江流域 1989～2003 年水土保持工程措施统计表

时段	治理面积/减蚀量	塘堰/座	谷坊/座	拦沙坝/座	蓄水池/口	排灌渠、截水沟/km	沉沙池/口	合计
1989～1996 年	数量	14398	3785	49	88928	—	1290300	—
	年均拦沙量/万 t	94.2	35.4	78	71.8	—	85.6	365
	1996 年水平拦沙量/万 t	143.9	54.7	363.3	67	—	146.3	775
1997～2003 年	数量	71837	6540	2733	11813	—	325102	418025
	年均拦沙量/万 t	52	99.2	691.5	23.3	—	57.3	923
	2003 年水平拦沙量/万 t	30.6	78.4	126	7.9	—	12.8	256
1989～2003 年	数量	86235	10325	2782	100741	705980	1615402	2521465
	年均减蚀量/万 t	74.5	65.2	364.3	49.2	—	72.4	626

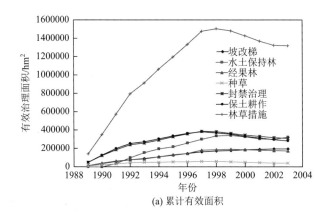

(a) 累计有效面积

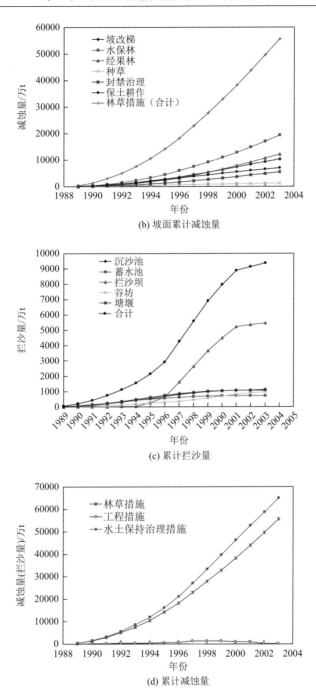

图 6.19　嘉陵江流域各项水土保持治理措施效果变化

随着国家水土流失治理力度的不断加大，水土保持措施减蚀作用不断增强。1997～
2003 年各项水保措施年均减蚀量约为 6350 万 t，较 1989～1996 年的 2650 万 t 增加了约
140%。其中，小型水利水保工程措施（塘堰、谷坊、拦沙坝、蓄水池和沉沙池）年均减

蚀量为 923 万 t，占总减蚀量 14.7%；林草措施（水保林、经果林、种草、封禁治理）年均减蚀量为 3816 万 t，占总减蚀量 60.9%；坡改梯年均减蚀量为 980 万 t，占总减蚀量 15.6%；保土耕作措施年均减蚀量为 545 万 t，占总减蚀量 8.7%。

根据嘉陵江流域出口断面——北碚站水文实测泥沙资料分析，1985 年前流域年均侵蚀量为 3.97 亿 t，年均输沙量为 1.45 亿 t，泥沙输移比则为 1.45/3.97 = 0.365。根据后文第 6.4.3 节的研究，1956～1990 年流域内大中小型水库年均拦沙量为 0.244 亿 t，年均减少北碚站输沙量为 0.244×0.365 = 0.089 亿 t。如考虑将水库拦沙作用进行还原，则其泥沙输移比为(1.45 + 0.089)/3.97 = 0.388。

1989～2003 年后流域实施了水土保持综合治理工程，其年均减蚀量为 4340 万 t，北碚站平均输沙量为 0.426 亿 t，泥沙输移比为：0.426/(3.97–0.434) = 0.12。由此可以看出，1991 年后嘉陵江流域泥沙输移比出现大幅度减小，主要包括水土保持措施和水库拦沙两方面的因素。1991～2005 年水库年均拦沙量为 0.581 亿 t，年均减少北碚站输沙量为 0.415 亿 t，如考虑将水库拦沙作用进行还原，则其泥沙输移比为：(0.426 + 0.415)/(3.97–0.434) = 0.238。

由此可见，水土保持治理措施实施后，不仅减小了流域土壤侵蚀量，而且减小了泥沙输移比。

经初步估算，1991～2003 年嘉陵江流域水土保持对北碚站年均减沙量为：4340 万 t×0.383≈1660 万 t，占北碚站总减沙量的 15.7%。

1989～1996 年嘉陵江流域水土保持对北碚站年均减沙量为：2647 万 t×0.383≈1010 万 t；1997～2003 年流域水土保持对北碚站年均减沙量为：6264 万 t×0.383≈2400 万 t，较 1989～1996 年增大了 138%。由此可见嘉陵江流域水土保持措施对河流的减沙作用明显增强。

此外，根据中国水利水电科学研究院遥感技术应用中心第一次和第二次全国土壤侵蚀遥感调查的资料，1988 年嘉陵江流域土壤侵蚀量为 3.66 亿 t，2000 年为 3.03 亿 t。1988～2000 年嘉陵江流域土壤侵蚀总面积减少了 11087.3km^2，减少了近 11.73%；土壤侵蚀总量减少约 6300 万 t/a，因此其减沙量为：6300 万 t×0.383≈2410 万 t，占北碚站总减沙量的 22.7%。

根据长江水利委员会水土保持局的遥感调查资料，1985 年嘉陵江流域土壤侵蚀量统计成果为 3.97 亿 t，2003 年为 3.40 亿 t。1985～2003 年嘉陵江流域土壤侵蚀总量年均减少约 5700 万 t，因此，其减沙量为：5700 万 t×0.383≈2180 万 t，占北碚站总减沙量的 20.7%。

由于判读方式、卫片精度等方面的不同，中国水利水电科学研究院及长江水利委员会水土保持局两家单位对嘉陵江流域土壤侵蚀总量的遥感调查结果有所差异，但在"长治"工程实施后土壤侵蚀减小量方面基本一致。因此综合各家研究成果，1989～2005 年水土保持措施治理面积 32674km^2，治理程度为 35.1%，年均减蚀量为 4340 万～6300 万 t（平均 5450 万），减蚀效益 13.7%，对北碚站的减沙量为 1660 万～2410 万 t（平均 2080 万 t），减沙效益 14.6%。

2. 水文法

根据北碚站实测水文资料，分别建立治理前的年水沙经验关系。

1）水沙相关关系

（1）年径流量-输沙量关系。嘉陵江流域（北碚站）水土保持工程治理前年水沙经验关系式见表 6.31。分别由表中三种拟合关系式，计算得到 1954~1990 年平均径流量 700 亿 m³ 对应的输沙量为 14240 万 t、13340 万 t 和 13270 万 t，实测平均输沙量为 14200 万 t。水土保持治理后 1991~2005 年平均径流量 557 亿 m³ 对应的输沙量分别为 9650 万 t、9780 万 t 和 9290 万 t，实测平均输沙量为 3580 万 t。因此，水利工程拦沙、水土保持措施减沙、河道泥沙淤积等减沙量为 5710 万~6200 万 t/a（平均为 6000 万 t/a）。

表 6.31 嘉陵江北碚站径流-输沙关系经验模型（基准期）

模型		模型关系式	相关系数
水沙关系模型	年	$W_{s北}=32.061\times W_{北}-8207.1$	0.753
		$W_{s北}=0.0338\times W_{北}^2-17.584\times W_{北}+9085.5$	0.765
		$W_{s北}=0.534\times W_{北}^{1.5449}$	0.738
	汛期	$W_{s汛北}=0.0258\times W_{汛北}^2+2.7255\times W_{汛北}+3019.4$	0.766
	主汛期	$W_{s主汛北}=0.0492\times W_{主汛北}^2+0.1494\times W_{主汛北}+3381.1$	0.815
双累积关系模型	年	$\sum W_{si北}=(-9.25\times10^{-9})\times(\sum W_{i北})^2+2.345\times10^{-3}\times\sum W_{i北}$	0.999
考虑水库拦沙作用还原的年水沙关系	年相关	$W_{s1北}=32.146\times W_{北}-7606.8$	0.757
		$W_{s1北}=0.0374\times W_{北}^2-22.669\times W_{北}+11487$	0.773
		$W_{s1北}=1.0284\times W_{北}^{1.4534}$	0.752
	双累积	$\sum W_{s1北}=(-4.14\times10^{-9})\times(\sum W_i)^2+2.317\times10^{-3}\times\sum W_i$	0.999

注：$W_{北}$、$W_{汛北}$ 和 $W_{主汛北}$ 分别为北碚站年、汛期和主汛期径流量，亿 m³；$W_{s北}$、$W_{s汛北}$ 和 $W_{s主汛北}$ 分别为北碚站年、汛期和主汛期输沙量，万 t；i 为月；$W_{s1北}$ 为水库拦沙作用还原后的北碚站年输沙量，万 t。

嘉陵江流域 1991~2005 年水库新增减沙量为 3440 万 t/a，嘉陵江下游淤积泥沙 200 万 t/a，水土保持减沙量为 2070 万~2560 万 t（平均 2350 万 t）。

（2）汛期径流量-输沙量关系。建立嘉陵江流域（北碚站）水土保持工程治理前汛期（5~10 月）和主汛期（7~9 月）的经验关系式，见表 6.31 和图 6.20。计算得到 1954~1990 年汛期和主汛期平均径流量 589.5 亿 m³ 和 392.5 亿 m³ 对应的输沙量分别为 13600 万 t 和 11000 万 t，实测平均输沙量分别为 14100 万 t 和 11600 万 t；水土保持治理后 1991~2005 年汛期和主汛期平均径流量 456.2 亿 m³ 和 287.1 亿 m³ 对应的输沙量分别为 9630 万 t 和 7480 万 t，实测平均输沙量分别为 3520 万 t 和 2850 万 t，减沙量分别为 6110 万 t 和 4630 万 t（平均为 5370 万 t）。扣除水库新增减沙量和淤积量，水土保持减沙量为 1730 万 t。

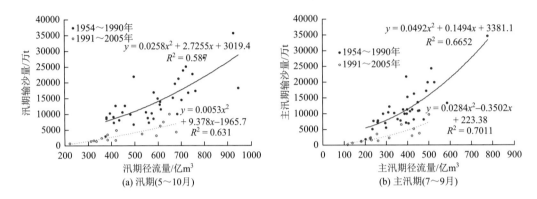

图 6.20　水土保持治理前后北碚站径流量-输沙量关系变化

（3）年降水-年输沙关系。根据收集的嘉陵江流域内 20 个雨量站 1954～2005 年的年降水资料，近似用算术平均法计算得到流域平均降水量。与北碚站年输沙量建立相关关系，见图 6.21。其相关关系式为

$$W_{s北} = 0.000117 \times P_{嘉}^3 - 0.3753 \times P_{嘉}^2 + 418.519 \times P_{嘉} - 14497 \quad R^2 = 0.2650 \quad\quad (6.8)$$

式中，$P_{嘉}$ 为嘉陵江面均降水量。

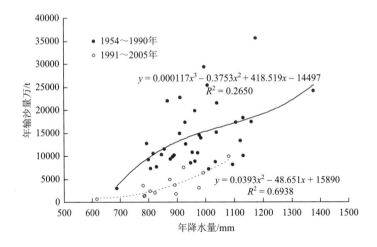

图 6.21　水土保持治理前后北碚站年降水量-输沙量关系变化

由式（6.8）计算得到 1954～1990 年和 1991～2005 年平均降水量 968.3mm 和 864.4mm 对应的输沙量分别为 14700 万 t 和 12000 万 t，实测平均输沙量分别为 14200 万 t 和 3580 万 t。考虑由于雨量站代表性不足带来的误差，1991～2005 年计算的输沙量为：12000×14200/

14700≈11600 万 t。扣除水库新增减沙量和淤积量，因此水土保持减沙量为 7980 万 t。此数值明显偏大，可能与降水量资料代表性不足有关。

2）年水沙双累积关系

水土保持治理前后，嘉陵江流域（北碚站）水沙双累积关系曲线发生了明显变化。根据嘉陵江流域（北碚站）水土保持工程治理前经验模型关系式计算得到水土保持措施治理和水库拦沙等作用引起北碚站减沙量为 6190 万 t，水土保持措施等减沙量为 2550 万 t。

3）考虑水库拦沙作用还原的年水沙关系

考虑水库拦沙作用沿时变化对北碚站输沙量影响的大小有所差异，将 1956～2005 年的历年水库减沙量对北碚站进行还原，重新拟合其年水沙关系和双累积关系。

根据嘉陵江流域（北碚站）水土保持工程治理前年水沙经验关系式 [表 6.31 和图 6.22（a）]，由表 6.31 中年相关的 3 种拟合关系式，分别计算得到水土保持治理后 1991～2005 年多年平均径流量 557 亿 m³ 对应的输沙量分别为 10300 万 t、10500 万 t 和 10100 万 t，而还原后的北碚站平均输沙量为 7990 万 t。扣除河道年均淤积量 200 万 t，水土保持措施减沙量为 1880 万～2310 万 t（平均 2090 万 t）。

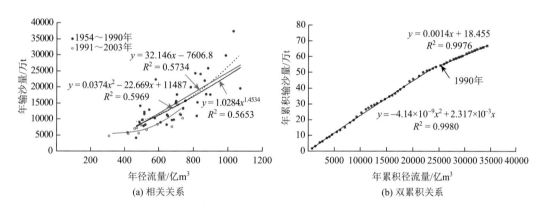

图 6.22 水保治理前后北碚站水沙关系变化（考虑水库拦沙作用还原）

考虑水库拦沙作用还原后，嘉陵江流域（北碚站）水土保持工程治理前水沙双累积关系式见表 6.31 和图 6.22（b）。计算并扣除河道年均淤积量 200 万 t，得到水土保持治理后北碚站减沙量为 2830 万 t。

因此，综合水文法分析成果，嘉陵江流域水土保持措施年均减沙量为 1730 万～2830 万 t，平均 2310 万 t。

3. 反向传播神经网络模型

反向传播（back propagation，BP）网络是指在具有非线性传递函数神经元构成的神经网络中采用误差反传算法作为其学习算法的前馈网络，目前应用较为广泛。

在已有嘉陵江小流域产流产沙 BP 网络预报模型的基础上，采用流域内武胜、罗渡溪、小河坝和北碚站等 20 个雨量站 1957～1989 年逐年降水量作为模型输入向量，以北碚站

1957～1988 年逐年径流量和年输沙量作为模型输出向量。利用 BP 网络模型进行学习、训练,确定模型结构及有关参数,并利用流域 1990～2003 年的降水资料,预报北碚站 1990～2003 年的径流量和输沙量。

模型计算结果表明,1990～2003 年北碚站年均输沙量约为 1.05 亿 t。与北碚站实际观测值 4030 万 t 相比,年减沙量约为 6470 万 t,包括了 1989 年后流域内兴建水利工程的蓄水以及"长治"工程等因素的影响;而输沙减少量中,则包括了 1989 年后兴建水利工程的拦沙影响、河道淤积、"长治"工程减(蚀)沙效益等因素的影响。因此,1989 年后水土保持措施对北碚站的减沙量约为 2830 万 t。

截至 1996 年年底,流域内实施各种水保措施,累计治理水土流失面积 21361.5km²,治理程度 25.8%。在三峡工程泥沙问题研究"九五"攻关项目"嘉陵江水土保持措施对长江三峡工程减沙作用研究"(编号:95-4-1)中,嘉陵江流域(北碚站)泥沙输移比在 0.25 左右,因此水土保持治理措施减少北碚站输沙量 6300 万 t×0.25≈1600 万 t。另外,1989～1996 年流域水土保持减水减沙分析成果表明,嘉陵江流域(北碚)水土保持措施的减水效益为 1%～3%,减沙效益则在 1200 万 t 左右。

而根据截至 2000 年的水土保持治理资料统计,流域内累计初步治理水土流失面积 33170.31km²(较 1996 年增加了 55%),其中,坡改梯 2799.7km²,水土保持林 8487.61km²,经果林 3734.75km²,种草 1402.33km²,保土耕作 7504.5km²,封禁治理 9241.42km²。因此初步估算,1991～2000 年流域水土保持对北碚站年均减沙 1600 万～1800 万 t,占北碚站总减沙量的 16%～18%。

综上所述,根据水保法(2080 万 t/a)、水文法(2310 万 t/a)和 BP 神经网络模型法(2830 万 t/a)计算得到的嘉陵江流域 1989～2005 年水土保持措施减沙量为 2080 万～2830 万 t/a,平均约为 2400 万 t/a,减沙效益 16.9%,占北碚站总减沙量的 22.6%。由此可见,嘉陵江流域水土保持措施减蚀减沙效益较为明显,这主要是由于大部分地区气候湿润,植被恢复较快,侵蚀控制作用明显,特别是川中丘陵区丘陵起伏不大,河流泥沙主要来源于坡面侵蚀,植被恢复减少坡面侵蚀拦截泥沙的作用显著。

6.4.3 水库拦沙影响

1. 1956～1990 年水库拦沙作用分析

1956～1990 年嘉陵江流域已建水库 4542 座,总库容 56.10 亿 m³。根据四川省、陕西省、甘肃省水库统计资料以及长江上游水库泥沙淤积基本情况资料汇编成果(1994 年)对 1950～1990 年嘉陵江流域历年所建大、中、小型水库资料进行统计分析,水库淤积拦沙资料仍沿用已有调查成果。小(一)型、小(二)型水库年淤积率分别为 0.87%、1.50%。

从流域水库历年累积拦沙量变化看(图 6.23 和表 6.32),1955～1990 年水库群总拦沙量为 6.56 亿 m³(合 8.52 亿 t),分别占总库容和死库容的 11.7%和 53.5%,年均拦沙量为 1870 万 m³(约合 2440 万 t)。这部分水库还将发挥一定的拦沙作用,但主要以大中型水库为主,小型水库已基本达到淤积平衡。

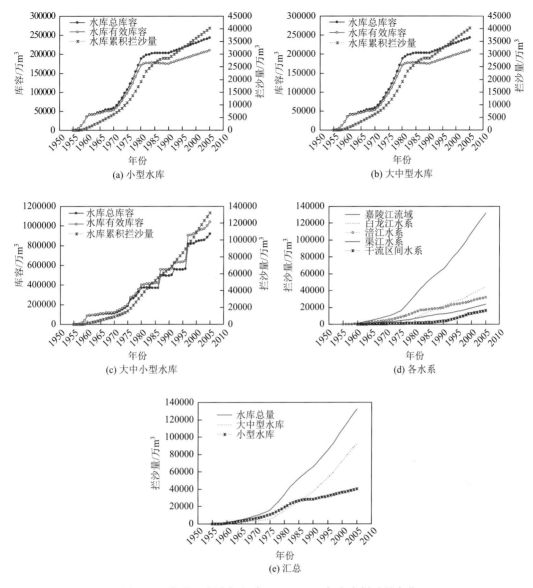

图 6.23 嘉陵江流域各水系 1955～2005 年水库拦沙量变化

小型水库多建在水系的末端，就近拦截泥沙相对较多。1955～1990 年小型水库拦沙量为 2.84 亿 m³，与小型水库群的死库容之和基本相当，占水库群总拦沙量的 43.4%，年均拦沙量为 789 万 m³，总淤积率为 13.7%，1985 年左右部分水库已淤满，基本达到淤积平衡。

大型水库拦沙量为 2.25 亿 m³，占总拦沙量的 34.4%，仅占水库死库容的 32.9%。其中位于重点产沙区的碧口水库拦沙总量 2.16 亿 m³，占大型水库总拦沙量的 96%；升钟水库拦沙总量 0.09 亿 m³。说明大型水库还未达到淤积平衡，1990 年后继续发挥拦沙作用。

中型水库拦沙量为 1.46 亿 m³，占总拦沙量的 22.3%，占水库死库容的 40.9%，还未达到淤积平衡，1990 年后继续发挥拦沙作用。

表6.32　嘉陵江水库拦沙量统计表

水系	控制站	控制面积/万km²	多年平均输沙量/亿t	水库类型	1956~1990年				1991~2005年				1956~2005年			
					数量/座	总库容/亿m³	总淤积量/万m³	年均淤积量/万m³	数量/座	总库容/亿m³	总淤积量/万m³	年均淤积量/万m³	数量/座	总库容/亿m³	总淤积量/万m³	年均淤积量/万m³
白龙江	三磊坝	2.92	0.124	大型	1	5.21	21630	618	1	25.5	23950	1597	2	30.71	45580	912
涪江	小河坝	2.94	0.154	大型	1	2.9	30	1	1	2.37	0	0	2	5.27	30	1
				中型	21	6.34	7340	210	9	4.27	9770	651	30	10.61	17110	342
				小型	1965	9.51	12200	349	187	1.86	2330	155	2152	11.37	14530	291
				小计	1987	18.75	19570	560	197	8.5	12100	807	2184	27.25	31670	633
渠江	罗渡溪	3.81	0.231	大型	0	0	0	0	2	4.24	4850	323	2	4.24	4850	97
				中型	12	4.63	4380	125	3	0.85	4120	275	15	5.48	8500	170
				小型	1107	4.72	7990	228	105	0.90	1524	102	1212	5.62	9514	190
				小计	1119	9.35	12370	353	110	5.99	10494	700	1229	15.34	22864	457
干流区间	武胜	7.97	0.701	大型	1	13.39	884	25	4	7.92	9980	665	5	21.31	10864	217
				中型	17	2.90	2890	83	1	0.5	2470	165	18	3.40	5360	107
				小型	1417	6.42	8260	236	134	1.22	1570	105	1551	7.64	9830	197
				小计	1435	22.71	12034	344	139	9.64	14020	935	1574	32.35	26054	521
嘉陵江	北碚站	15.61	1.12	大型	3	21.5	22544	644	8	40.06	38780	2585	11	61.56	61324	1226
				中型	50	13.9	14610	417	13	5.59	16360	1091	63	19.49	30970	619
				小型	4489	20.7	28450	813	426	3.98	5423	362	4915	24.68	33873	677
				小计	4542	56.1	65604	1874	447	49.63	60563	4038	4989	105.73	126167	2523

注：①1991~2005年水库拦沙量包括1990年前部分水库的拦沙作用；②水库1956~1990年、1991~2005年和1956~2005年年均淤积量为平滩值。

从上述分析结果可以看出，大中型水库拦沙量占水库群总拦沙量的 56.7%，占主导地位；小型水库年拦沙量占水库群拦沙总量的 43.4%，但 1985 年已达到淤积平衡。

从嘉陵江各水系来看（表 6.32），白龙江及嘉陵江干流累积拦沙量为 3.36 亿 m³，占水库群总拦沙量的 51.4%；涪江水系累积拦沙量为 1.96 亿 m³，占水库群总拦沙量的 29.8%；渠江水系累积拦沙量为 1.24 亿 m³，占水库群总拦沙量的 18.8%。从各水库拦沙量比较看，1990 年前嘉陵江流域水库以白龙江的碧口水库拦沙最为显著，其 1975～1990 年拦沙总量 2.16 亿 m³，约占水库群总拦沙量的 33%。

2. 1991～2005 年水库拦沙作用分析

据统计，1991～2005 年嘉陵江流域内新建水库 447 座，总库容 49.63 亿 m³。其中，大型水库 8 座，库容 40.06 亿 m³；中型水库 13 座，库容 5.59 亿 m³（其中，渠江凉滩和富流滩等库容不详，未参与统计）；小型水库 426 座，库容 3.98 亿 m³。1991～2005 年水库拦沙量为 6.06 亿 m³，年均 4040 万 m³。

小型水库拦沙量按 1956～1990 年小型水库总淤积率 13.7%估算，1991～2005 年拦沙量为 5420 万 m³，年均 361 万 m³，占总拦沙量的 8.9%。

1991～2005 年大中型水库拦沙量为 5.52 亿 m³（含 1956～1990 年已建水库拦沙量 2.17 亿 m³），年均淤积泥沙约 3670 万 m³，约合 4780 万 t。其中，大型水库拦沙量为 3.88 亿 m³，占总拦沙量的 64%；中型水库拦沙量为 1.64 亿 m³，占总拦沙量的 27%。

从各水系看，白龙江水系、涪江水系、渠江水系及嘉陵江干流区间（亭子口—武胜区间）水库拦沙量分别为 2.40 亿 m³、1.21 亿 m³、1.05 亿 m³ 及 1.40 亿 m³，分别占总拦沙量的 39.6%、20.0%、17.3%及 23.1%。

与 1956～1990 年相比，水库年均拦沙量增加了 2164 万 m³，合 2810 万 t。

3. 2006～2015 年水库拦沙作用分析

据统计，2006～2015 年嘉陵江流域内新建水库 118 座，总库容 104.1 亿 m³。其中，大型水库 12 座，库容 91.89 亿 m³；中型水库 35 座，库容 11.27 亿 m³；小型水库 71 座，库容 0.94 亿 m³。2006～2015 年水库拦沙量为 3.849 亿 m³，年均 3849 万 m³。

小型水库拦沙量按 1956～1990 年总淤积率 13.7%估算，2006～2015 年拦沙量为 860 万 m³，年均 86 万 m³，占总拦沙量的 2.2%。

中型水库拦沙量按 1956～1990 年年淤积率 0.004%估算，2006～2015 年拦沙量为 4508 万 m³，年均约 451 万 m³，占总拦沙量的 11.7%。

大型水库 2006～2015 年拦沙量为 3.312 亿 t，年均拦沙量为 3312 万 t，特别是 2011 年以来草街、亭子口等大型水库蓄水运行后，近几年的平均拦沙量达到了 5424 万 t，其中，亭子口年均拦沙量为 0.264 亿 t，草街年均拦沙量为 0.163 亿 t。

6.4.4　减沙贡献率

1956～1990 年北碚站年均径流量 703 亿 m³，年均输沙量 1.457 亿 t。根据上述对降水、水利工程拦沙以及水土保持措施减沙等方面的研究,对嘉陵江北碚站以上区域水沙变化影响因子的贡献率定量分割如下。

1991~2005 年北碚站年均径流量 560 亿 m³, 年均输沙量 0.358 亿 t, 实测输沙量较 1990 年前减少 1.099 亿 t, 减幅达 75.4%。其中, 降水/径流减少导致减沙 0.406 亿 t, 占减沙量的 36.9%; 水库拦沙 0.281 亿 t, 占减沙量的 25.6%, 水土保持减沙 0.24 亿 t, 占减沙量的 21.8%, 其他因素减沙 0.172 亿 t, 占减沙量的 15.7%。

2006~2015 年北碚站年均径流量 645 亿 m³, 年均输沙量 0.283 亿 t, 实测输沙量较 1956~1990 年减少 1.174 亿 t。2006~2015 年较 1991~2005 年新增拦沙量年均 3849 万 m³ (约合 0.5 亿 t), 较 1956~1990 年增加 0.781 亿 t, 占减沙量的 66.5%; 嘉陵江流域水土保持减沙贡献率大致维持在 1991~2005 年的水平, 占减沙量的 20.4%; 降水等其他因素导致减沙约 13.1%。

6.5　乌江流域

6.5.1　降水与径流变化影响

乌江流域内多年平均降水量 1163mm, 降水量的分布, 下游大于上游, 右岸大于左岸。上游自西北向东南递增, 西北的毕节、威宁、赫章一带年降水量不足 1000mm; 东南部的安顺、平坝、普定、织金一带年降水量在 1200mm 以上。中游各地年降水量一般为 1000~1200mm, 下游年降水量一般为 900~1800mm。

乌江流域降水量的年内分配明显不均, 88% 的年降水量集中在 4~10 月, 5~9 月降水量约占全年的 70%, 5~7 月占全年的 50% 左右; 各月降水量占全年百分比, 以 6 月的比重最大。降水量的年际分配也不均匀, 据贵阳站 59 年实测系列分析, 1954 年降水量 1664.7mm 为最大, 1956 年 765.7mm 为最小, 极值比为 2.17。乌江流域降水量历年变化见图 6.24。

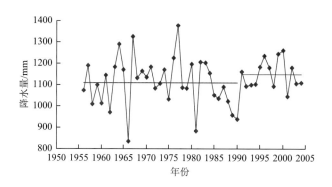

图 6.24　乌江流域平均降水量历年变化

乌江流域沙量主要来自流域面上的泥沙侵蚀, 与暴雨强度、地形、土壤、植被、地质以及土地利用情况有关,每年的第一、二场暴雨洪水或久旱后的暴雨洪水含沙量较大;年内含沙量在 5～9 月较大,1～4 月及 10～12 月较小。

根据乌江流域内 95 个雨量站历年观测资料统计分析,乌江流域 1990 年前平均降水量为 1110mm,流域年降水量最小值为 1966 年的 836.3mm,最大值为 1977 年的 1376.9mm,分别与武隆站 1966 年出现年径流量最小值(319 亿 m^3)和 1977 年出现年径流量最大值(684 亿 m^3)相应。

1991～2004 年乌江流域平均年降水量为 1150mm,与 1990 年前相比,年均降水量增大了 40mm,增幅为 3.6%。年降水量最小值为 2001 年的 1045.2mm,最大值为 2000 年的 1259.7mm,分别与 2001 年出现年径流量最小值(450.7 亿 m^3)和 2000 年出现年径流量最大值(580 亿 m^3)相对应。

为定量分析乌江流域径流量增加对输沙量变化的影响,从 1955～1990 年和 1991～2005 年武隆站各月平均流量和输沙率对比情况看,武隆站径流量增加主要表现在主汛期(6～9 月),平均流量出现较大幅度增加,其增幅为 20.57%(表 6.33)。1991～2005 年与 1955～1990 年相比,武隆站年均径流量增加了 29 亿 m^3,由于乌江上游乌江渡水文站年均径流量增加了约 8 亿 m^3,其引起的输沙量变化也包括在乌江渡电站、东风电站和普定电站三座电站拦沙作用中,因此引起武隆站输沙量变化的这部分径流量应为 21 亿 m^3。但考虑各月流量增加对输沙量变化的影响程度不同,因此可通过建立武隆站 1991～2005 年月均流量-月均输沙率关系来估算各月流量增加对输沙率变化的影响。

表 6.33 武隆站 1990 年前后各月平均流量和输沙率对比

月份	月均流量/(m^3/s)			月均输沙率/(kg/s)		
	1955～1990 年	1991～2005 年	相差/%	1955～1990 年	1991～2005 年	相差/%
1 月	427	529	23.9	5.28	5.73	8.5
2 月	447	528	18.1	5.93	15.45	160.5
3 月	582	694	19.2	38.6	18.09	−53.1
4 月	1290	1170	−9.3	395	200	−49.4
5 月	2400	2220	−7.5	1800	782	−56.6
6 月	3480	3560	2.3	3510	2120	−39.6
7 月	2940	4080	38.8	2910	2430	−16.5
8 月	1910	2380	24.6	1240	810	−34.7
9 月	1770	1380	−22.0	916	230	−74.9
10 月	1490	1390	−6.7	359	201	−44.0
11 月	1070	950	−11.2	105	98.0	−6.7
12 月	576	621	7.8	12.2	9.50	−22.1
汛期	2330	2500	7.3	1780	1090	−38.8
主汛期	2770	3340	20.6	2540	1780	−29.9
年均	1540	1630	5.8	945	580	−38.6

注: 主汛期为 6～9 月。

　　根据 1955～1979 年（基准期）武隆站月均流量和月均输沙率观测资料建立的武隆站月均流量-月均输沙率关系见图 6.25。由图可以看出，武隆站同一流量下的月均输沙率变化幅度较大，最大可相差 5 倍以上，且不同的流量级输沙率和含沙量变化也呈现出不同的特点。

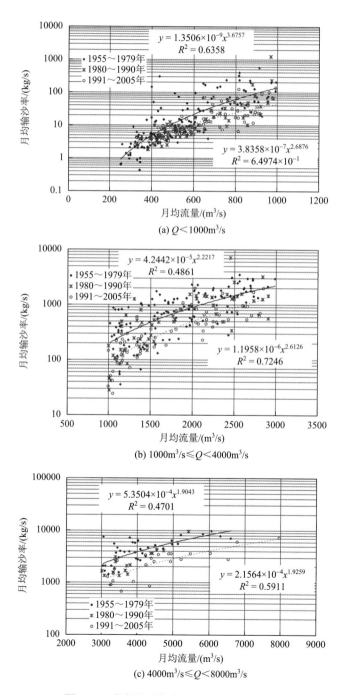

图 6.25　武隆站月均流量-月均输沙率关系

分析各月流量变化对沙量影响的计算方法与北碚站相同,计算结果表明,武隆站由径流量增加引起的增沙量约 400 万 t。

根据武隆站年径流量-年输沙量关系(图 6.26)计算,由径流量增加 21 亿 m³(扣除乌江渡水文站径流量增加 8 亿 m³)引起武隆站输沙量增加约 240 万 t。

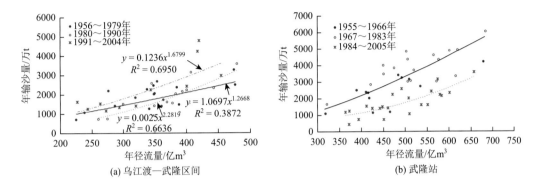

图 6.26　乌江年径流量-年输沙量关系图

此外,根据乌江渡—武隆区间年水沙关系(图 6.26),区间径流量引起武隆站输沙量增加约 200 万 t。

因此,乌江流域由于径流量增加将引起武隆站输沙量增加 200 万~400 万 t(平均为300 万 t),占武隆站多年平均输沙量的 11.4%。但 1991~2000 年乌江暴雨日数有所减小,对乌江流域减沙也有一定影响。

6.5.2　水土保持减沙

1989~1994 年,在一期工程对四个县进行综合治理的基础上,同时新增黔西县、金沙县在毕节市进行小流域水土流失综合治理,治理面积 253.17km²,治理流域内土壤侵蚀量也由 1990 年的 312 万 t/a 减小至 1994 年的 102 万 t/a,减蚀率达到 67%。

1994~1998 年,毕节市进行了“长治”三期工程小流域综合治理工作,经过治理,其水土流失面积由 1994 年的 1909.21km² 减少至 1998 年的 1016.24km²,强度以上的水土流失面积则由 647.53km² 减少至 206.37km²,减幅 68.1%;土壤侵蚀量也由 1994 年的 905 万 t/a 减少至 1998 年的 297 万 t/a,减蚀量 608 万 t/a,减蚀率达到 67%,其中水利水保工程、保土耕作等水土保持工程年均拦蓄泥沙 525 万 t 左右。

2001 年长江水利委员会批准启动实施的贵毕公路水土保持生态环境建设大示范区工程,涉及毕节、大方和黔西三县(市),由 41 条小流域组成,总面积 1326.47km²,水土流失面积 731.26km²,占三县(市)总面积的 55.13%。区内碳酸盐岩分布面积占三县(市)土地总面积的 72.2%,是典型的喀斯特岩溶山区,在自然条件、水土流失状况和社会经济方面都具有代表性。经过治理,2001~2004 年 1 月底,已实施治理小流域 19 条,累计完成水土流失综合治理面积 278.40km²,占设计治理面积的 38.07%。其中,完成坡改梯

1462.47hm^2，水保林 9774.34hm^2，经果林 3277.80hm^2，生态修复 9059.87hm^2，保土耕作 3358.81hm^2，种草 906.67hm^2。修建谷坊 25 座，修排灌沟渠 27.99km，修蓄水池 192 口。初步统计表明，各小流域治理程度均达到 70%以上，各项措施年拦蓄泥沙 1523 万 t，年土壤侵蚀模数由治理前的 4958t/km^2 下降至 3496t/km^2，林草覆盖率由 37.12%上升到 50.41%。

根据上述分析，1989~2004 年毕节市水土保持措施年均减蚀量约 1000 万 t。根据 1957~1990 年资料统计分析，毕节地区泥沙输移比为 0.2~0.3，因此，毕节地区水土保持减沙量为 200 万~300 万 t（平均 250 万 t）。

同时，根据毕节市乌江上游三岔河阳长水文站和六冲河洪家渡水文站资料分析（图 6.27 和图 6.28），三岔河阳长站 1990 年前后其年均径流量分别为 13.6 亿 m^3 和 14.8 亿 m^3，年均输沙量分别为 219 万 t 和 259 万 t，其径流量-输沙量关系和降水量-输沙量关系未发生明显变化。

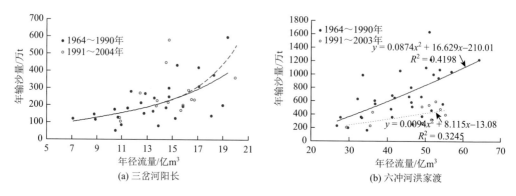

图 6.27　乌江上游水文站年径流量-输沙量关系

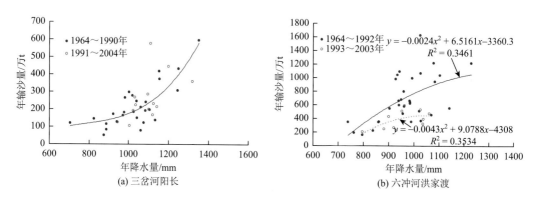

图 6.28　乌江上游水文站年降水量-年输沙量关系

洪家渡站 1990 年前后其年均径流量分别为 44.5 亿 m^3 和 45.5 亿 m^3，其年均输沙量分别为 685 万 t 和 449 万 t（1991~2003 年），沙量减小 236 万 t，2004 年则由于洪家渡电站拦沙作用，其输沙量仅为 11 万 t。从水土保持措施治理前后对比来看，径流量-输沙量关系和降水量-输沙量关系发生明显变化（图 6.27 和图 6.28），其水保措施年均减沙 260 万~

320 万 t（平均 290 万 t）。因此，毕节地区六冲河流域由于水土保持措施减沙量在 290 万 t 左右。

根据乌江上游控制站——鸭池河水文站分析，其控制流域面积 18187km²，根据 1956～1990 年资料统计，其年均径流量和悬移质输沙量分别为 107.1 亿 m³ 和 1400 万 t，水土保持措施综合治理后 1991～1993 年其年均径流量和输沙量则分别为 85.0 亿 m³ 和 1090 万 t，与 1956～1990 年相比，分别减小 22.1 亿 m³ 和 310 万 t，减幅分别为 20.6% 和 22.1%，由此可见，1991～1993 年水土保持措施减沙作用不明显；1994～2004 年其年均径流量和输沙量则分别为 106.2 亿 m³ 和 28 万 t，与 1956～1990 年相比，径流量变化不大，但输沙量显著减小，沙量减少了约 1370 万 t，这主要包括上游东风电站和普定电站拦沙、水土保持治理措施减沙两方面的影响。

综上所述，乌江上游毕节地区（六冲河流域）水土保持措施年均减沙量为 250 万～290 万 t（平均 270 万 t），主要体现在东风电站和普定电站入库泥沙减少，对武隆站输沙量减少则影响不大。

6.5.3　水库拦沙影响

乌江是长江南岸最大的支流，集中落差 2143m，水能资源开发条件十分优越，是国家规划的 12 个水电基地之一。1950～2011 年乌江流域已建大、中、小型水库 1422 座（表 6.34），总库容 275.32 亿 m³。其中，大型水库 21 座，库容 239.33 亿 m³；中型水库 77 座，库容 24.33 亿 m³；小型水库 1324 座，库容 11.66 亿 m³。

表 6.34　乌江流域已建水库统计（截至 2011 年）

时段	大型		中型		小型		水库群合计	
	数量	总库容	数量	总库容	数量	总库容	数量	总库容
	/座	/亿 m³	/座	/亿 m³	/座	/亿 m³	/座	/亿 m³
1950～1990 年	3	32.74	21	4.59	1110	8.54	1134	45.87
1991～2005 年	8	78.43	25	9.06	132	1.22	165	88.71
2006～2011 年	10	128.16	31	10.68	82	1.90	123	140.74
1950～2011 年	21	239.33	77	24.33	1324	11.66	1422	275.32

1. 1956～1990 年水库拦沙作用分析

1956～1990 年除乌江渡电站位于乌江上游干流外，其他中小型水库大多位于支流上，拦沙量较小。乌江渡电站修建后，坝下游河床冲刷调整作用较大，在蓄水后的四年内坝下游河道冲刷调整较为剧烈，电站拦沙对武隆站输沙量影响不大。但 1984 年后由于乌江渡电站下游河道冲刷强度逐渐减弱，其拦沙作用对武隆站的影响也逐渐增大，如武隆站 1955～1979 年、1980～1983 年和 1984～2005 年年均输沙量分别为 3260 万 t、3570 万 t 和 1770 万 t。1984～2005 年与 1955～1979 年相比，年均径流量基本相当，但输沙量减少了 1490 万 t，与乌江渡、东风等电站年均拦沙量基本相当，说明 1984 年后电站下游河床冲刷已基本停止。

1956～1983 年，水库群总拦沙量为 1.07 亿 m³（其中，乌江渡电站 1972～1983 年拦沙总量为 7560 万 t），年均拦沙量约为 382 万 t，对武隆站输沙量影响较小。在"七五"攻关期间，石国钰等（1991）通过采用多维动态灰色系统理论的方法，建立了乌江流域（武隆站）产输沙方程：

$$X_1(k) = 0.801X_1(k-1) + 1.59X_2(k) - 0.034X_3(k) \tag{6.9}$$

分析得到流域水库群拦沙作用系数为 0.034。由此可见，水库群拦沙对武隆站的减沙量占水库群拦沙量的 3.4%，即因水库群拦沙而引起的武隆站减沙量为 20 万 t 左右，仅占武隆站同期平均输沙量的 0.6%。主要是乌江渡电站在水库建成初期，坝下游河床冲刷调整量较大，下游冲刷量与水库拦沙量基本相抵消，因而对武隆站输沙量影响较小。

1984～1990 年，乌江渡电站淤积泥沙 1.27 亿 m³（1.47 亿 t），年均拦沙量为 2100 万 t，而武隆站 1984～1990 年年均输沙量为 1660 万 t，分别较 1955～1979 年、1980～1983 年减小 1600 万 t 和 1910 万 t，减幅分别为 49.1% 和 53.5%（相应径流量分别减小 59 亿 m³ 和 95 亿 m³，减幅分别为 11.9% 和 17.9%），如考虑径流不一致的影响，按 1955～1979 年和 1980～1983 年平均含沙量 0.660kg/m³ 和 0.674kg/m³ 估算，则输沙量实际减小 1600–390 = 1210 万 t，1910–640 = 1270 万 t（平均 1240 万 t），则乌江渡电站拦沙作用对武隆站输沙量的作用系数为：1240/2100 = 0.59。

因此，作为一种近似估算，1956～1990 年乌江渡电站等水库群拦沙可减小武隆站输沙量：(20×28 + 1240×7)/35 ≈ 260 万 t，综合作用系数为 260/920 ≈ 0.28。

20 世纪 90 年代以来，乌江流域产输沙条件发生了很大变化，主要是乌江干流中下游为山区性河道，经过乌江渡电站蓄水初期的清水冲刷，下游河道中细颗粒泥沙基本被冲刷殆尽。因此，坝下游河道由水库拦沙而引起的河床冲刷调整量随时间而大幅度减小。

2. 1991～2005 年水库拦沙作用分析

1991～2005 年流域水库拦沙主要以乌江干流上修建的大型电站为主，中小型水库由于大多位于支流或水系末端，距离武隆站较远，其拦沙对武隆站输沙量影响可忽略不计。从乌江渡电站蓄水前后输沙量沿程变化来看，乌江渡电站下游至江界河区间来沙量不大，区间流域面积为 14468km²，占江界河水文站控制流域面积的 34%，但其来沙量在乌江渡电站蓄水前仅为 200 万 t，占江界河站沙量的 16%，说明蓄水前江界河站输沙量的 80% 以上来自乌江渡以上地区；乌江渡电站蓄水后的 1991～2004 年乌江渡站和江界河站沙量分别为 18.9 万 t 和 303 万 t，说明蓄水后，江界河站沙量主要来自乌江渡电站下游区间，乌江渡站沙量仅占 5%。

乌江渡蓄水后，其拦沙作用引起下游输沙量大幅度减小，如乌江渡水文站在电站蓄水前的 1956～1978 年平均悬移质输沙量为 1580 万 t 左右，蓄水后 1991～2005 年年均输沙量仅为 18.9 万 t（包括上游东风电站的拦沙）。乌江渡电站蓄水拦沙作用引起坝下游输沙量大幅度减小，根据 2002 年长江勘测规划设计研究院编制的《乌江干流规划报告》，乌江渡坝下游 226km 的思林水电站坝址在乌江渡蓄水前，其多年平均输沙量为 1900 万 t，乌江渡蓄水后则减小为 368 万 t，减幅 81%；而乌江渡站蓄水前后年均输沙量分别为 1570 万 t 和 61 万 t，说明在乌江渡电站蓄水前乌江渡—思林电站区间来沙量为 330 万 t，蓄水后区间来沙量则为 301 万 t，则电站蓄水后区间年均冲刷调整量仅为 29 万 t。而由上分析可知，1980～2005 年乌江渡、东风、普定等电站总拦沙量为 3.909 亿 m³，年均拦沙量约为 1500 万 m³（1740 万 t），因此，乌江渡电站对思林电站输沙量的作用系数为(1740–29)/1740≈0.983。

下游 250.5km 的沙沱水电站坝址在乌江渡蓄水前，其多年平均输沙量为 2050 万 t，乌江渡蓄水后则减小为 601 万 t，减幅 71%（乌江渡站蓄水前后年均输沙量分别为 1570 万 t 和 61 万 t）。在乌江渡电站蓄水前乌江渡—沙沱电站区间来沙量为 480 万 t，蓄水后区间来沙量则为 540 万 t，则电站蓄水后区间年均冲刷调整量仅为 60 万 t。因此，乌江渡电站对沙沱电站输沙量的作用系数为(1740–60)/1740≈0.966。

武隆站则位于沙沱电站下游约 440km，据此推算，乌江上中游大型水电站拦沙对武隆站的作用系数应在 0.90 左右。

因此，1991～2005 年乌江流域水库（主要是乌江渡电站、东风电站等大型水库）拦沙引起武隆站减沙量为 1480 万 t，与 1990 年前相比，新增减沙量为：1480–260 = 1220 万 t，而武隆站 1991 年后总减沙量为 1150 万 t，说明水库拦沙作用是乌江流域输沙量减小的主要原因。

3. 2006～2015 年水库拦沙作用分析

2006～2015 年乌江流域新建水库 123 座，总库容 140.74 亿 m³。其中，大型水库 10 座，总库容为 128.16 亿 m³；中型水库 31 座，总库容为 10.68 亿 m³；小型水库 82 座，总库容为 1.9 亿 m³。

按年均淤积率 0.18%估算，2006～2015 年小型水库拦沙量为 350 万 m³，年均 35 万 m³（约合 45 万 t）。

按年均淤积率 0.22%估算，2006～2015 年新建中型水库年均拦沙量为 235 万 m³（约合 305 万 t），总拦沙量约为 0.24 亿 m³。

2006～2015 年，乌江流域大型水库年均拦沙量为 1716 万 t，以构皮滩、思林、沙沱和彭水水库的拦沙为主，按水库拦沙率估算，其拦沙量分别为 273 万 t、97.5 万 t、97.3 万 t 和 460 万 t。

此外，位于其上游的洪家渡、东风、乌江渡水电站分别于 2004 年、1994 年和 1980 年开始蓄水，运行时间较短，淤积率较小，以后仍有很大的拦沙作用，其年均拦沙量约为 1350 万 t，因此，近年来乌江大型水电站的综合年均拦沙量为 3070 万 t。

6.5.4 减沙贡献率

1955～1990 年武隆站年均径流量 486 亿 m³，年均输沙量 0.298 亿 t。根据上述对降水、水利工程拦沙以及水土保持措施减沙等方面的研究，对乌江武隆站以上区域水沙变化影响因子的贡献率定量分割如下。

1991～2005 年武隆站年均径流量 515 亿 m³，年均输沙量 0.183 亿 t，实测输沙量较 1955～1990 年减少 0.115 亿 t，减幅 38.6%。其中，由降水/径流增加导致增沙 0.03 亿 t，占减沙量的−26.1%；水库拦沙 0.088 亿 t，占减沙量的 76.5%；水土保持减沙 0.027 亿 t，占减沙量的 23.5%；其他因素减沙 0.03 亿 t，占减沙量的 26.1%。

2006～2015 年武隆站年均径流量 423 亿 m³，年均输沙量 0.036 亿 t，实测输沙量较 1955～1990 年减少 0.262 亿 t。2006～2015 年乌江大型水电站的综合年均拦沙量为 3416 万 t，较 1955～1990 年增加拦沙量 0.249 亿 t，占减沙量的 95.0%；水土保持减沙维持 1991～2005 年 0.027 亿 t 的水平，但这些部分减少的输沙量主要表现为水库淤积量的减少。另外，降水/径流减少也导致输沙量减少，但由于水库的拦沙作用，主要体现为进入水库输沙量的减少。

6.6　小　　结

本章从长江上游金沙江、岷江、沱江、嘉陵江和三峡库区等主要产沙流域出发，基于对降水（径流）、水利工程拦沙以及水土保持措施减沙等方面的研究，首次实现了对长江上游泥沙概算及各水系水沙变化影响因子的贡献率定量分割（表 6.35）。

表 6.35　长江上游年输沙量变化原因分析结果统计表

| 站名 | 时段 | 实测 | | 实测减（增）沙量 | | 降水影响 | | 水库拦沙影响 | | 水土保持影响 | | 其他因素影响 | |
		年均径流量/亿 m³	年均输沙量/亿 t	数值/亿 t	%	数值	%	数值	%	数值	%	数值	%
金沙江屏山站	1955～1990 年	1437	2.46	—	—								
	1991～2005 年	1521	2.58	0.12	4.9	0.254	—	−0.249	—	−0.12	—	0.236	—
	2006～2015 年	1289	0.929	−1.53	−62.2			−1.02	66.7	−0.12	7.8	−0.39	25.5
岷江高场站	1955～1990 年	875	0.53	—	—								
	1991～2005 年	825	0.369	−0.161	−30.4	−0.035	21.7	−0.075	46.6			−0.051	31.7
	2006～2015 年	761	0.191	−0.339	−64.0			−0.311	91.7				
沱江李家湾站	1955～1990 年	126	0.116	—	—								
	1991～2005 年	105	0.029	−0.087	−75.0	−0.032	36.4	−0.041	46.6			−0.015	17.0
	2006～2015 年	115	0.059	−0.057	−49.1	−0.02	35.1	−0.045	78.9			0.008	−14.0
嘉陵江北碚站	1955～1990 年	703	1.457	—	—								
	1991～2005 年	560	0.358	−1.099	−75.4	−0.406	36.9	−0.281	25.6	−0.24	21.8	−0.172	15.7
	2006～2015 年	645	0.283	−1.174	−80.6			−0.781	66.5	−0.24	20.4	−0.153	13.0
乌江武隆站	1955～1990 年	486	0.298	—	—								
	1991～2005 年	515	0.183	−0.115	−38.6	0.03	−26.1	−0.088	76.5	−0.027	23.5	−0.03	26.1
	2006～2015 年	423	0.036	−0.262	−87.9			−0.249	95.0	−0.027	10.3	0.014	−5.3

（1）1990 年前长江上游年均土壤侵蚀量为 15.68 亿 t，宜昌站输沙量为 5.21 亿 t，泥沙输移比为 0.33，水库年均拦沙 0.662 亿 t，则堆积在坡面、沟道、拦沙坝、沙函等的沙量约 9.808 亿 t/a。水土保持措施综合治理后，长江上游年均土壤侵蚀量为 14.59 亿 t，宜昌站年均输沙量为 3.91 亿 t，泥沙输移比减小为 0.23，水库年均拦沙 1.59 亿 t，流域内堆积量约 9.09 亿 t/a。

（2）近年来，人类活动是导致长江上游近期平均沙量大幅度减小的主要因素。与 1955～1990 年相比，1991～2005 年寸滩＋武隆泥沙减沙 1.585 亿 t/a，人类活动新增减沙量为 1.187 亿 t/a（其中，水库新增减沙量为 0.809 亿 t/a，水保措施减沙量为 0.378 亿 t/a），占总减沙量的 75%；气候变化导致入库沙量平均减小 0.189 亿 t/a，占三峡入库总减沙量的 12%；河道采砂等其他因素引起减沙 0.209 亿 t/a，占总减沙量的 13%。

参 考 文 献

蔡强国，刘纪根. 2003. 关于我国土壤侵蚀模型研究进展. 地理科学进展，22（3）：242-250.

柴宗新，范建容. 2001. 金沙江下游侵蚀强烈原因探讨. 水土保持学报，15（5）：14-17.

陈飞. 2007. 长江流域地质灾害及防治. 武汉：长江出版社.

长江水利委员会水文局. 2000. 嘉陵江水土保持措施对长江三峡工程减沙作用的研究//国务院三峡工程建设委员会办公室泥沙课题专家组，中国长江三峡工程开发总公司工程泥沙专家组. 长江三峡工程泥沙问题研究（1996～2000）（第四卷）长江三峡工程"九五"泥沙研究综合分析. 北京：知识产权出版社.

陈江南，王云璋，徐建华，等. 2004. 黄土高原水土保持对水资源和泥沙影响评价方法研究. 郑州：黄河水利出版社.

陈松生，张欧阳，陈泽方，等. 2008. 金沙江流域不同区域水沙变化特征及原因分析. 水科学进展，19（4）：475-481.

程尊兰，朱平一，游勇. 2000. 金沙江下游地区输沙与泥石流的相关性分析. 自然灾害学报，9（1）：84-87.

丁晶，邓育仁. 1988. 随机水文学. 成都：成都科技大学出版社.

府仁寿，虞志英，金鏐，等. 2003. 长江水沙变化发展趋势. 水利学报，（11）：21-30.

郭希哲，黄学斌，徐开祥，等. 2007. 三峡工程库区崩滑地质灾害防治. 北京：中国水利水电出版社.

韩其为. 2006. 三峡水库入库泥沙数量已经、并继续大幅度减少. 水力发电学报，25（6）：73-78.

胡艳芬，吴卫民，陈振红. 2003. 向家坝水电站泥沙淤积计算. 人民长江，34（4）：36-38，48.

黄川，娄霄鹏，刘元元. 2002. 金沙江流域泥沙演变过程及趋势分析. 重庆大学学报（自然科学版），25（1）：21-23.

黄礼隆，唐光. 2000. 川中丘陵区防护林体系蓄水保土效益研究. 四川林业科技，21（2）：36-40.

黄煜龄，黄悦，梁栖蓉. 1992. 长江上游干支流修建水库对三峡淤积影响初步分析. 人民长江，（11）：37-41.

黄悦，黄煜龄. 2002. 溪洛渡水库对三峡水库泥沙淤积影响预估. 中国三峡建设，（9）：16-18.

姜彤，苏布达，王艳君，等. 2005. 四十年来长江流域气温、降水与径流变化趋势. 气候变化研究进展，1（2）：65-68.

雷孝章，曹叔尤，戴华龙，等. 2003. 川中丘陵区"长治"工程的减沙效益研究. 泥沙研究，（1）：1-8.

李林，王振宇，秦宁生，等. 2004. 长江上游径流量变化及其与影响因子关系分析. 自然资源学报，119（6）：694-700.

李香萍，杨吉山，陈中原. 2001. 长江流域水沙输移特性. 华东师范大学学报，（4）：88-95.

李雨，王雪，周波. 2015. 汛期泥沙实时监测与报汛系统研制与应用. 南京：2015 年全国水文监测新技术应用学术讨论会.

李长安，殷鸿福，俞立中. 2000. 长江流域泥沙特点及对流域环境的潜在影响[J]. 长江流域资源与环境，9（4）：504-509.

林承坤，吾小根. 1999. 长江径流量特性及其重要意义的研究. 自然杂志，21（4）：200-205.

刘传正. 2007. 长江三峡库区地质灾害成因与评价研究. 北京：地质出版社.

刘邵权，陈治谏，陈国阶，等. 1999. 金沙江流域水土流失现状与河道泥沙分析. 长江流域资源与环境，8（4）：423-428.

刘新民，李娜，1991. 三峡库区自然环境概述//杜榕桓，刘新民，袁建模. 长江三峡工程库区滑坡与泥石流研究. 成都：四川科学技术出版社.

刘毅. 1997. 长江泥沙输移与三峡工程泥沙问题[J]. 中国三峡建设，7：17-18.

卢金发. 2000. 黄河中游流域特性对产沙量与降雨关系影响. 地理学报，55（6）：737-743.

钱璐，王勇. 2011. 历史时期长江三峡地区山地地质灾害的分布规律及特点. 三峡大学学报（人文社会科学版），（4）：5-10.

冉大川，刘斌，付良勇，等. 1996. 双累积曲线计算水土保持减水减沙效益方法探讨. 人民黄河，（6）：24-25.

沈浒英，杨文发. 2007. 金沙江流域下段暴雨特征分析. 水资源研究，（1）：39-41.

沈燕舟，张明波，黄燕. 2002. 大通江、平洛河水保措施减水减沙分析. 水土保持研究，9（1）：34-37.

石国钰，陈显维，叶敏. 1991. 三峡以上水库群拦沙影响的减沙作用//水利部长江水利委员会水文测验研究所. 三峡水库来水来沙条件分析研究论文集. 武汉：湖北科学技术出版社.

水利部科技教育司. 1993. 交通部三峡工程航运领导小组办公室. 长江三峡工程泥沙与航运关键技术研究专题报告（上册）. 武汉：武汉工业大学出版社.

水利部长江水利委员会. 2013. 长江泥沙公报. 武汉：长江出版社.

水利部长江水利委员会水文测验研究所. 1991. 三峡水库来水来沙条件分析研究论文集. 武汉：湖北科学技术出版社.

苏布达，姜彤，任国玉，等. 2006. 长江流域 1960～2004 年极端强降水时空变化趋势. 气候变化研究进展，2（1）：9-14.

汤立群，陈国祥. 1999. 水土保持减水减沙效益计算方法研究. 河海大学学报，（1）：79-84.

唐川，朱静. 2003. 云南滑坡泥石流研究. 北京：商务印书馆.

唐宇娣，朱道林，程建，等. 2020. 人地挂钩视角下人口与土地城镇化协调发展关系研究——以长江经济带上游地区为例. 长江流域资源与环境，（2）：287-295.

涂苏昭. 1993. 长冈水库若干泥沙淤积问题的研究. 江西农业大学学报，15（4）：9.

王礼先. 1997. 水土保持学. 北京：中国林业出版社.

王鹏程. 2007. 三峡库区森林植被水源涵养功能研究. 北京：中国林业科学研究院.

王伟，许全喜，熊明. 2006. 长江水文泥沙信息分析管理系统研究. 人民长江，（12）：8-11.

王文均，叶敏，陈显维. 1994. 长江径流时间序列混沌特性的定量分析. 水科学进展，5（2）：87-94.

王艳君，姜彤，施雅风. 2005. 长江上游流域 1961～2000 年气候及径流变化趋势. 冰川冻土，27（5）：709-714.

王治华. 1999，金沙江下游的滑坡和泥石流. 地理学报，54（2）：142-149.

吴喜之，王兆军. 1996. 非参数统计方法. 北京：高等教育出版社.

夏金梧. 1995，金沙江下游干流区滑坡发育特征及主要影响因素初探. 人民长江，26（5）：42-46.

向治安，周刚炎. 1993. 长江泥沙输移特性分析. 水文，（6）：8-13.

向治安，李克勤，孙敦文. 1997. 泥沙筛析与沉降粒径关系及其应用研究. 泥沙研究（3）.

向治安. 2000. 泥沙颗粒分析技术研究述评[J]//水利部水文局.江河泥沙测量文集. 郑州：黄河水利出版社.

熊明，吴冲龙，刘刚，等，2006. 长江泥沙信息系统中的"多S"结合与集成. 人民长江，37（12）：1-3.

许炳心. 2000. 长江上游干支流的水沙变化及其与森林破坏的关系. 水利学报，31（1）：72-80.

许炳心. 2006. 人类活动和降水变化对嘉陵江流域侵蚀产沙的影响. 地理科学，26（4）：432-437.

许全喜. 2000. 人工神经网络模型在流域水沙预报中的应用. 人民长江，31（5）：32-34，49.

许全喜. 2007. 长江上游河流输沙规律变化及其影响因素研究. 武汉：武汉大学.

许全喜，童辉. 2012. 近 50 年来长江水沙变化规律研究. 水文，32（5）：38-47.

许全喜，石国钰，陈泽方. 2004. 长江上游近期水沙变化特点及其趋势分析. 水科学进展，15（4）：420-426.

许全喜，陈松生，熊明，等. 2008. 嘉陵江流域水沙变化特性及原因分析. 泥沙研究，（2）：1-8.

许全喜, 张小峰, 袁晶. 2009. 长江上游河流输沙量时间序列跃变现象研究. 长江流域资源与环境, 18 (6):
　　555-562.

杨艳生, 史德明. 1993. 长江三峡库区土壤侵蚀研究. 福建: 东南出版社.

杨永德, 郭希望, 郭芳, 等. 1996. 李子溪流域水土流失及泥沙输移规律初步研究//长江上游水土保持重
　　点防治工程科学研究论文集. 北京: 中国水利水电出版社.

杨远东. 1984. 河川径流年内分配的计算方法. 地理学报, 39 (2): 218-227.

杨子生. 2002, 云南省金沙江流域滑坡泥石流灾害区划研究. 山地学报, 20 (6): 88-94.

应铭, 李九发, 万新宁, 等. 2005. 长江大通站输沙量时间序列分析研究. 长江流域资源与环境, 14 (1):
　　83-87.

余剑如, 史立人. 1991. 长江上游的地面侵蚀与河流泥沙. 水土保持通报, 11 (1): 2-3.

查文光. 1998. 植树造林话生态, 环境改善看效益——会泽林业的起落与以礼河电站的变化. 林业科技通
　　讯, 8: 36-37.

张振秋, 杜国翰. 1984. 以礼河水槽子水库的空车冲刷, (4): 15-26.

张明波, 黄燕, 郭海晋, 等. 2003. 嘉陵江西汉水流域水保措施减水减沙作用分析. 泥沙研究, (1): 70-74.

张欧阳. 2010. 流域系统演化及其环境响应研究. 中国科技成果, (21): 16-18.

张欧阳, 张红武. 2002. 数字流域及其在流域综合管理中的应用. 地理科学进展, 21 (1): 67-73.

张胜利, 于一鸣, 姚文艺. 1994. 水土保持减水减沙效益计算方法. 北京: 中国环境科学出版社.

张小峰, 许全喜, 裴莹. 2001. 流域产流产沙 BP 网络预报模型的初步研究. 水科学进展, 112 (11): 17-22.

张信宝. 1999. 长江上游河流泥沙近期变化原因及减沙对策——嘉陵江与金沙江的对比. 中国水土保持,
　　(2): 22-24.

张信宝, 文安邦. 2002. 长江上游干流和支流河流泥沙近期变化及其原因. 水利学报, (4): 56-59.

张有芷. 1989. 长江上游地区暴雨与输沙量的关系分析. 水利水电技术, (12): 1-5.

周波, 许全喜, 李雨. 2016. 三峡水库入库泥沙实时监测试验研究. 水文, 36 (4): 53-57.

周建军. 2005. 关于三峡水库入库泥沙条件的讨论. 水力发电学报, 24 (1): 16-24.

周正朝, 上官周平. 2004. 土壤侵蚀模型研究综述. 中国水土保持科学, 2 (1): 52-55.

朱鉴远. 2000. 长江沙量变化和减沙途径探讨. 水力发电学报, 3: 38-48.

朱鉴远, 陈五一. 2005. 溪洛渡水电站对三峡工程的减沙效益研究. 水力发电学报, 24 (1): 40-46.

朱玲玲, 陈翠华, 张继顺. 2016. 金沙江下游水沙变异及其宏观效应研究. 泥沙研究, (5): 20-27.

朱玲玲, 董先勇, 陈泽方. 2017. 金沙江下游梯级水库淤积及其对三峡水库影响研究. 长江科学院院报,
　　34 (3): 1-7.

S. 西格耳. 1986. 非参数统计. 北星译. 北京: 科学出版社.

Chen Z Y, Li J F, Shen H T, et al. 2001. Yangtze River of China: Historical analysis of discharge variability
　　and sediment flux. Geomorphology, 41: 77-91.

Gaugush R F. 2004. Suspended sediment budget for pool 13 and la grange pool of the Upper Mississippi River
　　system. Geological Survey La Crosse Wi Upper Midwest Environmental Sciences Center. Report
　　Number: A226724.

Golosov V N, Ivanova N N, Litvin L F, et al. 1992. Sediment budget in river basins and small river aggradation.
　　Geomorphology, (4): 62-71.

Hu S X, Wang Z Y, Wang G, et al. 2004. Effects of watershed management on the reduction of sediment and
　　runoff in the Jiling River, China. International Journal of Sediment Research, (2): 63-69.

Komar P D. 1996. The budget of littoral sediment: concepts and applications. Shore and Beach, 64: 18-26.

Kraus N C, Julie D R. 1998. Estimation of uncertainty in coastal-sediment budgets at inlets. U. S. Army Corps
　　of Engineers, Coastal Engineering Technical Note IV-16.

Lu X X，Ashmore P，Wang J. 2003. Sediment load mapping in a large river basin：the Upper Yangtze，China. Environmental Modelling & Software，18：339-353.

Phillips J D. 1992. Delivery of upper-basin sediment to the lower Neuse River，North Carolina，USA. Earth Surface Processes and Landforms，（17）：699-709.

Probst J L，Suchet P A. 1992. Fluvial suspended sediment transport and mechanical erosion in the Maghreb （North Africa）. Hydrological Sciences Journal，37（6）：621-637.

Reid L M，Dunne T. 1996. Rapid evaluation of sediment budgets. Sciences，11（3）：255-263.

Ritchie J C，McCarty G W，Venteris E R，et al. 2005. Using soil redistribution to understand soil organic carbon redistribution and budgets. Sediment Budgets 2（Proceedings of symposium S1 held during the Seventh IAHS Scientific Assembly at Foz do Iguaçu，Brazil，April 2005）. IAHS Publ，292：3-8.

Skalak K J. 2006. Application of a sediment-budget approach evaluate sources and sinks of HG-CONTAMINATED sediment in a Gravel-bed River，VIRGINIA. 2006 Philadelphia Annual Meeting（22-25 October 2006）.

Su B D，Xiao B，Zhu D M，et al. 2005. Trends in frequency of precipitation extremes in the Yangtze River basin，China：1960～2003. Hydrological Sciences Journal，50（3）：479-492.

Trimble S W. 1983. A sediment budget for Coon Creek basin in the Driftless Area，Wisconsin，1853～1977. American Journal of Science，283（5）：454-474.

Walling D E. 1999. Linking land use，erosion and sediment yields in river basins. Hydrobiologia，410：223-240.

Walling D E，Collins A L，Sichingabula H M，et al. 2001. Integrated assessment of catchment suspended sediment budgets：A Zambian example. Land Degradation & Development，12（5）：387-415.

Xu Q，Chen S，Xiong M，et al. 2007. Analysis on runoff and sediment variation characteristic and the influences factors in the Jialingjiang River Basin. International Journal of Sediment Research，22（3）：218-227.

Yang Z，Wang H，Saito Y，et al. 2006. Dam impacts on the Changjiang（Yangtze）River sediment discharge to the sea：The past 55 years and after the Three Gorges Dam. Water Resour. Res.，42：1-10.

Ye D Z，Yan Z W. 1990. Climate jump analysis—A way of p robing the comp lexity of the system. TISC：14-20.

Yuan J，Xu Q X，Zhang W. 2013. Study and application on diffusion character numerical model for the abandon sediment emission during the construction of water-related project//Fukuoka et al. Advances in River Sediment Research，London：Taylor & Francis Group，767-773.

Zhang O，Xu J. 2000. Zoning of the Yellow River basin. Stochastic Hydraulics 2000：Proceedings of the 8th International Symposium on Stochastic Hydraulics. Rotterdam：A. A. Balkema：727-733.

Zhang Q，ChongY X，Becker S，et al. 2006. Sediment and runoff changes in the Yangtze River basin during past 50 years. Journal of Hydrology，331：511-523.

索　引

B

暴雨特性　205, 219
表层含沙量　33, 34
不同粒径组输沙量　120

C

"长治"工程　96, 165, 174, 175
长江河道信息服务系统　68
长江泥沙变化　14
测点含沙量　32, 33
超声波测沙仪　22
抽气式采样　20
垂线平均含沙量　35

D

地质地貌　3, 135
底层含沙量　34
调压积时式采样器　20

G

光电测沙仪　21
光学散射法　22

H

含沙量　19, 38, 83, 104, 136
含沙量比测　26
含沙量垂向分布　42
含沙量回归模型　38
河道泥沙监测技术　19
河流　1, 91, 143, 169, 175, 183, 250
滑动平均法　131
滑坡　79, 84, 117, 137, 139, 148
回归检验　131

J

积时式采样器　19

激光衍射法　23
集中度　104
集中期　104
嘉陵江　91, 173, 241
减沙贡献率　231, 235, 240, 257, 265
降水　4, 149, 203, 233, 236, 241, 258
降水空间分布　150
降水量　149, 128, 150, 156, 159, 203
降水落区　124, 219, 232, 241
降水年际变化　152
降水年内分配　4, 156
降水强度　127, 145, 203, 238, 241
金沙江　1, 75, 81, 113, 131, 146, 149, 168, 184, 203
径流量　76, 98, 110, 124, 131, 204, 232, 265
径流量地区组成　81, 86, 89, 91, 96
径流量年内分配　105, 109
径流模数　80, 87, 92, 177, 247

K

颗粒级配　29
颗粒级配比测　29
库尾泥沙冲淤实时分析系统　69

L

LISST-100X 现场测沙仪　23
砾石推移采样器　47
临底悬沙观测　40
流速垂向分布　41
卵石推移质采样器　47

M

Mann-Kendall 秩相关检验法　132
岷江　1, 85, 232

N

内河悬移质泥沙监测　23

泥沙　12, 19, 57, 75, 83, 165, 187, 194, 231, 250, 254, 266

泥沙干容重　184

泥沙监测技术　12

泥沙监测设备　19

泥沙颗粒级配　37, 57, 121

泥沙空间分布　75

泥沙来源　79, 84, 94, 165

泥沙粒径　46, 120

泥沙实时监测技术　73

泥沙输移比　149, 225, 250, 254, 262

泥沙样品　61

泥石流　80, 124, 135, 139, 145, 148

泥石流活动分区　146

P

皮囊式采样器　20

瓶式采样器　19

Q

气象　4

侵蚀产沙　78, 88, 135, 139, 144, 149, 172, 221

侵蚀产沙强度　88, 135

趋势检验　131

R

入海悬移质输沙率监测　31

入库泥沙　37, 192, 193, 199, 201, 263

入库泥沙监测　37

S

Spearman 秩次相关检验　132

三维动态演示系统　70

三维可视化人机交互式信息系统　68

三峡区间　75, 79, 139, 142, 182

三峡入库泥　198

三峡水库　37, 60, 69, 75, 117, 175

沙质推移质　52

沙质推移质采样器　52

深水干容重采样器　59

神经网络模型　253

声学后向散射法　23

输沙规律　17, 134

输沙量　45, 75, 85, 94, 100, 110, 135

输沙量地区组成　81, 82, 86, 90, 96

输沙量年内分配　106, 110, 119

输沙量跃变分析　124

输沙模数　75, 80, 90, 96, 136, 177

数据管理信息系统　13

水保法　223, 247

水电开发　175, 178

水库拦沙　78, 85, 94, 178, 183, 199, 228, 233, 238, 254, 263

水库拦沙作用　199, 229, 254, 257, 263

水库泥沙　37, 70, 118, 183, 194, 254

水库泥沙淤积　183, 194, 229, 254

水库群　37, 88, 124, 178, 199, 229

水沙关系　111, 203, 225, 245, 253

水沙年际变化　98, 102

水沙年内分配　104, 109

水沙双累积关系　114, 226, 253

水沙相关关系　111, 206, 225, 251

水土保持　78, 94, 135, 165, 167, 171, 213, 225

水土保持减沙　177, 222, 233, 236, 247, 261

水土保持治理措施　249, 254, 263

水土流失　137, 165, 173, 222, 261

水文法　225, 251

水文监测　8, 12

水文监测站网　8

水文泥沙信息分析管理系统　62

水文站　8, 23, 25, 46, 73, 80

水系　1, 75, 89, 172, 257, 266

瞬时式采样器　19

T

"天保" 工程　165

梯级水电站水文泥沙数据库及信息管理分析系统　69

同位素测沙　21

推移质泥沙　46, 117, 192

推移质泥沙测验　46, 117

沱江　2, 89, 172, 236

W

乌江　2, 96, 175, 258

X

小波分析法　161
悬移质泥沙　19, 23, 37, 75, 83, 98, 120, 189,
　198

Y

影响因素　135, 172, 183
游程检验法　125

淤积物干容重观测　57
跃变分析　124

Z

振动式测沙仪　21
植被　136, 144, 168, 233
秩和检验法　125
中间层含沙量　34